CAMBRIDGE LIBRARY COLLECTION

Books of enduring scholarly value

Mathematics

From its pre-historic roots in simple counting to the algorithms powering modern desktop computers, from the genius of Archimedes to the genius of Einstein, advances in mathematical understanding and numerical techniques have been directly responsible for creating the modern world as we know it. This series will provide a library of the most influential publications and writers on mathematics in its broadest sense. As such, it will show not only the deep roots from which modern science and technology have grown, but also the astonishing breadth of application of mathematical techniques in the humanities and social sciences, and in everyday life.

Werke

The genius of Carl Friedrich Gauss (1777–1855) and the novelty of his work (published in Latin, German, and occasionally French) in areas as diverse as number theory, probability and astronomy were already widely acknowledged during his lifetime. But it took another three generations of mathematicians to reveal the true extent of his output as they studied Gauss' extensive unpublished papers and his voluminous correspondence. This posthumous twelve-volume collection of Gauss' complete works, published between 1863 and 1933, marks the culmination of their efforts and provides a fascinating account of one of the great scientific minds of the nineteenth century. Volume 8, published in 1900, supplements the first four volumes with further work on number theory, probability and differential geometry that was discovered posthumously among Gauss' papers. Gauss here engages with work by scholars including Lagrange, Legendre, Lobatschewsky and Möbius, and paves the way for non-Euclidean geometry.

Werke

Volume 8

Carl Friedrich Gauss

Cambridge University Press

CAMBRIDGE UNIVERSITY PRESS

Cambridge, New York, Melbourne, Madrid, Cape Town,
Singapore, São Paolo, Delhi, Tokyo, Mexico City

Published in the United States of America by Cambridge University Press, New York

www.cambridge.org
Information on this title: www.cambridge.org/9781108032308

This edition first published 1900
This digitally printed version 2011

ISBN 978-1-108-03230-8 Paperback

CARL FRIEDRICH GAUSS WERKE

BAND VIII.

CARL FRIEDRICH GAUSS

WERKE

ACHTER BAND.

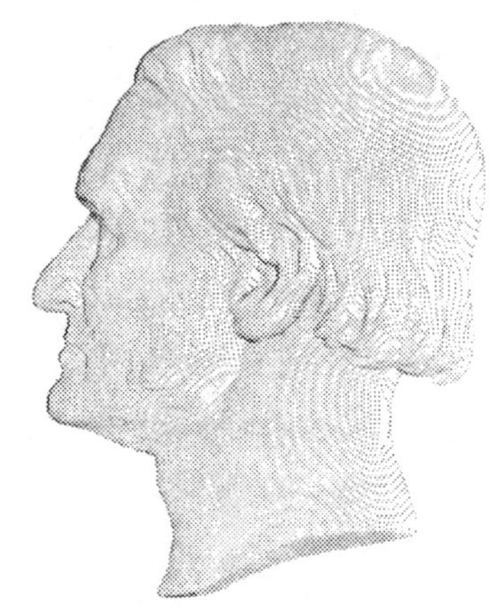

HERAUSGEGEBEN

VON DER

KÖNIGLICHEN GESELLSCHAFT DER WISSENSCHAFTEN

ZU

GÖTTINGEN.

IN COMMISSION BEI B. G. TEUBNER IN LEIPZIG.

1900.

ARITHMETIK UND ALGEBRA.

NACHTRÄGE ZU BAND I—III.

NACHLASS.

[ZWEI NOTIZEN ÜBER DIE AUFLÖSUNG DER CONGRUENZ $xx+yy+zz \equiv 0 \pmod{p}$.]

[1.]

Jede Zerlegung einer durch die Primzahl p theilbaren Zahl in vier Quadrate $= aa+bb+cc+dd$ entspricht einer Auflösung der Congruenz

$$xx+yy+zz \equiv 0 \pmod{p}.$$

Zusammen giebt es pp solcher Auflösungen. Die Eine $x \equiv 0$, $y \equiv 0$, $z \equiv 0$ davon weggenommen, zerfallen die übrigen $pp-1$ in $p+1$ Classen, wenn man $x = \xi$, $y = \eta$, $z = \zeta$ mit $x \equiv k\xi$, $y \equiv k\eta$, $z \equiv k\zeta$ zu Einer Classe zählt.

Es sind nämlich proportional

x	$aa+bb$	$-ad-bc$	$bd-ac$
y	$ac+bd$	$ab-cd$	$aa+dd$
z	$ad-bc$	$aa+cc$	$-ab-cd$

[2.]

Alle Auflösungen der Congruenz

$$1+xx+yy \equiv 0 \pmod{p}$$

zu finden.

Es sind zugleich die Auflösungen der Congruenz

$$1+(x+iy)^{p+1}\equiv 0 \quad \text{für} \quad p\equiv 3 \quad (\text{mod.}\ 4).$$

Aus einem Werthe $x+iy$ folgen alle, indem man für u alle Werthe $0, 1, 2, 3, \ldots, p-1$ substituirt, vermöge der Formel [*)]

$$(x+iy)\left(\frac{uu-1+2iu}{uu+1}\right) \quad \text{oder} \quad \frac{(x+iy)(u+i)}{u-i}.$$

Für $p\equiv 1$ (mod. 4) $= aa+bb$ enthält die Formel $\frac{b}{a}\cdot\frac{u+i}{u-i}$ alle Werthe von $x+iy$, wo nur für u die Werthe $\frac{a}{b}$ und $\frac{b}{a}$ auszuschliessen sind.

[*) Neben dieser Entwickelung stehen im Manuscript die Formeln:]

$$1-xx\equiv yy, \qquad x=1-uy, \qquad 2u-uuy=y$$

$$\frac{1-uu}{1+uu}=x, \qquad \frac{2u}{1+uu}=y,$$

[welche die Rolle des Zusatzfactors $\frac{uu-1+2iu}{uu+1}$ erläutern.]

[NOTIZEN ÜBER CUBISCHE UND BIQUADRATISCHE RESTE.]

[1.]

Observatio venustissima inductione facta.

2 est Residuum vel non residuum cubicum numeri primi p formae $3n+1$, prout p repraesentabilis est per formam

$$xx+27yy \quad \text{vel} \quad 4xx+2xy+7yy.$$

3 est Residuum vel non residuum, prout p repraesentabilis est per

$$\begin{aligned} &xx+243yy \quad \text{aut} \quad 4xx+2xy+61yy \\ \text{vel} \quad &7xx+6xy+36yy \quad \text{aut} \quad 9xx+6xy+28yy. \end{aligned}$$

5 est $\left.\begin{matrix}\text{Residuum}\\ \text{Nonresiduum}\end{matrix}\right\}$ si p repraesentatur

per $\left\{\begin{matrix} (1,0,675),\ (25,0,27),\ (13,1,52),\ (4,1,169) \\ (7,2,97),\ (9,3,76),\ (19,3,36),\ (25,5,28),\ (25,10,31),\ (27,9,28). \end{matrix}\right.$

[2.]

Criterium, per quod diiudicatur, utrum numerus m sit residuum cubicum numeri primi p formae $3n+1$.

Fiat

$$4p = aa+27bb$$

Tunc erit

		$m\ R\ p$					$m\ N\ p$
1)	$m = 2$, si	b par					b impar
2)	$m = 3$	b divis. per 3					
3)	$m =$ primus alius, si	$\frac{a+b\sqrt{-27}}{a-b\sqrt{-27}}$ Res. cub. ipsius m					
4)	$m = 6$, si aut $2b$ aut	$a+b$	aut $a-b$	per 12 divis.			
5)	$m = 10$, si aut $2b$ aut	$2a$	aut $a\pm 3b$	aut $a\pm 9b$	per 20 divis.		
6)	$m = 12$	$2b$,	$a+5b$,	$a-5b$ per 12			
7)	$m = 15$	b,	$3a+5b$,	$a\pm b$,	$a\pm 2b$ per 15		
8)	$m = 20$	$2b$,	$2a$,	$a\pm b$,	$a\pm 7b$ per 20		
9)	$m = 45$	b,	$3a+5b$,	$a\pm 4b$,	$a\pm 7b$ per 15		
10)	$m = 14$	$2b$,	$2a$,	$a\pm 5b$,	$a\pm 11b$ per 28		
11)	$m = 28$	$2b$,	$2a$,	$a\pm 3b$,	$a\pm 9b$ per 28.		

Criterium, per quod diiudicari potest, utrum numerus m sit residuum biquadraticum numeri primi p formae $4n+1$.

Fiat

$$p = aa+4bb$$

Tunc erit $m\ R\ p$, si

1)	$m = -1$	si	b par	± 4 si b par
2)	$m = \pm 2$	si	b per 4 divisib.	-4 generaliter
3)	$m = +3$	si	b aut $a+3b$ per 6	
4)	$m = -3$	si	b per 3	
5)	$m = +5$	si	b per 5	
6)	$m = -5$	si	b aut $a+5b$ per 10	
7)	$m = +6$		b, $2a+3b$, $a\pm b$ per 12	
8)	$m = -6$		b, $2a+3b$, $a\pm 5b$ per 12	
9)	$m = +7$		$2a+7b$, b, $a\pm 5b$ per 14	

10) $m = -7$ a, b per 7

11) $m = +10$ si $2a+5b$, b, $a \pm 7b$ per 20

12) $m = -10$ $2a+5b$, b, $a \pm 3b$ per 20

13) $m = +11$ $2a+11b$, b, $2a \pm 3b$, $a \pm b$ per 22

14) $m = -11$ b, $a \pm 4b$ per 11.

[3.]

Die cubischen Reste.

p eine Primzahl der Form $3m+1$

$$4p = aa+27bb,$$

q eine andere Primzahl der Form $3n \pm 1$

$$(a+3b\sqrt{-3})^{\frac{q\mp 1}{3}} \equiv A \pm B\sqrt{-3}.$$

Nun gibt es drei Fälle

I. $B \equiv 0$ (mod. q). Dann ist $q^{\frac{p-1}{3}} \equiv 1$ (mod. p).

II. $B \equiv A$ (mod. q). Dann ist $q^{\frac{p-1}{3}} \equiv -\frac{1}{2}-\frac{1}{2}\frac{a}{3b}$ (mod. p).

III. $B \equiv -A$ (mod. q). Dann ist $q^{\frac{p-1}{3}} \equiv -\frac{1}{2}+\frac{1}{2}\frac{a}{3b}$ (mod. p).

Erstes Beispiel. $p = 13$, $q = 5$

$a = 5$, $b = 1$

$(5+3\sqrt{-3})^2 = -2+30\sqrt{-3}$, $B \equiv 0$ mod. 5 also Casus I

$5^4 = 625 \equiv 1$.

Zweites Beispiel. $p = 19$, $q = 5$

$a = 7$, $b = 1$

$(7+3\sqrt{-3})^2 = 22+42\sqrt{-3}$, $B \equiv -A$ also Casus III

$5^6 \equiv 7$ mod. 19, $42 \equiv -3+7$ mod. 19.

Drittes Beispiel. $p = 7, \quad q = 5$

$$a = 1, \quad b = 1$$

$$(1+3\sqrt{-3})^2 = -26+6\sqrt{-3}, \quad B \equiv +A \quad \text{mod. } 5 \quad \text{Casus II}$$

$$5^2 \equiv 4, \quad 24 \equiv -3-1 \quad \text{mod. } 7.$$

Viertes Beispiel. $p = 13, \quad q = 11$

$$(5+3\sqrt{-3})^4 = -2696-120\sqrt{-3}, \quad A \equiv -1, \quad B = 120 \equiv -1$$

$$11^4 \equiv 3, \quad 18+3 \equiv -5 \quad \text{mod. } 13 \quad \text{Casus II.}$$

Die biquadratischen Reste.

p eine Primzahl von der Form $4n+1$

$$p = aa+4bb,$$

q eine Primzahl der Form $4n \pm 1$

$$(a+2b\sqrt{-1})^{\frac{q\mp 1}{4}} = A \pm B\sqrt{-1}.$$

Nun gibt es vier Fälle

I. $B \equiv 0$ (mod. q), $(\pm q)^{\frac{p-1}{4}} \equiv 1$ (mod. p).

II. $A \equiv 0 \qquad (\pm q)^{\frac{p-1}{4}} \equiv -1.$

III. $A \equiv B \qquad (\pm q)^{\frac{p-1}{4}} \equiv -\frac{a}{2b}.$

IV. $A \equiv -B \qquad (\pm q)^{\frac{p-1}{4}} \equiv \frac{a}{2b}.$

Erstes Beispiel. $p = 13, \quad q = 5$

$$a = 3, \quad b = 1$$

$$(3+2\sqrt{-1})^1 = 3+2\sqrt{-1}, \quad A \equiv -B \quad \text{Casus IV}$$

$$5^3 \equiv 8 \equiv \frac{3}{2.b}.$$

Zweites Beispiel. $p = 13, \quad q = 7$

$$(3+2\sqrt{-1})^2 = 5+12\sqrt{-1}, \quad A \equiv -B \quad \text{Casus IV}$$

$$(-7)^3 \equiv 8 \equiv \frac{3}{2.b}.$$

Drittes Beispiel. $p = 13, \quad q = 11$

$$(3+2\sqrt{-1})^3 = -9+46\sqrt{-1}, \quad A \equiv -B \quad \text{Casus IV}$$
$$(-11)^3 \equiv 8 \equiv \frac{3}{2.5}.$$

Viertes Beispiel. $p = 17, \quad q = 11$

$$(1+4\sqrt{-1})^3 = -47-52\sqrt{-1}, \quad -47 = A, \quad +52 = B$$
$$A \equiv B \quad \text{Casus III}$$
$$(-11)^4 \equiv 4 \equiv -\tfrac{1}{4}.$$

[4.]

Es sei p eine Primzahl, n eine Primzahl $= 3m+1$, R Wurzel der Gleichung $x^3-1=0$, r Wurzel der Gleichung $r^n-1=0$, g Radix primitiva für mod. n.

$$r+Rr^g+R^2r^{g^2}+R^3r^{g^3}+\dots+R^{n-2}r^{g^{n-2}} = P,$$
$$P^3 = \tfrac{1}{2}n(M+N\sqrt{-27}),$$

wo

$$M \equiv 1 \text{ (mod. 3)}, \quad 0 \equiv M+3N(g^m-g^{2m}) \text{ (mod. } n)$$
$$3k = M+2$$
$$a = \tfrac{1}{9}(n+1+M)$$
$$b-c = N.$$
$$P^{pp} \equiv r^{pp}+Rr^{ppg}+\dots \equiv P(R^{\text{ind } p})$$

$$\{\tfrac{1}{2}n(M+N\sqrt{-27})\}^{\frac{1}{3}(pp-1)} \equiv \begin{matrix} 1 \\ -\frac{1}{2}+\frac{1}{2}\sqrt{-3} \\ -\frac{1}{2}-\frac{1}{2}\sqrt{-3} \end{matrix} \text{ (mod. } p) \quad \Bigg| \quad \text{ind. } p \equiv \begin{matrix} 0 \\ 1 \\ 2 \end{matrix} \text{ (mod. 3)}$$

$$4n = (M+N\sqrt{-27})(M-N\sqrt{-27})$$
$$\frac{M}{3N} \equiv g^{2m}-g^m, \qquad -1 \equiv g^{2m}+g^m$$

$$\left\{\frac{M-N\sqrt{-27}}{M+N\sqrt{-27}}\right\}^{\frac{1}{3}(pp-1)} \equiv \begin{matrix} 1 \\ -\frac{1}{2}+\frac{1}{2}\sqrt{-3} \\ -\frac{1}{2}-\frac{1}{2}\sqrt{-3} \end{matrix} \text{ (mod. } p) \quad \Bigg| \quad p^{\frac{1}{3}(n-1)} \equiv \begin{matrix} 1 \\ -\frac{1}{2}-\frac{1}{2}\frac{M}{3N} \\ -\frac{1}{2}+\frac{1}{2}\frac{M}{3N} \end{matrix} \text{ (mod. } n)$$

$$P^4 \equiv PR^{\text{ind.}\,2}$$

$$\tfrac{1}{2}M + \tfrac{3}{2}N(R - R^2) = \tfrac{1}{2}(M + 3N) + 3NR$$

$$2^{\frac{1}{8}(n-1)} \equiv \begin{cases} 1 \\ -\frac{1}{2} + \frac{1}{2}\frac{M}{3N} \pmod{n} \\ -\frac{1}{2} - \frac{1}{2}\frac{M}{3N} \end{cases} \quad \left| \quad \begin{matrix} \frac{1}{2}(M+3N) & \text{impar} & 3N & \text{par} \\ & \text{impar} & & \text{impar} \\ & \text{par} & & \text{impar.} \end{matrix} \right.$$

Für den cubischen Rest 3.

$$\begin{aligned} p^3 &= m(a-1) + \{m + (a-1)^2 + bb + cc\}p \\ &\quad + \{(a-1)b + bc + ac\}p' \\ &\quad + \{(a-1)c + ab + bc\}p'' \\ &= A + Bp + Cp' + Dp''. \end{aligned}$$

Nun ist

1) $aa + bb + cc = ab + ac + bc + a$

2) $a + b + c = m$

3) $3k - 2 = M$

4) $4a = kk + 3NN$

5) $4n = (3k-2)^2 + 27NN$

6) $4m = 3kk - 4k + 9NN.$

Hieraus folgt

$$\begin{aligned} A &\equiv 0 \pmod{3} \\ B &= \tfrac{1}{3}(mm - a) - a + m + 1 \\ C &= \tfrac{1}{3}(mm - a) - b \\ D &= \tfrac{1}{3}(mm - a) - c \end{aligned}$$

$$\begin{aligned} \tfrac{4}{3}(mm - a) &\equiv -2k^3 + kk - NN \pmod{3} \\ &\equiv kk + k - NN \pmod{3} \\ &\equiv 4a - 4m - NN \pmod{3}. \end{aligned}$$

Also

$$B \equiv -NN+1 \equiv -(b-c)^2+1$$
$$C \equiv -NN+b-c \equiv -(b-c)^2+b-c$$
$$D \equiv -NN-(b-c) \equiv -(b-c)^2-(b-c)$$

$b-c \equiv 0$	$B \equiv 1$	$C \equiv 0$	$D \equiv 0$
1	0	0	1
2	0	1	0.

Ist also 3 Res. n, so ist N durch 3 theilbar.

BEMERKUNGEN ZU DEN VORSTEHENDEN NOTIZEN ÜBER CUBISCHE UND BIQUADRATISCHE RESTE.

Die Notiz [1] ist von GAUSS auf das Vorsatzblatt des Einbandes seines Handexemplars der Disquisitiones arithmeticae geschrieben. Die Angaben unter [2] finden sich in einem mit der Überschrift »Uraniae sacrum« versehenen Hefte, und ebenda folgen zwei Seiten später die beiden allgemeinen Sätze [3]. Die Entwicklungen unter [4] sind einigen losen Zetteln entnommen.

GAUSS giebt zu Beginn seiner Commentatio prima über die Theorie der biquadratischen Reste an, dass er mit dem Jahre 1805 begonnen habe, die Theorie der cubischen und biquadratischen Reste zu durchforschen. Die hier unter [2] und [3] gegebenen Entwicklungen folgen in dem genannten Hefte unmittelbar auf Notizen, welche das Datum 1804 tragen. Die »Observatio venustissima« [1], welche weniger weit greifend ist, als die »Criterien« [2] und [3], kann zeitlich nicht wohl später liegen als letztere. Man wird es demnach hier mit den ältesten GAUSS'schen Untersuchungen und damit überhaupt mit den ältesten Urkunden über die höheren Reciprocitätsgesetze zu thun haben.

Wie die Observatio so sind vermuthlich auch die Criterien Inductionsresultate. Es ist aber sehr bemerkenswerth, dass schon hier bei den Criterien die Zerlegung der quadratischen Form $aa+27bb$ in ihre beiden complexen Factoren und damit der Zahl p in ihre beiden complexen Primtheiler auftritt. Es war bereits hiermit die Bahn gewonnen, auf welcher GAUSS späterhin wenigstens das biquadratische Reciprocitätsgesetz in seine einfachste Gestalt kleidete. Bei gewissen Beweisansätzen des allgemeinen cubischen Reciprocitätssatzes (siehe die gleich folgenden Notizen), welche jedenfalls vor 1809 liegen, ist übrigens GAUSS wenigstens am Beginn allein vom Gebrauch rationaler Zahlen ausgegangen.

Die zu Anfang von [2] unter 3) gemachte Angabe lässt sich als Specialfall aus dem ersten allgemeinen Satze unter [3] entnehmen. Letzterer liefert direct den Reciprocitätssatz in der allgemeinsten und einfachsten Gestalt, falls $p = 3m+1$ und $q = 3n-1$ ist. Der cubische Charakter des Primtheiler $\pi_1 = \frac{a+3b\sqrt{-3}}{2}$ in Bezug auf q ist nämlich durch

$$\left[\frac{\pi_1}{q}\right] \equiv (A-B\sqrt{-3})^{q-1} \qquad (\text{mod. } q)$$

angegeben, ein Ausdruck, der entweder mit 1, ρ oder ρ^2 mod. q congruent ist, unter ρ die Einheitswurzel $\frac{-1+i\sqrt{3}}{2}$ verstanden. Da nun im Gebiete der aus ρ zu bildenden ganzen complexen Zahlen die Lösungen der Congruenz $x^{q-1} \equiv 1 \pmod{q}$ die $(q-1)$ von 0 verschiedenen rationalen ganzen Reste mod. q sind, so kommt die von Gauss vermöge der Congruenzen $B \equiv 0$, $B \equiv A$, $B \equiv -A \pmod{q}$ vollzogene Dreitheilung darauf hinaus, dass der cubische Charakter $\left[\frac{\pi_1}{q}\right]$ gleich 1 bez. ρ, ρ^2 ist. Im anderen Falle $q = 3n+1$ ist hier der einfachste Ausdruck des Reciprocitätssatzes deshalb noch nicht erreicht, weil die Zerlegung von q in seine Primtheiler noch nicht vollzogen ist. Die Beziehung des Gauss'schen Theorems zum Reciprocitätsgesetze ist die folgende:

Sind die Zerlegungen der rationalen Primzahlen p, q in ihre primären Primfactoren gegeben durch:

$$p = \pi_1 . \pi_2, \qquad q = \varkappa_1 . \varkappa_2, \qquad \pi'_k = 2\pi_k = a \pm 3b\sqrt{-3},$$

so hat man zu setzen:

$$\left.\begin{aligned} \left[\frac{\pi'_1}{\varkappa_1}\right] &= \rho^{\varepsilon_1} \equiv \pi_1'^{\frac{q-1}{3}} \equiv A + B\rho - B\rho^2 \cdot \\ \left[\frac{\pi'_2}{\varkappa_1}\right] &= \rho^{\varepsilon_2} \equiv \pi_2'^{\frac{q-1}{3}} \equiv A - B\rho + B\rho^2 \end{aligned}\right\} \pmod{\varkappa_1}.$$

Die Gauss'sche Dreitheilung kommt dann mit der folgenden überein:

$$\text{I.} \quad \varepsilon_1 \equiv \varepsilon_2 \pmod{3}, \qquad \left[\frac{\pi'_1}{\varkappa_1}\right] = \left[\frac{\pi'_2}{\varkappa_1}\right],$$

$$\text{II.} \quad \varepsilon_1 \equiv \varepsilon_2 + 1 \pmod{3}, \qquad \left[\frac{\pi'_1}{\varkappa_1}\right] = \rho\left[\frac{\pi'_2}{\varkappa_1}\right],$$

$$\text{III.} \quad \varepsilon_1 \equiv \varepsilon_2 - 1 \pmod{3}, \qquad \left[\frac{\pi'_1}{\varkappa_1}\right] = \rho^2\left[\frac{\pi'_2}{\varkappa_1}\right],$$

wobei in den drei letzten Gleichungen offenbar auch π_k an Stelle von π'_k treten kann. Liegt nämlich z. B. der Fall II vor, so folgt durch Addition und Subtraction obiger Congruenzen in Bezug auf den Modul $\varkappa_1$:

$$2A \equiv \rho^{\varepsilon_2}(1+\rho) \equiv -\rho^{\varepsilon_2 - 1}, \qquad 2B \equiv -\rho^{\varepsilon_2 - 1} \qquad \pmod{\varkappa_1},$$

so dass $(A - B)$ durch $\varkappa_1$ und als rationale Zahl demnach auch durch q theilbar ist. Man hat also wirklich $B \equiv A \pmod{q}$. Das Reciprocitätsgesetz liefert nun:

$$\left[\frac{\pi'_1}{\varkappa_1}\right] = \left[\frac{2}{\varkappa_1}\right]\cdot\left[\frac{\pi_1}{\varkappa_1}\right] = \left[\frac{2}{\varkappa_1}\right]\cdot\left[\frac{\varkappa_1}{\pi_1}\right],$$

$$\left[\frac{\pi'_2}{\varkappa_1}\right] = \left[\frac{2}{\varkappa_1}\right]\cdot\left[\frac{\pi_2}{\varkappa_1}\right] = \left[\frac{2}{\varkappa_1}\right]\cdot\left[\frac{\varkappa_1}{\pi_2}\right],$$

so dass man für den Fall II weiter gewinnt:

$$\left[\frac{\varkappa_1}{\pi_1}\right] = \rho\left[\frac{\varkappa_1}{\pi_2}\right] = \rho\left[\frac{\varkappa_2}{\pi_1}\right]^2, \qquad \left[\frac{\varkappa_1}{\pi_1}\right]\cdot\left[\frac{\varkappa_2}{\pi_1}\right] = \left[\frac{q}{\pi_1}\right] = \rho$$

$$\left[\frac{q}{\pi_1}\right] \equiv q^{\frac{p-1}{3}} \equiv -\tfrac{1}{2} + \tfrac{1}{2}\sqrt{-3} \equiv -\tfrac{1}{2} - \tfrac{1}{2}\,\frac{a}{3b} \qquad \pmod{\pi_1}.$$

Soll aber die rationale Zahl $q^{\frac{p-1}{3}} + \frac{1}{2} + \frac{1}{2}\frac{a}{3b} \equiv 0$ mod. π_1 sein, so ist sie auch durch π_2 und also durch p theilbar. Hiermit ist die unter II von Gauss angegebene Congruenz in Bezug auf den Modul p gewonnen. Ebenso erledigen sich die Fälle I und III.

Die Umkehrung der vorstehenden Entwicklung lehrt, dass man aus den GAUSS'schen Angaben im Falle $q = 3n+1$ zunächst auf die Proportion:

$$\left[\frac{\varkappa_1}{\pi_1}\right] : \left[\frac{\pi_1}{\varkappa_1}\right] = \left[\frac{\varkappa_1}{\pi_2}\right] : \left[\frac{\pi_2}{\varkappa_1}\right]$$

schliessen kann. Unter nochmaliger Benutzung des in dieser Proportion ausgesprochenen Gesetzes findet man:

$$\frac{\left[\frac{\varkappa_1}{\pi_1}\right]}{\left[\frac{\pi_1}{\varkappa_1}\right]} = \frac{\left[\frac{\varkappa_2}{\pi_1}\right]}{\left[\frac{\pi_1}{\varkappa_2}\right]} = \frac{\left[\frac{\varkappa_1}{\pi_2}\right]^2}{\left[\frac{\pi_2}{\varkappa_1}\right]^2} \quad \text{und also} \quad \frac{\left[\frac{\varkappa_1}{\pi_2}\right]}{\left[\frac{\pi_2}{\varkappa_1}\right]} = \frac{\left[\frac{\varkappa_1}{\pi_2}\right]^2}{\left[\frac{\pi_2}{\varkappa_1}\right]^2}.$$

Da hieraus $\left[\frac{\varkappa_1}{\pi_2}\right] = \left[\frac{\pi_2}{\varkappa_1}\right]$ hervorgeht, so ist auch für $q = 3n+1$ in GAUSS' Angaben das allgemeine Reciprocitätsgesetz in seiner einfachsten Form implicite enthalten.

Unter [4] sind diejenigen Aufzeichnungen gesammelt, durch welche GAUSS seine cubischen Reciprocitätstheoreme bewiesen hat. Da diese Aufzeichnungen mehreren losen Zetteln ohne Datumangabe entnommen sind, so lässt sich die Entstehungszeit der fraglichen Beweise nicht mit Sicherheit angeben. Es ist aber wahrscheinlich, dass die Entwicklungen alsbald nach Gewinnung der »Observatio« und der »Criterien« durchgeführt sind; sie schliessen sich nämlich im Gedankengang sehr eng an die ersten Angaben unter [2] und übrigens an den Art. 358 der Disquisitiones arithmeticae an, und andrerseits ist GAUSS zufolge seiner eigenen Aussage*) jedenfalls vor Mitte des Jahres 1808 im Besitze des sechsten Beweises des quadratischen Reciprocitätsgesetzes gewesen, welcher mit den hier gemeinten Beweisen am nächsten verwandt ist.

Dem GAUSS'schen Beweise des cubischen Reciprocitätssatzes liegt die Kreistheilung zu Grunde. Die einzelnen Formeln unter [4] können entweder unmittelbar aus Art. 358 der Disquisitiones arithmeticae entnommen werden, oder sie lassen sich doch mit sehr geringer Mühe aus den dortigen Entwicklungen ableiten. Die Congruenz:

$$P^{pp} \equiv r^{pp} + Rr^{ppg} + \ldots \equiv P(R^{\text{ind.}\, p}$$

bezieht sich auf den Modul p und entspringt aus dem Umstande, dass alle von 1 verschiedenen Polynomialcoefficienten der Potenz pp durch p theilbar sind. Die Fallunterscheidung

$$\left\{\frac{M - N\sqrt{-27}}{M + N\sqrt{-27}}\right\}^{\frac{1}{3}(pp-1)} \equiv 1, \quad -\tfrac{1}{2}+\tfrac{1}{2}\sqrt{-3}, \quad -\tfrac{1}{2}-\tfrac{1}{2}\sqrt{-3} \quad (\text{mod. } p)$$

correspondirt sowohl für $p = 3m-1$ wie $p = 3m+1$ genau der oben unter I, II und III getroffenen Unterscheidung $B \equiv 0$ (mod. q), etc. Die Zuordnung jener drei Congruenzen zu den folgenden

$$p^{\frac{1}{3}(n-1)} \equiv 1, \quad -\tfrac{1}{2}-\tfrac{1}{2}\frac{M}{3N}, \quad -\tfrac{1}{2}+\tfrac{1}{2}\frac{M}{3N} \quad (\text{mod. } n),$$

wie sie in [4] entwickelt wird, enthält demnach bereits einen vollständigen Beweis der GAUSS'schen Angaben und damit implicite des allgemeinen cubischen Reciprocitätssatzes.

Die weiteren Ausführungen unter [4] betreffen die Criterien über die cubischen Reste 2 und 3. Wegen des cubischen Restes 3 bemerke man nur, dass (unter Benutzung der in [4] gebrauchten Bezeichnung) $p^3 \equiv p, p'$ oder p'' (mod. 3) zutrifft, je nachdem ind. $3 \equiv 0, 1$ oder 2 (mod. 3) stattfindet. Die Bedingung $N \equiv 0$ (mod. 3), damit 3 cubischer Rest von n ist, ergiebt sich daraufhin unmittelbar aus den Schlussangaben von [4].

*) Siehe den Art. 33 der am 24. August 1808 der Göttinger Societät vorgelegten Abhandlung »Summatio quarumdam serierum singularium«.

Die Observatio kann aus den Criterien leicht abgeleitet werden. Z. B. war für den cubischen Rest 3 soeben die Bedingung $N \equiv 0 \pmod{3}$ gewonnen und unter [2] ebenso angegeben. Sind nun M und N gerade, so setze man:

$$M = 2x, \qquad N = 6y,$$

so dass aus $4n = M^2 + 27N^2$ die Darstellbarkeit von n in der quadratischen Form der Determinante -243:

$$n = x^2 + 243y^2$$

vermöge ganzzahliger x, y entspringt. Umgekehrt folgt bei der Möglichkeit einer solchen Darstellung von n die Gültigkeit der Congruenz $N \equiv 0 \pmod{3}$. Sind M und N ungerade, so setze man unter richtiger Auswahl des Vorzeichens:

$$M \pm \frac{N}{3} = 4x, \qquad \mp \frac{N}{3} = y,$$

woraus man die Darstellung gewinnt:

$$n = 4x^2 + 2xy + 61y^2.$$

Aus dieser Formel würde umgekehrt folgen $N \equiv 0 \pmod{3}$, so dass 3 stets und nur dann cubischer Rest von n ist, wenn n durch eine der Formen (1, 0, 243), (4, 1, 61), darstellbar ist.

Durch Herrn R. Dedekind, dem ich mehrere für mich sehr förderliche Unterhaltungen über die in Rede stehenden Gegenstände verdanke, bin ich darauf aufmerksam gemacht, dass für den Fall des cubischen Nichtrestes 3 von n Gauss' Angaben nicht ganz vollständig sind. Es giebt insgesammt neun Classen ursprünglicher Formen erster Art der Determinante $D = -243$, deren reducirte Formen die folgenden sind:

$$(1, 0, 243), \quad (4, \pm 1, 61), \quad (13, \pm 2, 19), \quad (7, \pm 3, 36), \quad (9, \pm 3, 28).$$

Es fehlen in [1] die Formen $(13, \pm 2, 19)$. Das Theorem muss demnach so lauten, dass 3 stets und nur dann cubischer Nichtrest von n ist, wenn n eine Darstellung in einer der Formen gestattet:

$$n = 13xx + 4xy + 19yy,$$
$$n = 7xx + 6xy + 36yy,$$
$$n = 9xx + 6xy + 28yy.$$

Diese Darstellungen erreicht man immer unter richtiger Fixirung des Vorzeichens durch folgende Transformationen:

I. Wenn $M \equiv N \equiv 1 \pmod{2}$, $M \pm 7N \equiv 0 \pmod{12}$,

$$M = 5x + 7y, \qquad \pm N = x - y.$$

II. Wenn $M \equiv N \equiv 1 \pmod{2}$, $M \pm 7N \equiv 6 \pmod{12}$,

$$M = x + 6y, \qquad \mp N = x.$$

III. Wenn $M \equiv N \equiv 0 \pmod{2}$, $M \pm N \equiv 0 \pmod{3}$,

$$M = 6x + 2y, \qquad \mp N = 2y.$$

Die über die Zahl 5 unter 1 gemachten Angaben folgen in ähnlicher Weise aus dem Restcriterium $MN \equiv 0 \pmod{5}$.

Übrigens sei noch bemerkt, dass sich im Original der Notiz [1] eine bis 223 fortgesetzte Tabelle derjenigen Primzahlen $p = 3n + 1$ findet, von denen die Zahlen 2, 3, 5, 7 cubische Reste sind.

Fricke.

ZUR THEORIE DER CUBISCHEN RESTE.

[1.]

$p = mm + 3nn$ eine Primzahl.

Man setze für irgend eine ganze durch p nicht theilbare Zahl x

$$\left[\frac{2mx}{p}\right] = \alpha, \quad \left[\frac{(3n-m)x}{p}\right] = \beta, \quad \left[\frac{(-3n-m)x}{p}\right] = \gamma.$$

Hieraus wird, wie man leicht sieht,

$$\frac{2mx}{p} - \alpha + \frac{(3n-m)x}{p} - \beta + \frac{(-3n-m)x}{p} - \gamma$$

die Summe aus drei echten Brüchen, und muss daher exclusive zwischen den Grenzen 0 und 3 liegen; da aber offenbar dieselbe Summe $= -\alpha-\beta-\gamma$, also eine ganze Zahl ist, so kann sie keinen andern Werth als $+1$ und $+2$ haben. Es ist also entweder

$$\alpha+\beta+\gamma = -1 \quad \text{oder} \quad \alpha+\beta+\gamma = -2.$$

Hieraus folgt ferner, dass die Grössen α, β, γ nicht alle drei unter einander nach dem Modulus 3 congruent sein können; unter den Differenzen $\alpha-\beta$, $\beta-\gamma$, $\gamma-\alpha$ wird also wenigstens Eine (und eben deswegen wenigstens noch eine, weil die Summe von allen $=0$) sein, die nicht $\equiv 0$ ist. Ebenso wenig aber können die Grössen α, β, γ alle unter einander incongruent sein, weil sie sonst, gleichviel in welcher Ordnung, den Zahlen 0, 1, 2 congruent sein und also ihre Summe durch 3 theilbar sein müsste; es wird folglich unter den Differenzen $\alpha-\beta$, $\beta-\gamma$, $\gamma-\alpha$ gewiss Eine, aber auch nur Eine sein, die $\equiv 0$ ist. Es gibt mithin drei Fälle, die einander ausschliessen:

I. Wenn $\beta \equiv \gamma \pmod{3}$

II. Wenn $\gamma \equiv \alpha \pmod{3}$

III. Wenn $\alpha \equiv \beta \pmod{3}$.

Welcher dieser drei Fälle statthat, hängt von x ab; wir werden daher nach Maassgabe dieser drei Fälle sämmtliche durch p nicht theilbare Zahlen in drei Classen theilen, in die erste nämlich diejenigen setzen, wo der erste; in die zweite die, wo der zweite; in die dritte die, wo der dritte Fall stattfindet.

Erstes Theorem: Alle nach dem Modulus p congruente Zahlen gehören in Einerlei Classe.

Zweites Theorem: Gleiche, aber mit entgegengesetzten Zeichen afficirte Zahlen gehören in Eine Classe.

Hieraus ist klar, dass man bloss die Zahlen $1, 2, 3, \ldots, \frac{1}{2}(p-1)$ zu classificiren braucht, um sofort alle übrigen classificiren zu können.

Drittes Theorem: Die Zahlen $(3n-m)x$, $2mx$ gehören in zwei auf einander folgende Classen.

Viertes Theorem: Also wenn $\frac{2n-m}{3m} \equiv f$, also

$$1+f+ff \equiv 0 \pmod{p}, \qquad 1 \equiv f^3 \pmod{p},$$

so gehören x und die Reste von fx, ffx in drei in umgekehrter Ordnung auf einander folgende Classen.

Beispiele der Abtheilungen.

$p = 7 = 4 + 3$, 4, 1, -5

I.	3.	4.
II.	2.	5.
III.	1.	6.

$p = 13 = 1 + 12$, 2, 5, -7

I.	3.	6.	7.	10.
II.	4.	5.	8.	9.
III.	1.	2.	11.	12.

$p = 19 = 16 + 3$, 8, -1, -7

I.	1.	2.	9.	10.	17.	18.
II.	3.	4.	8.	11.	15.	16.
III.	5.	6.	7.	12.	13.	14.

$p = 31 = 4 + 27$, 4, 7, -11

I.	5.	9.	10.	11.	15.	16.	20.	21.	22.	26.
II.	6.	7.	12.	13.	14.	17.	18.	19.	24.	25.
III.	1.	2.	3.	4.	8.	23.	27.	28.	29.	30.

$p = 37 = 25 + 12$, 10, 1, -11

I.	7.	8.	9,	10.	17.	18.	19.	20.	27.	28.	29.	30.
II.	4.	5.	6.	11.	15.	16.	21.	22.	26.	31.	32.	33.
III.	1.	2.	3.	12.	13.	14.	23.	24.	25.	34.	35.	36.

$p = 43 = 16 + 27$, 8, 5, -13

I.	7.	8.	14.	15.	16.	20.	21.	22.	23.	27.	28.	29.	35.	36.
II.	6.	11.	12.	13.	17.	18.	19.	24.	25.	26.	30.	31.	32.	37.
III.	1.	2.	3.	4.	5.	9.	10.	33.	34.	38.	39.	40.	41.	42.

7, $2-\rho$

1	$-\rho\rho$	ρ
-1	$\rho\rho$	$-\rho$

13, $3-\rho$

1	$1-\rho$	$-\rho\rho$
$1-\rho\rho$	ρ	$\rho-\rho\rho$
-1	$-1+\rho$	$\rho\rho$
$-1+\rho\rho$	$-\rho$	$-\rho+\rho\rho$

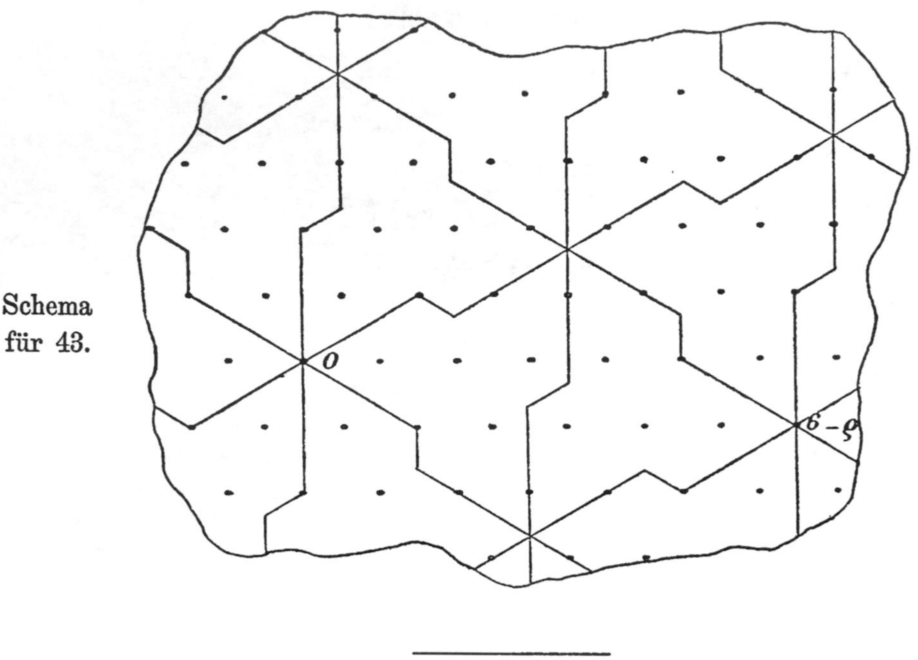

Schema für 43.

[2.]

1. Jede ganze Function $\equiv \alpha + \beta x$ (mod. $1 + x + xx$).

2. Zusammengesetzte und Primfunctionen nach dem Modulus $(1 + x + xx)$.

3. $P \equiv Q$ (mod. $1 + x + xx$, R),
wenn $P - Q$ in die Summe zweier Vielfachen von $1 + x + xx$ und R zerlegbar.

4. Wenn $R \equiv R'$ (mod. $1 + x + xx$), so gelten alle Congruenzen für Modulus $1 + x + xx$, R auch für Modulus $1 + x + xx$, R'.

5. Ist dann $R' = \alpha + \beta x$, so muss der kleinste Rest von $(P - Q)(\alpha + \beta xx)$ mod. $(1 + x + xx)$ durch $(\alpha\alpha - \alpha\beta + \beta\beta)$ theilbar sein.

6. Regel für Prim- und zusammengesetzte Functionen.

7. Es gibt in allem $\alpha\alpha - \alpha\beta + \beta\beta$ incongruente Functionen mod. $(1 + x + xx$, $\alpha + \beta x)$, die den Zahlen $1, 2, \ldots, \alpha\alpha - \alpha\beta + \beta\beta$ congruent sind.

8. Gemeinschaftliche Theiler mod. $(1 + x + xx)$.

9. Numerus $\alpha\alpha - \alpha\beta + \beta\beta$ Determinans functionum, quae sunt $\equiv \alpha + \beta x$ (mod. $1 + x + xx$).

10. Wenn ξ eine Primfunction mod. $(1+x+xx)$ und ihr Determinant $= D$, so ist allgemein

$$\zeta^D \equiv \zeta \quad (\text{mod. } 1+x+xx,\ \xi).$$

11. Quadratische, cubische Reste Modulus ...

12. Ist P cubischer Rest von ξ, so ist:

$$P^{\frac{1}{3}(D-1)} \equiv 1 \quad (\text{mod. } 1+x+xx,\ \xi).$$

BEMERKUNGEN UBER DIE ENTWICKELUNGEN »ZUR THEORIE DER CUBISCHEN RESTE«.

GAUSS hat hier den Versuch gemacht, seinen dritten Beweis des quadratischen Reciprocitätsgesetzes auf die cubischen Reste zu übertragen. Der erste Ansatz bezieht sich allein auf das Gebiet der rationalen ganzen Zahlen und benutzt folgenden Grundgedanken:

Ist die Primzahl $p \equiv 1$ (mod. 3), so hat die Congruenz $x^3 \equiv 1$ (mod. p) drei verschiedene Wurzeln, unter denen eine von 1 verschiedene f heisse. In dem System aller $p-1$ modulo p incongruenten und gegen p primen ganzen Zahlen bilden dann die drei Zahlen $1, f, f^2$ gegenüber Multiplication eine Gruppe des Index $\frac{p-1}{3}$, für welche wir auf irgend eine der mannigfachen möglichen Arten ein Repräsentantensystem S, bestehend aus den Zahlen $\alpha_1, \alpha_2, \ldots, \alpha_{\frac{p-1}{3}}$, ausgewählt denken. Bei diesen Zahlen ist charakteristisch, dass die Congruenz $\alpha_i \equiv f^{\pm 1}\alpha_k$ (mod. p) für keine zwei Indices i, k bestehen kann. Definirt man übrigens die Systeme S' und S'' zu je $\frac{p-1}{3}$ Zahlen β, γ durch

$$\beta_i \equiv f\alpha_i, \qquad \gamma_i \equiv f^2\alpha_i \quad (\text{mod. } p),$$

so erschöpfen die $(p-1)$ Zahlen α, β, γ gerade das gesammte Restsystem $1, 2, \ldots, p-1$ (mod. p).

Ist a eine beliebige durch p nicht theilbare Zahl, so ist

$$a^{\frac{p-1}{3}} \equiv f^\lambda \equiv \left[\frac{a}{p}\right] \quad (\text{mod. } p)$$

der »cubische Charakter« von a in Bezug auf p, und es ist hierbei $\lambda = 0, 1$ oder 2.

Um einen Satz über diesen cubischen Charakter zu gewinnen, bilde man die $\frac{p-1}{3}$ Producte $a\alpha_1, a\alpha_2, \ldots a\alpha_{\frac{p-1}{3}}$. Diese Zahlen bilden offenbar wieder ein Repräsentantensystem, da aus der Congruenz $a\alpha_i \equiv f^{\pm 1}a\alpha_k$ sofort $\alpha_i \equiv f^{\pm 1}\alpha_k$ (mod. p) folgen würde. Gehören nun μ unter den Zahlen $a\alpha_i$ dem System S', ν dem System S'' an, so ist offenbar ihr Product mod. p mit $f^{\mu+2\nu}.\alpha_1\alpha_2\ldots\alpha_{\frac{p-1}{3}}$ congruent; man gewinnt also als Ergebniss:

$$\left[\frac{a}{p}\right] \equiv a^{\frac{p-1}{3}} \equiv f^{\mu+2\nu} \quad (\text{mod. } p),$$

welches das genaue Analogon zu dem bekannten Lemma ist, das GAUSS seinem dritten Beweise des quadratischen Reciprocitätsgesetzes zu Grunde legte.

GAUSS' eigene Auseinandersetzungen beziehen sich auf eine specielle Eintheilung der $(p-1)$ Reste mod. p in drei Classen S, S', S'', wobei die Darstellung von p in der Form $(mm+3nn)$ benutzt wird. Vermuthlich haben aber die mit dieser Bestimmung der Zahl f verbundenen Umständlichkeiten GAUSS davon abgehalten, auf dem hier betretenen Wege weiterzugehen. In der That wird an dieser Stelle die Nothwendigkeit der Erweiterung des Zahlgebietes auf die complexen ganzen Zahlen $(a+b\rho)$, wo alsdann an Stelle von f die Einheitswurzel $\rho = \frac{-1+i\sqrt{3}}{2}$ selbst tritt, ganz besonders überzeugend.

Die fraglichen Untersuchungen sind jedenfalls in der Zeit vor 1809 ausgeführt und haben sich wahrscheinlich unmittelbar an die genannten Entwicklungen über quadratische Reste angeschlossen, welche im Januar 1808 der Gött. Gesellsch. d. Wiss. vorgelegt sind. Nach Notizen in einem von GAUSS seit Ende März 1796 während einer längeren Reihe von Jahren über seine Untersuchungen geführten Tagebuche*) ist derselbe Mitte Februar 1807 ausführlicher an die Theorie der cubischen und biquadratischen Reste herangegangen. Andererseits aber hat sich auch der Ersatz von f durch ρ wahrscheinlich unmittelbar daran angeschlossen, wie aus der Urschrift der hier vorstehend mitgetheilten Notizen hervorgeht. Man darf demnach annehmen, dass GAUSS bereits um die bezeichnete Zeit (1808) den so folgenreichen Schritt der Einführung der ganzen complexen Zahlen definitiv vollzogen hat.

GAUSS hat auch für die complexen Primzahlen $2-\rho$ und $3-\rho$ die drei Classen S, S', S'' aufgestellt (die oben reproducirt sind) sowie gleichfalls noch für den Primtheiler $3-2\rho$ von 19. Besonders interessant ist, dass GAUSS diese Ueberlegungen (wie entsprechend auch bei den biquadratischen Resten) in geometrische Gestalt kleidete. Die ganzen complexen Zahlen $a+b\rho$ liefern Punkte der Ebene, welche ein rhombisches Punktgitter darstellen. Die Gitterpunkte eines einzelnen Systems S lassen sich dabei in einen Bereich eingrenzen, welcher (im neueren Sinne gesprochen) als Discontinuitätsbereich einer unendlichen Gruppe linearer Substitutionen aufgefasst werden kann. GAUSS hat für verschiedene Fälle Zeichnungen angefertigt; die für die Primzahl $6-\rho$ ist oben mitgetheilt. Es würde sich hier um die Gruppe handeln:

$$u' = \rho^{\nu} u + (a+b\rho),$$

wo u eine complexe Variabele bedeutet, $\nu = 1, 2, 3$ zu setzen ist und $a+b\rho$ alle der Congruenz

$$a+b\rho \equiv 0 \quad (\text{mod. } 6-\rho)$$

genügende ganze Zahlen zu durchlaufen hat. Die in der GAUSS'schen Figur angegebenen Bereiche beziehen sich auf die durch Zusatz der Substitution $u' = \pm u$ erweiterte Gruppe, Die Willkür in der Auswahl des Repräsentantensystems S läuft jetzt auf die Willkür in der Auswahl der Bereichgrenzen hinaus. Welche Absicht GAUSS mit der von ihm gewählten Gestalt dieser Grenzen befolgt hat, ist leider nicht angegeben.

Die am Schlusse der obigen Notizen unter [2] zusammengestellten zwölf Thesen folgen in der Urschrift direct auf die Betrachtungen der Zahlen $a+b\rho$. Das System aller ganzen complexen Zahlen $a+b\rho$ erscheint hier eindeutig ersetzt durch das mod. $(1+x+xx)$ reducirte System aller ganzen Functionen von x mit ganzen rationalen Coefficienten.

FRICKE.

---

*) Uber dieses höchst werthvolle Tagebuch sollen in Bd. 9 der ges. Werke nähere Angaben gemacht werden.

[FRAGMENTE ZUR THEORIE DER AUS EINER CUBIKWURZEL ZU BILDENDEN GANZEN ALGEBRAISCHEN ZAHLEN.]

[1.]

Es sei

$$a+b\nu+c\nu\nu = t, \qquad \nu^3 = n,$$

so setzen wir

$$a^3+nb^3+nnc^3-3nabc = \varphi t,$$
$$(bb-ac)\nu\nu+(ncc-ab)\nu+(aa-nbc) = Ft.$$

Theorem I.

$$tFt = \varphi t,$$
$$\left.\begin{array}{l}\varphi kt = k^3\varphi t\\ Fkt = kk\,Ft\end{array}\right\}\text{ wenn } k \text{ eine Zahl}$$
$$\varphi tu = \varphi t.\varphi u, \qquad Ftu = Ft.Fu,$$
$$\varphi(Ft) = (\varphi t)^2, \qquad F(Ft) = (\varphi t)\,t.$$

Wenn die Coefficienten in t keinen gemeinschaftlichen Theiler haben, hingegen die in Ft den gemeinschaftlichen Theiler k und $Ft = kt'$ gesetzt wird, so ist

$$F(Ft) = kk\,Ft' = t\varphi t$$

also nothwendig φt durch kk theilbar und die Coefficienten in Ft' durch $\frac{\varphi t}{kk}$ theilbar.

Es sei k der grösste gemeinschaftliche Theiler der Coefficienten in Ft und $Ft = ku$. Es sei l der grösste gemeinschaftliche Theiler der Coefficienten in Fu, so ist

$$Fu = lt,$$

$$\varphi t = kkl, \qquad \varphi u = kll, \qquad tu = kl.$$

Ferner werden die Coefficienten von $\nu\nu$ in t, u respective Primzahlen sein zu k, l. Man setze $\alpha u \equiv v$ (mod. l), wo man α so annehmen kann, dass der Coefficient von $\nu\nu$ in v gleich 1 wird und der Zahlwerth von $v < \frac{1}{2}l$. Alsdann ist

$$tv \equiv \alpha tu \equiv \alpha kl \equiv 0 \quad (\text{mod. } l);$$

man macht also

$$\frac{tv}{l} = t',$$

wo

$$\varphi t' = \frac{kk\varphi v}{ll}$$

wird und der Zahlwerth $t' < \frac{1}{2}t$.

$$t = 1, \qquad \varphi t = 1$$

$$t' = v, \qquad \varphi t' = A', \qquad l' = \frac{A'}{(\text{Div. } Ft')^2}, \qquad v' \equiv \alpha' \frac{Ft'}{\text{Div.}} \quad (\text{mod. } l'),$$

$$t'' = \frac{t'v'}{l'}, \qquad \varphi t'' = A'', \qquad l'' = \frac{A''}{(\text{Div. } Ft'')^2},$$

$$t''' = \frac{t''v''}{l''}, \qquad \varphi t''' = A''', \qquad l''' = \frac{A'''}{(\text{Div. } Ft''')^2},$$

etc.

[2.]

$$a^3 + nb^3 + nnc^3 - 3nabc = D,$$

$$n = \nu^3,$$

$$a + b\nu + c\nu\nu = \Delta,$$

$$bb - ac = A, \qquad C - \nu\nu A = (a - \nu b)\Delta, \qquad CC - nAB = aD,$$

$$ncc - ab = B, \qquad \nu A - B = (b - \nu c)\Delta, \qquad nAA - BC = bD,$$

$$aa - nbc = C, \qquad \nu B - C = (\nu\nu c - a)\Delta, \qquad BB - AC = cD.$$

$$D = \Delta(\nu\nu A + \nu B + C) = aC + nbA + ncB,$$
$$aA + bB + cC = 0 = aB + ncA + bC.$$

$$nA^3 - B^3 = (bA - cB)D = (b^3 - nc^3)D,$$
$$nB^3 - C^3 = (ncB - aC)D = (nnc^3 - a^3)D,$$
$$C^3 - nnA^3 = (aC - nbA)D = (a^3 - nb^3)D.$$

$$\Delta^3 - 3a\Delta^2 + 3C\Delta - D = 0,$$
$$\Delta^3 - 3\nu b\Delta^2 + 3\nu\nu A\Delta - D = 0,$$
$$\Delta^3 - 3\nu\nu c\Delta^2 + 3\nu B\Delta - D = 0.$$

$$\frac{B}{A} + \frac{C}{B} + \frac{nA}{C} = 3\nu + \frac{\Delta\Delta}{ABC}\{a(aA - bB) + \nu b(bB - cC) + \nu\nu c(cC - aA)\}.$$

[3.]

Wenn eine Zahl A oder ein Vielfaches derselben in der Form

$$x^3 + ny^3 + nnz^3 - 3nxyz$$

enthalten ist, so ist n ein cubischer Rest von A und der Werth des Ausdrucks

$$\sqrt[3]{n}\ (\text{mod. } A) \equiv \frac{xx - nyz}{nzz - xy} \equiv \frac{nyy - nxz}{xx - nyz} \equiv \frac{nzz - xy}{yy - xz}.$$

[4.]

$n = 2, \quad D = 1$

a	b	c	A	B	C
−1	1	0	1	1	1
1	−2	1	3	4	5
1	3	−3	12	15	19
−7	−2	6	46	58	73
19	−5	−8	177	223	281
−35	24	3	681	858	1081
41	−59	21	2620	3301	4159
1	100	−80	10080	12700	16001
−161	−99	180	38781	48801	61561

n	a	b	c
2	-1	1	0
3	2	0	-1
4	1	1	-1
5	1	-4	2
6	1	-6	3
7	1	-1	0
8	-2	0	1
9	-2	0	1
10	1	6	-3
11	1	4	-2
12	-107	33	6
13	4	3	-2
14	1	2	-1
15	1	-30	12
16	1	50	-20
17	18	-7	0
19	-8	3	0
37	10	-3	0

BEMERKUNGEN ÜBER DIE FRAGMENTE ZUR THEORIE DER AUS EINER CUBIKWURZEL ZU BILDENDEN GANZEN ALGEBRAISCHEN ZAHLEN.

Die hier reproducirten Entwicklungen stammen ungefähr aus derselben Zeit wie die voraufgehenden »Zur Theorie der cubischen Reste«. Nach einer Tagebuchnotiz hat GAUSS im speciellen die Untersuchung über Auflösung der Gleichung $x^3+ny^3+nnz^3-3nxyz = 1$ am 23. Dec. 1808 begonnen. Es liegt damit ein neues Zeugniss für das so frühzeitige Auftreten ganzer algebraischer Zahlen vor.

Im Sinne der neueren Zahlentheorie handelt es sich hier um ganze Zahlen desjenigen reellen cubischen Körpers, der durch die reine Gleichung $x^3 = n$ definirt ist. Es bedeutet t eine ganze Zahl dieses Körpers, φt die Norm von t und Ft das gleichfalls im Körper enthaltene Product der mit t conjugirten Zahlen, welche etwa t_1, t_2 heissen mögen:

$$\varphi t = tt_1t_2, \qquad Ft = t_1t_2.$$

Die unter [1] als »Theorem I« angegebenen Formeln sind hiernach leicht ersichtlich; und es ist freilich nicht gewiss, aber sehr wahrscheinlich, dass GAUSS dieselben unter Benutzung der complexen Factoren t_1, t_2 aufgestellt hat.

Welche Absicht GAUSS mit der Bildung der Zahlenreihe $t', t'', t''', \ldots$ gehabt hat, ist nicht angegeben.

In den weiter folgenden Entwicklungen sind an Stelle von t, φt, Ft die Bezeichnungen Δ, D, $\nu\nu A+\nu B+C$ getreten. Es handelt sich darum, die gegenseitige Beziehung der beiden Zahlen $a+b\nu+c\nu\nu$ und $\nu\nu A+\nu B+C$ weiter zu verfolgen. Nach handschriftlichen Aufzeichnungen SCHERINGS kann man diese Formeln unmittelbar aus den Gleichungen des »Theorems I« ablesen. Setzt man z. B. in

$$F(Ft) = (\varphi t)t$$

die jetzige Bedeutung von t, φt und Ft ein, so folgt:

$$F(Ft) = (BB-AC)\nu\nu+(nAA-BC)\nu+(CC-nAB)$$
$$(\varphi t)t = D(c\nu\nu+b\nu+a),$$

sowie aus der Identität beider Ausdrücke:

$$CC-nAB = Da, \qquad nAA-BC = Db, \qquad BB-AC = Dc.$$

In GAUSS' Handschrift findet sich bei der Notiz [2] noch die Angabe:

$$\textit{Correction von } \nu \textit{ à peu près} = -\frac{D^2}{9BCC},$$

sowie der unvollendete Satz:

Forma ternaria per subst.

$$x = ax'+by'+cz',$$
$$y = ncx'+ay'+bz',$$
$$z = nbx'+ncy'+az',$$

welcher dahin zu deuten ist, dass die ternäre Form

$$nnx^3+ny^3+z^3-3nxyz$$

vermöge jener Substitution übergeht in

$$D(nnx'^3+ny'^3+z'^3-3nx'y'z').$$

Der Satz [3] über cubische Reste entspringt direct aus den durch die voraufgehenden Formeln begründeten Congruenzen:

$$nA^3-B^3 \equiv 0, \qquad nB^3-C^3 \equiv 0, \qquad C^3-nnA^3 \equiv 0 \pmod{D}.$$

Endlich liefern die beiden numerischen Tabellen am Schlusse der Fragmente, abgesehen von der für $n=8$ angegebenen Zahl $-2+\sqrt[3]{64}$ und den beiden für $n=7$ und $n=9$ gemachten Angaben, bei denen indess nur Schreibfehler vorzuliegen scheinen, lauter Zahlen $a+b\nu+c\nu\nu$ von der Norm ± 1, d. i. lauter Einheiten. In der ersten Tabelle, derjenigen für $n=2$, ist $1+\sqrt[3]{2}+\sqrt[3]{4}$ die Fundamentaleinheit des Körpers, deren erste neun Potenzen sammt ihren reciproken Einheiten berechnet werden. Einer brieflichen

Mittheilung von Herrn Mehmke danke ich die Kenntniss, dass Gauss auch in der zweiten Tabelle (abgesehen von den drei genannten Fällen) für das System derjenigen Einheiten, welche mit Hülfe ganzzahliger a, b, c in der Gestalt $a+b\nu+c\nu\nu$ darstellbar sind, jedesmal die zur Fundamentaleinheit reciproke Einheit angegeben hat. In der Mehrzahl der Fälle handelt es sich auch um die Fundamentaleinheit des Körpers. Ausnahmen von dieser Regel liegen vor bei $n=16$, wo die achte Potenz der Fundamentaleinheit angegeben ist, und bei $n=10$ und $n=19$, wo die reciproken Fundamentaleinheiten die folgenden sind:

$$\frac{7+\sqrt[3]{10}-2\sqrt[3]{100}}{3}, \qquad \frac{2+2\sqrt[3]{19}-\sqrt[3]{19^2}}{3}.$$

Fricke.

BEWEIS DER IRRATIONALITÄT DER TANGENTEN RATIONALER BÖGEN IN EINER NEUEN GESTALT.

Die unendlichen Reihen

$$P = 1 - \frac{1}{2}\cdot\frac{mm}{nn} + \frac{1}{2.4}\cdot\frac{1}{1.3}\cdot\frac{m^4}{n^4} - \frac{1}{2.4.6}\cdot\frac{1}{1.3.5}\cdot\frac{m^6}{n^6} + \text{u. s. w.}$$

$$P_1 = \frac{m}{n} - \frac{1}{2}\cdot\frac{1}{1.3}\cdot\frac{m^3}{n^3} + \frac{1}{2.4}\cdot\frac{1}{1.3.5}\cdot\frac{m^5}{n^5} - \frac{1}{2.4.6}\cdot\frac{1}{1.3.5.7}\cdot\frac{m^7}{n^7} + \text{u. s. w.}$$

$$P_2 = \frac{1}{1.3}\cdot\frac{m^3}{n.n} - \frac{1}{2}\cdot\frac{1}{1.3.5}\cdot\frac{m^5}{n^4} + \frac{1}{2.4}\cdot\frac{1}{1.3.5.7}\cdot\frac{m^7}{n^6} - \frac{1}{2.4.6}\cdot\frac{1}{1.3.5.7.9}\cdot\frac{m^9}{n^8} + \text{u. s. w.}$$

$$P_3 = \frac{1}{1.3.5}\cdot\frac{m^5}{n^3} - \frac{1}{2}\cdot\frac{1}{1.3.5.7}\cdot\frac{m^7}{n^5} + \frac{1}{2.4}\cdot\frac{1}{1.3.5.7.9}\cdot\frac{m^9}{n^7} - \frac{1}{2.4.6}\cdot\frac{1}{1.3.5.7.9.11}\cdot\frac{m^{11}}{n^9} + \text{u. s. w.}$$

und allgemein, von $\theta = 1$ an,

$$P_\theta = \frac{1}{1.3.5\ldots(2\theta-1)}\cdot\frac{m^{2\theta-1}}{n^\theta} - \frac{1}{2}\cdot\frac{1}{1.3.5\ldots(2\theta+1)}\cdot\frac{m^{2\theta+1}}{n^{\theta+2}} + \frac{1}{2.4}\cdot\frac{1}{1.3.5\ldots(2\theta+3)}\cdot\frac{m^{2\theta+3}}{n^{\theta+4}}$$
$$- \frac{1}{2.4.6}\cdot\frac{1}{1.3.5\ldots(2\theta+5)}\cdot\frac{m^{2\theta+5}}{n^{\theta+6}} + \text{u. s. w.},$$

wo m, n zunächst beliebige gegebene positive Grössen bedeuten, sind offenbar alle, wenn nicht vom Anfange an, doch nach hinlänglich weiter Fortsetzung convergent, und zwar mehr als jede fallende geometrische Progression. Es hat daher jede einen endlichen bestimmten Zahlenwerth.

Ist schon das zweite Glied von P_θ kleiner als das erste, oder auch nur diesem gleich, so wird von selbst das dritte kleiner als das zweite, das vierte kleiner als das dritte u. s. w. In diesem Falle, wozu nur gefordert wird, dass $2\theta+1$ nicht kleiner ist als $\frac{mm}{2nn}$, wird der Werth von P_θ jedenfalls positiv, kleiner als das erste Glied, und grösser als die Summe der beiden ersten sein.

Es wird dann folglich der Werth des Bruchs $\frac{P_\theta}{P_{\theta+1}}$ zu klein gefunden, wenn man im Zähler die beiden ersten Glieder, und im Nenner nur das erste in Rechnung bringt, oder mit anderen Worten, der wahre Werth jenes Bruches ist grösser als $(2\theta+1)\cdot\frac{n}{mm}\left\{1-\frac{1}{2(2\theta+1)}\frac{mm}{nn}\right\}$ oder $\frac{n}{mm}(2\theta+1)-\frac{1}{2n}$. Es folgt hieraus, dass $P_\theta, P_{\theta+1}, P_{\theta+2}$ u. s. w. eine stets abnehmende unendliche Reihe von Grössen bilden, wenn nur $2\theta+1$ nicht kleiner ist als $\frac{mm}{n}+\frac{mm}{2nn}$. Es ist also unmöglich, dass sämmtliche Glieder der Reihe P, P_1, P_2, P_3 u. s. w. ganzen Zahlen proportional seien. Diess würde aber nothwendig der Fall sein, wenn man annimmt, dass m und n ganze Zahlen sind und zugleich die beiden ersten Glieder jener Reihe P, P_1 zu einander in einem rationalen Verhältniss stehen. Man hat nemlich:

$$P_2 = nP_1 - mP$$
$$P_3 = 3nP_2 - mmP_1$$
$$P_4 = 5nP_3 - mmP_2$$
$$P_5 = 7nP_4 - mmP_3$$

u. s. w.,

allgemein, von der zweiten Formel an,

$$P_{\theta+2} = (2\theta+1)nP_{\theta+1} - mmP_\theta.$$

Offenbar kann man in diesen Formeln anstatt der Grössen P, P_1, P_2 u. s. w. auch ihnen proportionale setzen. Wären aber von diesen die zwei ersten ganze Zahlen, so würden auch alle folgenden ganze Zahlen sein, was, wie eben gezeigt wurde, unmöglich ist.

Es kann folglich, wenn m, n ganze Zahlen bedeuten, der Werth des Bruchs $\frac{P_1}{P}$, welcher nichts anderes ist als die Tangente des Bogens $\frac{m}{n}$, nicht rational sein.

BEMERKUNGEN ZU DEM AUFSATZE »BEWEIS DER IRRATIONALITÄT DER TANGENTEN RATIONALER BÖGEN IN EINER NEUEN GESTALT«.

Der erste einwandfreie Beweis, dass $\operatorname{tg}\frac{m}{n}$ für ganze Zahlen m, n irrational ist, wurde von LEGENDRE in der vierten Note seiner »Éléments de géométrie« (1794) entwickelt. Die GAUSS'schen Ausführungen weichen in den Grundgedanken nicht von dem LEGENDREschen Beweise ab. Neu ist die Art, wie GAUSS direct aus den Potenzreihen der P_θ die unbegrenzte Abnahme dieser Grössen bei wachsendem θ nachweist. Über die hier in Betracht kommenden Untersuchungen LAMBERTS und LEGENDRES, sowie namentlich über die vom letzteren a. a. O. gegebene Darstellung hat übrigens GAUSS eine kritische Besprechung aufgezeichnet, die jedoch hier nicht abgedruckt ist.

Eine andere Entwicklung, welche gleichfalls nicht abgedruckt ist, leitet aus den Recursionsformeln der P_θ angenäherte Darstellungen von $\operatorname{tg} m$ durch Quotienten ganzer rationaler Functionen von m ab. GAUSS benutzt diese Darstellungen zur Berechnung von Näherungswerthen von $\frac{1}{2}\pi$.

FRICKE.

[NOTIZ ÜBER AUFLÖSUNG EINES SPECIELLEN SYSTEMS LINEARER GLEICHUNGEN.]

Aufgabe.

Vermittelst der fünf Gleichungen

$$aP+bQ+cR+dS+eT=A,$$
$$bP+cQ+dR+eS+aT=B,$$
$$cP+dQ+eR+aS+bT=C,$$
$$dP+eQ+aR+bS+cT=D,$$
$$eP+aQ+bR+cS+dT=E,$$

die unbekannten P, Q, R, S, T aus den übrigen zu finden.

Auflösung.

Man bestimme p, q, r, s, t so, dass

$$ap+bq+cr+ds+et=1,$$
$$bp+cq+dr+es+at=0,$$
$$cp+dq+er+as+bt=0,$$
$$dp+eq+ar+bs+ct=0,$$
$$ep+aq+br+cs+dt=0,$$

werde. Dann ist

$$P = Ap + Bq + Cr + Ds + Et,$$
$$Q = Aq + Br + Cs + Dt + Ep,$$
$$R = Ar + Bs + Ct + Dp + Eq,$$
$$S = As + Bt + Cp + Dq + Er,$$
$$T = At + Bp + Cq + Dr + Es.$$

Das Geforderte wird auf folgende Art geleistet. Es sei ε eine Wurzel der Gleichung $x^5 = 1$. Man mache

$$p + q + r + s + t = \frac{1}{a+b+c+d+e},$$
$$p + q\varepsilon + r\varepsilon\varepsilon + s\varepsilon^3 + t\varepsilon^4 = \frac{1}{a + b\varepsilon^4 + c\varepsilon^3 + d\varepsilon\varepsilon + e\varepsilon},$$
$$p + q\varepsilon\varepsilon + r\varepsilon^4 + s\varepsilon + t\varepsilon^3 = \frac{1}{a + b\varepsilon^3 + c\varepsilon + d\varepsilon^4 + e\varepsilon\varepsilon},$$
$$p + q\varepsilon^3 + r\varepsilon + s\varepsilon^4 + t\varepsilon\varepsilon = \frac{1}{a + b\varepsilon\varepsilon + c\varepsilon^4 + d\varepsilon + e\varepsilon^3},$$
$$p + q\varepsilon^4 + r\varepsilon^3 + s\varepsilon\varepsilon + t\varepsilon = \frac{1}{a + b\varepsilon + c\varepsilon\varepsilon + d\varepsilon^3 + e\varepsilon^4},$$

woraus p, q, r, s, t leicht abgeleitet werden.

Man setze nemlich

$$(a + b\varepsilon + c\varepsilon\varepsilon + d\varepsilon^3 + e\varepsilon^4)(a + b\varepsilon\varepsilon + c\varepsilon^4 + d\varepsilon + e\varepsilon^3)(a + b\varepsilon^3 + c\varepsilon + d\varepsilon^4 + e\varepsilon\varepsilon)$$
$$= \mathfrak{A} + \mathfrak{B}\varepsilon + \mathfrak{C}\varepsilon\varepsilon + \mathfrak{D}\varepsilon^3 + \mathfrak{E}\varepsilon^4,$$
$$\mathfrak{A} + \mathfrak{B} + \mathfrak{C} + \mathfrak{D} + \mathfrak{E} = \mathfrak{M},$$
$$a + b + c + d + e = m,$$
$$\mathfrak{A}a + \mathfrak{B}b + \mathfrak{C}c + \mathfrak{D}d + \mathfrak{E}e = M,$$
$$\frac{M - m\mathfrak{M}}{m(5M - m\mathfrak{M})} = n.$$

Dann ist

$$p = \frac{4\mathfrak{A}}{5M - m\mathfrak{M}} + n,$$
$$q = \frac{4\mathfrak{B}}{5M - m\mathfrak{M}} + n,$$
$$r = \frac{4\mathfrak{C}}{5M - m\mathfrak{M}} + n,$$
$$s = \frac{4\mathfrak{D}}{5M - m\mathfrak{M}} + n,$$
$$t = \frac{4\mathfrak{E}}{5M - m\mathfrak{M}} + n.$$

[MECHANISCHER SATZ ÜBER DIE WURZELN EINER GANZEN FUNCTION $f(x)$ UND IHRER ABLEITUNG $f'(x)$.]

Sind $\begin{smallmatrix} a, b, c, .., m, n \\ a', b', c', .., m' \end{smallmatrix}$ die Wurzeln der Gleichung $\begin{smallmatrix} fx = 0 \\ f'x = 0 \end{smallmatrix}$, wo $f'x = \frac{dfx}{dx}$, und werden durch dieselben Buchstaben die entsprechenden Punkte in plano bezeichnet, so ist, wenn man sich in $a, b, c, .., m, n$ gleiche abstossende oder anziehende Massen denkt, die im umgekehrten Verhältniss der Entfernung wirken, in $a', b', c', .., m'$ Gleichgewicht.

BEMERKUNGEN ZU DEN BEIDEN VORSTEHENDEN ALGEBRAISCHEN NOTIZEN.

Die erste der beiden mitgetheilten Notizen stammt wahrscheinlich aus den Jahren 1826—28. Sie bezweckt die Auflösung eines Systems von fünf linearen Gleichungen mit besonders einfach und zwar symmetrisch gebauter Determinante vermittelst der fünften Einheitswurzeln. Beim Beweise der schliesslich herauskommenden Darstellungen für die fünf Grössen p, q, r, s, t beachte man, dass die Norm der complexen Zahl $a + b\varepsilon + c\varepsilon\varepsilon + d\varepsilon^3 + e\varepsilon^4$ sich in der Gestalt $\frac{1}{4}(5M - m\mathfrak{M})$ darstellen lässt.

Die zweite Notiz hat GAUSS wahrscheinlich im Jahre 1846 aufgezeichnet. Zum Beweise orientire man die Ebene so, dass eine der Lösungen von $f'(x) = 0$ in den Nullpunkt zu liegen kommt. Dann ist:

$$\frac{1}{a} + \frac{1}{b} + \frac{1}{c} + \cdots + \frac{1}{n} = 0,$$

$$\frac{a_0}{aa_0} + \frac{b_0}{bb_0} + \frac{c_0}{cc_0} + \cdots + \frac{n_0}{nn_0} = 0,$$

wo a_0 zu a, b_0 zu b, etc. conjugirt complex sein sollen. Die mechanische Deutung der letzten Gleichung liefert den GAUSS'schen Satz.

FRICKE.

ANALYSIS UND FUNCTIONENTHEORIE.

NACHTRÄGE ZU BAND III.

NACHLASS.

DE INTEGRATIONE FORMULAE DIFFERENTIALIS
$(1+n\cos\varphi)^\nu\cdot d\varphi$.

Prooemium. Maxima pars Calculi, qui Integralis vocatur, serierum evolutione et tractatione absolvitur. Unica nimirum methodus, quam in illo praeter tentamina et differentiatione in memoriam revocata invenies, hoc agit, ut data quantitas differentialis in seriem expandatur terminorum, quorum singulus quilibet facile ad integrationem perducitur. In serie finita hoc modo ad expressionem omnibus numeris absolutam pervenitur; series infinita, licet incognitarum relationem quaesitam minus perfecte exhibeat, modo ita procedat, ut adproximationi locus detur, id quod plurimis casibus apta tractatione obtinebitur, ad vulgares usus sufficere et aequationi, si qua talis revera inter variabiles propositas detur, aequipollere recte censetur. Est autem plerumque propter terminorum seriem ingredientium prolixitatem et adparentem anomaliam arduum sane negotium, legem istarum expressione generali circumscribere, circumscriptam demonstratione munire; utrumque imminens erroris, irrepentis ex sola coniectura producto calculo ad verisimilitatem elata, periculum et scientiae dignitas postulant. Exemplum eiusmodi disquisitionis sistet dissertatiuncula proposita, quae in formulae $d\varphi(1+n\cos\varphi)^\nu$, existentibus n et ν numeris definitis pro lubitu adsumtis, integratione per series absolvenda versatur. Formula haec, cuius eximius est in Astronomia physica usus, adeo gravis Ill. Eulero visa fuit, ut illi integrum Institutionum Calculi Integralis caput *) di-

*) Cap. VI T. I.

care nullus dubitaverit. Legem ibi, licet non summa generalitate expressam, signis concinnioribus circumscribere, et ex genuino fonte rigida demonstratione derivare, operae pretium mihi visum est.

Praemonenda autem ante omnia quaedam, de novo signo in exhibendis serierum terminis generalibus utilissimo, brevibus exponam. In seriebus nimirum, imprimis complicatioribus saepe accidit, ut aliam termini impares, aliam pares legem sequi videantur, et tunc in binas, a se invicem seiunctas dirimi soleant. Quod, cum non sine prolixitate fieri possit et, ut ita dicam, unitatem expressionis, qua sola tractabilis redditur series indefinita, tollat, nisi aliqua ratione medela adferatur, serierum usum arctis circumscribet limitibus. Sponte autem ex methodo, qua simplicissima quae dari potest inter terminos seriei pares et impares discrepantia, ut nimirum alteri positivi, alteri negativi sint, in ipsum terminum generalem infertur, generalior ista, quam nunc proponere conor, sese offerre videtur. Sit terminus seriei alicuius generalis $m^{\text{tus}} = Q$; si illum positivum velis existente m pari, negativum m impari, hoc praefixo factore $(-1)^m$; sin contrario ordine procedere signa malis, praeposito $(-1)^{m+1}$ exhibeo*). Simili ratione, sit expressio generalis termini m^{ti} existente m pari $= P$, existente impari $= Q$, ita, ut P aliam prorsus, quam Q legem sequatur. Dico fore generatim terminum m^{tum} $\frac{1-(-1)^m}{2}Q + \frac{1-(-1)^{m+1}}{2}P$. Ex hac enim expressione, si fuerit m numerus par, ob $(-1)^m = 1$, evadente $\frac{1-(-1)^m}{2} = 0$, et ob $(-1)^{m+1} = -1$, evadente $\frac{1-(-1)^{m+1}}{2} = 1$, eliditur pars prima, fitque altera uti fas est $= P$. Sin vero m fuerit impar, cum sit $(-1)^{m+1} = 1$, adeoque $\frac{1-(-1)^{m+1}}{2} = 0$, et simul $(-1)^m = -1$ et inde $\frac{1-(-1)^m}{2} = 1$, evanescente parte posteriore restat prior ut assumta fuit $= Q$. Ut unicum tantum exemplum adferam, ex quo notae utilitas elucescat, sumam, quod infra demonstrabitur, posse potestatem indefinitam cosinus dati cuiusdam anguli v. g. $\cos\varphi^n$ semper in seriem secundum cosinus multiplorum eiusdem anguli expandi, ea tamen lege, ut ista, existente n pari, secundum multipla paria procedat, sitque adeo terminus illius r^{tus}, misso coefficiente, $\cos 2r\varphi$; existente autem n impari secundum multipla imparia, sitque tunc terminus eiusdem $r^{\text{tus}} = \cos(2r+1)\varphi$. Tunc expressio generalis sic adornari potest: fore seriei in quam $\cos\varphi^n$ evol-

*) Adsensum huic signo non recusare dignatus est, cum ipsi de illo proponerem, Ill. KAESTNERUS. Qua auctoritate fretus saepius iam in disquisitionibus analyticis idem illud adhibui.

vitur, terminum generalem $r^{\text{tum}} = \cos\left(2r + \frac{1-(-1)^n}{2}\right)\varphi$. Manifesto enim existente n pari contrahitur haec forma in $\cos 2r\varphi$, existente impari abit in $\cos(2r+1)\varphi$.

In dissertatiuncula ipsa generalem hunc notandi modum nonnisi in formula finitima (§ 11) adhibui. Licet enim iam in disquisitionibus quibus ad istam pervenitur cum fructu adplicari possit, abstinendum ipso censui, ne propter addenda quaedam de transmutationibus eiusmodi signorum, si in calculos ipsos ingrediantur, ad nimiam prolixitatem abreptus, dissertatiunculae limites excederem. Satius mihi visum est, notarum eiusmodi tractationem, si calculos subeant prolixos termini, quos adficiunt, et artificia, quibus ad servandam in illis concinnitatem opus est, singulari disquisitione complecti.

1. Formulae propositae integratio initio quidem facillime perfici posse videtur. Potest enim quantitas data $(1+n\cos\varphi)^\nu$ secundum theorema binomiale in seriem per successivas ipsius $\cos\varphi$ potestates integras procedentem converti. Quo facto singuli eius termini, in $d\varphi$ ducti, et ad integrationem revocati, quaesitum exhibebunt. Recte hoc quidem, verum hac via incedendo ad expressiones complicatissimas deducimur; quaelibet enim quaesitae integralis particula serie continebitur haud parum prolixa. Praestat igitur aliam sequi rationem, in eo fundatam, quod ex Trigonometriae analyticae praeceptis quaelibet ipsius $\cos\varphi$ potestas exponentis integri positivi possit in seriem valde concinnam, per terminos qui solummodo cosinus multiplorum ipsius φ continent, progredientem evolvi. Ita igitur absolvetur negotium propositum, ut primo quidem $(1+n\cos\varphi)^\nu$ per seriem, secundum potestates ipsius $\cos\varphi$ procedentem, exhibeatur, mox vero, ex lege generali, antea stabilita, quilibet eius terminus in seriem novam, per cosinus multiplorum progredientem mutetur, atque colligantur demum ex omnibus hisce seriebus membra, qui eiusdem anguli cosinum contineant. Series nova, eaque rite ordinata, quae, peractis hisce laboribus exsurgit, in $d\varphi$ ducta statim ad integrationem poterit perduci.

2. Ante omnia igitur lex, qua potestas aliqua cosinus dati per angulorum multiplorum cosinus exhibetur, scrutanda erit. Huic disquisitioni fundamento est formula trigonometrica elementaris*), esse

*) KAESTNER, Astron. Abh., Erste Sammlung, I, 10.

$$\cos a \cos b = \tfrac{1}{2}\cos(a-b) + \tfrac{1}{2}\cos(a+b).$$

Sumatur iam $\cos\varphi$, quae, in $\cos\varphi$ ducta, dabit $\cos\varphi \cdot \cos\varphi$, quod productum tum, si revera multiplicemus, per $\cos\varphi^2$, tum si per formulam modo expositam in summam solvamus, per $\frac{1}{2} + \frac{1}{2}\cos 2\varphi$ exhibebitur. Est igitur $\cos\varphi^2 = \frac{1}{2} + \frac{1}{2}\cos 2\varphi$. Simili ratione ad potestates altiores provecti, sensim formulas eruimus sequentes

$$\cos\varphi^3 = \tfrac{3}{4}\cos\varphi + \tfrac{1}{4}\cos 3\varphi;$$

$$\cos\varphi^4 = \tfrac{3}{8} + \tfrac{4}{8}\cos 2\varphi + \tfrac{1}{8}\cos 4\varphi;$$

$$\cos\varphi^5 = \tfrac{10}{16}\cos\varphi + \tfrac{5}{16}\cos 3\varphi + \tfrac{1}{16}\cos 5\varphi;$$

$$\cos\varphi^6 = \tfrac{10}{32} + \tfrac{15}{32}\cos 2\varphi + \tfrac{6}{32}\cos 4\varphi + \tfrac{1}{32}\cos 6\varphi;$$

$$\cos\varphi^7 = \tfrac{35}{64}\cos\varphi + \tfrac{21}{64}\cos 3\varphi + \tfrac{7}{64}\cos 5\varphi + \tfrac{1}{64}\cos 7\varphi;$$

$$\cos\varphi^8 = \tfrac{35}{128} + \tfrac{56}{128}\cos 2\varphi + \tfrac{28}{128}\cos 4\varphi + \tfrac{8}{128}\cos 6\varphi + \tfrac{1}{128}\cos 8\varphi.$$

Facile ex his calculis lex generalis eruitur. In potestatibus $\cos\varphi$ paribus non nisi parium ipsius φ multiplorum, quorum maximum dato exponente definitur, cosinus adparent, in imparibus eadem lege multiplorum imparium cosinus. Sed pares non eandem omnino quam impares legem sequuntur.

a. Terminus initialis in paribus, in $\cos 0\varphi = 1$ ductus, coefficiente gaudet, cuius denominator, ut ceterorum omnium, est ipsius 2 potestas, cuius exponens unitate exceditur ab exponente propositae potestatis. Numerator est fere coefficiens binomialis ad potestatem propositam pertinens, et quidem, si illos suo ordine evolutos concipias, mediorum inter illos dimidius. Cetera membra, multiplum ipsius φ, indicis membri duplum, in coefficiente adiecto eundem quem initiale denominatorem, pro numeratore autem coefficientem binomialem eiusdem potestatis, illo quem initiale gerit tot gradibus posteriorem, quot index membri indicat, continent. Quae lex ita generatim exponi potest: fore $\cos\varphi^{2m}$ seriem, cuius terminus initialis*)

$$\frac{1}{2^{2m-1}} \cdot \frac{{}^{2m}\mathfrak{B}^{(m)}}{2},$$

---

*) Expressio legis huius EULERiana, ad coefficientes binomiales non revocata, cum proposita si ipsa congruit, sed non aeque concinna videtur.

Ceterum coefficientes binomiales a me semper more HINDENBURGiano notari, et serierum terminos, duce Ill. KAESTNERO, semper in initialem et sequentes distingui, vix est quod moneam.

terminus generalis r^{tus}

$$= \frac{1}{2^{2m-1}}\,{}^{2m}\mathfrak{B}^{(m+r)}.\cos 2r\varphi.$$

β. Potestates impares eidem legi subiectae inveniuntur, nisi quod terminus initialis in numeratore, coefficientium binomialium, ad potestatem datam pertinentium medium posteriorem (quippe bini in exponente impari occurrunt et medii et aequales) totum contineat. Lex seriei generalis igitur haec erit: esse $\cos\varphi^{2m-1}$ seriem, cuius terminus initialis

$$= \frac{1}{2^{2m-2}}\,{}^{2m-1}\mathfrak{B}^{(m)}\cos\varphi,$$

terminus generalis r^{tus}

$$= \frac{1}{2^{2m-2}}\,{}^{2m-1}\mathfrak{B}^{(m+r)}\cos(2r+1)\varphi.$$

3. Sumamus igitur primo loco legem propositam in indefinita aliqua potestate impari, v. g. $(2m-1)^{\text{ta}}$ valere, adeoque esse

$$\cos\varphi^{2m-1} =$$

$$\frac{1}{2^{2m-2}}\,{}^{2m-1}\mathfrak{B}^{(m)}\cos\varphi + \frac{1}{2^{2m-2}}\,{}^{2m-1}\mathfrak{B}^{(m+1)}\cos 3\varphi + \frac{1}{2^{2m-2}}\,{}^{2m-1}\mathfrak{B}^{(m+2)}\cos 5\varphi + \text{etc.},$$

obtinebitur potestas par unitate maior, utramque aequationis partem per $\cos\varphi$ multiplicando. Quodlibet serie membrum hoc pacto productum binorum cosinuum continet, nec difficulter ex theoremate noto in summam binorum cosinuum solvetur. Sic fiet

$$\cos\varphi^{2m} = \frac{1}{2^{2m-2}}\,{}^{2m-1}\mathfrak{B}^{(m)}\cos\varphi\cdot\cos\varphi + \frac{1}{2^{2m-2}}\,{}^{2m-1}\mathfrak{B}^{(m+1)}\cos 3\varphi\cdot\cos\varphi$$
$$+ \frac{1}{2^{2m-2}}\,{}^{2m-1}\mathfrak{B}^{(m+2)}\cos 5\varphi\cdot\cos\varphi + \cdots$$

Evadet igitur, quia

$$\cos\varphi\cos\varphi = \tfrac{1}{2} + \tfrac{1}{2}\cos 2\varphi,$$

terminus initialis

$$= \frac{1}{2^{2m-2}}\,{}^{2m-1}\mathfrak{B}^{(m)}\cdot\frac{1}{2} + \frac{1}{2^{2m-2}}\,{}^{2m-1}\mathfrak{B}^{(m)}\frac{\cos 2\varphi}{2},$$

eademque lege terminus primus

$$= \frac{1}{2^{2m-2}}\,{}^{2m-1}\mathfrak{B}^{(m+1)}\cdot\frac{\cos 2\varphi}{2} + \frac{1}{2^{2m-2}}\,{}^{2m-1}\mathfrak{B}^{(m+1)}\frac{\cos 4\varphi}{2}.$$

Initio patet ex solo termino initiali in summam soluto eventurum terminum in $\cos 0\varphi = 1$ ductum, h. e. novae seriei terminum initialem; ceteri enim termini in utraque summae ex illis provenientis parte cosinum multipli alicuius paris ipsius φ continent. Est igitur novae seriei terminus initialis

$$\frac{1}{2^{2m-2}} \cdot \frac{1}{2} \, {}^{2m-1}\mathfrak{B}^{(m)} = \frac{1}{2^{2m-1}} \, {}^{2m-1}\mathfrak{B}^{(m)}.$$

Haec vero expressio, cum sit hic coefficiens binomialis inter ceteros suae potestatis mediorum posterior, adeoque cum altero mediorum, cui aequalis est, addendo iunctus potestatis uno gradu altioris coefficientem eiusdem indicis producat, sitque hac ratione

$${}^{2m-1}\mathfrak{B}^{(m)} \cdot 2 = {}^{2m}\mathfrak{B}^{(m)},$$

sic poterit exhiberi: esse terminum initialem

$$= \frac{1}{2^{2m-1}} \frac{{}^{2m}\mathfrak{B}^{(m)}}{2}.$$

Ad legem terminorum reliquorum generalem enodandam sumatur $\cos\varphi^{2m-1} \cdot \cos\varphi$ terminus generalis r^{tus}

$$\frac{1}{2^{2m-2}} \, {}^{2m-1}\mathfrak{B}^{(m+r)} \cos(2r+1)\varphi \cdot \cos\varphi.$$

Hic, cum sit

$$\cos(2r+1)\varphi \cdot \cos\varphi = \tfrac{1}{2}\cos 2r\varphi + \tfrac{1}{2}\cos(2r+2)\varphi,$$

solvetur in partes:

$$\frac{1}{2^{2m-2}} \cdot \frac{1}{2} \cdot {}^{2m-1}\mathfrak{B}^{(m+r)} \cos 2r\varphi + \frac{1}{2^{2m-2}} \cdot \frac{1}{2} \cdot {}^{2m-1}\mathfrak{B}^{(m+r)} \cos(2r+2)\varphi.$$

Ex quo adparet, ex quolibet multiplo impari hac transformatione bina paria, alterum proxime maius, alterum proxime minus dato impari enasci. Sic nonnisi cosinus multiplorum parium in nova serie occurrunt, quorum quilibet coefficientem ex binis seriei adsumtae coefficientibus contiguis conflatum obtinebit. Patet enim ex transformatione in termino r^{to} ipsius

$$\cos\varphi^{2m-1} \cdot \cos\varphi$$

instituta, non solum huius partem primam, quae iam ante inventa fuit

$$\frac{1}{2^{2m-1}} \, {}^{2m-1}\mathfrak{B}^{(m+r)} \cos 2r\varphi,$$

sed quoque antecedentis $(r-1)^{\text{ti}}$ posteriorem

$$=\frac{1}{2^{2m-1}}\,{}^{2m-1}\mathfrak{B}^{(m+r-1)}\cos 2r\varphi,$$

esse in $\cos 2r\varphi$ ductam, ex ceteris terminis vero multipla aut minora aut maiora proficisci. Iunctis igitur terminis hisce habebitur novae seriei pro $\cos\varphi^{2m}$ terminus generalis r^{tus}, qui, cum sit

$${}^{2m-1}\mathfrak{B}^{(m+r)}+{}^{2m-1}\mathfrak{B}^{(m+r-1)}={}^{2m}\mathfrak{B}^{(m+r)},$$

induet formam

$$\frac{1}{2^{2m-1}}\,{}^{2m}\mathfrak{B}^{(m+r)}\cdot\cos 2r\varphi.$$

Haec expressio legi infra pro potestatibus paribus adsumtae prorsus consentanea est, ex quo sequitur, valituram illam pro potestati pari, simulac impari proxime minori demonstrata fuerit.

4. Denuo igitur derivata modo pro $\cos\varphi^{2m}$ series:

$$\cos\varphi^{2m}=\frac{1}{2^{2m-1}}\frac{{}^{2m}\mathfrak{B}^{(m)}}{2}+\frac{1}{2^{2m-1}}\,{}^{2m}\mathfrak{B}^{(m+1)}\cos 2\varphi+\frac{1}{2^{2m-1}}\,{}^{2m}\mathfrak{B}^{(m+2)}\cos 4\varphi+\cdots$$
$$+\frac{1}{2^{2m-1}}\,{}^{2m}\mathfrak{B}^{(m+r)}\cos 2r\varphi+\cdots$$

in $\cos\varphi$ ducatur, ut habeatur ex una parte $\cos\varphi^{2m+1}$, ex altera, excepto initiali, in quolibet termino binorum cosinuum productum, ut antea in binas partes dirimendum. Dabit sic terminus primus

$$\frac{1}{2^{2m-1}}\,{}^{2m}\mathfrak{B}^{(m+1)}\cos 2\varphi\cos\varphi$$

partes

$$\frac{1}{2^{2m-1}}\,{}^{2m}\mathfrak{B}^{(m+1)}\frac{1}{2}\cos\varphi+\frac{1}{2^{2m-1}}\,{}^{2m}\mathfrak{B}^{(m+1)}\frac{1}{2}\cos 3\varphi.$$

Pars eius prima, cum unica, quam terminus initialis praebet

$$\frac{1}{2^{2m-1}}\frac{{}^{2m}\mathfrak{B}^{(m)}}{2}\cos\varphi,$$

in summam collecta, dabit novae seriei initialem

$$\frac{1}{2^{2m}}\,{}^{2m+1}\mathfrak{B}^{(m+1)}\cos\varphi.$$

Terminus generalis r^{tus}

$$= \frac{1}{2^{2m-1}}\,{}^{2m}\mathfrak{B}^{(m+r)} \cos 2r\varphi \cdot \cos\varphi,$$

in partes diremtus, dabit

$$\frac{1}{2^{2m-1}}\,{}^{2m}\mathfrak{B}^{(m+r)} \cdot \frac{1}{2}\cos(2r-1)\varphi + \frac{1}{2^{2m-1}}\,{}^{2m}\mathfrak{B}^{(m+r)} \cdot \frac{1}{2}\cos(2r+1)\varphi.$$

Igitur sola multipla imparia hic occurrunt, quorum bina contigua ex quolibet datae seriei termino generantur. Si igitur velim novae seriei terminum $(r-1)^{\text{tum}}$, quem in $\cos(2r-1)\varphi$ ductum fore adparet, ex evolutae seriei termino $(r-1)^{\text{to}}$ partem posteriorem

$$= \frac{1}{2^{2m}}\,{}^{2m}\mathfrak{B}^{(m+r-1)} \cos(2r-1)\varphi,$$

ex r^{to} autem partem priorem

$$\frac{1}{2^{2m}}\,{}^{2m}\mathfrak{B}^{(m+r)} \cos(2r-1)\varphi$$

iungendo, obtinerem:

$$\frac{1}{2^{2m}}\,{}^{2m+1}\mathfrak{B}^{(m+r)} \cos(2r-1)\varphi.$$

Sic evadet ipsius $\cos\varphi^{2m+1}$ terminus generalis $(r-1)^{\text{tus}}$ qualis hic propositus est, aut, si malis, pro r substituendo $r+1$, terminus r^{tus}

$$\frac{1}{2^{2m}}\,{}^{2m+1}\mathfrak{B}^{(m+1+r)} \cos(2r+1)\varphi.$$

Atque iam adparet hanc legem, ipsius $\cos\varphi^{2m+1}$ terminum r^{tum} sistentem, cum adsumta illa pro $\cos\varphi^{2m-1}$ termino r^{to}

$$= \frac{1}{2^{2m-2}}\,{}^{2m-1}\mathfrak{B}^{(m+r)} \cos(2r+1)\varphi,$$

ita congruere, ut, simulac in hac loco m substituatur $m+1$, illa sponte prodeat.

Esse igitur legem tam pro paribus quam pro imparibus ipsius $\cos\varphi$ potestatibus generalem, hoc progressu indefinito demonstratione munito, per se patet.

5. Quamvis ad disquisitionem propositam haud pertineat, liceat hoc loco monere, ex lege pro cosinuum potestatibus per dati anguli multiplos exhibitis similem pro sinuum potestatibus statim exsurgere, idque sola observatione esse $\cos(90^0-\varphi) = \sin\varphi$.

Cum sit igitur $\cos\varphi^{2m-1}$ series, cuius terminus initialis

$$\frac{1}{2^{2m-2}}\,{}^{2m-1}\mathfrak{B}^{(m)}\cos\varphi$$

erit, substituendo $90^0-\varphi$ in locum ipsius φ, $\sin\varphi^{2m-1}$ terminus initialis

$$\frac{1}{2^{2m-2}}\,{}^{2m-1}\mathfrak{B}^{(m)}\sin\varphi$$

et generatim, eadem substitutione $\sin\varphi^{2m-1}$ terminus r^{tus}

$$=\frac{1}{2^{2m-2}}\,{}^{2m-1}\mathfrak{B}^{(m+r)}\cos(2r+1)(90^0-\varphi).$$

Est autem

$$\cos(2r+1)(90^0-\varphi)=\cos((2r+1)\,90^0-(2r+1)\varphi)$$
$$=\cos(2r+1)\,90^0\cdot\cos(2r+1)\varphi+\sin(2r+1)\,90^0\cdot\sin(2r+1)\varphi.$$

Iam vero, cum sit

$$\sin(2r+1)\,90^0=(-1)^r,\qquad \cos(2r+1)\,90^0=0,$$

fiet haec quantitas

$$=(-1)^r\sin(2r+1)\varphi,$$

et terminus ipsius $\sin\varphi^{2m-1}$ generalis r^{tus}

$$=\frac{(-1)^r}{2^{2m-2}}\,{}^{2m-1}\mathfrak{B}^{(m+r)}\sin(2r+1)\varphi.$$

Si vero in serie $\cos\varphi^{2m}$ exhibente in locum ipsius φ substituas $90^0-\varphi$, terminus initialis non afficitur, generalis r^{tus}, qui est

$$\frac{1}{2^{2m-1}}\,{}^{2m}\mathfrak{B}^{(m+r)}\cos 2r\varphi,$$

mutatur ita, ut

$$\cos 2r(90^0-\varphi)=\cos(2r\,90^0-2r\varphi)$$
$$=\cos 2r\,90^0\cdot\cos 2r\varphi+\sin 2r\,90^0\cdot\sin 2r\varphi$$

contineat. Est autem

$$\sin 2r\,90^0=0,\qquad \cos 2r\,90^0=(-1)^r,$$

qua re mutatur ista expressio in $(-1)^r\cos 2r\varphi$, fitque ipsius $\sin\varphi^{2m}$ terminus r^{tus}

$$\frac{(-1)^r}{2^{2m-1}}\,{}^{2m}\mathfrak{B}^{(m+r)}\cos 2r\varphi.$$

6. Nunc sine mora ad finem propositum accedere licet. Nimirum evolvatur per theorema binomiale $(1+n\cos\varphi)^{\nu}$ in seriem per potestates ipsius $\cos\varphi$ progredientem, solvatur deinde quodlibet huius seriei membrum in novam seriem secundum cosinus multiplorum anguli dati procedentem, seligantur ex his seriebus termini in eiusdem anguli cosinum ducti, hique in unum terminum cogantur. Cognita terminorum sic provenientium lege totum negotium tantum non perfectum erit. In serie fundamentali

$$(1+n\cos\varphi)^{\nu} = 1+{}^{\nu}\mathfrak{B}^{(1)}\,n\cos\varphi+{}^{\nu}\mathfrak{B}^{(2)}n^2\cos\varphi^2+{}^{\nu}\mathfrak{B}^{(3)}n^3\cos\varphi^3+\ldots+{}^{\nu}\mathfrak{B}^{(q)}n^q\cos\varphi^q+\ldots$$

omnes ipsius $\cos\varphi$ potestates ex ordine occurrunt, pares et impares. Ex paribus, si evolvantur, nonnisi cosinus multiplorum parium, ex imparibus nonnisi imparium prodeunt, quare ad has, si de cosinu multipli imparis, ad illas si de cosinu multipli paris agitur, recurrendum est.

A) Habebitur seriei quaesitae terminus initialis, si ex omnibus propositae terminis, illorum, qui evoluti a $\cos 0\varphi = 1$ ordiuntur, initialia membra ordine suo servato uniantur. Sunt vero solae potestates ipsius $\cos\varphi$ pares, quae evolutae eiusmodi membrum initiale praebeant. Quaelibet harum partem huc pertinentem praebet; h^{ta} igitur pars ex seriei fundamentalis termino $2h^{\text{to}}$, qui est ${}^{\nu}\mathfrak{B}^{(2h)}n^{2h}\cos\varphi^{2h}$, proficiscitur. Est autem $\cos\varphi^{2h}$ terminus initialis, qui solus huc pertinet

$$= \frac{1}{2^{2h-1}}\,\frac{{}^{2h}\mathfrak{B}^{(h)}}{2} = \frac{1}{2^{2h}}\,{}^{2h}\mathfrak{B}^{(h)};$$

adeoque adiecto ipsius $\cos\varphi^{2h}$ coefficiente pars h^{ta} seriei in $\cos 0\varphi = 1$ ductae

$$\frac{1}{2^{2h}}\,{}^{2h}\mathfrak{B}^{(h)}\,.\,{}^{\nu}\mathfrak{B}^{(2h)}n^{2h}.$$

Sic inventus est terminus generalis h^{tus} seriei, quae terminum initialem eius constituit, quam $(1+n\cos\varphi)^{\nu}$ secundum cosinus angulorum multiplorum evolvendo adipiscimur. Esse terminum eius initialem $= 1$ per se patet. Quod si ponamus esse

$$(1+n\cos\varphi)^{\nu} = A+A^{(1)}\cos\varphi+A^{(2)}\cos 2\varphi+\cdots,$$

erit

$$A = 1+\frac{1}{2^2}\,{}^{2}\mathfrak{B}^{(1)}\,.\,{}^{\nu}\mathfrak{B}^{(2)}n^2+\frac{1}{2^4}\,{}^{4}\mathfrak{B}^{(2)}\,.\,{}^{\nu}\mathfrak{B}^{(4)}n^4+\cdots+\frac{1}{2^{2h}}\,{}^{2h}\mathfrak{B}^{(h)}\,.\,{}^{\nu}\mathfrak{B}^{(2h)}n^{2h}+\cdots$$

sive

$$A = 1+\frac{1}{2^2}\cdot\frac{2}{1}\,\frac{\nu\,.\,\nu-1}{1\,.\,2}n^2+\frac{1}{2^4}\cdot\frac{4\,.\,3}{1\,.\,2}\cdot\frac{\nu\,.\,\nu-1\,.\,\nu-2\,.\,\nu-3}{1\,.\,2\,.\,3\,.\,4}n^4+\text{etc.}$$

B) Quaeramus iam generatim legem coefficientis, quam cosinus multipli alicuius imparis v. g. $\cos(2q-1)\varphi$ nanciscitur. Inter terminos seriei $(1+n\cos\varphi)^\nu$ secundum potestates ipsius $\cos\varphi$ procedentis primus ille, qui $\cos\varphi^{2q-1}$ continet, secundum cosinus multiplorum evolutus, in termino suo $(q-1)^{\text{to}}$ multiplum requisitum continet. Est nimirum ex lege antea (2, β) exposita, ipsius $\cos\varphi^{2q-1}$ terminus $(q-1)^{\text{tus}}$

$$= \frac{1}{2^{2q-2}}\,{}^{2q-1}\mathfrak{B}^{(2q-1)}\cos(2q-1)\varphi,$$

sive, cum sit ${}^{2q-1}\mathfrak{B}^{(2q-1)} = 1$,

$$\frac{1}{2^{2q-2}}\cos(2q-1)\varphi.$$

Erat autem in serie fundamentali terminus $\cos\varphi^{2q-1}$ continens ductus in ${}^{\nu}\mathfrak{B}^{(2q-1)}n^{2q-1}$. Quo factore adiecto habebitur pars prima coefficientis, qui ad $\cos(2q-1)\varphi$ pertinet, sive terminus initialis seriei, qua coefficiens ille exhibetur

$$= \frac{1}{2^{2q-2}}\,{}^{\nu}\mathfrak{B}^{(2q-1)}n^{2q-1}.$$

Iam vero quaelibet ipsius $\cos\varphi$ potestas impar, cuius exponens $2q-1$ excedit, si per cosinus multiplorum exprimatur, praebebit terminum in $\cos(2q-1)$ ductum; estque horum h^{tus}, qui ex h^{ta} post $\cos\varphi^{2q-1}$ potestate impari, cuius igitur exponens est $2q+2h-1$, originem trahit. Sumitur autem ex quantitate

$${}^{\nu}\mathfrak{B}^{(2q+2h-1)}n^{2q+2h-1}\cos\varphi^{2q+2h-1}$$

secundum cosinus multiplorum evoluta terminus $(q-1)^{\text{tus}}$; fit autem ille (cum sit ex lege cognita, ipsius $\cos\varphi^{2q+2h-1}$ terminus $(q-1)^{\text{tus}}$

$$= \frac{1}{2^{2q+2h-2}}\,{}^{2q+2h-1}\mathfrak{B}^{(2q+h-1)}\cos(2q-1))$$

$$= \frac{1}{2^{2q+2h-2}}\,{}^{2q+2h-1}\mathfrak{B}^{(2q+h-1)}\,.\,{}^{\nu}\mathfrak{B}^{(2q+2h-1)}n^{2q+2h-1}\cos(2q-1)\varphi.$$

Huius igitur quantitatis coefficiens est h^{tus} illorum, quos ex successiva partium seriei fundamentalis evolutione adsumta $\cos(2q-1)\varphi$ sortitur. Quare si, uti fas est, in nova serie condenda istarum partium summam pro uno habeamus coefficiente, fiet ipsius $\cos(2q-1)\varphi$ coefficiens seriei aequalis, cuius terminus initialis

$$= \frac{1}{2^{2q-2}}\,{}^{\nu}\mathfrak{B}^{(2q-1)}n^{2q-1}$$

et generalis h^{tus}

$$= \frac{1}{2^{2q+2h-2}} {}^{2q+2h-1}\mathfrak{B}^{(2q+h-1)} \cdot {}^{\nu}\mathfrak{B}^{(2q+2h-1)} n^{2q+2h-1}.$$

C) Eadem ratione lex coefficientis in cosinum multipli alicuius paris cadentis, v. g. in $\cos 2q\varphi$, eruitur. In solis enim potestatibus ipsius $\cos\varphi$ paribus, inde ab illa, cuius exponens est $2q$, eiusmodi multipli cosinus occurrit. Quare seriei, qua coefficiens ipsius $\cos 2q\varphi$ exprimitur, terminus initialis ex eo seriei fundamentalis membro, quo $\cos\varphi^{2q}$ continetur, i. e. ex ${}^{\nu}\mathfrak{B}^{(2q)} n^{2q} \cos\varphi^{2q}$, et quidem ex huius termino q^{to} sumetur, fietque (cum sit $\cos\varphi^{2q}$ term. q^{tus}

$$= \frac{1}{2^{2q-1}} {}^{2q}\mathfrak{B}^{(2q)} \cos 2q\varphi = \frac{1}{2^{2q-1}} \cos 2q\varphi) \qquad = \frac{1}{2^{2q-1}} {}^{\nu}\mathfrak{B}^{(2q)} n^{2q}.$$

Generatim ex h^{to} post hoc primum seriei fundamentalis membro pari, adeoque ex quantitate ${}^{\nu}\mathfrak{B}^{(2q+2h)} n^{2q+2h} \cos\varphi^{2q+2h}$ proveniet coefficientis, ad $\cos . 2q\varphi$ pertinentis, pars h^{ta}. Est autem ipsius $\cos\varphi^{2q+2h}$, si evolvatur, terminus q^{tus}

$$= \frac{1}{2^{2q+2h-1}} {}^{2q+2h}\mathfrak{B}^{(2q+h)} \cos 2q\varphi.$$

Sic igitur provenit coefficientis, ad $\cos 2q\varphi$ pertinentis terminus post primum h^{tus}

$$= \frac{1}{2^{2q+2h-1}} {}^{2q+2h}\mathfrak{B}^{(2q+h)} \cdot {}^{\nu}\mathfrak{B}^{(2q+2h)} n^{2q+2h}.$$

D) Perfectum revera est negotium propositum. Non solum enim seriei ex $(1+n\cos\varphi)^{\nu}$, dum pro quavis potestate series cosinuum multiplorum substituitur, rite ordinatae terminus initialis (cf. A), verum etiam pro utroque genere terminorum, qui in illa occurrere possunt, quorum alteri continent cosinum multipli alicuius imparis, $\cos(2q-1)\varphi$ (cf. B), alteri cosinum multipli alicuius paris $\cos 2q\varphi$ (conf. C), debiti coefficientis terminus initialis et generalis rite exhibitus est. Sed haec delineatio legis inventae contrahitur observatione prorsus eandem esse legem, quae in coefficientibus cosinuum parium, et quae in imparium valet. Quod sic perspicitur. Erat coefficientis ad $\cos(2q-1)\varphi$ pertinentis terminus initialis

$$\frac{1}{2^{2q-2}} {}^{\nu}\mathfrak{B}^{(2q-1)} n^{2q-1},$$

terminus generalis h^{tus}

$$\frac{1}{2^{2q+2h-2}} {}^{2q+2h-1}\mathfrak{B}^{(2q+h-1)} \cdot {}^{\nu}\mathfrak{B}^{(2q+2h-1)} n^{2q+2h-1}.$$

Sit in hac expressione $(2q-1)=r$, habebimus hac substitutione ipsius $\cos r\varphi$ (existente r impari) coefficientem ita constitutum, ut sit eius terminus initialis

$$=\frac{1}{2^{r-1}}\,{}^{\nu}\mathfrak{B}^{(r)}\,n^{r},$$

terminus h^{tus}

$$=\frac{1}{2^{r+2h-1}}\,{}^{r+2h}\mathfrak{B}^{(r+h)}\,.\,{}^{\nu}\mathfrak{B}^{(r+2h)}\,n^{r+2h}.$$

Erat porro coefficientis ad $\cos 2q\varphi$ pertinentis terminus initialis

$$\frac{1}{2^{2q-1}}\,{}^{\nu}\mathfrak{B}^{(2q)}\,n^{2q}, \qquad h^{\text{tus}}=\frac{1}{2^{2q+2h-1}}\,{}^{2q+2h}\mathfrak{B}^{(2q+h)}\,.\,{}^{\nu}\mathfrak{B}^{(2q+2h)}\,n^{2q+2h}.$$

Sit eadem ratione $2q=r$, veniet hac substitutione pro coefficiente ipsius $\cos r\varphi$ (existente r pari) expressio ita comparata, ut sit eius terminus initialis

$$=\frac{1}{2^{r-1}}\,{}^{\nu}\mathfrak{B}^{(r)}\,n^{r},$$

generalis h^{tus}

$$=\frac{1}{2^{r+2h-1}}\,{}^{r+2h}\mathfrak{B}^{(r+h)}\,.\,{}^{\nu}\mathfrak{B}^{(r+2h)}\,n^{r+2h}.$$

Identitas expressionum, quas, sive par sit sive impar assumtus r, pro coefficiente ipsius $\cos r\varphi$ adipiscimur, identitatem legis arguit, quam igitur, pro omnibus ipsius $(1+n\cos\varphi)^{\nu}$ terminis unam eandemque, concinnius finitima hac formula designabimus.

Est igitur quantitas nostra $(1+n\cos\varphi)^{\nu}$ seriei aequalis, quae sic procedit, ut sit

$$A+A^{(1)}\cos\varphi+A^{(2)}\cos 2\varphi+\cdots\cdot+A^{(r)}\cos r\varphi+\cdots$$

ea coefficientium lege, ut initialis A aequetur seriei, cuius terminus initialis $=1$, generalis h^{tus}

$$=\frac{1}{2^{2h}}\,{}^{2h}\mathfrak{B}^{(h)}\,.\,{}^{\nu}\mathfrak{B}^{(2h)}\,n^{2h};$$

cuius coefficiens indefinitus r^{tus} $A^{(r)}$ contineatur serie, cuius terminus initialis

$$=\frac{1}{2^{r-1}}\,{}^{\nu}\mathfrak{B}^{(r)}\,n^{r};$$

coefficiens termini in eadem serie h^{ti}

$$=\frac{1}{2^{r+2h-1}}\,{}^{\nu}\mathfrak{B}^{(r+2h)}\,.\,{}^{r+2h}\mathfrak{B}^{(r+h)}\,n^{r+2h}.$$

Sic per coefficientes binomiales brevissime exprimi posse videtur lex complicatissima. Licet enim, evolutis, ut fieri potest, in producta his coefficientibus, factores alterius nonnulli tollantur ab alterius factoribus, tamen expressio finitima longe prolixior fit, ac prior fuerat. Sic enim, ut facto rei veritas comprobetur, brevissime exhibetur illa ratione coefficientis indefiniti r^{ti} terminus generalis h^{tus}

$$\frac{\nu.(\nu-1)\ldots(\nu-(r+2h-1))}{1.2^2.3^2\ldots h^2}\cdot\frac{1}{(h+1)(h+2)\ldots(h+r)}\,\frac{1}{2^{r+2h-1}}\,n^{r+2h}.$$

Adnotatio. Eiusmodi formulam sortietur, qui ex seriebus pro coefficientibus aliquot initialibus ab Eulero*) propositis legem generalem abstrahere velit. Licet via, quam ad scrutandam legem istam indicat Auctor Illustris, ad obtinendas series iamiam expositas minus directa ac facilis videatur, alio tamen respectu praeclara, et minime negligenda videtur. Omne artificium in eo consistit, ut ficta pro quantitate $(1+n\cos\varphi)^\nu$ serie

$$A+A^{(1)}\cos\varphi+A^{(2)}\cos 2\varphi+\ldots.$$

per differentiationem eruatur scala recursionis, qua istius coefficientes a se invicem pendent. Quae, cum tantummodo tripartita sit, per binos quosvis antecedentes coefficientem quemvis exhibet, ut igitur, modo priores bini finiti fuerint, ceteri omnes forma finita exhiberi queant. Quae mutua coefficientium relatio, licet ex seriebus iamiam inventis erui possit, facilius tamen artificio Euleriano evincitur.

7. Sit, ut antea

$$(1+n\cos\varphi)^\nu = A+A^{(1)}\cos\varphi+A^{(2)}\cos 2\varphi+\ldots.+A^{(h)}\cos h\varphi+\ldots$$

Sumtis ab utraque parte logarithmorum differentialibus, habebitur, remoto divisione ipso $d\varphi$

$$\frac{\nu n\sin\varphi}{1+n\cos\varphi} = \frac{A^{(1)}\sin\varphi+2A^{(2)}\sin 2\varphi+3A^{(3)}\sin 3\varphi+\cdots+hA^{(h)}\sin h\varphi+\cdots}{A+A^{(1)}\cos\varphi+A^{(2)}\cos 2\varphi+\cdots+A^{(h)}\cos h\varphi+\cdots}$$

a) Sublatis multiplicando utrimque divisoribus habetur ex una parte

$$\nu n\sin\varphi\,(A+A^{(1)}\cos\varphi+A^{(2)}\cos 2\varphi+\ldots.+A^{(h)}\cos h\varphi+A^{(h+1)}\cos(h+1)\varphi$$
$$+A^{(h+2)}\cos(h+2)\varphi+\ldots.).$$

*) Euler l. c. Probl. 36.

Quae series, ducta in factorem praefixum, ex formula nota, esse

$$\sin\varphi\cos\lambda\varphi = \tfrac{1}{2}\sin(\lambda+1)\varphi - \tfrac{1}{2}\sin(\lambda-1)\varphi,$$

solvetur in terminos, secundum sinus multiplorum procedentes. Quodlibet membrum praeter initiale et primum in bina sic dirimitur, quorum alterum multiplum proxime minus, alterum vero multiplum proxime maius, quam illud, cuius cosinum continet, quod dirimitur, sortietur. Sic v. g. membrum

$$\nu n\cdot\sin\varphi\, A^{(2)}\cos 2\varphi$$

praebet

$$-\nu\frac{nA^{(2)}}{2}\sin\varphi + \nu\frac{nA^{(2)}}{2}\sin 3\varphi;$$

quorum primum, adiectum illi, quod ex initiali gignitur $\nu nA\sin\varphi$, praebet seriei evolutae terminum initialem

$$= \left(\nu nA - \nu\frac{nA^{(2)}}{2}\right)\sin\varphi.$$

Generatim si quaeram coefficientem, quem in serie evoluta nanciscitur $\sin(h+1)\varphi$; soli sunt in data termini $\nu nA^{(h)}\sin\varphi\cos h\varphi$ (eiusque evoluti pars prior

$$+\nu\frac{nA^{(h)}}{2}\sin(h+1)\varphi)$$

ac $\nu n . A^{(h+2)}\sin\varphi\cos(h+2)\varphi$ (huius vero evoluti pars posterior

$$-\nu\frac{nA^{(h+2)}}{2}\sin(h+1)\varphi),$$

ex quibus membra, requisitum continentia ipsius φ multiplum, oriri queant, estque adeo in hac serie ipsius $\sin(h+1)\varphi$ coefficiens completus

$$= \nu\frac{n . A^{(h)}}{2} - \nu\frac{nA^{(h+2)}}{2}.$$

β) Ex altera vero parte habebitur

$$(1+n\cos\varphi)(A^{(1)}\sin\varphi + 2A^{(2)}\sin 2\varphi + \cdots + hA^{(h)}\sin h\varphi + \cdots\cdots)$$

ex qua forma, si explicetur, duplex series originem trahit. Altera est

$$A^{(1)}\sin\varphi + 2A^{(2)}\sin 2\varphi + \cdots\cdot + (h+1)A^{(h+1)}\sin(h+1)\varphi + \cdots\cdot$$

nullo negotio prodiens.

Altera vero

$$n\cos\varphi\,(A^{(1)}\sin\varphi+2A^{(2)}\sin 2\varphi+\cdots+hA^{(h)}\sin h\varphi+(h+1)A^{(h+1)}\sin(h+1)\varphi+\cdots),$$

ut cum priore in unam summam conflari possit, cum in singulis terminis productum ex $\cos\varphi$ in sinum multipli alicuius ipsius φ contineat, ex nota formula

$$\cos\varphi\sin\lambda\varphi=\tfrac{1}{2}\sin(\lambda+1)\varphi+\tfrac{1}{2}\sin(\lambda-1)\varphi,$$

mutationem subeat necesse est. Sic in ista membrum, quo $\sin\varphi$ contineatur, ex termino

$$n\cos\varphi\,.\,2A^{(2)}\sin 2\varphi$$

procedens, fit $n\,.\,A^{(2)}\sin\varphi$. Si generatim ex illa quaesiveris membra, quibus $\sin(h+1)\varphi$ contineatur, sumendus terminus

$$hA^{(h)}\sin h\varphi\,.\,n\cos\varphi$$

(eiusque pars prior

$$\frac{nhA^{(h)}}{2}\sin(h+1)\varphi)$$

cum termino

$$(h+2)A^{(h+2)}\sin(h+2)\varphi\,.\,n\cos\varphi$$

(ex hoc autem evoluto pars posterior

$$\frac{n(h+2)A^{(h+2)}}{2}\sin(h+1)\varphi);$$

quo facto evadit ipsius $\sin(h+1)\varphi$ in serie quaesita coefficiens

$$\frac{nhA^{(h)}}{2}+\frac{n(h+2)A^{(h+2)}}{2}.$$

γ) Iam vero, cum series ab una parte (α) aequalis sit seriebus ab altera positis (β), coefficientes homologi, i. e. hoc loco in eiusdem anguli sinum ducti aequales sint oportet. Sic est ex una parte ipsius $\sin\varphi$ coefficiens

$$=\nu nA-\nu\frac{nA^{(2)}}{2}$$

ex altera autem $A^{(1)}+nA^{(2)}$. Quibus aequatis habebitur:

$$\nu nA-\nu\frac{nA^{(2)}}{2}=A^{(1)}+nA^{(2)},\qquad \text{unde}\qquad A^{(2)}=\frac{2(\nu nA-A^{(1)})}{(\nu+2)n}.$$

Generalibus via etiam hic iam strata est. Si enim ab utraque parte, quae in $\sin(h+1)\varphi$ ducta reperiuntur, aequalia, uti fas est, ponantur, eveniet:

$$\frac{\nu n A^{(h)}}{2} - \frac{\nu n A^{(h+2)}}{2} = (h+1)A^{(h+1)} + \frac{nhA^{(h)}}{2} + \frac{n(h+2)A^{(h+2)}}{2}.$$

Soluta aequatione habebitur

$$A^{(h+2)} = \frac{n(\nu-h)A^{(h)} - 2(h+1)A^{(h+1)}}{n(\nu+h+2)},$$

qua formula generali, excepto, quod veniret pro $h=0$, $A^{(2)}$, antea iam singulari disquisitione inventa, continetur lex cuiuslibet coefficientis in serie nostra fictitia, quatenus nimirum ille per binos antecedentes facili eruitur calculo. Sic, ut exemplum adsit

$$A^{(2)} = \frac{2(\nu nA - A^{(1)})}{n(\nu+2)}; \qquad A^{(3)} = \frac{n(\nu-1)A^{(1)} - 4A^{(2)}}{n(\nu+3)};$$

$$A^{(4)} = \frac{n(\nu-2)A^{(2)} - 6A^{(3)}}{n(\nu+4)}; \quad \text{etc.}$$

δ) Fieri autem potest, existente ν numero aliquo negativo, ut coefficiens aliquis, evanescente denominatore, non definiatur; tunc ad series infinitas ante exhibitas recurrendum est. Idem hoc fieri oportet in coefficientibus binis prioribus A et $A^{(1)}$, quos ut cognitos scala recursionis iamiam supponit. Potest vero singulari artificio $A^{(1)}$ per A exhiberi. Erat enim

$$A = 1 + \cdots + \frac{1}{2^{2h}}\,{}^{\nu}\mathfrak{B}^{(2h)}\,.\,{}^{2h}\mathfrak{B}^{(h)}\,n^{2h} + \cdots,$$

$$A^{(1)} = {}^{\nu}\mathfrak{B}^{(1)}\,n + \cdots + \frac{1}{2^{2h}}\,{}^{\nu}\mathfrak{B}^{(2h+1)}\,.\,{}^{2h+1}\mathfrak{B}^{(h+1)}\,n^{2h+1} + \cdots.$$

Est, si sumamus $2nA + A^{(1)}$, huius seriei terminus initialis

$$= ({}^{\nu}\mathfrak{B}^{(1)} + 2)n = (\nu+2)n,$$

generalis h^{tus}

$$2n \cdot \frac{1}{2^{2h}}\,{}^{\nu}\mathfrak{B}^{(2h)}\,.\,{}^{2h}\mathfrak{B}^{(h)}\,n^{2h} + \frac{1}{2^{2h}}\,{}^{\nu}\mathfrak{B}^{(2h+1)}\,.\,{}^{2h+1}\mathfrak{B}^{(h+1)}\,n^{2h+1},$$

qui, cum sit

$${}^{\nu}\mathfrak{B}^{(2h+1)} = {}^{\nu}\mathfrak{B}^{(2h)} \cdot \frac{\nu-2h}{2h+1} \qquad \text{et} \qquad {}^{2h+1}\mathfrak{B}^{(h+1)} = {}^{2h}\mathfrak{B}^{(h)} \cdot \frac{2h+1}{h+1},$$

sic contrahitur

$$\frac{1}{2^{2h}}\,{}^{\nu}\mathfrak{B}^{(2h)}\,.\,{}^{2h}\mathfrak{B}^{(h)}\left(2 + \frac{\nu-2h}{2h+1}\cdot\frac{2h+1}{h+1}\right)n^{2h+1}$$

sive brevius

$$= \frac{1}{2^{2h}} {}^{\nu}\mathfrak{B}^{(2h)} \cdot {}^{2h}\mathfrak{B}^{(h)} \frac{\nu+2}{h+1} n^{2h+1}$$

Sumatur porro, posita n variabili, $\int An\,dn$, cuius terminus initialis $= \frac{1}{2}nn$, terminus generalis h^{tus}

$$= \frac{1}{2^{2h}} {}^{\nu}\mathfrak{B}^{(2h)} \cdot {}^{2h}\mathfrak{B}^{(h)} \frac{1}{2h+2} n^{2h+2}.$$

Quae nova series, si per

$$\frac{2(\nu+2)}{n}$$

multiplicetur, dabit initialem $= (\nu+2)n$, generalem h^{tum}

$$= \frac{1}{2^{2h}} {}^{\nu}\mathfrak{B}^{(2h)} \cdot {}^{2h}\mathfrak{B}^{(h)} \frac{\nu+2}{h+1} n^{2h+1}.$$

Consentientibus igitur ab utraque parte terminis, fit

$$2n \cdot A + A^{(1)} = \frac{2\cdot(\nu+2)}{n} \int An\,dn,$$

sumto sine addita constante integrali. Fluit inde, esse

$$A^{(1)} = \frac{2\cdot(\nu+2)}{n} \int An\,dn - 2n \cdot A.$$

Hac igitur formula $A^{(1)}$ ad inventam A reducitur, atque haec sola restat ex genesi seriei ipsius, ut antea factum est, derivanda.

8. Confectis quae in problemate generalissime proposito sperari poterant, superest, ut ad casus speciales animum advertamus; in illis enim contrahere formulas universales nonnunquam licet. Cuius rei exemplum praebet casus, quo est ν numerus integer positivus. Tunc enim quaelibet serierum, antea ad coefficientes ipsius $(1+n\cos\varphi)^{\nu}$ exprimendos inventarum, cum coefficientes binomiales ad exponentem ν pertinentes, suo ordine quilibet, contineant, abrumpatur necesse est, et finita evadit pro quavis expressio. Simili ratione eo casu, quo ν est numerus integer negativus, ad expressiones finitas singulorum coefficientium pervenire licet. Cum ad hunc casum formulae usus plurimum revocetur, e re erit in illo enucleando paulum morari. Artificium, quo in hac disquisitione opus est, duabus absolvitur partibus; prima, ut pro coefficientibus, existente $\nu = -1$, eruantur expressiones finitae; altera, ut via monstretur, qua, concessis ipsius $(1+n\cos\varphi)^{\nu}$ coefficientibus, potestatis uno gradu inferioris

$(1+n\cos\varphi)^{\nu-1}$ coefficientes derivari queant. Sic enim ab ipsa $(1+n\cos\varphi)^{-1}$ transire licebit ad potestates negativas altiores, vitatis seriebus pro singulo coefficiente infinitis.

α) Ad scrutandam, cui subiecta est, posito $\nu = -1$, coefficiens initialis A, legem, in expressione indefinita termini eiusdem h^{ti} ponamus $\nu = -1$, provenietque, ob

$$ {}^{-1}\mathfrak{B}^{(2h)} = 1, \qquad \text{ille} \quad = \frac{1}{2^{2h}}\,{}^{2h}\mathfrak{B}^{(h)}\,n^{2h}. $$

Est autem

$$ \frac{1}{2^{2h}}\,{}^{2h}\mathfrak{B}^{(h)} = \frac{1}{2^{2h}}\,\frac{2h\,.\,(2h-1)\ldots\ldots(h+1)}{1\,.\,2\ldots\ldots h} $$

$$ = \frac{1}{2^{2h}}\cdot\frac{2h\,.\,(2h-1)\ldots\ldots 1}{1\,.\,2\ldots\ldots h}\cdot\frac{1}{h\,.\,(h-1)\ldots 1} $$

$$ = \frac{1}{2^{2h}}\,\frac{(2h-1)(2h-3)\ldots\ldots 1}{1\,.\,2\ldots h}\cdot\frac{2h\,.\,(2h-2)\ldots 2}{h\,.\,(h-1)\ldots\ldots 1} $$

$$ = \frac{1}{2^{h}}\cdot\frac{(2h-1)(2h-3)\ldots 1}{1\,.\,2\ldots\ldots h}, $$

fitque his transformationibus terminus ille h^{tus}

$$ = \frac{1}{2^{h}}\,\frac{(2h-1)\,.\,(2h-3)\ldots 1}{1\,.\,2\ldots\ldots h}\cdot n^{2h}. $$

Quare, cum haec expressio sit manifesto quantitatis $(1-nn)^{-\frac{1}{2}}$, in seriem evolutae, terminus h^{tus}, sequitur, fore ipsam A, casu quo $\nu = -1$,

$$ = (1-nn)^{-\frac{1}{2}} $$

β) Coefficiens post initialem primus $A^{(1)}$ definitur relatione ante demonstrata (7, δ)

$$ A^{(1)} = \frac{2\,.\,(\nu+2)}{n}\int A n\,dn - 2n\,.\,A, $$

quae hic, ob $\nu = -1$, mutatur in

$$ A^{(1)} = \frac{2}{n}\int A n\,dn - 2nA = \frac{2}{n}\int(1-nn)^{-\frac{1}{2}}\,n\,dn - 2n(1-nn)^{-\frac{1}{2}}. $$

Peracta integratione (sic instituenda, ut cum n et integrale evanescat) habebitur

$$ A^{(1)} = -\frac{2}{n}(1-nn)^{\frac{1}{2}} + \frac{2}{n} - 2n(1-nn)^{-\frac{1}{2}}, $$

sive brevius

$$ A^{(1)} = \frac{2}{n}\left(1 - (1-nn)^{-\frac{1}{2}}\right). $$

γ) His praecognitis facile coefficientium reliquorum expressiones finitae per scalam recursionis ante erutam deducuntur. Erat illa

$$A^{(h+2)} = \frac{n(\nu - h)A^{(h)} - 2(h+1)A^{(h+1)}}{n(\nu + h + 2)}$$

adeoque h. l. ob $\nu = -1$

$$A^{(h+2)} = \frac{-n(h+1)A^{(h)} - 2(h+1)A^{(h+1)}}{n(h+1)}$$

sive

$$A^{(h+2)} = -\left(A^{(h)} + \frac{2}{n}A^{(h+1)}\right).$$

Si per hanc scalam calculos instituas, occurret lex simplicissima*), fore

$$A^{(h)} = (-1)^h \frac{2}{\sqrt{(1-nn)}}\left(\frac{1-\sqrt{(1-nn)}}{n}\right)^h$$

Ut illa demonstratione firmetur, sumamus valere ipsam pro coefficientibus usque ad h^{tum}, eritque per scalam recursionis

$$A^{(h+1)} = (-1)^h \frac{2}{\sqrt{(1-nn)}}\left(\frac{1-\sqrt{(1-nn)}}{n}\right)^{h-1}$$
$$+ (-1)^{h+1}\frac{2}{n}\frac{2}{\sqrt{(1-nn)}}\left(\frac{1-\sqrt{(1-nn)}}{n}\right)^h$$

sive, separato factore communi

$$(-1)^h \frac{2}{\sqrt{(1-nn)}}\left(\frac{1-\sqrt{(1-nn)}}{n}\right)^{h-1}\left\{1 - \frac{2}{n}\left(\frac{1-\sqrt{(1-nn)}}{n}\right)\right\}.$$

Est factor, uncinis inclusus

$$= \frac{nn-2+2\sqrt{(1-nn)}}{nn} = -\frac{(1-nn)-2\sqrt{(1-nn)}+1}{nn} = -\left(\frac{1-\sqrt{(1-nn)}}{n}\right)^2,$$

quo adiecto habebitur

$$A^{(h+1)} = (-1)^h \frac{2}{\sqrt{(1-nn)}}\left(\frac{1-\sqrt{(1-nn)}}{n}\right)^{h-1} \cdot -\left(\frac{1-\sqrt{(1-nn)}}{n}\right)^2$$
$$= (-1)^{h+1} \cdot \frac{2}{\sqrt{(1-nn)}}\left(\frac{1-\sqrt{(1-nn)}}{n}\right)^{h+1},$$

unde legis universalitas perspicitur.

---

*) Falsa est, vitio forsan typothetae, legis huius apud EULERum l. c. § 275 expressio.

Pars prima negotii propositi confecta est, circumscriptis formula finita ipsius $(1+n\cos\varphi)^{-1}$ coefficientibus. Restat altera, ut videamus, qua ratione a potestatis alicuius coefficientibus datis transire liceat ad quaesitos potestatis proxime inferioris.

δ) Facillime hoc negotium ita perficitur, ut in expressionibus, quibus tum coefficiens seriei indefinitae pro $(1+n\cos\varphi)^{\nu}$ initialis, tum generalis exhibentur, in locum ipsius ν substituatur $\nu-1$, et tunc eliciatur resultantium cum anterioribus relatio.

I. Erat (6) ipsius coefficientis initialis A, in seriem evoluti, terminus initialis 1, qui igitur substitutione non adficitur. Erat generalis h^{tus}

$$=\frac{1}{2^{2h}}\,{}^{\nu}\mathfrak{B}^{(2h)}\,.\,{}^{2h}\mathfrak{B}^{(h)}\,n^{2h},$$

qui, substituendo $\nu-1$ loco ν, mutatur in:

$$\frac{1}{2^{2h}}\,{}^{\nu-1}\mathfrak{B}^{(2h)}\,.\,{}^{2h}\mathfrak{B}^{(h)}\,n^{2h}.$$

Manifesto igitur nascetur ex priore posterior, si in

$$\frac{\nu-2h}{\nu}=1-\frac{2h}{\nu}$$

ducatur ille; adeoque, cum idem sit, terminum generalem ipsius A h^{tum} in $\frac{2h}{\nu}$ ducere, ac eundem, secundum n differentiatum, per $\nu\,dn$ dividere et per n multiplicare, habebimus, si vocetur B ipsius $(1+n\cos\varphi)^{\nu-1}$ terminus initialis, generatim

$$B=A-\frac{n\;{}^{n}dA}{\nu\,dn}.$$

II. Erat coefficientis indefiniti ad $(1+n\cos\varphi)^{\nu}$ pertinentis $A^{(r)}$ terminus initialis

$$\frac{1}{2^{r-1}}\,{}^{\nu}\mathfrak{B}^{(r)}\,n^{r},$$

fit itaque, si vocetur $B^{(r)}$ qui, ad $(1+n\cos\varphi)^{\nu-1}$ pertinens, elicitur substituendo in istum $\nu-1$ loco ν, huius terminus initialis

$$\frac{1}{2^{r-1}}\,{}^{\nu-1}\mathfrak{B}^{(r)}\,n^{r}.$$

Hic vero, cum obtineatur illum per $\frac{\nu-r}{\nu}$ multiplicando sive, quod idem est, per $\left(1-\frac{r}{\nu}\right)$, et multiplicatio per $\frac{r}{\nu}$ ita confici possit, ut ille, secundum n differentiatus, denuo in n ducatur et per $\nu \mathrm{d} n$ dividatur, relationem sequentem praebet: esse $B^{(r)}$ term. init.

$$= A^{(r)}\,\text{term. init.} - \frac{n\;{}^{n}\mathrm{d} A^{(r)}\,\text{term. init.}}{\nu\,\mathrm{d} n}.$$

Prorsus eadem est relatio, quae in terminis generalibus obtinet. Est nimirum ipsius $A^{(r)}$ terminus h^{tus}

$$= \frac{1}{2^{r+2h-1}}\,{}^{r+2h}\mathfrak{B}^{(r+h)}\,.\,{}^{\nu}\mathfrak{B}^{(r+2h)}\,n^{r+2h}.$$

Fit igitur, mutato ν in $\nu-1$, ipsius $B^{(r)}$ terminus h^{tus}

$$= \frac{1}{2^{r+2h-1}}\,{}^{r+2h}\mathfrak{B}^{(r+h)}\,.\,{}^{\nu-1}\mathfrak{B}^{(r+2h)}\,n^{r+2h},$$

qui solo factore

$$\frac{\nu-(r+2h)}{\nu} = 1-\frac{r+2h}{\nu}$$

ad priorem expressionem adiecto, ex ista sponte procedit. Cum autem idem sit, ipsius $A^{(r)}$ terminum h^{tum} per $\frac{r+2h}{\nu}$ multiplicare, ac eundem, secundum n differentiatum, per $\nu \mathrm{d} n$ dividere et in n denuo ducere, habebimus

$$B^{(r)}\,\text{term.}\,h = A^{(r)}\,\text{term.}\,h - \frac{n\;{}^{n}\mathrm{d} A^{(r)}\,\text{term.}\,h}{\nu\,\mathrm{d} n},$$

quae relatio, cum pro omnibus sine discrimine membris obtineat, praebet aequationem

$$B^{(r)} = A^{(r)} - \frac{n\;{}^{n}\mathrm{d} A^{(r)}}{\nu\,\mathrm{d} n}.$$

ε) Per hanc igitur scalam relationis $(1+n\cos\varphi)^{\nu-1}$ ad $(1+n\cos\varphi)^{\nu}$ ita reducitur, ut ex istius coefficientibus, qui in hanc expressionem cadant, differentiatione facillime eliciantur. Licet adeo, cum ipsius $(1+n\cos\varphi)^{-1}$ coefficientes formulis finitis circumscripti in potestate sint, ad exponentes negativos maiores sensim adscendere, eoque omnino potestates negativas easque integras coefficientibus finitis exhibere.

Non tamen series infinitae, pro coefficientibus hisce ante inventae, inutiles sunt. Est iis locus, simulac ν fuerit numerus fractus, quo casu, ex Euleri iudicio, in his speculationibus gravissimo, formulae finitae nulla ratione sperari possunt. Tunc igitur necessarium est, ut sit n numerus fractus, isque verus, sin minus series omnes, cum divergant, usu prorsus destituuntur.

9. Hucusque, in sola evolutione seriei $(1+n\cos\varphi)^{\nu}$ morati, integrationem formulae propositae $d\varphi(1+n\cos\varphi)^{\nu}$ neglegimus. Illa autem, inventa serie ipsa, nullo absolvitur negotio. Si enim fuerit:

$$(1+n\cos\varphi)^{\nu} = A + A^{(1)}\cos\varphi + A^{(2)}\cos 2\varphi + \ldots + A^{(r)}\cos r\varphi + \ldots$$

fiet

$$\int d\varphi(1+n\cos\varphi)^{\nu} = A\varphi + A^{(1)}\sin\varphi + \tfrac{1}{2}A^{(2)}\sin 2\varphi + \ldots + \tfrac{1}{r}A^{(r)}\sin r\varphi + \ldots,$$

cuius seriei coefficientes ex praecedentibus noti sunt.

10. Subiunxit in fine Cap. VI EULERUS integrationem formulae

$$d\varphi \log(1+n\cos\varphi),$$

quam ut priorem ita perficit, ut peculiari artificio $\log(1+n\cos\varphi)$ in seriem secundum cosinus angulorum multiplorum evolvat, antequam integrationem ipsam adgrediatur. Revera autem haec series, ut casus specialis, iam in illa continetur, quam pro $(1+n\cos\varphi)^{\nu}$ invenimus. Opus est in hoc negotio nota propositione: esse

$$\log(1+x) = \frac{(1+x)^0 - 1}{0},$$

cui consentienter

$$\log(1+n\cos\varphi) = \frac{(1+n\cos\varphi)^0 - 1}{0}.$$

In expressione igitur generali pro $(1+n\cos\varphi)^{\nu}$ coefficiens initialis unitate mulctetur, dein in illo et ceteris omnibus ponatur $\nu = 0$, et dividatur quivis per ipsam 0.

α) Est ipsius A, coefficientis initialis ad seriem $(1+n\cos\varphi)^{\nu}$ pertinentis, et termino suo initiali, qui est $=1$, iamiam mulctati, generalis h^{tus}

$$= \frac{1}{2^{2h}} \cdot {}^{2h}\mathfrak{B}^{(h)} \cdot {}^{\nu}\mathfrak{B}^{(2h)} n^{2h}.$$

Quodsi in illo ponatur $\nu = 0$, fiet

$$\frac{1}{2^{2h}} \cdot \frac{0.(-1).(-2)\cdots(-2h+1)}{1.2\ldots.2h} \cdot {}^{2h}\mathfrak{B}^{(h)} n^{2h},$$

quo per 0 diviso restat

$$\frac{1}{2^{2h}}(-1)^{2h-1}\frac{1.2\ldots.(2h-1)}{1.2\ldots.\ 2h}{}^{2h}\mathfrak{B}^{(h)}n^{2h} = (-1)^{2h-1}\frac{1}{2^{2h}}\cdot\frac{1}{2h}{}^{2h}\mathfrak{B}^{(h)}n^{2h}$$
$$= \frac{1}{2^{2h}}(-1)^{2h-1}.\frac{(2h-1)(2h-2)\ldots(h+1)}{1.2\ldots h}n^{2h}$$
$$= \frac{1}{2^{h}}(-1)^{2h-1}\frac{1.3.5\ldots(2h-1)}{1.2.3\ldots.h.}\frac{n^{2h}}{2h}$$

sive cum $(-1)^{2h-1}$, quidquid fuerit h, sit negativum

$$= -\frac{1}{2^{h}}\frac{1.3.5\ldots(2h-1)}{1.2.3\ldots h}\frac{n^{2h}}{2h}.$$

Differentiata hac expressione secundum n, provenit, abiecto dn,

$$-\frac{1}{2^{h}}\frac{1.3.5..(2h-1)}{1.2.3\ldots h}n^{2h-1},$$

quae est manifesto quantitatis

$$\frac{-(1-nn)^{-\frac{1}{2}}}{n}$$

terminus h^{tus}. Quare, cum hic non adsit, qui in illa terminus initialis $\frac{-1}{n}$, illa mulctata formulae nostrae aequalis fiet, adeoque si ponatur ipsius $\log(1+n\cos\varphi)$ coefficiens initialis $= C$ habebitur

$$\frac{n\ {}^{n}\mathrm{d}C}{\mathrm{d}n} = -(1-nn)^{-\frac{1}{2}}+1.$$

Qua aequatione, sic expressa

$${}^{n}\mathrm{d}C = \frac{\mathrm{d}n}{n}(1-(1-nn)^{-\frac{1}{2}}),$$

fit integrando

$$C = \log n - \log\frac{1-(1-nn)^{\frac{1}{2}}}{n} + \text{const};$$

est vero, cum evanescere debeat posito $n = 0$, expressio const. $= \log\frac{1}{2}$. Quare

$$C = \log\left(\frac{nn}{(1-\sqrt{1-nn})2}\right),$$

aut, si malis,

$$C = -\log\left(\frac{2(1-\sqrt{1-nn})}{nn}\right).$$

β) Coefficiens, qui initialem excipit, $C^{(1)}$ vocemus, ex scala relationis antea tradita inveniri potest. Est nimirum

$$C^{(1)}\cdot n = -2\int nn\,\mathrm{d}C + nn,$$

quo substituto et ad calculos revocato, fit

$$C^{(1)}n = 2\left(1-(1-nn)^{\frac{1}{2}}\right),$$

adeoque

$$C^{(1)} = 2\frac{1-\sqrt{(1-nn)}}{n}.$$

γ) Ceteros coefficientes ex scala relationis ante evicta una formula generali circumscribere licet, quae sic enuntiari potest, fore, si ipsius $\log(1+n\cos\varphi)$ in seriem evolutae coefficiens $h^{\text{tus}} = C^{(h)}$, hunc

$$= (-1)^{h+1}\frac{2}{h}\left(\frac{1-\sqrt{1-nn}}{n}\right)^h.$$

Sumamus, legem valere pro h primis, erit tunc ex scala generali, posito $\nu = 0$, (7, γ)

$$C^{(h+1)} = \frac{-n(h-1)\,C^{(h-1)} - 2h\,.\,C^{(h)}}{n(h+1)},$$

fit substituendo debitos valores

$$C^{(h+1)} = -\frac{n\,.\,(h-1)(-1)^h\frac{2}{h-1}\left(\frac{1-\sqrt{1-nn}}{n}\right)^{h-1} + 2h(-1)^{h+1}\frac{2}{h}\left(\frac{1-\sqrt{1-nn}}{n}\right)^h}{n\,.\,(h+1)}$$

sive, separato factore communi

$$C^{(h+1)} = -\frac{(-1)^h 2\left(\frac{1-\sqrt{1-nn}}{n}\right)^{h-1}}{n(h+1)}\left(n - \frac{2(1-\sqrt{1-nn})}{n}\right).$$

Est vero factor uncinis inclusus

$$= \frac{nn-2+2\sqrt{1-nn}}{n} = -\frac{(1-\sqrt{(1-nn)})^2}{n}.$$

Si igitur alter per illum revera multiplicetur, fit

$$C^{(h+1)} = (-1)^{h+2}\frac{2}{h+1}\left(\frac{1-\sqrt{(1-nn)}}{n}\right)^{h+1},$$

unde perspicitur legis generalitas.

δ) Est igitur, si ponatur

$$\left(\frac{1-\sqrt{(1-nn)}}{n}\right) = a,$$

$$\log(1+n\cos\varphi) = -\log\frac{2a}{n} + \tfrac{2}{1}a\cos\varphi - \tfrac{2}{2}a^2\cos 2\varphi + \\ + \tfrac{2}{3}a^3\cos 3\varphi + \ldots + (-1)^{h+1}\frac{2}{h}a^h\cos h\varphi + \ldots.$$

A d n o t a t i o. Formula haec ad functionum trigonometricarum logarithmos obtinendos summi usus est.

Sit enim $n = 1$, fiet $a = 1$, et habebitur

$$\log(1+\cos\varphi) = -\log 2 + \tfrac{2}{1}\cos\varphi - \tfrac{2}{2}\cos 2\varphi + \tfrac{2}{3}\cos 3\varphi - \tfrac{2}{4}\cos 4\varphi + \ldots,$$

quae series, cum sit $1+\cos\varphi = 2\cos\tfrac{1}{2}\varphi^2$, dat quoque

$$\log\cos\tfrac{1}{2}\varphi = -\log 2 + \cos\varphi - \tfrac{1}{2}\cos 2\varphi + \tfrac{1}{3}\cos 3\varphi - \tfrac{1}{4}\cos 4\varphi + \ldots$$

adeoque, substituendo 2φ in locum ipsius φ

$$\log\cos\varphi = -\log 2 + \cos 2\varphi - \tfrac{1}{2}\cos 4\varphi + \tfrac{1}{3}\cos 6\varphi - \tfrac{1}{4}\cos 8\varphi + \ldots.$$

Similiter, si ponatur $n = -1$, ut fiat $a = -1$, habebitur

$$\log(1-\cos\varphi) = -\log 2 - \tfrac{2}{1}\cos\varphi - \tfrac{2}{2}\cos 2\varphi - \tfrac{2}{3}\cos 3\varphi - \tfrac{2}{4}\cos 4\varphi - \ldots.$$

adeoque, cum sit $1-\cos\varphi = 2\sin\tfrac{1}{2}\varphi^2$,

$$\log\sin\tfrac{1}{2}\varphi = -\log 2 - \cos\varphi - \tfrac{1}{2}\cos 2\varphi - \tfrac{1}{3}\cos 3\varphi - \tfrac{1}{4}\cos 4\varphi - \ldots.$$

aut, ut antea, 2φ in locum ipsius φ substituendo

$$\log\sin\varphi = -\log 2 - \cos 2\varphi - \tfrac{1}{2}\cos 4\varphi - \tfrac{1}{3}\cos 6\varphi - \tfrac{1}{4}\cos 8\varphi - \ldots.$$

Sequitur ex his, cum sit $\log\operatorname{tang}\varphi = \log\sin\varphi - \log\cos\varphi$

$$\log\operatorname{tang}\varphi = -2(\cos 2\varphi + \tfrac{1}{3}\cos 6\varphi + \tfrac{1}{5}\cos 10\varphi + \tfrac{1}{7}\cos 14\varphi + \ldots)$$

et ex eodem fonte ceterarum functionum trigonometricarum logarithmi, licet per series non celeriter convergentes, habebuntur.

ε) Cum sit

$$\log(1+n\cos\varphi) = -\log\frac{2a}{n} + \tfrac{2}{1}a\cos\varphi - \tfrac{2}{2}a^2\cos 2\varphi + \tfrac{2}{3}a^3\cos 3\varphi - \ldots,$$

integratio formulae $\log(1+n\cos\varphi).\mathrm{d}\varphi$ in aperto est, fitque

$$\int \mathrm{d}\varphi\log(1+n\cos\varphi) = -\left(\log\frac{2a}{n}\right)\varphi + \tfrac{2}{1}a\sin\varphi - \tfrac{2}{4}a^2\sin 2\varphi + \tfrac{2}{9}a^3\sin 3\varphi - \ldots$$

Confectum est igitur, quatenus per series fieri potuit, negotium propositum.

Cognata est disquisitio, quam Ill. KLÜGEL (de functione potentiali

$$(1-2x\cos\varphi+xx)^{-m}$$

in Commentat. Societatis huius Tom. XII) exhibuit. Forma, quam ille contemplatus est, abludit quidem ab illa, quae ducente EULERO in hac dissertatiuncula in censum vocata fuit, verum difficile non foret, alteram ex altera deducere. Ne igitur acta omnino egisse videar, moneam, omnem disquisitionem eum in finem a me institutam, ut serierum infinitarum tractationem per terminos generales nulla difficultate laborare et facilius saepe, ac artificia singularia, ad eruendas leges generales perducere, exemplo aliquo ostenderem. Non igitur in principali dissertatiunculae parte usus sum via, qua VV. Ill. EULER et KLÜGEL incessere; in ceteris omnia ad expressiones generales revocare et demonstratione ubicunque munire conatus.

Corollarium.

11. Occurrere in Analysi altiore series, sive finitas, sive infinitas, quarum termini non unam eandemque legem primo obtutu sequi videntur, imprimis eiusmodi, in quibus termini indicis paris aliter ac imparis constructi sunt, notissimum est. Solent tunc singulari lege hi, singulari illi circumscribi. Praeter prolixitatem autem eiusmodi definitionum, inest illis aliquid contra naturam ac vim Analyseos. In eo enim ipso huius consistit dignitas, ut valores unius quantitatis, si eiusmodi fuerint, diversissimos sub una expressione generali comprehendat, et ex hac expressione cunctos derivare doceat. Sic, si in problemate aliquo geometrico solvendo plures una quantitate solutionem praestent, hae omnes in aequatione, qua datarum cum quaesita relationem circumscribimus, involutae reperiuntur. Simile quid ab expressionibus, quibus serierum termini generales sistuntur, postulari potest. Si fuerit igitur inter terminos pares et impares aliqua diversitas, ita comparata sit oportet, si perfecta fuerit, termini generalis formula, ut alios valores sumto pro termini indice numero indefinito pari, alios pro impari praebeat. Quod qua ratione praestari possit, iam in prooemio dissertatiunculae exposui. Est nimirum $(-1)^m$ existente m pari $=+1$, existente impari $=-1$; estque adeo

$$\frac{1-(-1)^m}{2} \text{ existente } m \text{ pari } = 0, \text{ existente impari } = 1$$

$$\frac{1-(-1)^{m+1}}{2} \quad — \quad — = 1, \quad — \quad — = 0$$

et sic per eiusmodi factorem adiectum quaesitum semper praestari poterit.

Luculentum, in quo adplicari potuisset hoc notandi genus, exemplum dissertatio ipsa praebet. Si nimirum potestas aliqua cosinus dati per cosinus multiplorum exhibenda sit, notum est aliam legem in serie pro potestatibus paribus, aliam pro imparibus servari. Videamus igitur, qua ratione haec discrepantia sub formulam unam generalem cogi queat.

Lex pro potestatibus paribus v. g. $\cos\varphi^{2m}$, ut antea demonstratum est, ita se habet, ut seriei, secundum cosinus multiplorum parium procedentis, terminus initialis sit

$$\frac{1}{2^{2m-1}}\frac{{}^{2m}\mathfrak{B}^{(m)}}{2};$$

terminus generalis h^{tus}

$$= \frac{1}{2^{2m-1}}\,{}^{2m}\mathfrak{B}^{(m+h)}\cos 2h\varphi.$$

Lex potestatum imparium, quarum termini solis multiplis imparibus adficiuntur, ita constituta est, ut sit seriei pro $\cos\varphi^{2m-1}$ terminus initialis

$$= \frac{1}{2^{2m-2}}\,{}^{2m-1}\mathfrak{B}^{(m)}\cos\varphi,$$

terminus generalis h^{tus}

$$\frac{1}{2^{2m-2}}\,{}^{2m-1}\mathfrak{B}^{(m+h)}\cos(2h+1)\varphi.$$

His expressionibus consentienter erit seriei pro $\cos\varphi^r$ (ubi r sine discrimine numerus par imparve esse potest) terminus initialis

$$\left(1-\frac{1-(-1)^{r+1}}{4}\right)\frac{1}{2^{r-1}}\cdot{}^{r}\mathfrak{B}^{\left(\frac{1}{2}r+\frac{1-(-1)^r}{4}\right)}\cos\frac{1-(-1)^r}{2}\varphi.$$

Sit enim $r=2m$, fiet

$$\frac{1}{2^{r-1}} = \frac{1}{2^{2m-1}},$$

atque cum sit index coefficientis binomialis

$$\tfrac{1}{2}r+\frac{1-(-1)^r}{4} = m, \qquad {}^{r}\mathfrak{B}^{\left(\frac{1}{2}r+\frac{1-(-1)^r}{4}\right)}\cos\frac{1-(-1)^r}{2}\varphi = {}^{2m}\mathfrak{B}^{(m)},$$

ut antea.

Sit $r = 2m-1$; fiet

$$\frac{1}{2^{r-1}} = \frac{1}{2^{2m-2}},$$

et ob

$$\frac{1-(-1)^r}{4} = \frac{1-(-1)^{2m-1}}{4} = +\tfrac{1}{2},$$

$${}^{r}\mathfrak{B}^{\left(\frac{1}{2}r+\frac{1-(-1)^r}{4}\right)} = {}^{2m-1}\mathfrak{B}^{\left(\frac{1}{2}(2m-1)+\frac{1}{2}\right)} = {}^{2m-1}\mathfrak{B}^{(m)},$$

tandem

$$\cos\frac{1-(-1)^r}{2}\varphi = \cos\frac{1-(-1)^{2m-1}}{2}\varphi = \cos\varphi.$$

Tandem factor praefixus fit, existente r numero impari, $= 1$, existente pari, $= 1-\frac{2}{4} = \frac{1}{2}$, uti fas est.

Similiter, dico fore ipsius $\cos\varphi^r$ terminum indefinitum h^{tum}

$$= \frac{1}{2^{r-1}}\,{}^{r}\mathfrak{B}^{\left(\frac{1}{2}r+\frac{1-(-1)^r}{4}+h\right)}\cos\left(2h+\frac{1-(-1)^r}{2}\right)\varphi.$$

Existente enim r pari $= 2m$, ob

$$\frac{1-(-1)^r}{2} = 0,$$

fit expressio

$$\frac{1}{2^{2m-1}}\,{}^{2m}\mathfrak{B}^{(m+h)}\cos 2h\varphi;$$

existente impari $= 2m-1$, cum sit tunc

$$\frac{1-(-1)^{2m-1}}{2} = 1,$$

fiet eadem

$$\frac{1}{2^{2m-2}}\,{}^{2m-1}\mathfrak{B}^{(m+h)}\cos(2h+1)\varphi,$$

ut oportet.

Ad vitandam in scribendo molestiam pro quantitate simplici

$$\frac{1-(-1)^r}{2}$$

signum unicum v. g. $= \alpha$, ut in analysi solet fieri, usurpari posset. Haberetur tunc, contracta expressione

$$\cos\varphi^r = (1+\alpha)\frac{1}{2^r}\cdot {}^r\mathfrak{B}^{(\frac{1}{2}(r+\alpha))}\cos\alpha\varphi + \cdots + \frac{1}{2^{r-1}}\,\mathfrak{B}^{(\frac{1}{2}(r+\alpha)+h)}\cos(2h+\alpha)\varphi + \cdots,$$

atque sic binae series, quae primo adspectu diversissimae videbantur, sub una expressione, eaque satis simplici, comprehendi possunt.

BEMERKUNGEN.

Das Manuscript der vorliegenden »Dissertatiuncula« wurde 1893 von Herrn Prof. Wilhelm Meyer (Göttingen) in den Acten der Königl. Gesellschaft der Wissenschaften zu Göttingen gefunden und ist von E. Schering mit einer Reihe erläuternder Bemerkungen in den »Göttinger Nachrichten« von 1893 No. 15 veröffentlicht. Es fehlt in der Urschrift der Name des Verfassers und ebenso auch eine Angabe über Ort und Zeit der Abfassung. Indessen beseitigte der Vergleich sonstiger Manuscripte von Gauss mit der vorliegenden Handschrift jeden Zweifel, welcher sonst vielleicht an Gauss' Autorschaft bestehen könnte.

Sachlich ist zu bemerken, dass Gauss vermuthlich schon zu der Zeit, als er das Collegium Carolinum zu Braunschweig besuchte (1792 bis 1795), die Werke von Lagrange und Euler studirte. Es finden sich im Nachlass (wahrscheinlich aus dieser Zeit stammend) verschiedene Auszüge aus Werken von Lagrange und Euler, und darunter insbesondere solche aus Eulers Institutiones calculi integralis, Theil I Kapitel 6, an welches die Dissertatiuncula unmittelbar anknüpft.

Ist hiernach auch sachlich Gauss' Verfasserschaft unzweifelhaft, so wird man gleichwohl die fast vollständige Abhängigkeit der ganzen Entwicklung von Euler nur mit der Annahme vereinigen können, dass die Entstehung der fraglichen Untersuchung entweder in den ersten Anfang der Göttinger Studienzeit von Gauss (Herbst 1795 bis 1798) oder auch noch vor diese Zeit fällt. Es löst nämlich Euler die Aufgabe der Entwicklung von $(1+n\cos\varphi)^{\nu}$ in die Reihe

$$A + A^{(1)}\cos\varphi + A^{(2)}\cos 2\varphi + A^{(3)}\cos 3\varphi + \cdots$$

so, dass er nur A und $A^{(1)}$ direct angiebt, sich aber wegen der weiter folgenden Coefficienten auf eine Recursionsformel beruft, welche durch einen naheliegenden Kunstgriff gewonnen wird. Unter Vermeidung des letzteren giebt Gauss auch die höheren Coefficienten $A^{(2)}, \ldots$ durch directe Betrachtung, reproducirt aber übrigens alle Ansätze und Weiterentwicklungen Eulers.

Die Citate auf Kästner sprechen dafür, dass die definitive Abfassung der Dissertatiuncula in den Beginn der Göttinger Studienzeit fällt. Die gegen Ende von No. 10 genannte Abhandlung Klügels gehört den mathematischen Commentationen der Göttinger Societät von 1793 und 94 an. Dieselben sind als Gesammtband allerdings erst 1796 ausgegeben; doch sind Gauss die einzelnen Abhandlungen wahrscheinlich schon früher zugänglich gewesen.

Für die Annahme, dass die Entstehung der Dissertatiuncula spätestens Anfang 1796 anzusetzen ist, würde auch der Umstand sprechen, dass in dem Ende März 1796 beginnenden wissenschaftlichen Tagebuche keine Notiz über diese Abhandlung gefunden wird.

Eine Einzelbemerkung erfordert noch die Entwicklung unter Nr. 8, γ. Der Vorwurf eines Fehlers bei Euler ist nicht berechtigt; vielmehr hat sich Gauss versehen, indem er bei der Berechnung der Gleichungen für $A^{(\lambda)}$, $A^{(\lambda+1)}$ rechter Hand den Factor $\frac{2}{\sqrt{(1-nn)}}$ übersah. Indem Schering in der von ihm veranstalteten Ausgabe diesen Factor zufügte, stellte er die Übereinstimmung mit Euler her. Der vorliegende Abdruck giebt gleichfalls die berichtigten Formeln.

Fricke.

[BEWEIS EINES VON EULER AUFGESTELLTEN SATZES ÜBER EXACTE DIFFERENTIALAUSDRÜCKE.]

Supponendo $dW = Vdx$, designante W functionem ipsarum x, y, p, q, r, s, erit

$$V = \left(\frac{\partial W}{\partial x}\right) + p\left(\frac{\partial W}{\partial y}\right) + q\left(\frac{\partial W}{\partial p}\right) + r\left(\frac{\partial W}{\partial q}\right) + s\left(\frac{\partial W}{\partial r}\right) + t\left(\frac{\partial W}{\partial s}\right).$$

Hinc

$$N = \left(\frac{\partial V}{\partial y}\right) = \frac{d\left(\frac{\partial W}{\partial y}\right)}{dx},$$

$$P = \left(\frac{\partial V}{\partial p}\right) = \left(\frac{\partial W}{\partial y}\right) + \frac{d\left(\frac{\partial W}{\partial p}\right)}{dx},$$

$$Q = \left(\frac{\partial V}{\partial q}\right) = \left(\frac{\partial W}{\partial p}\right) + \frac{d\left(\frac{\partial W}{\partial q}\right)}{dx},$$

$$R = \left(\frac{\partial V}{\partial r}\right) = \left(\frac{\partial W}{\partial q}\right) + \frac{d\left(\frac{\partial W}{\partial r}\right)}{dx},$$

$$S = \left(\frac{\partial V}{\partial s}\right) = \left(\frac{\partial W}{\partial r}\right) + \frac{d\left(\frac{\partial W}{\partial s}\right)}{dx},$$

$$T = \left(\frac{\partial V}{\partial t}\right) = \left(\frac{\partial W}{\partial s}\right).$$

Hinc sponte sequitur

$$S - \frac{dT}{dx} = \left(\frac{\partial W}{\partial r}\right),$$

$$R - \frac{dS}{dx} + \frac{d^2T}{dx^2} = \left(\frac{\partial W}{\partial q}\right),$$

$$Q - \frac{dR}{dx} + \frac{d^2S}{dx^2} - \frac{d^3T}{dx^3} = \left(\frac{\partial W}{\partial p}\right),$$

$$P - \frac{dQ}{dx} + \frac{d^2R}{dx^2} - \frac{d^3S}{dx^3} + \frac{d^4T}{dx^4} = \left(\frac{\partial W}{\partial y}\right),$$

$$N - \frac{dP}{dx} + \frac{d^2Q}{dx^2} - \text{etc.} = 0.$$

Ex iisdem principiis theorema inversum nullo negotio demonstrare licet. (Sept. 1800.)

Den Beweis des Satzes, dass die Bedingungsgleichung

$$\left[N - \frac{dP}{dx} + \frac{d^2Q}{dx^2} - \frac{d^3R}{dx^3} + \dots = 0\right]$$

statthat, wenn Vdx ein vollständiges Differential ist, habe ich in meinem Exemplar von EULERS Integralrechnung [Band III, Seite 518] gegeben. Der Beweis des [umgekehrten] Satzes beruht auf folgenden Momenten.

Da der Ausdruck $N - \frac{dP}{dx} + \frac{ddQ}{dx^2} - \text{etc.}$ auf eine ganz bestimmte Art aus der Natur der Function V abgeleitet wird, so bezeichnen wir ihn durch fV, und eben so $P - \frac{dQ}{dx} + \frac{ddR}{dx^2} - \text{etc.}$ durch $f'V$ u. s. w.

Man setze $\int f'V \cdot dy = W^0$, so integrirt, dass bloss y als veränderlich betrachtet wird, und das vollständige Differential $dW^0 = V^0 dx$. Dann wird*)

$$\left.\begin{aligned} f'V^0 &= f'V \\ fV^0 &= fV \end{aligned}\right\} \text{ und daher } \begin{aligned} f'(V - V^0) &= 0, \\ f(V - V^0) &= 0. \end{aligned}$$

Da nun

$$\frac{\partial(V - V^0)}{\partial y} = f(V - V^0) + \frac{df'(V - V^0)}{dx}$$

[gilt, so ist auch $\frac{\partial(V - V^0)}{\partial y} = 0$] und $V - V^0$ enthält kein y.

---

*) Diese beiden Schlüsse hängen mit dem Beweise a. a. O. in EULER's Integralrechnung zusammen, wonach, W^0 statt W gesetzt, $f'V^0 = \frac{\partial W^0}{\partial y}$ also $= f'V$ wird, und $fV^0 = 0$ also $= fV$.

Man setze ferner

$$\int f''(V-V^0)\,dp = W',$$

die Integration so gemeint, dass bloss p als variabel (d. i. x, q, r etc. als constant) betrachtet werden, und

$$dW' = V'dx.$$

Dann ist, weil W' kein y enthält,

$$fV' = 0, \qquad f'V' = 0, \qquad f''V' = f''(V-V^0),$$

also auch

$$f(V-V^0-V') = 0, \qquad f'(V-V^0-V') = 0, \qquad f''(V-V^0-V') = 0,$$

und $V-V^0-V'$ wird weder y noch p enthalten.

Man setze ferner

$$\int f'''(V-V^0-V')\,dq = W'' \qquad \text{und} \qquad dW'' = V''dx,$$

so wird ebenso

$$f(V-V^0-V'-V'') = f'(V-V^0-V'-V'')$$
$$= f''(V-V^0-V'-V'') = f'''(V-V^0-V'-V'') = 0,$$

und $V-V^0-V'-V''$ enthält weder y noch p noch q, sondern bloss x, r, s etc.

Ebenso enthält

$$V-V^0-V'-V''-V''' \quad \text{bloss } x, s, t,$$
$$V-V^0-V'-V''-V'''-V^{\mathrm{IV}} \quad \text{bloss } x, t,$$
$$V-V^0-V'-\ldots-V^{\mathrm{V}} \quad \text{bloss } x.$$

Es sei nun

$$\int (V-V^0-V'-\ldots-V^{\mathrm{V}})\,dx = \Omega,$$

so ist

$$\int V dx = \Omega + W^0 + W' + W'' + \cdot\cdot + W^{\mathrm{V}},$$

welches zu beweisen war.

BEMERKUNGEN ZU DEN BEIDEN VORSTEHENDEN FRAGMENTEN ÜBER EINEN EULERSCHEN SATZ.

Das hier von GAUSS behandelte EULERsche Theorem besagt folgendes: »Die Function $V(x, y, p, q, r, s, \ldots)$ von $x, y, p = \frac{dy}{dx}, q = \frac{dp}{dx}, r = \frac{dq}{dx}, s = \frac{dr}{dx}, \cdots$ liefert stets und nur unter der Bedingung:

$$N - \frac{dP}{dx} + \frac{d^2 Q}{dx^2} - \frac{d^3 R}{dx^3} + \frac{d^4 S}{dx^4} - \cdots = 0$$

ein exactes Differential $V dx$, wenn hierbei unter $N, P, Q, R, S, \ldots$ die partiellen Ableitungen:

$$N = \frac{\partial V}{\partial y}, \quad P = \frac{\partial V}{\partial p}, \quad Q = \frac{\partial V}{\partial q}, \quad R = \frac{\partial V}{\partial r}, \quad S = \frac{\partial V}{\partial s}, \cdots$$

von V verstanden werden«. EULER hat diesen Satz sowie auch seine Umkehrung im dritten Theile seiner »Institutiones calculi integralis« und zwar in § 92 des die Variationsrechnung behandelnden Anhanges ausgesprochen und aus den vorangehenden Entwicklungen der Variationsrechnung bewiesen. GAUSS hat seinen vorstehend reproducirten directen Beweis des genannten Satzes in sein Handexemplar von EULERS Institutiones calculi integralis an der betreffenden Stelle aufgezeichnet. Den im zweiten Fragmente entwickelten Beweis der Umkehrung hat GAUSS in sein Exemplar von KLÜGELS Lexicon Bd. I eingeschrieben.

FRICKE.

[VIER NOTIZEN ÜBER INVERSION DER POTENZREIHEN.]

GAUSS an OLBERS, 12. December 1813.

...... Heute habe ich einen artigen kleinen Fund gemacht, den ich Ihnen doch mittheilen will. Es ist ein specieller sehr kurzer Beweis für die Umkehrungsformel der Reihen: man kann sie zwar als einen einzelnen Fall sehr leicht aus der allgemeinen LAGRANGischen Umkehrungsformel ableiten; aber es ist doch angenehm, sie mit wenigen Federstrichen unabhängig von dieser ableiten zu können.

Ich setze

$$x+\alpha xx+\beta x^3+\gamma x^4+\text{etc.}=X,$$
$$y+\alpha yy+\beta y^3+\gamma y^4+\text{etc.}=Y,$$
$$\log\left(1-\frac{x}{y}\right)-\log\left(1-\frac{X}{Y}\right)=\Omega,$$
$$Y^{-n}=y^{-n}(1+(n,1)\,y+(n,2)\,yy+(n,3)\,y^3+\text{etc.}).$$

Man hat erstlich:

$$\begin{aligned}\Omega &= \frac{X}{Y}+\frac{X^2}{2Y^2}+\frac{X^3}{3Y^3}+\text{etc.}\\ &\quad -\frac{x}{y}-\frac{x^2}{2y^2}-\frac{x^3}{3y^3}-\text{etc.}\\ &= \qquad\qquad \frac{X}{y}+(1,1)\,X+(1,2)\,Xy+\cdots\\ &\qquad +\frac{X^2}{2yy}+(2,1)\frac{X^2}{2y}+(2,2)\frac{X^2}{2}+(2,3)\frac{X^2y}{2}+\cdots\\ &\qquad +\frac{X^3}{3y^3}+(3,1)\frac{X^3}{3yy}+(3,2)\frac{X^3}{3y}+(3,3)\frac{X^3}{3}+(3,4)\frac{X^3y}{3}+\cdots\\ &\qquad \cdots\cdots\cdots\cdots\cdots\cdots\\ &\qquad \cdots\cdots -\frac{x^3}{3y^3}-\frac{xx}{2yy}-\frac{x}{y}.\end{aligned}$$

Zweitens hat man aber auch:

$$\Omega = -\log\left(\frac{Y-X}{y-x}\cdot\frac{y}{Y}\right) = -\log\left\{\frac{1+\alpha(y+x)+\beta(yy+yx+xx)+\text{etc.}}{1+\alpha y+\beta yy+\gamma y^3+\text{etc.}}\right\}$$

$$= -\log\left\{1+\frac{\alpha x+\beta(yx+xx)+\gamma(yyx+yxx+x^3)+\text{etc.}}{1+\alpha y+\beta yy+\gamma y^3+\text{etc.}}\right\}.$$

Dieser zweite Ausdruck zeigt, dass Ω gar keine Potenzen von y mit negativen Exponenten enthält; es muss also

$$\frac{X}{y}+(2,1)\frac{X^2}{2y}+(3,2)\frac{X^3}{3y}+\text{etc.}-\frac{x}{y}$$

identisch $=0$ werden oder

$$x = X+\tfrac{1}{2}(2,1)X^2+\tfrac{1}{3}(3,2)X^3+\text{etc.},$$

welches die Reversionsformel ist.

Eben so folgen hieraus die Coefficienten der Reihen, die x^2, x^3 etc. oder jede positive ganze Potenz von x durch X ausdrücken, und durch leichte Kunstgriffe kann man es auch auf gebrochene Exponenten ausdehnen. Für negative Exponenten müssten noch andere etwas künstlichere Betrachtungen hinzukommen. . . . .

REVERSIO SERIERUM.

$$x-a'xx-a''x^3-a'''x^4-a^{\mathrm{IV}}x^5-\ldots\ldots=y$$

$$x^m = \Sigma\, a'^{\lambda'}\, a''^{\lambda''}\, a'''^{\lambda'''}\ldots y^{m+\nu}\,\frac{m(\mu+\nu+m-1)(\mu+\nu+m-2)(\mu+\nu+m-3)\ldots(\nu+m+1)}{1.2.3\ldots\lambda'.1.2.3\ldots\lambda''.1.2.3\ldots\lambda'''\ \text{etc.}},$$

wo

$$\mu = \lambda'+\lambda''+\lambda'''+\text{etc.}$$
$$\nu = \lambda'+2\lambda''+3\lambda'''+\text{etc.}$$

und λ', λ'', λ''' etc. alle möglichen Combinationen von Werthen erhalten, die weder gebrochen noch negativ sind.

DIE UMKEHRUNG DER REIHEN.

Es sei

$$x + axx + bx^3 + cx^4 + \text{etc.} = y,$$
$$u + axuu + bxxu^3 + cx^3u^4 + \text{etc.} = z,$$
$$-\log\left(1 - \frac{xz}{y}\right) = \Omega,$$
$$\frac{1}{y} = \frac{1}{x}(1 + (1,1)x + (1,2)xx + (1,3)x^3 + \text{etc.}),$$
$$\frac{1}{yy} = \frac{1}{xx}(1 + (2,1)x + (2,2)xx + (2,3)x^3 + \text{etc.}),$$
$$\frac{1}{y^3} = \frac{1}{x^3}(1 + (3,1)x + (3,2)xx + (3,3)x^3 + \text{etc.}),$$

u. s. w., oder allgemein

$$y^{-m} = x^{-m}(1 + (m,1)x + (m,2)xx + (m,3)x^3 + \text{etc.}).$$

Dadurch wird

$$\begin{aligned}\Omega = {} & z + (1,1)xz + (1,2)xxz + (1,3)x^3z + \text{etc.}\\ & + \tfrac{1}{2}zz + \tfrac{1}{2}(2,1)xzz + \tfrac{1}{2}(2,2)xxzz + \tfrac{1}{2}(2,3)x^3zz + \text{etc.}\\ & + \tfrac{1}{3}z^3 + \tfrac{1}{3}(3,1)xz^3 + \tfrac{1}{3}(3,2)xxz^3 + \tfrac{1}{3}(3,3)x^3z^3 + \text{etc.}\\ & + \tfrac{1}{4}z^4 + \tfrac{1}{4}(4,1)xz^4 + \tfrac{1}{4}(4,2)xxz^4 + \tfrac{1}{4}(4,3)x^3z^4 + \text{etc.}\\ & + \text{etc.}\end{aligned}$$

Nehmen wir an, dass die Substitution des Werthes z in diesem Ausdrucke gebe

$$\begin{aligned}\Omega = {} & u + [1,1]xu + [1,2]xxu + [1,3]x^3u + \text{etc.}\\ & + \tfrac{1}{2}uu + [2,1]xuu + [2,2]xxuu + [2,3]x^3uu + \text{etc.}\\ & + \tfrac{1}{3}u^3 + [3,1]xu^3 + [3,2]xxu^3 + [3,3]x^3u^3 + \text{etc.}\\ & + \tfrac{1}{4}u^4 + [4,1]xu^4 + [4,2]xxu^4 + [4,3]x^3u^4 + \text{etc.}\\ & + \text{etc.},\end{aligned}$$

so wird sein

$$\text{I.} \qquad \begin{aligned} & u + [2,1]xuu + [3,2]xxu^3 + [4,3]x^3u^4 + \text{etc.} = \\ & z + \tfrac{1}{2}(2,1)xzz + \tfrac{1}{3}(3,2)xxz^3 + \tfrac{1}{4}(4,3)x^3z^4 + \text{etc.},\end{aligned}$$

II. $\frac{1}{2}uu + [3,1]xu^3 + [4,2]xxu^4 + [5,3]x^3u^5 + \text{etc.} =$
$\frac{1}{2}zz + \frac{1}{3}(3,1)xz^3 + \frac{1}{4}(4,2)xxz^4 + \frac{1}{5}(5,3)x^3z^5 + \text{etc.},$

III. $\frac{1}{3}u^3 + [4,1]xu^4 + [5,2]xxu^5 + [6,3]x^3u^6 + \text{etc.} =$
$\frac{1}{3}z^3 + \frac{1}{4}(4,1)xz^4 + \frac{1}{5}(5,2)xxz^5 + \frac{1}{6}(6,3)x^3z^6 + \text{etc.},$

IV. $\frac{1}{4}u^4 + [5,1]xu^5 + [6,2]xxu^6 + [7,3]x^3u^7 + \text{etc.} =$
$\frac{1}{4}z^4 + \frac{1}{5}(5,1)xz^5 + \frac{1}{6}(6,2)xxz^6 + \frac{1}{7}(7,3)x^3z^7 + \text{etc.},$

u. s. w.

Nun aber ist auch

$$\Omega = -\log(1-u) - \log\left(1 + \frac{axu + bx^2(u+uu) + cx^3(u+uu+u^3) + dx^4(u+uu+u^3+u^4) + \cdots}{1 + ax + bxx + cx^3 + dx^4 + \text{etc.}}\right).$$

Der erste Theil gibt

$$u + \tfrac{1}{2}uu + \tfrac{1}{3}u^3 + \tfrac{1}{4}u^4 + \text{etc.},$$

der andere giebt nur solche Theile, die u und x zugleich als Factoren enthalten, und zwar x mit gleichem oder grösserem Exponenten als u. Hieraus folgt:

$[2,1] = 0,$
$[3,1] = 0, \quad [3,2] = 0,$
$[4,1] = 0, \quad [4,2] = 0, \quad [4,3] = 0$
u. s. w.

Hierdurch fallen also in den ersten Gliedern der Gleichungen I, II, III, IV etc. alle Theile nach dem ersten aus, und man hat, wenn man dieselben mit x, $2xx$, $3x^3$, $4x^4$ u. s. w. resp. multiplicirt und dann $u = 1$ setzt,

I. $x = y + \frac{1}{2}(2,1)yy + \frac{1}{3}(3,2)y^3 + \frac{1}{4}(4,3)y^4 + \text{etc.},$

II. $xx = yy + \frac{2}{3}(3,1)y^3 + \frac{2}{4}(4,2)y^4 + \frac{2}{5}(5,3)y^5 + \text{etc.},$

III. $x^3 = y^3 + \frac{3}{4}(4,1)y^4 + \frac{3}{5}(5,2)y^5 + \frac{3}{6}(6,3)y^6 + \text{etc.},$

IV. $x^4 = y^4 + \frac{4}{5}(5,1)y^5 + \frac{4}{6}(6,2)y^6 + \frac{4}{7}(7,3)y^7 + \text{etc.}$

u. s. w., oder allgemein

$$x^m = y^m + \frac{m}{m+1}(m+1,1)\,y^{m+1} + \frac{m}{m+2}(m+2,2)\,y^{m+2} + \frac{m}{m+3}(m+3,3)\,y^{m+3} + \text{etc.}$$

oder

$$\frac{x^m \operatorname{Coeff.} y^n}{m} = \frac{y^{-n} \operatorname{Coeff.} x^{-m}}{n}.$$

1820 Jun. 22.

ALLGEMEINE UMKEHRUNG DER REIHEN.

Es sei vorgegeben die Gleichung

$$p^m = q^n + a q^{n+\nu} + b q^{n+2\nu} + c q^{n+3\nu} + \text{etc.} = Q.$$

Man wünscht q^θ als Function von p darzustellen.

Auflösung: Man setze

$$q^\nu = x, \qquad (1 + ax + bxx + cx^3 + \text{etc.})^{-\frac{\nu}{n}} = fx, \qquad p^{\frac{\nu m}{n}} = u,$$

so wird die vorgegebene Gleichung $x = u\,.\,fx$ und gewünscht wird

$$q^\theta = x^{\frac{\theta}{\nu}} = u^{\frac{\theta}{\nu}} fx^{\frac{\theta}{\nu}}$$

Man setze zuvörderst

$$x = t + u\,.\,fx,$$

so wird aus Lagranges Lehrsatz

$$fx^\lambda = ft^\lambda + \frac{\lambda u}{\lambda+1} \frac{dft^{\lambda+1}}{dt} + \frac{\lambda uu}{(\lambda+2)\,1\,.\,2} \frac{d^2 ft^{\lambda+2}}{dt^2} + \frac{\lambda u^3}{(\lambda+3)\,1\,.\,2\,.\,3} \frac{d^3 ft^{\lambda+3}}{dt^3} + \cdots,$$

welches, da nach den Differentiationen $t = 0$ gesetzt werden soll, auch so ausgedrückt werden kann:

$$fx^\lambda = [ft^\lambda]_{\operatorname{Coeff} t^0} + \frac{\lambda u}{\lambda+1} [ft^{\lambda+1}]_{\operatorname{Coeff} t} + \frac{\lambda uu}{\lambda+2} [ft^{\lambda+2}]_{\operatorname{Coeff} tt} + \text{etc.}$$

Hier kann statt t auch jeder andere Buchstabe z. B. q^ν gesetzt werden, also, da $fq^\nu = \left(\frac{Q}{q^n}\right)^{-\frac{\nu}{n}} = q^\nu Q^{-\frac{\nu}{n}}$,

$$fx^\lambda = \left[q^{\nu\lambda} Q^{-\frac{\lambda\nu}{n}}\right]_{\operatorname{Coeff} q^0} + \frac{\lambda u}{\lambda+1} \left[q^{\nu(\lambda+1)} Q^{-\frac{(\lambda+1)\nu}{n}}\right]_{\operatorname{Coeff} q^\nu} + \frac{\lambda uu}{\lambda+2} \left[q^{\nu(\lambda+2)} Q^{-\frac{(\lambda+2)\nu}{n}}\right]_{\operatorname{Coeff} q^{2\nu}} + \text{etc.}$$

oder auch

$$fx^\lambda = \left[Q^{-\frac{\lambda\nu}{n}}\right]_{\text{Coeff}\, q^{-\nu\lambda}} + \frac{\lambda u}{\lambda+1}\left[Q^{-\frac{(\lambda+1)\nu}{n}}\right]_{\text{Coeff}\, q^{-\nu\lambda}} + \frac{\lambda uu}{\lambda+2}\left[Q^{-\frac{(\lambda+2)\nu}{n}}\right]_{\text{Coeff}\, q^{-\nu\lambda}} + \cdots\cdot$$

Mithin, $\lambda = \frac{\theta}{\nu}$ gesetzt,

$$q^\theta = u^{\frac{\theta}{\nu}}\left[Q^{-\frac{\theta}{n}}\right]_{\text{Coeff}\, q^{-\theta}} + \frac{\theta}{\theta+\nu}\cdot u^{\frac{\theta+\nu}{\nu}}\left[Q^{-\frac{\theta+\nu}{n}}\right]_{\text{Coeff}\, q^{-\theta}}$$
$$+ \frac{\theta}{\theta+2\nu}\cdot u^{\frac{\theta+2\nu}{\nu}}\left[Q^{-\frac{\theta+2\nu}{n}}\right]_{\text{Coeff}\, q^{-\theta}} + \cdots$$

oder

$$q^\theta = p^{\frac{\theta m}{n}}\left[Q^{-\frac{\theta}{n}}\right]_{\text{Coeff}\, q^{-\theta}} + \frac{\theta}{\theta+\nu}\cdot p^{\frac{(\theta+\nu)m}{n}}\left[Q^{-\frac{\theta+\nu}{n}}\right]_{\text{Coeff}\, q^{-\theta}}$$
$$+ \frac{\theta}{\theta+2\nu}\cdot p^{\frac{(\theta+2\nu)m}{n}}\left[Q^{-\frac{\theta+2\nu}{n}}\right]_{\text{Coeff}\, q^{-\theta}} + \cdots\cdot$$

Setzt man also $q^\theta = P$, so ist

$$[P]_{\text{Coeff}\, p^\mu} = \frac{\theta m}{\mu n}\left[Q^{-\frac{\mu}{m}}\right]_{\text{Coeff}\, q^{-\theta}}.$$

Man kann dies Resultat auch so ausdrücken: $\frac{dP}{dp}$ ist dasjenige Glied in der Entwicklung von

$$\frac{m\theta\left(\frac{p^m}{Q}\right)^{\frac{\theta}{n}} q^\theta}{np\left(1-\left(\frac{p^m}{Q}\right)^{\frac{\nu}{n}}\right)}$$

nach Potenzen von q, welches kein q enthält.

Hiernach wäre die allgemeine Aufgabe diese: Die Relation zwischen p und q ist durch die Gleichung gegeben:

$$P = Q,$$

wo P Function von p, Q eine Function von q von der Form

$$q^n + aq^{n+\nu} + bq^{n+2\nu} + cq^{n+3\nu} + \text{etc.}$$

ist. Man wünscht fq durch eine Function von p darzustellen.

Es sei $\mathfrak{P}$ die verlangte Function, so ist:

$$\left(\frac{d\mathfrak{P}}{dP}\right) = \text{pars absoluta sive a } q \text{ libera in } \frac{q.f'q.f\dfrac{P^{\frac{1}{n}}}{Q}}{nP\left(1-\left(\dfrac{P}{Q}\right)^{\frac{\nu}{n}}\right)}$$

BEMERKUNGEN ZU DEN NOTIZEN ÜBER REIHENINVERSION.

Die erste Notiz ist aus einem Briefe an OLBERS vom 12. Dec. 1813 entnommen. Der daselbst symbolisch durch (n, ν) bezeichnete Entwicklungscoefficient stellt sich auf Grund des polynomischen Lehrsatzes explicit dar in der Gestalt:

$$(n, \nu) = \sum_{\lambda} \frac{(n+\mu-1)(n+\mu-2)\dots(n+1)n}{\lambda'!\,\lambda''!\,\lambda'''!\dots} a'^{\lambda'} a''^{\lambda''} a'''^{\lambda'''} \dots,$$

wenn hierbei $a' = -\alpha$, $a'' = -\beta$, $a''' = -\gamma$, ... gesetzt wird; die Summe bezieht sich auf alle Systeme ganzer, nicht-negativer Zahlen $\lambda', \lambda'', \dots$, welche die Gleichung $\lambda' + 2\lambda'' + 3\lambda''' + \dots = \nu$ befriedigen, und es ist $\mu = \lambda' + \lambda'' + \lambda''' + \dots$.

Die zweite Notiz, welche GAUSS in sein Exemplar von »HOBERT und IDELER, trigonometrische Tafeln« (erste Seite des Umschlages) geschrieben hat, giebt in expliciter Gestalt die am Schlusse der ersten Notiz angedeutete Verallgemeinerung. Man wird die fragliche Inversionsformel mit Hilfe des eben entwickelten Ausdrucks für (n, ν) leicht bestätigen.

In der dritten Notiz, welche sich auf einem einzelnen Zettel findet, und welche das Datum 1820 Jun. 22 trägt, ist nach einer geringfügig abgeänderten Methode gleichfalls die Verallgemeinerung der ersten Notiz für beliebige Potenzen von x explicit entwickelt. Dem Schlusse von den beiden Darstellungen des Ω auf die Gleichungen I, II, ... liegt eine Homogeneitätsbetrachtung zu Grunde.

Die vierte Entwicklung stammt vermuthlich aus dem Jahre 1816 und findet sich in einem Handbuche. Unter dem Symbol $[F(x)]_{\text{Coeff.}x^n}$ ist hier der Coefficient von x^n in der Entwicklung von $F(x)$ nach Potenzen von x verstanden.

FRICKE.

NEUER BEWEIS DES LAGRANGISCHEN LEHRSATZES.

Der wichtige Lehrsatz des Herrn DE LA GRANGE, wonach jede Function von x durch eine Reihe nach den Potenzen von u dargestellt wird, wenn $x = t + uX$, ist schon von dem Erfinder auf eine scharfsinnige Art bewiesen worden*). Allein da dieser Beweis sich darauf gründet, dass X die Gestalt habe

$$ax^2 + bx^3 + cx^4 + \ldots .\text{**)}$$

und zugleich etwas weitläuftig ist, so haben verschiedne Geometer gesucht, den Satz bloss aus der Natur der Functionen herzuleiten***). Von allen diesen Bemühungen ist indess bloss der Beweis des Hrn. Prof. PFAFF völlig streng; die übrigen sind im Grunde blosse Induction. Ich hoffe, es werde manchem Leser nicht unangenehm sein, hier einen andern gleichfalls strengen Beweis zu finden, der mit dem des Hrn. Prof. PFAFF nichts gemein hat. Die Hauptidee ist eigentlich wie in dem COUSINschen, aber die Ausführung scheint mir neu und einfach. Verschiedenheit der Methoden dient immer, mehr Licht über eine Wahrheit zu verbreiten, und gegenwärtiger Satz scheint unter uns bisher weniger bekannt zu sein, als er es verdient.

---

*) Hist. de l'Ac. de Berlin T. XXIV, Année 1768 (Berlin 1770), p. 275. Man findet die ganze Abhandlung übersetzt in dem dritten Bande, womit Hr. MICHELSEN EULERS Analysis des Unendlichen begleitet hat. Auch hat neuerlich Hr. D. MURHARD diesen Beweis in einem eignen Programme durch einen gedrängten Auszug bekannter zu machen gesucht.

**) Eben das gilt von der Umkehrungsformel, die Hr. ESCHENBACH für sich erfunden und Hr. M. ROTHE bewiesen hat, und die sich leicht mit dem LAGRANGischen Satze verbinden lässt.

***) LEXELL, Comm. nov. Petr., T. XVI (1772), p. 230.

CONDORCET, Miscell. Taurin., T. V (1770—73), Classe Math. p. 7.

COUSIN, Astronomie physique, p. 15 (Paris 1787).

PFAFF, Archiv der r. u. a. M., 1. Band (1795), S. 81.

I.

Da für $u = 0$, $x = t$ wird, so ist nach Taylors Lehrsatze

$$\varphi x = \varphi t + u\frac{d\varphi x}{du} + \frac{uu}{1.2}\frac{d^2\varphi x}{du^2} + \frac{u^3}{1.2.3}\frac{d^3\varphi x}{du^3} + \text{etc.},$$

wo der Werth der Grössen $\frac{d\varphi x}{du}$, $\frac{d^2\varphi x}{du^2}$ etc. für $u = 0$ zu nehmen ist. Allein es ist allgemein

$$\frac{d\varphi x}{du} = X\frac{d\varphi x}{dt},$$

$$\frac{d^2\varphi x}{du^2} = \frac{dX^2\frac{d\varphi x}{dt}}{dt},$$

$$\frac{d^3\varphi x}{du^3} = \frac{d^2X^3\frac{d\varphi x}{dt}}{dt^2},$$

$$\dots\dots\dots\dots,$$

wie ich sogleich beweisen werde. Ferner wird man leicht einsehen, dass für $u = 0$, d. i. $x = t$ diese Ausdrücke

$$X\frac{d\varphi x}{dt},\ \frac{dX^2\frac{d\varphi x}{dt}}{dt},\ \text{etc. in } X\frac{d\varphi x}{dx},\ \frac{dX^2\frac{d\varphi x}{dx}}{dx},\ \text{etc.}$$

übergehen, worin dann $x = t$ zu setzen ist. Dadurch wird also

$$\varphi x = \varphi t + uX\frac{d\varphi x}{dx} + \frac{uu}{1.2}\frac{dX^2\frac{d\varphi x}{dx}}{dx} + \frac{u^3}{1.2.3}\frac{d^2X^3\frac{d\varphi x}{dx}}{dx^2} + \cdots,$$

wo $x = t$ zu setzen ist, und dieses ist die Formel des Herrn De la grange.

II.

Die hierbei gebrauchten Verwandlungen beweise ich so:

Ich differentiire die vorgegebne Gleichung $x = t + uX$ nach t und nach u, woraus ich erhalte

$$\frac{dx}{dt} = 1 + u\frac{dX}{dt} = 1 + u\frac{dX}{dx}\frac{dx}{dt},$$

$$\frac{dx}{du} = X + u\frac{dX}{du} = X + u\frac{dX}{dx}\frac{dx}{du}.$$

Hieraus $\frac{dX}{dx}$ eliminirt gibt

$$\frac{dx}{du} = X\frac{dx}{dt}.$$

Da nun

$$\frac{d\varphi x}{dt} = \frac{d\varphi x}{dx}\frac{dx}{dt} \quad \text{und} \quad \frac{d\varphi x}{du} = \frac{d\varphi x}{dx}\frac{dx}{du},$$

so wird:

$$\frac{d\varphi x}{du} = X\frac{d\varphi x}{dt}, \tag{1}$$

folglich auch, wenn man statt φx X setzt (welches erlaubt ist)

$$\frac{dX}{du} = X\frac{dX}{dt}, \tag{2}$$

Differentiirt man aufs neue (1) nach t und u, so erhält man

$$\frac{d^2\varphi x}{dt\,du} = \frac{dX}{dt}\frac{d\varphi x}{dt} + X\frac{d^2\varphi x}{dt^2}, \tag{3}$$

$$\frac{d^2\varphi x}{du^2} = \frac{dX}{du}\frac{d\varphi x}{dt} + X\frac{d^2\varphi x}{dt\,du},$$

Hierin die gefundnen Werthe von $\frac{d^2\varphi x}{dt\,du}$ und $\frac{dX}{du}$ substituirt gibt

$$\frac{d^2\varphi x}{du^2} = 2X\frac{dX}{dt}\frac{d\varphi x}{dt} + X^2\frac{d^2\varphi x}{dt^2}$$

oder

$$\frac{d^2\varphi x}{du^2} = \frac{dX^2\frac{d\varphi x}{dt}}{dt}. \tag{4}$$

Differentiirt man wiederum diese Gleichung nach u, so wird

$$\frac{d^3\varphi x}{du^3} = \frac{d^2X^2\frac{d\varphi x}{dt}}{dt\,du}.$$

Da es aber bekanntlich gleichgültig ist, ob man $X^2\frac{d\varphi x}{dt}$ erst nach t und dann nach u differentiirt oder in umgekehrter Ordnung, und

$$\frac{dX^2\frac{d\varphi x}{dt}}{du} = 2X\frac{dX}{du}\frac{d\varphi x}{dt} + X^2\frac{d^2\varphi x}{dt\,du}$$

oder, wenn man die Werthe von $\frac{dX}{du}$, $\frac{d^2\varphi x}{dt\,du}$ aus (2) und (3) substituirt,

$$= X^3 \frac{d^2\varphi x}{dt\,du} + 3X^2 \frac{dX}{dt}\frac{d\varphi x}{dt} = \frac{d X^3 \frac{d\varphi x}{dt}}{dt},$$

so folgt

$$\frac{d^3\varphi x}{du^3} = \frac{d^2 X^3 \frac{d\varphi x}{dt}}{dt^2}. \tag{5}$$

Man findet ebenso

$$\frac{d^4\varphi x}{du^4} = \frac{d^3 X^4 \frac{d\varphi x}{dt}}{dt^3} \quad \text{u. s. f.}$$

Allgemein aber gibt $X^n \frac{d\varphi x}{dt}$ nach u differentiirt durch die Substitutionen (3) und (4)

$$\frac{d X^n \frac{d\varphi x}{dt}}{du} = \frac{d X^{n+1} \frac{d\varphi x}{dt}}{dt}. \tag{6}$$

Ist also das Gesetz bis auf das n^{te} Glied richtig oder

$$\frac{d^n\varphi x}{du^n} = \frac{d^{n-1} X^n \frac{d\varphi x}{dt}}{dt^{n-1}},$$

so wird, nach u differentiirt,

$$\frac{d^{n+1}\varphi x}{du^{n+1}} = \frac{d d^{n-1} X^n \frac{d\varphi x}{dt}}{du\,.\,dt^{n-1}} = \frac{d^{n-1} d X^n \frac{d\varphi x}{dt}}{dt^{n-1} du},$$

[also] nach (6)

$$\frac{d^{n+1}\varphi x}{du^{n+1}} = \frac{d^n X^{n+1} \frac{d\varphi x}{dt}}{dt^n}, \tag{7}$$

d. i. [die Regel gilt] auch für das nächstfolgende Glied.

Aus den Gleichungen (1), (4), (5) folgen also die obigen Verwandlungen für die drei ersten Glieder, und aus (6) ihre Richtigkeit für alle folgenden.

BEMERKUNG ZUM AUFSATZE »NEUER BEWEIS DES LAGRANGISCHEN LEHRSATZES«.

Zufolge einer Notiz in dem S. 20 erwähnten Tagebuche hat GAUSS am 27. December 1796 einen Beweis des Lehrsatzes von LAGRANGE gefunden. Der vorstehend abgedruckte Aufsatz ist zwar ohne jede Datumangabe auf einem einzelnen Zettel aufgezeichnet; indessen ist nicht zu bezweifeln, dass es sich hier um die Entwicklung handelt, welche GAUSS Ende 1796 auffand. Die Veröffentlichung wurde seiner Zeit nur durch verschiedene Zufälligkeiten verhindert (Vgl. SARTORIUS VON WALTERSHAUSEN, Gauss zum Gedächtniss, S. 22).

FRICKE.

LAGRANGES LEHRSATZ, AUF MÖGLICH LICHTVOLLSTE ART ABGELEITET.

I. Specieller Fall.

Grundgleichung: $x = t + ux^\lambda$,

Gesucht: $x^n = t^n + T_1 u + T_2 uu + T_3 u^3 + \text{u. s. w.}$

Hier sind T_1, T_2, T_3, u. s. w. Functionen von t, die in Θ_1, Θ_2, Θ_3, u. s. w. übergehen mögen, wenn man anstatt n, soweit es in ihnen vorkommt, $n+\lambda$ schreibt. Man hat also offenbar:

$$x^{n+\lambda} = t^{n+\lambda} + \Theta_1 u + \Theta_2 uu + \Theta_3 u^3 + \text{u. s. w.}$$

Allgemein ist für irgend eine Function Fx von x

$$\frac{dFx}{du} = x^\lambda \cdot \frac{dFx}{dt},$$

also

$$\frac{dx^n}{du} = \frac{x^\lambda dx^n}{dt} = \frac{n}{n+\lambda}\frac{dx^{n+\lambda}}{dt}$$

und folglich:

$$T_1 + 2\,T_2 u + 3\,T_3 uu + \text{u.s.w.} = \frac{n}{n+\lambda}\left\{(n+\lambda)\,t^{n+\lambda-1} + \frac{d\Theta_1}{dt}u + \frac{d\Theta_2}{dt}uu + \frac{d\Theta_3}{dt}u^3 + \text{u.s.w.}\right\}.$$

Man hat also $T_1 = nt^{n+\lambda-1}$, und hieraus, wenn man $n+\lambda$ statt n schreibt,

$$\Theta_1 = (n+\lambda)\,t^{n+2\lambda-1};$$

sodann

$$T_2 = \frac{1}{2}\cdot\frac{n}{n+\lambda}\frac{d\Theta_1}{dt} = \frac{n(n+2\lambda-1)}{2}t^{n+2\lambda-2}$$

und auf ähnliche Weise hieraus

$$\Theta_2 = \frac{(n+\lambda)(n+3\lambda-1)}{2}t^{n+3\lambda-2},$$

$$T_3 = \frac{1}{3}\frac{n}{n+\lambda}\frac{d\Theta_2}{dt} = \frac{n(n+3\lambda-1)(n+3\lambda-2)}{2.3}t^{n+3\lambda-3},$$

$$\Theta_3 = \frac{(n+\lambda)(n+4\lambda-1)(n+4\lambda-2)}{2.3}t^{n+4\lambda-3},$$

$$T_4 = \frac{1}{4}\frac{n}{n+\lambda}\frac{d\Theta_3}{dt} = \frac{n(n+4\lambda-1)(n+4\lambda-2)(n+4\lambda-3)}{2.3.4}t^{n+4\lambda-4},$$

wo das Fortschreitungsgesetz klar ist.

II. Allgemein.

Grundgleichung: $x = t + u\psi x,$

Gesucht: $fx = ft + T_1 u + T_2 uu + T_3 u^3 + \text{u. s. w.};$

ψx, fx sind gegebene Functionen von x, hingegen T_1, T_2, T_3 u. s. w. erst noch zu bestimmende Functionen von t, und zwar wird ihre Bestimmung von der Beschaffenheit der Functionen ψx, fx abhängig sein. Die derivirte Function $\frac{dfx}{dx}$ soll mit Fx bezeichnet werden.

Es sei nun φx eine andere Function von x und $\Phi x = \frac{d\varphi x}{dx}$ ihre derivirte. Es wird mithin auch gesetzt werden können:

$$\varphi x = \varphi t + \Theta_1 u + \Theta_2 uu + \Theta_3 u^3 + \text{u. s w.},$$

wo Θ_1, Θ_2, Θ_3 u. s. w. gleichfalls Functionen von t sein werden, die von der Natur der Functionen ψ, φ ebenso abhängen werden, wie T_1, T_2, T_3 u. s. w. von ψ, f. Sollte sich zeigen, dass in letzterer Abhängigkeit die Function f selbst nicht vorkommt, sondern nur F, so werden, da ψ bei beiden die gleiche Rolle spielt, T_1, T_2, T_3 u. s. w. übergehen in Θ_1, Θ_2, Θ_3 u. s. w., wenn man in dem Ausdruck der ersteren Function, soweit Ft darin vorkommt, an die Stelle davon setzt Φt.

Nehmen wir nun an, die Functionen fx und φx stehen in einem solchen Zusammenhange mit einander, dass

$$\Phi x = \psi x \cdot Fx$$

oder, was dasselbe ist, dass

$$\varphi x = \int \psi x \cdot \frac{dfx}{dx} dx,$$

und überlegen, dass

$$\frac{dfx}{du} = \psi x \frac{dfx}{dt},$$

so wird

$$\frac{dfx}{du} = \frac{d\varphi x}{dt}.$$

Mithin [folgt], da

$$\frac{d\varphi t}{dt} = \Phi t = \psi t \cdot Ft,$$

$$T_1 + 2\,T_2 u + 3\,T_3 uu + \text{u. s. w.} = \psi t \cdot Ft + \frac{d\Theta_1}{dt} u + \frac{d\Theta_2}{dt} uu + \frac{d\Theta_3}{dt} u^3 + \text{u. s. w.}$$

Wir haben demnach zuvörderst

$$T_1 = \psi t \cdot Ft.$$

Mithin, da nach obiger Bemerkung T_1 in Θ_1 übergehen muss, wenn man in dem Ausdruck für jene Function an die Stelle von Ft treten lässt Φt, d. i. $\psi t \cdot Ft$, so wird

$$\Theta_1 = (\psi t)^2 \cdot Ft.$$

Hiernach wird ferner

$$T_2 = \frac{1}{2} \frac{d(\psi t)^2 Ft}{dt},$$

und dann abermals, kraft der obigen Bemerkung,

$$\Theta_2 = \frac{1}{2} \frac{d(\psi t)^3 Ft}{dt}.$$

Sodann

$$T_3 = \frac{1}{2.3} \frac{dd(\psi t)^3 Ft}{dt^2},$$

$$\Theta_3 = \frac{1}{2.3} \frac{dd(\psi t)^4 Ft}{dt^2},$$

$$T_4 = \frac{1}{2.3.4} \frac{d^3(\psi t)^4 Ft}{dt^3},$$

u. s. w.

Als Endresultat haben wir also

$$fx = ft + \psi t \cdot \frac{dft}{dt} \cdot u + \frac{1}{2} \frac{d(\psi t)^2 \cdot \frac{dft}{dt}}{dt} \cdot uu + \frac{1}{2.3} \frac{dd(\psi t)^3 \cdot \frac{dft}{dt}}{dt^2} \cdot u^3$$

$$+ \frac{1}{2.3.4} \frac{d^3(\psi t)^4 \frac{dft}{dt}}{dt^3} u^4 + \text{u. s. w.},$$

welches der LAGRANGische Lehrsatz in seiner ganzen Allgemeinheit ist.

1847 Mai 13.

ENTWICKLUNG VON $\frac{1}{(h-\cos\varphi)^{\frac{3}{2}}}$ IN DIE REIHE

$A^{(0)}+2A^{(1)}\cos\varphi+2A^{(2)}\cos 2\varphi+2A^{(3)}\cos 3\varphi+\text{etc.}$

Wir setzen

$$h=\tfrac{1}{2}\left(t+\frac{1}{t}\right) \quad \text{oder} \quad t=h-\sqrt{(hh-1)},$$

$$a=\frac{(1-tt)^2}{(2t)^{\frac{5}{2}}}=\frac{b}{\sqrt{(1-tt)}}, \qquad b=\left(\frac{1-tt}{2t}\right)^{\frac{3}{2}}, \qquad c=\tfrac{1}{4}t,$$

$$a'=\tfrac{1}{2}(a+b), \qquad b'=\sqrt{a\,b}, \qquad c'=\left(\frac{ac}{a'}\right)^2,$$

$$a''=\tfrac{1}{2}(a'+b'), \qquad b''=\sqrt{a'b'}, \qquad c''=\left(\frac{a'c'}{a''}\right)^2,$$

$$a'''=\tfrac{1}{2}(a''+b''), \qquad b'''=\sqrt{a''b''}, \qquad c'''=\left(\frac{a''c''}{a'''}\right)^2 \quad \text{etc.}$$

Man setze ferner

$$u=2c(1+2c'(1+2c''(1+2c'''(1+\cdots\},$$

und $a^{(\infty)}$ sei die gemeinschaftliche Grenze von a, a', a'', a''' etc. und b, b', b'', b''' etc. Sodann ist

$$A^{(0)}=\frac{h-u}{a^{(\infty)}}, \qquad A^{(1)}=\frac{1-hu}{a^{(\infty)}}.$$

Wir setzen ferner

$$\frac{A^{(1)}}{A^{(0)}}=B^{(0)}, \qquad \frac{A^{(2)}}{A^{(1)}}=B^{(1)}, \qquad \frac{A^{(3)}}{A^{(2)}}=B^{(2)} \quad \text{etc.};$$

man hat so folgende Gleichungen

$$B^{(0)} = \frac{\frac{3}{2}}{2h-\frac{1}{2}B^{(1)}},\quad B^{(1)} = \frac{\frac{5}{4}}{2h-\frac{3}{4}B^{(2)}},\quad B^{(2)} = \frac{\frac{7}{6}}{2h-\frac{5}{6}B^{(3)}},\quad B^{(3)} = \frac{\frac{9}{8}}{2h-\frac{7}{8}B^{(4)}} \quad \text{u. s. w.}$$

Man bedient sich dieser Formeln, um die Grössen $B^{(0)}$, $B^{(1)}$, $B^{(2)}$, $B^{(3)}$ u. s. w. in verkehrter Ordnung aus einer vom Anfang entferntern, etwa der letzten, welche man nöthig hat, abzuleiten. Diese zu finden dient die Formel

$$B^{(k)} = \frac{2k+3}{2k+2}t\cdot\cfrac{1}{1+\cfrac{\frac{3}{(2k+2)(2k+4)}tt}{1-\cfrac{\frac{(2k+1)(2k+5)}{(2k+4)(2k+6)}tt}{1-\cfrac{\frac{1.5}{(2k+6)(2k+8)}tt}{1-\cfrac{\frac{(2k+3)(2k+7)}{(2k+8)(2k+10)}tt}{1-\cfrac{\frac{3.7}{(2k+10)(2k+12)}tt}{1-\text{etc.}}}}}}},$$

also z. B.

$$B^{(9)} = \tfrac{21}{20}t\cdot\cfrac{1}{1+\cfrac{\frac{3}{440}tt}{1-\cfrac{\frac{437}{528}tt}{1-\cfrac{\frac{5}{624}tt}{1-\cfrac{\frac{75}{104}tt}{1-\cfrac{\frac{1}{40}tt}{1-\cfrac{\frac{207}{320}tt}{1-\cfrac{\frac{45}{1088}tt}{1-\text{etc.}}}}}}}}}$$

$$B^{(11)} = \tfrac{25}{24}t\cdot\cfrac{1}{1+\cfrac{\frac{1}{208}tt}{1-\cfrac{\frac{621}{728}tt}{1-\cfrac{\frac{1}{168}tt}{1-\cfrac{\frac{145}{192}tt}{1-\cfrac{\frac{21}{1088}tt}{1-\cfrac{\frac{93}{136}tt}{1-\cfrac{\frac{5}{152}tt}{1-\text{etc.}}}}}}}}}.$$

BEMERKUNGEN ZUR »ENTWICKLUNG VON $(h-\cos\varphi)^{-\frac{3}{2}}$ IN DIE REIHE $A^{(0)}+2A^{(1)}\cos\varphi+2A^{(2)}\cos 2\varphi+\cdots$«.

Diese Entwicklung von $(h-\cos\varphi)^{-\frac{3}{2}}$ stammt vermuthlich aus der Zeit um 1813. Das besondere Interesse derselben ist in ihren mehrfachen Beziehungen zu sonstigen Untersuchungen von GAUSS begründet.

Für die beiden ersten Coefficienten $A^{(0)}, A^{(1)}$ hat man zunächst die folgenden Integraldarstellungen:

$$A^{(0)} = \int_0^{2\pi} \frac{d\varphi}{2\pi(h-\cos\varphi)^{\frac{3}{2}}}, \qquad A^{(1)} = \int_0^{2\pi} \frac{\cos\varphi\, d\varphi}{2\pi(h-\cos\varphi)^{\frac{3}{2}}}.$$

Substituirt man hier $\varphi = 2T$ und setzt $h-1 = m^2$, $h+1 = n^2$, so ergiebt sich:

$$A^{(0)} = \int_0^{2\pi} \frac{dT}{2\pi(mm\cos T^2+nn\sin T^2)^{\frac{3}{2}}},$$

$$A^{(1)} = \int_0^{2\pi} \frac{(\cos^2 T-\sin^2 T)\,dT}{2\pi(mm\cos T^2+nn\sin T^2)^{\frac{3}{2}}}.$$

Die Berechnung von $A^{(0)}$ und $A^{(1)}$ aus m und n durch den Algorithmus des arithmetisch-geometrischen Mittels hat GAUSS in den Artikeln 16 ff. seiner Abhandlung »Determinatio attractionis etc.« (ges. Werke III p. 331 ff.) geleistet. Die daselbst in Art. 19 mit P und Q bezeichneten Integrale liefern:

$$A^{(0)} = P+Q, \qquad A^{(1)} = P-Q.$$

Um die damaligen mit den hier vorliegenden (bei Berechnung des arithmetisch-geometrischen Mittels benutzten) Bezeichnungen in Einklang zu setzen, hat man an $m^2 = h-1$, $n^2 = h+1$ anzuknüpfen und findet in t:

$$m = \frac{1-t}{\sqrt{2t}}, \qquad n = \frac{1+t}{\sqrt{2t}}.$$

Die Zahlen a, b, von denen hier das Mittel $a^{(\infty)}$ gebildet ist, sind demnach:

$$a = \left(\frac{1-t^2}{2t}\right)^2 m', \qquad b = \left(\frac{1-t^2}{2t}\right)^2 n',$$

und es gilt:

$$a^{(\infty)} = \left(\frac{1-t^2}{2t}\right)^2 \mu,$$

wo μ, wie a. a. O., das arithmetisch-geometrische Mittel zwischen m und n ist. Die am Schlusse von Art. 17 der genannten Abhandlung angegebene Gleichung für ν schreibt sich auf Grund der ebenda nächst voraufgehenden Relationen:

$$\nu = 2\frac{\lambda'}{m'}\left(1+2\frac{\lambda''}{m''}\left(1+2\frac{\lambda'''}{m'''}\left(1+\cdots\right\}.$$

Die Definitionsgleichung für λ' liefert nach kurzer Umrechnung zunächst $\left(\frac{\lambda'}{m'}\right)^2 = c^2$, hier hat man:

$$\frac{\lambda'}{m'} = -c, \qquad \text{jedoch weiter} \qquad \frac{\lambda''}{m''} = c', \qquad \frac{\lambda'''}{m'''} = c'', \ldots$$

zu setzen, um die Formeln der vorliegenden Notiz zu gewinnen. Folglich bestehen die Gleichungen:

$$\nu = -u, \qquad P = \frac{(1+t)^2}{4t}\frac{1-u}{a^{(\infty)}}, \qquad Q = \frac{(1-t)^2}{4t}\frac{1+u}{a^{(\infty)}},$$

wie aus den Schlussformeln in Art. 19 a. a. O. hervorgeht. Durch Addition und Subtraction dieser letzten beiden Formeln findet man:

$$A^{(0)} = \frac{h-u}{a^{(\infty)}}, \qquad A^{(1)} = \frac{1-hu}{a^{(\infty)}}.$$

Für's zweite subsumirt sich die hier gelöste Aufgabe der Entwicklung von $(h-\cos\varphi)^{-\frac{3}{2}}$ dem allgemeinen in der Dissertatiuncula (p. 35 ff.) behandelten Probleme. Es werden daselbst unter Nr. 7 die dreigliedrigen Eulerschen Relationen aufgestellt, vermöge deren man aus den beiden ersten Coefficienten $A^{(0)}, A^{(1)}$ successive alle folgenden $A^{(2)}, A^{(3)}, \ldots$ berechnen kann. Für die Quotienten $B^{(k)}$ der A entspringen aus den Eulerschen Recursionsformeln die hier von Gauss aufgestellten Formeln zwischen $B^{(k)}$ und $B^{(k+1)}$.

Es ist endlich noch erwähnenswerth, dass sich der für $B^{(k)}$ angegebene Kettenbruch direct der allgemeinen Formel [25] in Art. 12 der »Disquisitiones generales circa seriem infinitam etc.« (ges. Werke III p. 134) unterordnet, in welcher der Quotient zweier hypergeometrischen Functionen in einen Kettenbruch entwickelt wird. In den daselbst erklärten Bezeichnungen würde sich die Formel für $B^{(k)}$ folgendermassen schreiben:

$$B^{(k)} = \frac{k+\frac{3}{2}}{k+1}t \cdot G(-\tfrac{1}{2}, k-\tfrac{1}{2}, k+1; t^2)$$

oder auch:

$$B^{(k)} = \frac{k+\frac{3}{2}}{k+1}t \cdot \frac{F(-\frac{1}{2}, k+\frac{1}{2}, k+2; t^2)}{F(-\frac{1}{2}, k-\frac{1}{2}, k+1; t^2)}.$$

Fricke.

SCHÖNES THEOREM DER WAHRSCHEINLICHKEITSRECHNUNG.

Wenn [man setzt]:

$$\int e^{itu}\varphi t\,dt = \psi u\cdot\sqrt{2\pi},$$

das Integral von $t=-\infty$ bis $t=+\infty$ ausgedehnt, so ist

$$\int e^{-itu}\psi u\,du = \varphi t\cdot\sqrt{2\pi},$$

das Integral ebenso genommen.

Die Begründung dieses Satzes ist in der Formel enthalten:

$$\Sigma\varphi\left(t+\frac{2\pi k}{\omega}\right) = \frac{\omega}{2\pi}\Sigma e^{-ikt\omega}\int\varphi\theta\cdot d\theta\cdot e^{ik\theta\omega},$$

wo das Integralzeichen die Ausdehnung $\theta=-\infty$ bis $\theta=+\infty$ voraussetzt, und das Σ-Zeichen sich auf alle ganzen positiven und negativen Werthe von k bezieht, indem man darin nur ω unendlich abnehmen zu lassen braucht.

BEMERKUNGEN ZUM THEOREM DER WAHRSCHEINLICHKEITSRECHNUNG.

Das vorliegende Theorem hat GAUSS in den Einbanddeckel eines Buches eingetragen, welches den Titel »Opuscula mathematica, 1799—1813« trägt. Eine genaue Zeitangabe, wann der Satz gefunden wurde, ist nicht vorhanden.

Man kann dem Theorem durch leichte Umrechnung auch die völlig gleichwerthige Gestalt verleihen:

$$2\pi\varphi t = \int_{-\infty}^{+\infty}\left(du\int_{-\infty}^{+\infty}\cos u\,(t-x)\,.\,\varphi(x)\,dx\right).$$

Es handelt sich also um eines aus der Reihe jener Theoreme, welche FOURIER seit 1807 auffand und 1822 in der »Théorie analytique de la chaleur« ausführlich bekannt gab. Die von GAUSS zum Beweise des Theorems angegebene Summenformel liefert für $\lim.\omega = 0$ direct die FOURIERsche Integralformel. Man wolle nur bemerken, dass die Gleichung $\lim\limits_{x=\pm\infty} \varphi(x) = 0$ hier gültig sein muss, eine Bedingung, welche thatsächlich für die von GAUSS in der Wahrscheinlichkeitsrechnung benutzte Function $\varphi(x)$ zutrifft (cf. »Theoria combinationis observationum etc.« Art. 4, ges. Werke IV p. 5).

Was die GAUSS'sche Summenformel selbst angeht, so lässt sich dieselbe zunächst durch Spaltung des rechtsseitigen Integrals in die Gestalt setzen:

$$\sum_{k=-\infty}^{+\infty} \varphi\left(t + \frac{2\pi k}{\omega}\right) = \frac{\omega}{2\pi} \sum_{l=-\infty}^{+\infty} \left(e^{-il t\omega} \cdot \sum_{k=-\infty}^{+\infty} \int\limits_{\frac{2k\pi}{\omega}}^{\frac{2(k+1)\pi}{\omega}} \varphi(\theta) \cdot e^{il\theta\omega} d\theta\right)$$

Führt man hier eine neue Integrationsvariabele x durch $\theta\omega = x + 2k\pi$ ein und ordnet rechter Hand die Reihenfolge der Summationen um, so entspringt als neue Gestalt der Summenformel:

$$\sum_{k=-\infty}^{\infty} \varphi\left(t + \frac{2\pi k}{\omega}\right) = \sum_{k=-\infty}^{+\infty} \sum_{l=-\infty}^{+\infty} \left(e^{-il t\omega} \cdot \frac{1}{2\pi} \int\limits_0^{2\pi} \varphi\left(\frac{x + 2k\pi}{\omega}\right) e^{ilx} dx\right).$$

Die Richtigkeit dieser Formel geht aber direct hervor aus der FOURIERschen Reihe:

$$\varphi\left(t + \frac{2\pi k}{\omega}\right) = \sum_{l=-\infty}^{+\infty} \left(e^{-il t\omega} \cdot \frac{1}{2\pi} \int\limits_0^{2\pi} \varphi\left(\frac{x + 2k\pi}{\omega}\right) e^{ilx} dx\right).$$

FRICKE.

[ÜBER DAS WESEN UND DIE DEFINITION DER FUNCTIONEN.]

Gauss an Bessel, 18. December 1811.

...... Zuvörderst würde ich jemand, der eine neue Function in die Analyse einführen will, um eine Erklärung bitten, ob er sie schlechterdings bloss auf reelle Grössen (reelle Werthe des Arguments der Function) angewandt wissen will, und die imaginären Werthe des Arguments gleichsam nur als ein Überbein ansieht — oder ob er meinem Grundsatze beitrete, dass man in dem Reiche der Grössen die imaginären $a+b\sqrt{-1} = a+bi$ als gleiche Rechte mit den reellen geniessend ansehen müsse. Es ist hier nicht von praktischem Nutzen die Rede, sondern die Analyse ist mir eine selbständige Wissenschaft, die durch Zurücksetzung jener fingirten Grössen ausserordentlich an Schönheit und Rundung verlieren und alle Augenblick Wahrheiten, die sonst allgemein gelten, höchst lästige Beschränkungen beizufügen genöthigt sein würde.......
... Was soll man sich nun bei $\int \varphi x \cdot dx$ für $x = a+bi$ denken? Offenbar, wenn man von klaren Begriffen ausgehen will, muss man annehmen, dass x durch unendlich kleine Incremente (jedes von der Form $\alpha+\beta i$) von demjenigen Werthe, für welchen das Integral 0 sein soll, bis zu $x = a+bi$ übergeht und dann alle $\varphi x \cdot dx$ summirt. So ist der Sinn vollkommen festgesetzt. Nun aber kann der Übergang auf unendlich viele Arten geschehen: so wie man sich das ganze Reich aller reellen Grössen durch eine unendliche gerade Linie denken kann, so kann man das ganze Reich aller Grössen, reeller und

imaginärer Grössen sich durch eine unendliche Ebene sinnlich machen, worin jeder Punkt, durch Abscisse $= a$, Ordinate $= b$ bestimmt, die Grösse $a+bi$ gleichsam repräsentirt. Der stetige Übergang von einem Werthe von x zu einem andern $a+bi$ geschieht demnach durch eine Linie und ist mithin auf unendlich viele Arten möglich. Ich behaupte nun, dass das Integral $\int\varphi x\cdot dx$ nach zweien verschiednen Übergängen immer einerlei Werth erhalte, wenn innerhalb des zwischen beiden die Übergänge repräsentirenden Linien eingeschlossenen Flächenraumes nirgends $\varphi x = \infty$ wird. Dies ist ein sehr schöner Lehrsatz*), dessen eben nicht schweren Beweis ich bei einer schicklichen Gelegenheit geben werde. Er hängt mit schönen andern Wahrheiten, die Entwicklungen in Reihen betreffend, zusammen. Der Übergang nach jedem Punkte lässt sich immer ausführen, ohne jemals eine solche Stelle wo $\varphi x = \infty$ wird zu berühren. Ich verlange daher, dass man solchen Punkten ausweichen soll, wo offenbar der ursprüngliche Grundbegriff von $\int\varphi x\cdot dx$ seine Klarheit verliert und leicht auf Widersprüche führt. Übrigens ist zugleich hieraus klar, wie eine durch $\int\varphi x\cdot dx$ erzeugte Function für einerlei Werthe von x mehrere Werthe haben kann, indem man nemlich beim Übergange dahin um einen solchen Punkt wo $\varphi x = \infty$ entweder gar nicht, oder einmal, oder mehreremale herumgehen kann. Definirt man z. B. $\log x$ durch $\int\frac{1}{x}dx$, von $x = 1$ anzufangen, so kommt man zu $\log x$ entweder ohne den Punkt $x = 0$ einzuschliessen oder durch ein- oder mehrmaliges Umgehen desselben; jedesmal kommt dann die Constante $+2\pi i$ oder $-2\pi i$ hinzu: so sind die vielfachen Logarithmen von jeder Zahl ganz klar. Kann φx nie für einen endlichen Werth von x unendlich werden, so ist das Integral immer nur eine einförmige Function. Diess ist z. B. der Fall für $\varphi x = \frac{e^x-1}{x}$, so dass $\int\frac{e^x-1}{x}dx$ gewiss eine einförmige Function von x ist, deren Werth durch die immer convergirende, also immer einen und nur Einen Sinn habende Reihe dargestellt wird

$$x+\tfrac{1}{4}xx+\tfrac{1}{18}x^3+\tfrac{1}{96}x^4+\text{etc.}$$

Ich wollte, Herr Soldner hätte, da er doch einmal eine neue Function ein-

*) Eigentlich ist hiebei noch angenommen, dass φx selbst eine einförmige Function von x ist, oder wenigstens für deren Werthe innerhalb jenes ganzen Flächenraumes nur Ein System von Werten ohne Unterbrechung der Stetigkeit angenommen wird.

führen wollte, statt seines $\mathrm{li}\,x = \int \frac{dx}{\log x}$ lieber jene gewählt, da eine einförmige Function immer ohne Vergleich als classischer und einfacher anzusehen ist als eine vielförmige, zumal da $\log x$ selbst schon eine vielförmige Function ist. . . . .

. . . . Übrigens glaube ich, dass die Ausdehnung der Untersuchungen auf imaginäre Argumente zu höchst interessanten Resultaten Anlass geben wird. Doch möchte ich aus den oben angeführten Gründen lieber die Function $\int \frac{e^x-1}{x} dx$ als $\int \frac{dx}{\log x}$ wählen, weil ich vermuthe, dass erstere concinnere Resultate geben wird. So zum Beispiel möchte ich sehr gern wissen, ob jene Function oder, was dasselbe ist, die Reihe

$$x + \tfrac{1}{4}xx + \tfrac{1}{18}x^3 + \text{etc.}$$

für gewisse endliche Werthe von x von der Form $a+bi$ wohl 0 werden kann. Mit Gewissheit kann ich es noch nicht behaupten, obwohl es mir sehr wahrscheinlich ist. Gibt es solche Werthe (dann gewiss unendlich viele), so werden diess sehr merkwürdige Grössen sein, und die ganze Reihe wird sich in unendliche Factoren der Form $(1+2\alpha x+\beta xx)$ zerlegen lassen. —

. . . .

BEMERKUNG.

Diese principielle Erörterung über die Theorie der Functionen einer complexen Variabelen ist, wie aus dem Texte hervorgeht, einem Briefe an BESSEL vom 18. December 1811 entnommen, der bereits in dem »Briefwechsel zwischen GAUSS und BESSEL« (Leipzig, 1880) veröffentlicht worden ist. Es ist übrigens wahrscheinlich, dass die von GAUSS hier entwickelte Auffassung ihm bereits lange vor Abfassung des fraglichen Briefes geläufig war. Eben auf Grund dieser Anschauungen wird GAUSS z. B. die vermuthlich einer weit früheren Periode angehörenden Untersuchungen in der zweiten Hälfte des Art. 12 vom »Arithmetisch-geometrischen Mittel« (ges. Werke III p. 378) angestellt haben. FRICKE.

UNTERSUCHUNGEN ÜBER DIE TRANSCENDENTEN FUNCTIONEN, DIE AUS DEM INTEGRAL $\int \frac{dx}{\sqrt{(1+x^3)}}$ IHREN URSPRUNG HABEN.

Man bezeichne den Werth des Integrals $\int \frac{dx}{\sqrt{(1+x^3)}}$ von $x = -1$ bis zu $x = z$ allgemein durch Πz; umgekehrt, wenn $\Pi z = y$, setze man $z = Py$. Dann ist P eine einförmige und zwar periodische Function von y, welche durch folgendes Schema sinnlich gemacht werden kann:

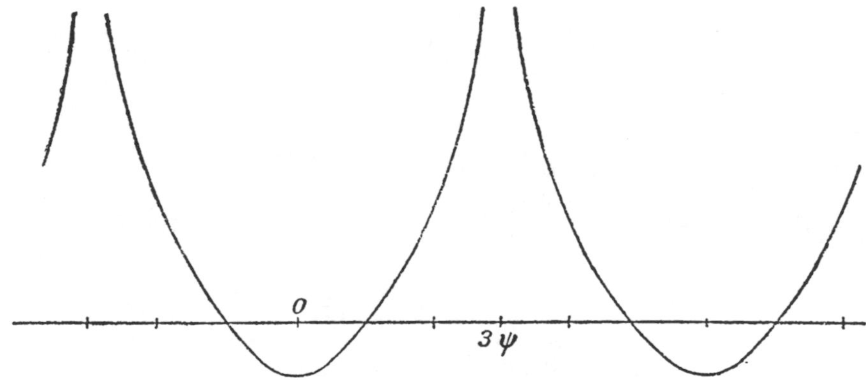

y sind die Abscissen, Py die Ordinaten.

Den Werth von Πz, $z = 0$ gesetzt, bezeichnen wir durch ψ (näherungsweise $= 1{,}402186$). Dann ist 6ψ allgemein die Grösse der Periode, d. i. $P\varphi = P(\varphi + 6k\psi)$, wenn k irgend eine ganze Zahl bedeutet.

$$P(0) = -1, \qquad P\varphi = P(-\varphi), \qquad P\psi = 0, \qquad P(2\varphi) = 2, \qquad P(3\psi) = \infty,$$

$$P(\varphi+3\psi) = \frac{2-P(\varphi)}{1+P(\varphi)}, \qquad P(1\tfrac{1}{2}\psi) = \sqrt{3}-1.$$

Wenn

$$P\varphi = s, \qquad P(\varphi+2\psi) = c,$$

so ist

$$sscc = 4s+4c, \qquad c = \frac{2(1+\sqrt{1+s^3})}{ss},$$

$$P(3\psi+\varphi+\varphi') = \frac{2+ss'(s+s')-\frac{1}{2}(css-2)(c's's'-2)}{(s-s')^2},$$

$$P(3\psi+\varphi-\varphi') = \frac{2+ss'(s+s')+\frac{1}{2}(css-2)(c's's'-2)}{(s-s')^2}$$

Die vorigen Sätze gelten für die angezeigte Bedeutung unserer Begriffe. Allein lassen wir Πz den Werth des Integrals $\int\frac{dx}{\sqrt{(1+x^3)}}$ von $x = -1$ bis $x = z-1$ bedeuten (welches sinnlich gemacht wird, wenn man die Abscissenlinie um 1 herunterrückt), so wird:

$$P(0) = 0, \qquad P\psi = 1, \qquad P(2\psi) = 3, \qquad P(3\psi) = \infty, \qquad P(3\psi-\varphi) = \frac{3}{P(\psi)},$$

$$P(2\varphi) = \frac{12P\varphi(P(\varphi)^2-3P\varphi+3)}{(P(\varphi)^2-3)^2},$$

$$P(\varphi+\varphi') = \frac{3(s+s')ss'-18ss'+9(s+s')+6\sqrt{(s^3-3ss+3s)(s'^3-3s's'+3s')}}{(ss'-3)^2}$$

$$\Pi(1+z) = \psi+z-\frac{1}{4}\cdot\frac{1}{2}z^4+\frac{1}{7}\cdot\frac{1.3}{2.4}z^7-\frac{1}{10}\cdot\frac{1.3.5}{2.4.6}z^{10}+\cdots,$$

$$\Pi(1+z) = 3\psi-2\sqrt{z}\Big(\frac{1}{z}-\frac{1}{7}\cdot\frac{1}{2}\frac{1}{z^4}+\frac{1}{13}\cdot\frac{1.3}{2.4}\cdot\frac{1}{z^7}-\cdots\Big),$$

$$\psi = 1{,}4021822$$

$$\log\psi = 0{,}1468045$$

$$\log\text{hyp}\,\psi = 0{,}3380399.$$

BEMERKUNGEN ZU DEN UNTERSUCHUNGEN ÜBER DIE AUS DEM INTEGRAL $\int \frac{dx}{\sqrt{(1+x^3)}}$ ENTSPRINGENDEN FUNCTIONEN.

Zufolge einer Tagebuchnotiz hat GAUSS die Inversion des hier behandelten Integrals in die am Schlusse gewonnene Potenzreihe bereits am 9. September 1796 durchgeführt.

Der entwickelte Ansatz steht zur WEIERSTRASS'schen Theorie in entsprechender Beziehung, wie die Untersuchung des lemniscatischen Integrals zur JACOBIschen Theorie. Liefert letzteres Integral den sogen. »harmonischen« Fall des elliptischen Gebildes, so hat man es hier mit dem »aequianharmonischen« Falle zu thun.

Die GAUSS'schen Angaben gehen sämmtlich leicht aus dem Additionstheorem für $P(\varphi)$ hervor, d. i. aus der oben für $P(3\psi+\varphi+\varphi)$ gegebenen Formel, welche, etwas anders geschrieben, so lautet:

$$P(3\psi+\varphi+\varphi') = \frac{P(\varphi)P(\varphi')(P(\varphi)+P(\varphi'))+2-2\sqrt{1+P(\varphi)^3}\sqrt{1+P(\varphi')^3}}{(P(\varphi)-P(\varphi'))^2},$$

und welche GAUSS zweifellos auf dem auch beim Lemniscatenintegral befolgten Wege, d. i. vermöge des ursprünglichen EULERschen Gedankenganges gewonnen hat. Übrigens kommt diese Formel unmittelbar auf das Additionstheorem der WEIERSTRASS'schen Function $\wp(u)$ für $g_2 = 0$, $g_3 = -4$ zurück.

Aus dem Additionstheorem ergeben sich leicht die Formeln:

$$P(2\varphi+3\psi) = \frac{P(\varphi)(P(\varphi)^3-8)}{4(P(\varphi)^3+1)}, \qquad P(3\varphi) = \frac{P(\varphi)^9-96P(\varphi)^6+48P(\varphi)^3+64}{9P(\varphi)^2(P(\varphi)^3+4)^2}.$$

Mit Hülfe dieser Gleichungen entwickelt man von $P(0) = -1$, $P(\psi) = 0$ aus ohne Mühe die weiteren GAUSS'schen Angaben.

FRICKE.

[INVERSION DES ELLIPTISCHEN INTEGRALS ERSTER GATTUNG.]

De functione transcendente $\int \frac{dx}{\sqrt{(1-xx)(1-\mu xx)}} = \varphi$, ubi statuimus $x = f\varphi$.

Ponendo $\log x = y$, habemus

$$\frac{x\,dy}{d\varphi} = \sqrt{(1-xx)(1-\mu xx)},$$

$$\frac{ddy}{d\varphi^2} = -\frac{dx}{x\,d\varphi}\cdot\frac{dy}{d\varphi} - \frac{x\,dx}{(1-xx)\,d\varphi}\cdot\frac{dy}{d\varphi} - \frac{\mu x\,dx}{(1-\mu xx)\,d\varphi}\cdot\frac{dy}{d\varphi},$$

$$\frac{ddy}{d\varphi^2} = -\frac{(1-xx)(1-\mu xx)}{xx} - (1-\mu xx) - \mu(1-xx),$$

$$\frac{ddy}{d\varphi^2} = -\frac{1}{xx} + \mu xx.$$

Sit

$$\int \frac{d\varphi}{xx} = t, \qquad \int \mu xx\,d\varphi = u,$$

eritque

$$\frac{dy}{d\varphi} = u - t.$$

Sit porro

$$\int u\,d\varphi = v, \qquad \int t\,d\varphi = w,$$

eritque

$$y = v - w.$$

Faciemus

$$e^{-w} = P\varphi, \qquad e^{-v} = Q\varphi,$$

$$PP'' = P'P' - QQ, \qquad QQ'' = Q'Q' - \mu PP.$$

$$P = \varphi - \tfrac{1}{6}(1+\mu)\varphi^3 + \tfrac{1}{120}(1+4\mu+\mu\mu)\varphi^5 - \cdots,$$

$$Q = 1 + * - \tfrac{1}{12}\mu\varphi^4 + \tfrac{1}{90}(\mu+\mu\mu)\varphi^6 - \tfrac{1}{10080}(8\mu+17\mu\mu+8\mu^3)\varphi^8 - \cdots.$$

BEMERKUNGEN ZUR INVERSION DES ELLIPTISCHEN INTEGRALS ERSTER GATTUNG.

Diese Notiz, deren Entstehungszeit man vermuthlich nach einer Tagebuchangabe vom 6. Mai 1800 »Theoriam quantitatum transcendentium $\int \frac{dx}{\sqrt{(1-\alpha xx)(1-\beta xx)}}$ ad summam universalitatem perduximus« wird festsetzen dürfen, gehört zu den interessantesten Entwicklungen, welche GAUSS im Gebiete der elliptischen Functionen angestellt hat. Im Hinblick auf Problemstellung und Bezeichnungsweise schliesst sich dieselbe an die Untersuchungen »Elegantiores integralis $\int \frac{dx}{\sqrt{(1-x^4)}}$ proprietates« (ges. Werke III p. 404 ff.) an, welche der frühesten Periode der Beschäftigung mit den lemniscatischen Functionen angehören. Andrerseits hat sich GAUSS 1799 mit der Inversion des allgemeinen Integrals erster Gattung $\int \frac{du}{\sqrt{(1+\mu\mu \sin u^2)}}$ beschäftigt.

Sachlich wird die hier vorliegende Entwicklung durch den oben abgedruckten Brief von GAUSS an BESSEL in sehr interessanter Weise beleuchtet. GAUSS betont daselbst wiederholt die Bedeutung der ganzen transcendenten Functionen. Hier wird in eleganter Entwicklung die Function $f\varphi$, welche später von JACOBI mit $\sin \mathrm{am}\, \varphi$ bezeichnet wurde, als Quotient zweier Functionen $P\varphi$ und $Q\varphi$ dargestellt, welche GAUSS unzweifelhaft in ihrer Eigenschaft als ganze transcendente Functionen gekannt hat.

Es sei noch die Bemerkung gestattet, dass die Functionen P, Q, welche GAUSS hier einführt, keine anderen sind als diejenigen, welche späterhin WEIERSTRASS in Anknüpfung an ABELS Arbeiten mit der Bezeichnung $\mathrm{Al}(\varphi)_1$ und $\mathrm{Al}(\varphi)_0$ belegte.

FRICKE.

THEOREMA ELEGANTISSIMUM.

Sit

$$1+\tfrac{1}{2}\cdot\tfrac{1}{2}xx+\tfrac{1}{2}\cdot\tfrac{1}{2}\cdot\tfrac{3}{4}\cdot\tfrac{3}{4}x^4+\tfrac{1}{2}\cdot\tfrac{1}{2}\cdot\tfrac{3}{4}\cdot\tfrac{3}{4}\cdot\tfrac{5}{6}\cdot\tfrac{5}{6}x^6+\text{etc.}=fx,$$

$$\tfrac{1}{2}x+\tfrac{1}{2}\cdot\tfrac{3}{2}\cdot\tfrac{3}{4}x^3+\tfrac{1}{2}\cdot\tfrac{3}{2}\cdot\tfrac{3}{4}\cdot\tfrac{5}{4}\cdot\tfrac{5}{6}x^5+\text{etc.}=f'x,$$

eritque

$$\sin\varphi\ f\sin\varphi\ f'\cos\varphi+\cos\varphi\ f\cos\varphi\ f'\sin\varphi=\frac{2}{\pi\sin\varphi\cos\varphi}.$$

BEMERKUNGEN ZUM »THEOREMA ELEGANTISSIMUM«.

Dieses Theorem hat GAUSS auf die letzte Seite seines Handexemplars von »EULER, Methodus inveniendi curvas Maximi Minimive proprietate gaudentes« geschrieben. Der Satz fand hier Aufnahme wegen der eleganten Gestalt der Schlussformel, welche offenbar GAUSS selbst frappirte. In der Sache handelt es sich um eine der einfachsten Differentialrelationen aus der Theorie des arithmetisch-geometrischen Mittels, wie sich mit Hülfe einiger weniger Formeln aus Art. 13 und 14 des »Arithmetisch-geometrischen Mittels« (cf. ges. Werke III p. 379 ff.) zeigen lässt. Es erweist sich nämlich fx als die GAUSSische Reihe $F(\frac{1}{2}, \frac{1}{2}, 1; x^2)$, so dass man auf Grund der beiden letzten Formeln p. 381 l. c. setzen kann:

$$x=\sin\varphi=\frac{b}{a},\qquad \sqrt{1-x^2}=\cos\varphi=\frac{c}{a},$$

$$f\sin\varphi=\frac{a}{M(a,c)}\qquad f\cos\varphi=\frac{a}{M(a,b)}.$$

Das hier aufgestellte Theorem kleidet sich daraufhin nach einer einfachen Zwischenrechnung in die Gestalt:

$$\frac{b^2.\,d\log\dfrac{a}{M(a,b)}}{d\log\dfrac{c}{a}}-\frac{c^2.\,d\log\dfrac{a}{M(a,c)}}{d\log\dfrac{a}{b}}=\frac{2}{\pi}M(a,b)\,M(a,c),$$

eine Formel, die eine einfache Folge der ersten Gleichungen p. 380 l. c. ist. FRICKE.

[DREI FRAGMENTE ÜBER ELLIPTISCHE MODULFUNCTIONEN.]

[1.]

Ist

$$\frac{n}{m} = \frac{\mu(1-2e^{-M\pi}+2e^{-4M\pi}-2e^{-9M\pi}+\cdots)^2}{\mu(1+2e^{-M\pi}+2e^{-4M\pi}+2e^{-9M\pi}+\cdots)^2},$$

so kann man statt M setzen

$$\cfrac{1}{2ai+\cfrac{1}{2bi+\cfrac{1}{2ci+\cfrac{1}{2di+\cfrac{1}{2ei+\text{etc.}+\cfrac{1}{M}}}}}},$$

wo a, b, c, d, e u. s. w. eine beliebige ungerade Menge ganzer reeller Zahlen bedeuten; oder auch

$$\frac{pM+2qi}{r+2sMi} = \frac{M+2(qr-psMM)i}{rr+4ssMM},$$

wo p, q, r, s beliebige, der Bedingung

$$pr+4qs = 1$$

Genüge leistende ganze reelle Zahlen sind.

[2.]

DIE REDUCTION VON pM, qM, rM AUF DIE EINFACHSTE FORM.

Es sei $M = \frac{\alpha+\beta i}{\delta-\gamma i}$, wo $\alpha, \beta, \gamma, \delta$ ganze reelle Zahlen und Zähler und Nenner ohne gemeinschaftlichen Factor. Man setze

$$\alpha\alpha+\beta\beta = A, \qquad \alpha\gamma+\beta\delta = B, \qquad \gamma\gamma+\delta\delta = C, \qquad \alpha\delta-\beta\gamma = \sqrt{(AC-BB)} = D.$$

Man suche die einfachste Form des Determinanten $-DD$, welche der Form (A, B, C) aequivalent ist; sie sei (a, b, c).

Dann lassen sich die Functionen von M auf Functionen von

$$\frac{D+bi}{a}$$

zurückführen. Der Algorithmus ist dieser

$$\begin{array}{lll}
\frac{D+Bi}{A} = M, & DD+BB = AA', & B+B' = hA', \\
\frac{D+B'i}{A'} = M', & DD+B'B' = A'A'', & B'+B'' = h'A'', \\
\frac{D+B''i}{A''} = M'', & DD+B''B'' = A''A''', & B''+B''' = h''A''', \\
\cdots & \cdots & \cdots
\end{array}$$

$$\sqrt{\frac{D+Bi}{A}}\cdot pM = pM' \quad \text{für gerades } h,$$
$$= qM' \quad \text{für ungerades } h,$$

$$\varepsilon^h\sqrt{\frac{D+Bi}{A}}\cdot qM = rM', \qquad \varepsilon = \sqrt{i},$$

$$\sqrt{\frac{D+Bi}{A}}\cdot rM = qM' \quad \text{für gerades } h,$$
$$= pM' \quad \text{für ungerades } h.$$

Wenn man aus h, h', h'' u. s. w. die Transformation von (A, B, A') in (a, b, c) ableitet, so werden deren Elemente (ob sie gerade oder ungerade sind) entscheiden, welche Function von $\frac{D+bi}{a}$ mit der gegebnen von M so zusammenhängt, dass letztere in

$$\varepsilon^H \sqrt{\left(\frac{D+Bi}{A} \cdot \frac{D+B'i}{A'} \cdot \frac{D+B''i}{A''} \cdots\right)}$$

multiplicirt werden muss.

Wo M nicht rational ist, mag man $D = -1$ setzen und den Algorithmus ebenso bilden; nemlich, wenn $M = g + hi$, so geht man von der Form $\left(\frac{1}{g}, \frac{h}{g}, \frac{gg+hh}{g}\right)$ (Det. -1) aus, sucht ihre Aequivalente etc.

[3.]

$$pt = 1 + 2e^{-\pi t} + 2e^{-4\pi t} + 2e^{-9\pi t} + \text{etc.}$$

$$qt = 1 - 2e^{-\pi t} + 2e^{-4\pi t} - 2e^{-9\pi t} + \text{etc.}$$

$$rt = 2e^{-\frac{1}{4}\pi t} + 2e^{-\frac{9}{4}\pi t} + 2e^{-\frac{25}{4}\pi t} + \text{etc.}$$

Um die Gleichung

$$\frac{qt}{pt} = A$$

aufzulösen, setze man $AA = \frac{n}{m}$ und suche das a.-g. Mittel zwischen m und n; es sei dasselbe $= \mu$. Man suche ferner das a.-g. Mittel zwischen m und $\sqrt{(mm-nn)}$ oder, was dasselbe ist, zwischen $(m+n)$ und $(m-n)$; dieses sei $= \lambda$. Man hat dann $t = \frac{\mu}{\lambda}$.

Man erhält so nur Einen Werth von t; sämmtliche andere werden dann in der Formel

$$\frac{\alpha t - 2\beta i}{\delta - 2\gamma t i}$$

enthalten sein, wo α, β, γ, δ alle ganzen Zahlen bedeuten, die der Gleichung:

$$\alpha\delta - 4\beta\gamma = 1$$

Genüge leisten.

Um aus A abzuleiten

$$B = \frac{q(\frac{1}{3}t)}{p(\frac{1}{3}t)},$$

ist eine biquadratische Gleichung aufzulösen:

$$(B-A)^4 = 4(A-A^3)(B-B^3),$$

oder

$$(1-AB)^4 = (1-A^4)(1-B^4).$$

Den vier Wurzeln correspondiren $\frac{1}{3}t$, $\frac{1}{3}t+\frac{2}{3}i$, $\frac{1}{3}t+\frac{4}{3}i$, $3t$.

Für $A = \frac{1}{2}$ suche man zwei a.-g. Mittel

$$m = 4, \qquad n = 1$$
$$\mu = 2{,}2430340, \qquad \lambda = 3{,}9364917.$$

Also

$$\begin{aligned} t &= 0{,}56983, \\ \log t &= 9{,}7557537, \\ \log(\pi \log e) &= 0{,}1349342, \\ \hline & \ 9{,}8906879, \\ \log e^{-\pi t} &= -0{,}7774777, \\ &= 9{,}2225223, \\ pt &= 1{,}33540375, \\ qt &= 0{,}66770187 \end{aligned}$$

BEMERKUNGEN ZU DEN FRAGMENTEN ÜBER ELLIPTISCHE MODULFUNCTIONEN.

Der durch den Algorithmus des arithmetisch-geometrischen Mittels gegebene Ansatz, vermöge dessen sich GAUSS den Zugang zur Theorie der elliptischen Functionen und der zugehörigen Modulfunctionen gebahnt hat, brachte es mit sich, dass bei GAUSS (entgegen der neuerdings für gewöhnlich befolgten Entwicklungsweise) die Modulfunctionen den allgemeinen elliptischen Functionen voranstehen. Dieser Standpunkt ist insofern der natürliche, als die Modulfunctionen Functionen einer einzigen Variabelen bez. zweier homogener Variabelen sind, während die allgemeinen elliptischen Functionen von zwei Argumenten bez. von drei homogenen Argumenten abhängen.

Der fragliche Algorithmus in richtiger Allgemeinheit ist in Art. 12*) definirt. Aus drei zunächst reellen

*) Hier und weiterhin sind die Artikel der aus dem Nachlass herausgegebenen Abhandlung über das arithmetisch-geometrische Mittel (ges. Werke III p. 361—403) gemeint.

Grössen a, b, c werden die beiden Mittel $M(a,b)$ und $M(a,c)$ abgeleitet und in ihrer Abhängigkeit vom gegebenen Tripel a, b, c studirt.

Zwei Gesichtspunkte werden alsdann für die GAUSS'sche Entwicklung fundamental. Erstlich handelt es sich um den auch in der späteren Entwicklung der Theorie der elliptischen Functionen so bedeutungsvollen Gedanken der Inversion, d. i. um das Problem, die ursprünglich gegebenen a, b, c in ihrer Abhängigkeit von $M(a,b)$ und $M(a,c)$ aufzufassen. Andrerseits wird beim Ausbau dieser Auffassung die Annahme der a, b, c bez. $M(a,b)$, $M(a,c)$ als complexer Variabeler natürlich bez. nothwendig.

In erster Hinsicht ist es ein wichtiges Ergebniss, dass GAUSS bereits in den neunziger Jahren des vorigen Jahrhunderts die Reihenentwicklungen für die Nullwerthe der drei geraden ϑ-Functionen gekannt hat. Die hierbei angewendete Überlegung (s. Art. 16) ist sowohl im Hinblick auf die Erfassung des wahren Zieles der Untersuchung, wie auch wegen der im einzelnen befolgten Schlussweisen höchst bemerkenswerth.

Die Zulassung complexer Variabelen erschien namentlich wegen der Entwicklungen in Art. 17 geboten. Es werden daselbst die Grundformeln für die lineare Transformation der ϑ-Nullwerthe aufgestellt. Von hier aus aber hat GAUSS eine Reihe wichtiger Grundsätze der Theorie der Modulfunctionen erkannt, die erst in neuerer Zeit allgemein zugänglich geworden sind.

Man wolle in dieser Hinsicht erstlich die Angaben des Art. 17 vergleichen, demnächst aber die vorstehend abgedruckten Fragmente. Die Grösse t des Fragmentes [3] hängt mit dem Periodenquotienten ω der neueren Theorie vermöge der Gleichung $\omega = it$ zusammen. Die Erzeugenden der Gruppe aller linearen Periodentransformationen werden daraufhin:

$$t' = t + i, \qquad t' = \frac{1}{t}.$$

Mit der Zusammensetzung der übrigen Substitutionen der genannten Gruppe aus diesen Erzeugenden hat sich GAUSS wiederholt beschäftigt. Neben den Angaben des Fragmentes [1] sei noch die Formel erwähnt

$$\frac{[\alpha, \beta, \ldots, \nu]\,\theta + [\beta, \gamma, \ldots, \nu]\,i}{-i[\alpha, \beta, \ldots, \mu]\,\theta + [\beta, \gamma, \ldots, \mu]},$$

welche sich in einem »Cereri Palladi Junoni sacrum, Febr. 1805« betitelten Hefte findet. Als Beispiele sind ebenda die Kettenbruchentwicklungen der beiden Substitutionen gegeben:

$$\frac{128\theta + 37i}{-45i\theta + 13}, \qquad \frac{121\theta + 36i}{-84i\theta + 25}.$$

Sowohl zur Erläuterung der Kettenbruchentwicklung der Substitutionen als auch zum Vollzug functionentheoretischer Schlüsse hat sich GAUSS derjenigen geometrischen Darstellungsweise bedient, welche zur Grundlage der neueren Theorie der Modulfunctionen geworden ist. In dem eben schon erwähnten Hefte hat GAUSS die hierneben wiedergegebene Figur gezeichnet. Da sich daneben die erwähnten Kettenbruchentwicklungen von Substitutionen finden, so wird GAUSS die Figur als Mittel zur Veranschaulichung dieser Kettenbruchentwicklungen benutzt haben. In der That hat man ja hier den Beginn des wohlbekannten Netzes der Kreisbogendreiecke, welches der Theorie der Modulfunctionen zu Grunde liegt.

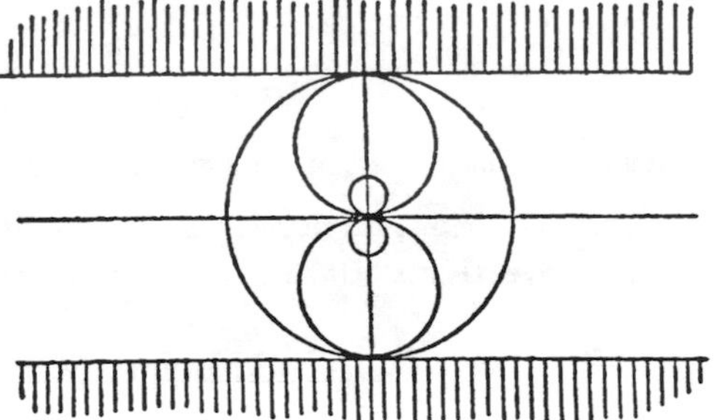

Dass GAUSS das hierbei in Betracht kommende »Princip der symmetrischen Vervielfältigung von Kreisbogendreiecken« allgemein aufgefasst hat, ja dass ihm sogar der Charakter der »natürlichen Grenze« eines so zu gewinnenden Dreiecksnetzes nicht verborgen blieb, geht auch aus der zweiten hier zum Abdruck kommenden Zeichnung hervor, welche sich im Nachlass auf einem

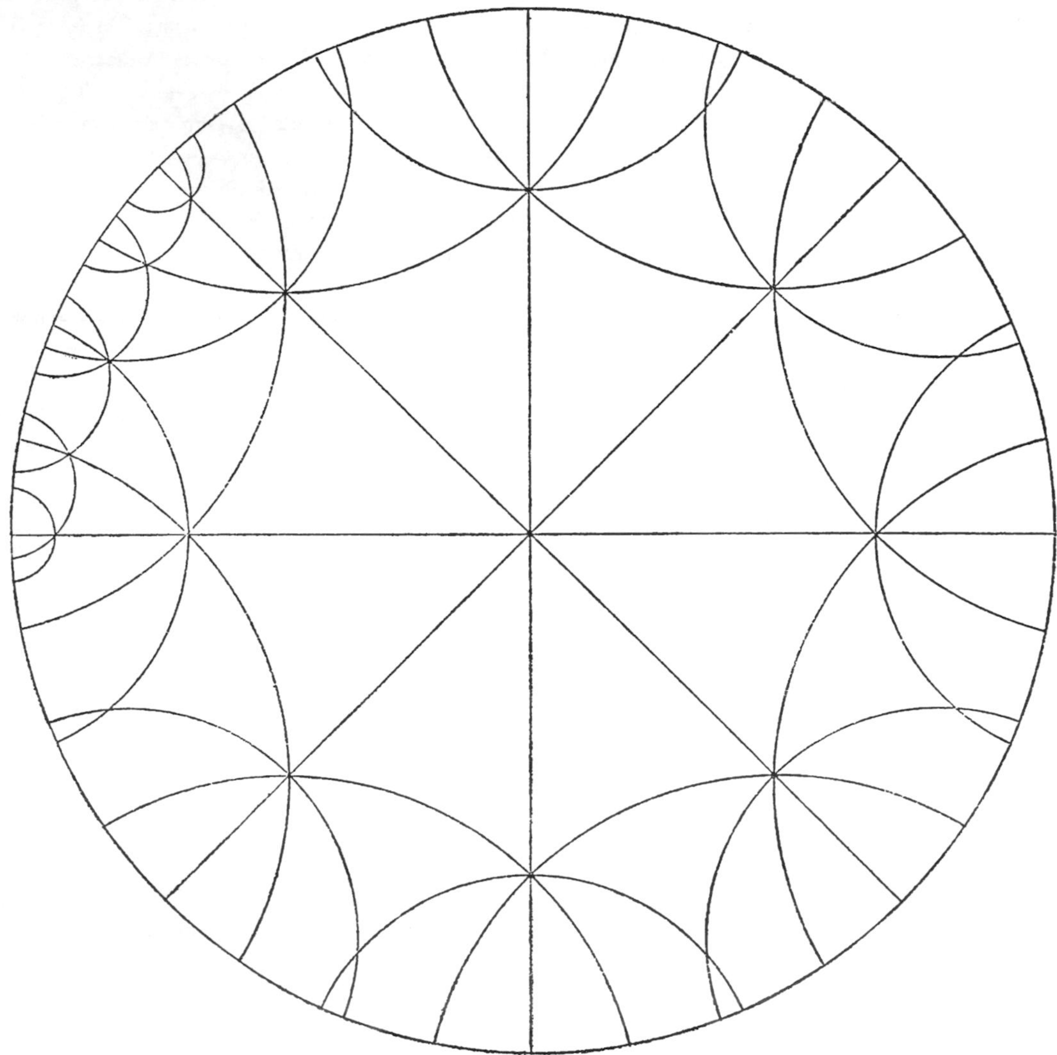

gesonderten Blatte vorfand. Es handelt sich dabei um Kreisbogendreiecke der Winkel $\frac{\pi}{4}$, $\frac{\pi}{4}$, $\frac{\pi}{4}$, bei denen der in der Zeichnung hervorgehobene Orthogonalkreis die natürliche Grenze abgiebt. Neben der Zeichnung finden sich, von GAUSS' Hand geschrieben, folgende Angaben:

»*Mittelpunkt des ersten Kr.* $\sqrt[4]{2}$,

Halbmesser $\sqrt{(\sqrt{2}-1)}$,

$$\textit{M. d. zw. Kr.}\quad \tfrac{1}{2}\left\{\sqrt{(\sqrt{2}+1)}+\sqrt{(\sqrt{2}-1)}\right\},$$
$$\textit{Halbmesser}\quad \tfrac{1}{2}\left\{\sqrt{(\sqrt{2}+1)}-\sqrt{(\sqrt{2}-1)}\right\}.\text{«}$$

Einen mehr functionentheoretischen Charakter haben die in Bd. III p. 477 u. f. der ges. Werke kurz angedeuteten Figuren, welche hier etwas ausführlicher nochmals reproducirt sind. Den in der oberen Figur gezeichneten Bereich charakterisirt GAUSS dahin, dass für ihn die imaginären Bestandtheile von t und $\frac{1}{t}$ zwischen $-i$ und $+i$ liegen. Es handelt sich hier um den »Discontinuitätsbereich der Congruenzgruppe zweiter Stufe« im Sinne der neueren Theorie der Modulfunctionen. GAUSS hat erkannt, dass die Punkte dieses Bereiches eindeutig auf alle diejenigen complexen Werthe der Function

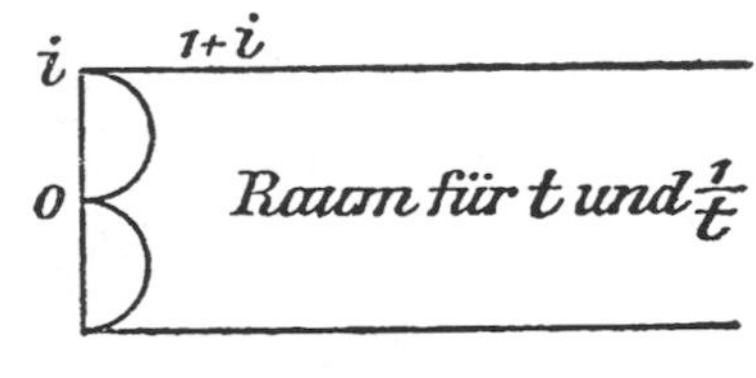

$$\left(\frac{qt}{pt}\right)^2$$

bezogen sind, welche positiven reellen Bestandtheil haben. Es handelt sich hierbei um die Function k' der neueren Theorie, welche den sogen. complementären Modul des elliptischen Integrals erster Gattung in seiner Abhängigkeit vom Periodenquotienten darstellt. In der a. a. O. von GAUSS angegebenen Gleichung:

$$\left(\frac{qt}{pt}\right)^2 = A$$

ist übrigens A als complexe Zahl mit einem absoluten Betrage $\leqq 1$ anzunehmen; andrenfalls müsste man den Bereich der t-Ebene in geeigneter Weise verdoppeln.

Hiermit hängen auch die Angaben zu Anfang des Fragmentes [3] unmittelbar zusammen. Es ist dazu nur noch zu bemerken, dass man sogar alle Lösungen der Gleichung:

$$\left(\frac{qt}{pt}\right)^4 = A^4$$

erhält, falls man in der angegebenen Weise alle der Bedingung $\alpha\delta-4\beta\gamma = 1$ genügenden ganzen Zahlen $\alpha, \beta, \gamma, \delta$ zulässt.

Nicht direct im Zusammenhang hiermit stehen die gegen Ende des Fragmentes [3] angeschlossenen Bemerkungen über die Berechnung von $B = \frac{q(\frac{1}{3}t)}{p(\frac{1}{3}t)}$ aus A. Die hier mitgetheilte Gleichung hat JACOBI späterhin als Modulargleichung für Transformation dritten Grades wiedergefunden, und sie tritt bekanntlich in besonders eleganter (irrationaler) Gestalt auch bei LEGENDRE auf.

Die am Schlusse des Fragmentes beigefügten numerischen Angaben sind übrigens in den letzten Decimalstellen mehrfach ungenau.

Den Zusammenhang zwischen der Theorie der Modulfunctionen und der Arithmetik der binären quadratischen Formen von negativer Determinante hat GAUSS frühzeitig erkannt. Neben Art 17 ist für die Reductionstheorie der Formen namentlich das Fragment [2] von Wichtigkeit. Dabei beachte man insbesondere die Schlusszeile; GAUSS hat daselbst ausgesprochen, dass die Reductionstheorie keineswegs an die Voraussetzung ganzzahliger oder rationaler Coefficienten gebunden ist. FRICKE.

[WEITERE FRAGMENTE ÜBER DAS PENTAGRAMMA MIRIFICUM.]

[9.]

Die Exponenten der Verjüngung der Hauptaxen der centralen Projectionsellipse sind:

$$\sqrt{\frac{G'-1}{G'}} = \frac{2G'-1}{\sqrt{\alpha\beta\gamma\delta\varepsilon}} \quad \text{für die erste Axe} \quad \frac{1}{\sqrt{G'}},$$

$$\sqrt{\frac{G''-1}{G''}} = \frac{2G''-1}{\sqrt{\alpha\beta\gamma\delta\varepsilon}} \quad \text{für die zweite Axe} \quad \frac{1}{\sqrt{G''}},$$

oder weil

$$GG'G'' = -\tfrac{1}{4}\alpha\beta\gamma\delta\varepsilon,$$

$$(G-1)(G'-1)(G''-1) = -\tfrac{1}{4},$$

$$(2G-1)(2G'-1)(2G''-1) = -\alpha\beta\gamma\delta\varepsilon$$

[gilt], die Verjüngung der projicirten Axen $= \frac{1}{1-2G}$.

Es ist vortheilhaft, neben den vorigen Grössen G, G', G'' auch die Wurzeln der Gleichung:

$$\frac{u^3+u}{uu-1} = \sqrt{\alpha\beta\gamma\delta\varepsilon}$$

einzuführen. Sind dieselben ξ, η, ζ, so ist:

$$\xi+\eta+\zeta = -\xi\eta\zeta = \sqrt{\alpha\beta\gamma\delta\varepsilon},$$

$$\xi\eta+\eta\zeta+\zeta\xi = 1,$$

$$G=\frac{\zeta\zeta}{\zeta\zeta-1} \qquad \text{oder} \qquad \zeta=\sqrt{\frac{G}{G-1}},$$

$$G'=\frac{\xi\xi}{\xi\xi-1} \qquad \text{oder} \qquad \xi=\sqrt{\frac{G'}{G'-1}},$$

$$G''=\frac{\eta\eta}{\eta\eta-1} \qquad \text{oder} \qquad \eta=\sqrt{\frac{G''}{G''-1}}.$$

Auf das innere Pentagon (das sphärische) beziehen sich die Coordinaten:

$$\frac{\frac{x}{\xi}}{\sqrt{\frac{xx}{\xi\xi}+\frac{yy}{\eta\eta}+\frac{zz}{\zeta\zeta}}}, \qquad \frac{\frac{y}{\eta}}{\sqrt{\frac{xx}{\xi\xi}+\frac{yy}{\eta\eta}+\frac{zz}{\zeta\zeta}}}, \qquad \frac{\frac{z}{\zeta}}{\sqrt{\frac{xx}{\xi\xi}+\frac{yy}{\eta\eta}+\frac{zz}{\zeta\zeta}}};$$

auf das folgende innere würde sich beziehen:

$$\frac{\frac{x}{\xi\xi}}{\sqrt{\frac{xx}{\xi^4}+\frac{yy}{\eta^4}+\frac{zz}{\zeta^4}}}, \qquad \frac{\frac{y}{\eta\eta}}{\sqrt{\frac{xx}{\xi^4}+\frac{yy}{\eta^4}+\frac{zz}{\zeta^4}}}, \qquad \frac{\frac{z}{\zeta\zeta}}{\sqrt{\frac{xx}{\xi^4}+\frac{yy}{\eta^4}+\frac{zz}{\zeta^4}}}$$

u. s. f. Für das äussere hingegen sind die Coordinaten:

$$\frac{\xi x}{\sqrt{\xi\xi xx+\eta\eta yy+\zeta\zeta zz}}, \qquad \frac{\eta y}{\sqrt{\xi\xi xx+\eta\eta yy+\zeta\zeta zz}}, \qquad \frac{\zeta z}{\sqrt{\xi\xi xx+\eta\eta yy+\zeta\zeta zz}},$$

u. s. f.

Für unser Beispiel, wo $\alpha\beta\gamma\delta\varepsilon=20$ ist, sind die Zahlwerthe:

$$\xi=3{,}9276268 \qquad \eta=1{,}3735071 \qquad \zeta=-0{,}8289980.$$

[10.]

λ, μ Verjüngungscoefficienten (negative Brüche).

$$\left.\begin{matrix} a, & a\lambda, & a\lambda\lambda, & a\lambda^3, & \ldots \\ b, & b\mu, & b\mu\mu, & b\mu^3, & \ldots \end{matrix}\right\}$$ successive Hauptaxen der Projectionsellipsen.

$a\xi+b\eta i$, $a\xi'+b\eta' i$ u. s. w. die fünf Polygonpunkte (in Sternform).

λ, μ, ν Wurzeln der Gleichung

$$\frac{\lambda\lambda+1}{\lambda^3-\lambda}=\frac{\mu\mu+1}{\mu^3-\mu}=\frac{\nu\nu+1}{\nu^3-\nu}=\sqrt{\alpha\beta\gamma\delta\varepsilon}=\frac{1}{\omega}.$$

$$\lambda+\mu+\nu = \lambda\mu\nu = \omega,$$
$$\lambda\mu+\mu\nu+\nu\lambda+1 = 0,$$
$$\lambda\lambda+\mu\mu+\nu\nu = \omega\omega+2.$$
$$\lambda = \operatorname{tang} L, \qquad \mu = \operatorname{tang} M, \qquad \nu = \operatorname{tang} N,$$
$$L+M+N = 0.$$

In unserm Beispiele:

$$L = -14^0\,17'\,4'', \qquad M = -36^0\,3'\,26'', \qquad N = 50^0\,20'\,30''.$$

$$G' = \frac{1}{1-\lambda\lambda} = \frac{\cos L^2}{\cos 2L},$$
$$G'' = \frac{1}{1-\mu\mu} = \frac{\cos M^2}{\cos 2M},$$
$$G = \frac{1}{1-\nu\nu} = \frac{\cos N^2}{\cos 2N},$$

$$(1-\lambda\lambda)\,\xi\xi'+(1-\mu\mu)\,\eta\eta'+(1-\nu\nu) = 0,$$
$$\left(\lambda+\frac{1}{\lambda}\right)\xi\xi'+\left(\mu+\frac{1}{\mu}\right)\eta\eta'+\left(\nu+\frac{1}{\nu}\right) = 0,$$
$$\left(\lambda-\frac{1}{\lambda}\right)\xi\xi''+\left(\mu-\frac{1}{\mu}\right)\eta\eta''+\left(\nu-\frac{1}{\nu}\right) = 0,$$
$$\frac{\lambda\lambda+1}{\lambda\lambda}\,\xi\xi''+\frac{\mu\mu+1}{\mu\mu}\,\eta\eta''+\frac{\nu\nu+1}{\nu\nu} = 0,$$

$$\frac{\xi\xi'}{\sin 2L}+\frac{\eta\eta'}{\sin 2M}+\frac{1}{\sin 2N} = 0,$$
$$\frac{\xi\xi''}{\operatorname{tang} 2L}+\frac{\eta\eta''}{\operatorname{tang} 2M}+\frac{1}{\operatorname{tang} 2N} = 0.$$

Die vier Punkte $\lambda\xi+\mu\eta i$, $\xi'+\eta' i$, $\xi''+\eta'' i$, $\lambda\xi'''+\mu\eta''' i$ liegen in einer geraden Linie, und ebenso vier andere Combinationen von je vier anderen Punkten.

$$\frac{\lambda\lambda+1}{\lambda}(\xi'''-\xi)\,\xi'''' = \frac{\mu\mu+1}{\mu}(\eta-\eta''')\,\eta'''',$$
$$\frac{\lambda\lambda+1}{\lambda\lambda}(\xi'-\xi'')\,\xi'''' = \frac{\mu\mu+1}{\mu\mu}(\eta''-\eta')\,\eta''''.$$

[11.]

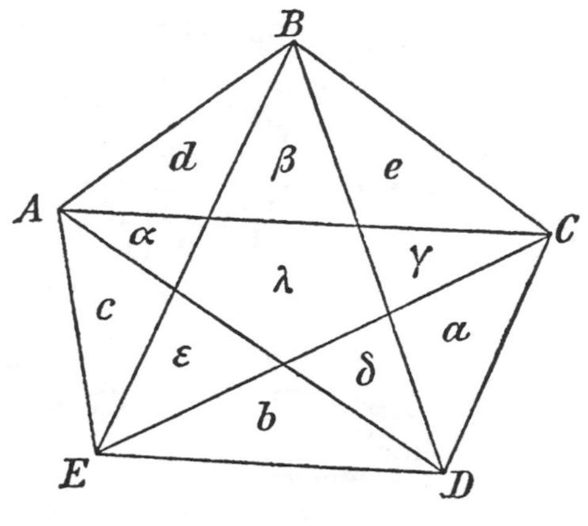

$$\beta+\varepsilon+\lambda = A,$$
$$\gamma+\alpha+\lambda = B,$$
$$\delta+\beta+\lambda = C,$$
$$\varepsilon+\gamma+\lambda = D,$$
$$\alpha+\delta+\lambda = E,$$

$$\gamma+\delta+\lambda = A', \qquad c+d+\alpha = \mathfrak{A},$$
$$\delta+\varepsilon+\lambda = B', \qquad d+e+\beta = \mathfrak{B},$$
$$\varepsilon+\alpha+\lambda = C', \qquad e+a+\gamma = \mathfrak{C},$$
$$\alpha+\beta+\lambda = D', \qquad a+b+\delta = \mathfrak{D},$$
$$\beta+\gamma+\lambda = E', \qquad b+c+\varepsilon = \mathfrak{E},$$

$$a+b+c+d+e = s,$$
$$\alpha+\beta+\gamma+\delta+\varepsilon = \sigma,$$
$$A+B+C+D+E = S = A'+B'+C'+D'+E',$$
$$\mathfrak{A}+\mathfrak{B}+\mathfrak{C}+\mathfrak{D}+\mathfrak{E} = \mathfrak{S},$$
$$S = 2\sigma+5\lambda = S',$$
$$\mathfrak{S} = \sigma+2s, \qquad \omega = s+\sigma+\lambda.$$

Proportionalitäten:

$$aA = (e+\gamma)(b+\delta),$$
$$bB = (a+\delta)(c+\varepsilon),$$
$$cC = (b+\varepsilon)(d+\alpha),$$
$$dD = (c+\alpha)(e+\beta),$$
$$eE = (d+\beta)(a+\gamma),$$

alle aus dem Princip, dass die Producte aus den von einander abgekehrten (bloss gemeinschaftliche Spitze habenden, oder noch concinner, keine gemeinschaftliche Seite habenden) Dreiecken, in welche ein Viereck durch die Diagonalen zerlegt wird, gleich sind.

Die allgemeine barycentrische Gleichung zwischen vier Punkten, z. B. (A), (B), (C), (D) ist:

$$\triangle_A (A) + \triangle_B (B) + \triangle_C (C) + \triangle_D (D) = 0,$$

wo $\triangle_A$ das Dreieck BCD, $\triangle_B$ das Dreieck CDA u. s. w. (mit Rücksicht auf [das] Zeichen) vorstellt. In unserm Fall wird, wenn man zu obigen Bezeichnungen noch setzt:

$$A^* = \alpha + \gamma + \delta + a + \lambda, \quad \text{u. s. w.}$$

$$A^* = \omega - \mathfrak{B} - \mathfrak{E}, \quad \text{u. s. w.,}$$

der Typus der Gleichung zwischen vier Punkten:

$$\mathfrak{C}(A) + D^*(C) = A^*(B) + \mathfrak{B}(D),$$

wo (A) den betreffenden Eckpunkt des äussern Pentagons ausdrückt, oder:

$$\mathfrak{C}(A) + (\omega - \mathfrak{E} - \mathfrak{C})(C) = (\omega - \mathfrak{B} - \mathfrak{E})(B) + \mathfrak{B}(D) = (\omega - \mathfrak{E})(e),$$

wo (e) den betreffenden Punkt des inneren Pentagons ausdrückt.

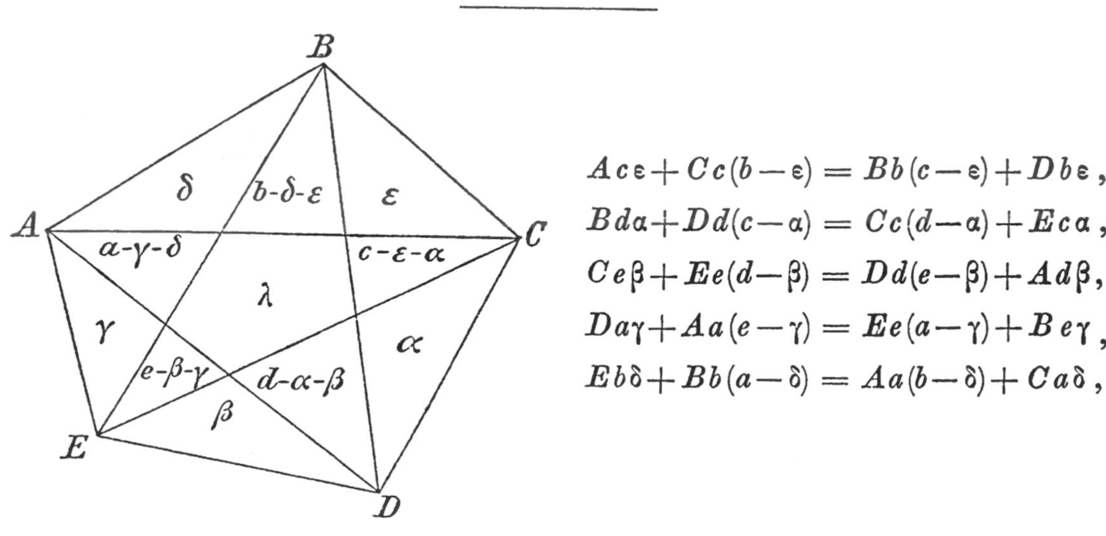

$$\lambda\alpha = (c-\alpha)(d-\alpha)-(e+b-\beta-\gamma-\delta-\varepsilon)\alpha,$$
$$\lambda\beta = (d-\beta)(e-\beta)-(a+c-\gamma-\delta-\varepsilon-\alpha)\beta,$$
$$\lambda\gamma = (e-\gamma)(a-\gamma)-(b+d-\delta-\varepsilon-\alpha-\beta)\gamma,$$
$$\lambda\delta = (a-\delta)(b-\delta)-(c+e-\varepsilon-\alpha-\beta-\gamma)\delta,$$
$$\lambda\varepsilon = (b-\varepsilon)(c-\varepsilon)-(d+a-\alpha-\beta-\gamma-\delta)\varepsilon,$$

oder in den folgenden Zeichen

$$\lambda(0) = (8+9)(1+2)-0(3+7)$$

oder, wenn

$$\alpha+\beta+\gamma+\delta+\varepsilon = \sigma, \qquad a+b+c+d+e = s$$

gesetzt wird,

$$cd = (s+\lambda-\sigma-a)\alpha,$$
$$de = (s+\lambda-\sigma-b)\beta,$$
$$ea = (s+\lambda-\sigma-c)\gamma,$$
$$ab = (s+\lambda-\sigma-d)\delta,$$
$$bc = (s+\lambda-\sigma-e)\varepsilon.$$

Also [ergibt sich]

$$\lambda = \omega-s+\frac{cd}{\omega-a}+\frac{de}{\omega-b}+\frac{ea}{\omega-c}+\frac{ab}{\omega-d}+\frac{bc}{\omega-e},$$
$$= \frac{acd}{\omega\omega-\omega a}+\frac{bde}{\omega\omega-\omega b}+\frac{cea}{\omega\omega-\omega c}+\frac{dab}{\omega\omega-\omega d}+\frac{ebc}{\omega\omega-\omega e}.$$

Folglich, $ab+bc+cd+de+ea = S$ und $a\alpha+b\beta+c\gamma+d\delta+e\varepsilon = \Sigma$ gesetzt,

$$S = \sigma(s+\lambda-\sigma)-\Sigma.$$

Der Inhalt des äussern Polygons ist $= s+\lambda-\sigma = \omega$; also

$$S = \sigma\omega-\Sigma.$$

BEMERKUNGEN ZU DEN ELF PENTAGRAMM-FRAGMENTEN.

Die zahlreichen Entwicklungen und Notizen über das »Pentagramma mirificum«, welche sich in GAUSS' Nachlass vorgefunden haben, stammen aus sehr verschiedenen Zeiten und zeigen eine vielfach wechselnde Bezeichnungsweise. Dem entsprechen die vielen verschiedenartigen Standpunkte, von denen aus das Pentagramm von GAUSS betrachtet wurde. Neben den acht in Bd. III der ges. Werke p. 481 ff. veröffentlichten Fragmenten kommen in dieser Hinsicht noch zwei Auffassungen in Betracht, welche in den drei hier vorstehend abgedruckten Fragmenten die Grundlage abgeben. Einige weitere nicht publicirte Entwicklungen enthalten theils Wiederholungen theils ausführliche numerische Rechnungen zu dem von GAUSS immer wieder herangezogenen Beispiele mit $\alpha\beta\gamma\delta\varepsilon = 20$.

Um eine sachliche Erläuterung der Fragmente [9] bis [11] zu geben, ist es nöthig auf die Fragmente [1] bis [8] zurückzugreifen.

Als »Pentagramma mirificum« bezeichnet GAUSS ein bereits von NEPER*) bei seinen Untersuchungen über das rechtwinklige sphärische Dreieck benutztes sphärisches Fünfeck ohne einspringende Winkel, in welchem jede einzelne Ecke den Pol der Gegenseite darstellt, und in dem hiernach die fünf Diagonalen Quadranten der Kugel sind. Alle diese offenbar sich selbst polaren Fünfecke bilden ein zweifach unendliches Continuum. Die beigefügte Figur liefert (in stereographischer Projection) ein Pentagramm $P_1P_2P_3P_4P_5$.

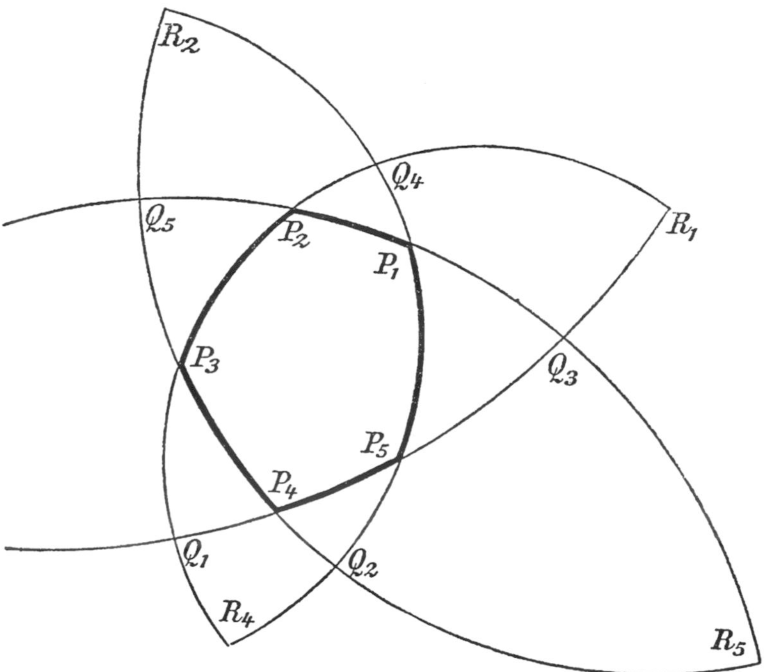

Dasselbe ist begleitet von zwei weiteren zwei- bez. dreifach gewundenen Fünfecken $Q_1Q_3Q_5Q_2Q_4$ und $R_1R_4R_2R_5R_3$. Zufolge der Grundeigenschaft des Pentagramma sind die Winkel dieser beiden letzteren Fünf-

*) Da die fraglichen NEPERschen Untersuchungen verhältnissmässig wenig bekannt sind, so sei es erlaubt hier ein paar Bemerkungen über dieselben einzuschalten. Sie sind enthalten im Liber II, Caput IV

ecke durchweg rechte; sind s_k die Seitenlängen des Pentagramms $P_1 \ldots P_5$ (den Kugelradius gleich 1 gesetzt), so findet man die Seiten der weiteren Fünfecke aus:

$$\widehat{P_k Q_{k+2}} = \frac{\pi}{2} - s_{k-2}, \qquad \widehat{P_k Q_{k-2}} = \frac{\pi}{2} - s_{k+2},$$

$$\widehat{Q_k R_{k+2}} = s_{k+1}, \qquad \widehat{Q_k R_{k-2}} = s_{k-1}.$$

Unter den Pentagrammen befindet sich insbesondere ein reguläres. Dieses hat die Seitenlänge $s = \arcsin \sqrt{\frac{-1+\sqrt{5}}{2}}$ und lässt sich aus dem sphärischen Dreieck der Winkel $\frac{2\pi}{5}, \frac{\pi}{2}, \frac{\pi}{4}$ durch Reproduction um die Ecke des ersten Winkels erzeugen.

Die soeben am allgemeinen Pentagramm aufgewiesenen geometrischen Relationen lassen sich vermöge der Grundformeln des rechtwinkligen sphärischen Dreiecks in Gestalt einer Reihe von Gleichungen ansetzen; dies ist in den Fragmenten [1] und [3] ausgeführt. —

Projicirt man das Pentagramm aus dem Kugelmittelpunkt auf eine Tangentialebene mit einem im Pentagramm gelegenen Berührungspunkt O, so entsteht ein ebenes Fünfeck, in dem die fünf Geraden $\overline{OP_k}$ die Höhen liefern. Das ebene Fünfeck hat somit die beiden, übrigens für dasselbe bestimmenden, Eigenschaften:

1) die fünf Höhen laufen alle durch einen und denselben Punkt O;

2) die einzelne Höhe wird durch O in zwei Stücke getheilt, deren Product für alle Höhen gleich (und zwar gleich dem Quadrat des Kugelradius) ist.

Die Projectionsebene macht Gauss nun zur Trägerin der complexen Zahlen (cf. Fragment [2]) und wählt insbesondere O als Nullpunkt. Die weiterhin im Fragmente [2] gegebenen Entwicklungen haben folgenden Sinn. Auf fünf von O ausziehenden Strahlen werden fünf Punkte $p, p', \ldots, p''''$ willkürlich gewählt; die von Gauss angegebene Verschiebung dieser Punkte je auf ihren Strahlen bis in die Lagen $q, q', \ldots, q''''$ liefert alsdann in diesen letzten Punkten die Ecken eines Pentagramms unserer Art. —

Ist M der Kugelmittelpunkt, so lässt sich durch die fünf nach den Pentagrammecken P_k ziehenden Strahlen $\overline{MP_k}$ ein eindeutig bestimmter Kegel zweiten Grades legen. Der letztere und namentlich die Trans-

---

von Nepers »Mirifici Logarithmorum canonis descriptio« (Lugduni 1619) und gipfeln in dem heute als »Nepersche Regel« bezeichneten Theorem: Sind h die Hypothenuse, a, b die Katheten eines rechtwinkligen sphärischen Dreiecks, und sind α, β die a bez. b gegenüberliegenden Winkel, so sind mit a, b, h, α, β stets auch

$$a' = \frac{\pi}{2} - h, \qquad b' = \frac{\pi}{2} - \beta, \qquad h' = \frac{\pi}{2} - b, \qquad \alpha' = \frac{\pi}{2} - a, \qquad \beta' = \alpha$$

fünf Bestimmungsstücke eines rechtwinkligen sphärischen Dreiecks. Dabei ist der Übergang vom ersten zum zweiten Dreieck eine Operation, welche sich nach fünfmaliger Wiederholung von selbst schliesst, insofern man alsdann zu den ursprünglichen Bestimmungsstücken a, b, h, α, β zurückgelangt. Von dieser Regel sagt Neper selbst, sie gehe handgreiflich hervor aus der Figur eines Fünfecks, wie es eben auch Gauss in den in Rede stehenden Fragmenten studirt. In der That ertheilen wir in der sogleich im Texte näher zu beschreibenden Figur dem Dreieck $P_1 P_2 Q_4$, auf der Kugel gedacht, die Bestimmungsstücke $\widehat{P_1 Q_4} = a$, $\widehat{P_2 Q_4} = b$, $\widehat{P_1 P_2} = h$, etc., so ist es gerade das benachbarte rechtwinklige Dreieck $P_2 P_3 Q_5$, welches die vorhin mit $a', b', h', \alpha', \beta'$ bezeichneten Bestimmungsstücke bekommt. Man kann hiernach geradezu ein einzelnes rechtwinkliges sphärisches Dreieck zum Ausgangspunkt nehmen und von ihm aus durch Verlängern zweier Seiten um ihre Complemente u. s. w. zu den übrigen vier Dreiecken der Figur und damit zum Pentagramm gelangen. —

formation desselben auf seine Hauptaxen spielen in den weiteren GAUSS'schen Entwicklungen eine grundlegende Rolle. Die cubische Gleichung dieser Hauptaxentransformation, welche allein vom Product der fünf Tangenten der Pentagrammseiten abhängt, wird auch nach ihrer numerischen Seite in [5] behandelt. Will man übrigens die zahlreichen Relationen der Fragmente [5] und [6] beweisen, so knüpft man am besten an die wohlbekannten neueren Grundformeln für die Hauptaxentransformation eines Kegels an. Bei dem von GAUSS zunächst ausgewählten Coordinatensystem x, y, z kann man aus jenen Grundformeln die Gleichungen der genannten Fragmente fast ohne Rechnung ableiten. —

Die Entwicklungen unter [7] und [8], welche das Datum 1843 April 20 tragen, begründen die Beziehung des Pentagramms zur Fünftheilung der elliptischen Functionen. Es ist unzweifelhaft, dass GAUSS diese Beziehung auf Anregung von JACOBIS Abhandlung »Über die Anwendung der elliptischen Transcendenten auf ein bekanntes Problem der Elementargeometrie« *) erkannt hat. JACOBI studirt daselbst Fünfecke, deren einzelnes einem Kreise eingeschrieben und zugleich einem zweiten Kreise umschrieben ist, und weist deren Beziehung zu den elliptischen Functionen auf.

Um den Übergang vom Pentagramm zum JACOBIschen Fünfeck zu bewerkstelligen, projicire man ersteres vom Kugelmittelpunkt auf diejenige Tangentialebene der Kugel, deren Berührungspunkt der Durchschnittspunkt der Kugel mit der Kegelaxe ist. Der Kegel wird von dieser Projectionsebene in einer Ellipse geschnitten, welcher das projicirte Pentagramm eingeschrieben ist. Die hierneben in der Figur angedeutete affine Transformation liefert in $P_1' P_2' \ldots P_5'$ ein JACOBIsches Fünfeck.

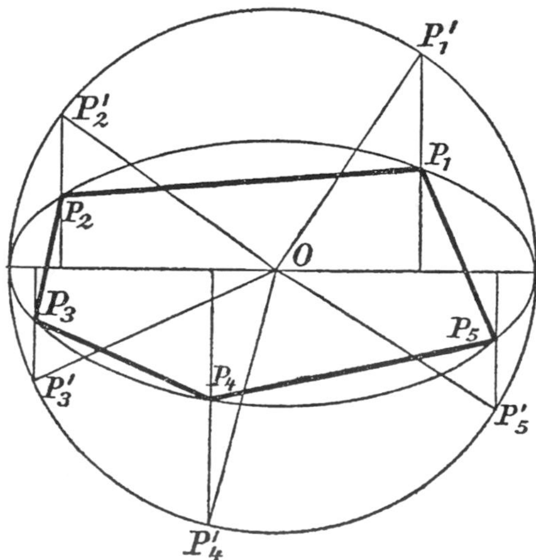

Die Richtigkeit dieser Angaben geht aus der Übereinstimmung der GAUSS'schen Formeln in [7] und [8] mit den von JACOBI a. a. O. entwickelten Gleichungen hervor. Zum Beweise der GAUSS'schen Relationen kann man so verfahren:

Benutzt man in der Projectionsebene die Hauptaxen der Ellipse als Axen x, y und setzt den Kugelradius gleich 1, so liegt der Kugelmittelpunkt senkrecht zur Ebene unter O in der Entfernung 1. Die Grundeigenschaft des Pentagramms, dass nämlich $\sphericalangle P_{k-1} M P_{k+1} = \frac{\pi}{2}$ ist, liefert die fünf Gleichungen:

$$(1) \qquad x_{k-1} x_{k+1} + y_{k-1} y_{k+1} + 1 = 0,$$

*) CRELLES Journal Bd. 3 (1828).

wenn x_k, y_k die Coordinaten von P_k sind. Das einzelne Paar x_k, y_k kommt in zwei Gleichungen vor, durch deren Auflösung man findet:

$$(2)\qquad x_k = \frac{y_{k+2}-y_{k-2}}{x_{k+2}\,y_{k-2}-x_{k-2}\,y_{k+2}}, \qquad y_k = \frac{x_{k-2}-x_{k+2}}{x_{k+2}\,y_{k-2}-x_{k-2}\,y_{k+2}}.$$

Ist nun, wie bei GAUSS, φ_k die excentrische Anomalie von P_k, so sind die Coordinaten von P'_k offenbar $\cos\varphi_k$, $\sin\varphi_k$, und man findet als Coordinaten von P_k:

$$x_k = \sqrt{\frac{-G}{G'}}\cos\varphi_k, \qquad y_k = \sqrt{\frac{-G}{G''}}\sin\varphi_k,$$

G, G' und G'' im Sinne von GAUSS gebraucht. Durch Eintragung dieser Werthe in die Gleichungen (2) ergeben sich die ersten unter [7] angegebenen GAUSS'schen Gleichungen:

$$\frac{\cos\frac{1}{2}(\varphi_{k+2}+\varphi_{k-2})}{\cos\frac{1}{2}(\varphi_{k+2}-\varphi_{k-2})} = \frac{G}{G'}\cos\varphi_k, \qquad \frac{\sin\frac{1}{2}(\varphi_{k+2}+\varphi_{k-2})}{\cos\frac{1}{2}(\varphi_{k+2}-\varphi_{k-2})} = \frac{G}{G''}\sin\varphi_k.$$

Eliminirt man hier φ_k und schreibt hernach k statt $k+2$, so folgt:

$$G'^2\cos^2\tfrac{1}{2}(\varphi_k+\varphi_{k+1}) + G''^2\sin^2\tfrac{1}{2}(\varphi_k+\varphi_{k+1}) = G^2\cos^2\tfrac{1}{2}(\varphi_k-\varphi_{k+1}),$$

$$G^2\cos(\varphi_{k+1}-\varphi_k) + (G''^2-G'^2)\cos(\varphi_{k+1}+\varphi_k) = G'^2+G''^2-G^2.$$

Durch Entwicklung der Cosinus und Einführung der Coordinaten der Punkte P_k folgt weiter:

$$(3)\qquad (G^2-G'^2+G''^2)\,G'x_kx_{k+1} + (G^2+G'^2-G''^2)\,G''y_ky_{k+1} + (-G^2+G'^2+G''^2)\,G = 0.$$

Nun sind die G, G', G'' Wurzeln der Gleichung

$$G(2G-1)^2 = \alpha\beta\gamma\delta\varepsilon(G-1).$$

Es ergibt sich demnach für das Absolutglied der letzten Gleichung:

$$(G^2+G'^2+G''^2-2G^2)\,G = \left(\frac{1+\alpha\beta\gamma\delta\varepsilon}{2}-2G^2\right)G = \frac{\alpha\beta\gamma\delta\varepsilon}{2}\cdot\frac{1}{2G-1},$$

und man findet analoge Ausdrücke für die Coefficienten der beiden ersten Glieder der Gleichung (3), so dass jene Gleichung übergeht in:

$$(4)\qquad \frac{x_kx_{k+1}}{2G'-1} + \frac{y_ky_{k+1}}{2G''-1} + \frac{1}{2G-1} = 0.$$

Indem man diese Gleichung ebenso behandelt wie (1), ergeben sich die weiteren im Fragmente [7] zusammengestellten Relationen.

Die vorstehenden Angaben über die Beziehung zwischen GAUSS und JACOBI werden in ein neues Licht durch die Bemerkung gesetzt, dass jedes beliebige gewöhnliche Fünfeck ohne einspringende Winkel collinear in ein JACOBIsches und also auch in ein GAUSS'sches Pentagramm transformirt werden kann. Dem gegebenen Fünfeck lässt sich nämlich eine bestimmte Ellipse einschreiben und ein gleichfalls bestimmter Kegelschnitt umschreiben. Man hat nur nöthig, dieses Kegelschnittpaar in ein Kreispaar collinear zu überführen, was nach heute wohlbekannten Methoden keine Schwierigkeit hat.

Diese Bemerkung ist auch für die Entwicklungen in den Fragmenten [9] bis [11] von Wichtigkeit. GAUSS construirt hier zunächst durch fortgesetztes Diagonalenziehen bez. Seitenverlängern eine nach beiden

Seiten hin unendliche Kette von Fünfecken und erkennt, dass dieses Netz einander umschliessender Fünfecke

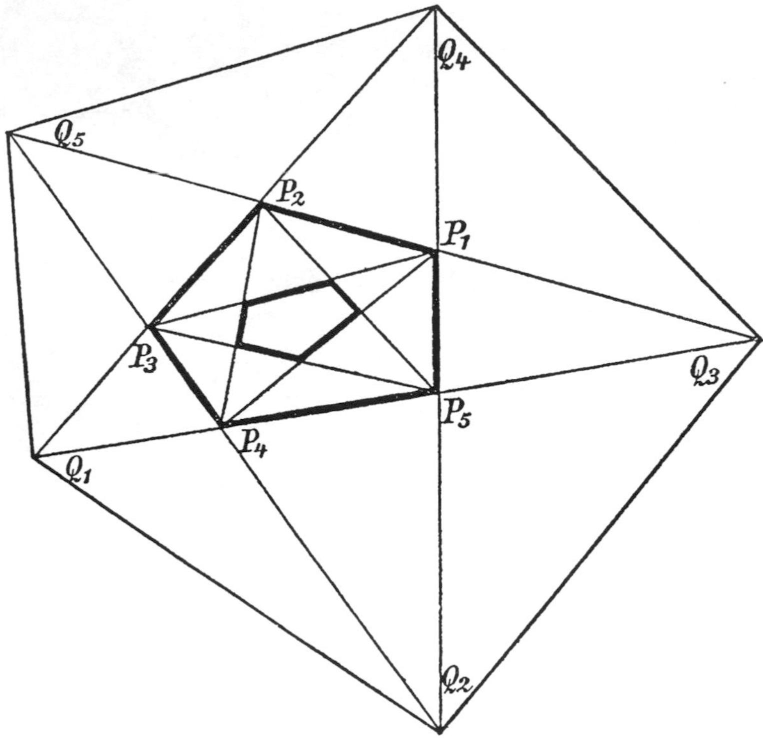

durch die Collineation:

$$x' = \frac{2G-1}{2G'-1}x, \qquad y' = \frac{2G-1}{2G''-1}y \tag{5}$$

in sich transformirt wird. Zur Erläuterung vergl. man die beigefügte Figur; GAUSS hat selber Zeichnungen dieser Art angefertigt, in denen die Fünfecknetze noch viel weiter fortgesetzt sind. Die in (5) rechter Hand stehenden Coefficienten sind die »Exponenten« oder »Coefficienten der Verjüngung«, welche in [9] und [10] auftreten. Es liegt sehr nahe, das hier vorliegende Sachverhältniss im Sinne der modernen Theorie der discontinuirlichen Substitutionsgruppen aufzufassen. Der Nullpunkt O erscheint dabei als der innere Grenzpunkt des Pentagrammnetzes und ist einer der drei Grenzpunkte der aus (5) entspringenden cyclischen Collineationsgruppe.

Zufolge der voraufgesandten Bemerkung findet die gleiche Sachlage bei jedem Fünfeck mit einspringenden Winkeln statt. Diese Verhältnisse sind in der neueren Litteratur wohlbekannt.

Die Richtigkeit der GAUSS'schen Angaben kann man so bestätigen: Das an $P_1 P_2 .. P_5$ sich zunächst anschliessende äussere Fünfeck $Q_1 Q_2 .. Q_5$ ist dasselbe, welches aus dem so benannten sphärischen Fünfeck bei der Projection entsteht. Hat Q_k die Coordinaten x'_k, y'_k, so gelten, da $\sphericalangle\, Q_k M P_{k+1} = \frac{\pi}{2}$ ist, die fünf Gleichungen:

$$x'_k x_{k+1} + y'_k y_{k+1} + 1 = 0.$$

Der Vergleich mit den fünf Gleichungen (4) lässt für alle Indices k die Formeln (5) als richtig erscheinen.

Dass GAUSS den projectiven Charakter seiner zuletzt besprochenen Entwicklungen gekannt hat, macht namentlich das Fragment [11] wahrscheinlich. GAUSS wendet hier die Grundsätze von MOEBIUS' barycentrischem Calcul auf die Figur des geradlinigen Pentagramms an; man wird die GAUSS'schen Formeln im Sinne dieses Calculs ohne Mühe verstehen. Dem projectiven Charakter des letzteren entsprechend wird hier an ein beliebiges Fünfeck angeknüpft. Zufolge eines Briefes an SCHUMACHER vom 15. Mai 1843 hat GAUSS erst am 14. Mai dieses Jahres das (1827 erschienene) MOEBIUS'sche Werk über den barycentrischen Calcul kennen gelernt und zwar vermuthlich aus Anlass der Aufgabe, den Mittelpunkt eines durch fünf Punkte gegebenen Kegelschnitts durch Construction zu finden. Für die speciellen Fünfecknetze, auf welche sich die Formeln der Fragmente [5] bis [10] beziehen, würde jene Aufgabe identisch sein mit dem Problem, den inneren Grenzpunkt des einzelnen Netzes zu construiren. Übrigens stammt die Entwicklung der Fragmente [7] und [8] aus dem April 1843, und diejenige des Fragmentes [11] schliesst sich (wahrscheinlich unmittelbar) an den 14. Mai 1843. Hiernach wird man annehmen dürfen, dass die in [9] und [10] aufgenommenen Untersuchungen in den zwischen beiden Daten gelegenen Wochen ausgeführt sind.

FRICKE.

NUMERISCHES RECHNEN.

NACHTRÄGE ZU BAND III.

ANZEIGE.

Allgemeine Literatur-Zeitung vom Jahre 1808. Halle-Leipzig 1808. Nr. 45. Februar 12. S. 353—358.

Dresden, in der Waltherschen Hofbuchhandlung: Leonellis *logarithmische Supplemente, als ein Beitrag, Mängel der gewöhnlichen Logarithmentafeln zu ersetzen. Aus dem Französischen nebst einigen Zusätzen von* Gottfried Wilhelm Leonhardi, *Souslieutenant beim kurfürstl. sächsischen Feldartilleriecorps.* 1806. 88 S. in Octav.

Diese kleine Schrift enthält zwei von einander unabhängige Abhandlungen, die indessen in so fern einen gemeinschaftlichen Zweck haben, als beide etwas zu leisten bestimmt sind, was sich mit den gewöhnlichen logarithmischen Tafeln ohne anderweitige Hülfsmittel entweder nicht so vollkommen, oder nicht so bequem erreichen lässt. Die eine soll nemlich dazu dienen, vermittelst einiger sehr geschmeidiger, hier zugleich mitgelieferter, Hülfstafeln, zu jeder gegebenen Zahl ohne zu grosse Mühe den Logarithmen auf mehrere Decimalen, als die gewöhnlichen Tafeln verstatten, zu berechnen. Die andere entwickelt die Idee einer besondern Tafel, vermittelst welcher die Logarithmen von Summen oder Differenzen zweier bloss durch ihre Logarithmen gegebenen Grössen durch eine einzige Operation mit einer Bequemlichkeit sollen bestimmt werden können, wie sie bei andern Verfahrungsarten nicht Statt findet; und zwar, des Vfs. Plane nach, gleichfalls mit einer ungewöhnlich grossen Anzahl von Decimalen (14); von dieser Tafel ist jedoch nur erst eine Probe beigefügt. Da das Numerische der Logarithmen und jede sich darauf beziehende Erleichterung jedem, der viel mit Zahlenrechnungen zu thun hat, von grosser Wichtigkeit ist: so wird es sich wohl der Mühe verlohnen, diesen Untersuchungen eine nicht bloss oberflächliche Aufmerksamkeit zu widmen, um besonders den praktischen Werth der davon zu hoffenden Vortheile würdigen zu können.

Der Vf. hatte seine Schrift dem französischen Nationalinstitute zur Beurtheilung vorgelegt; der Bericht, welchen DELAMBRE darüber abgestattet und welchen das Institut gebilligt hat, ist der Schrift selbst beigefügt. LEONELLI ist damit nicht ganz zufrieden gewesen, und äussert in seinen gleichfalls angehängten Gegenbemerkungen seine Empfindlichkeit einigemal mit vieler Lebhaftigkeit. Wir werden nicht umhin können, auch DELAMBRES Bericht und LEONELLIS Beantwortung mit zu berühren, da beide nun einen Theil des Buchs selbst ausmachen.

Bei der in der *ersten* Abtheilung vorgetragenen Methode, den Logarithmen jeder vorgegebenen Grösse A zu berechnen, liegt die Hauptidee zum Grunde, dass diese Grösse in ein Product von der Form

$$10^{\mu} a(1+\tfrac{1}{10}b)(1+\tfrac{1}{100}c)(1+\tfrac{1}{1000}d)\ldots$$

verwandelt werde, so dass $a, b, c, d\ldots$ einfache ganze Zahlen bedeuten. Man sieht erstlich, dass die Logarithmen dieser einzelnen Factoren eine abnehmende Reihe bilden werden, von denen man sich mit einer gewissen grössern oder kleinern Zahl begnügen kann, je nachdem man den Logarithmen des Products mit mehr oder weniger Decimalstellen verlangt; zweitens dass man alle jene einzelnen Logarithmen sogleich in einer ein für allemal berechneten Tafel vorräthig haben kann. Eine solche Tafel liefert LEONELLI hier zuerst für die Briggischen Logarithmen auf 20 Decimalstellen. Diese enthält zuerst die Logarithmen der ganzen Zahlen von 2 bis 9; sodann die Logarithmen für alle $1+\tfrac{1}{10}b$, d. i. für 1,1; 1,2; 1,3 bis 1,9; nachher für alle $1+\tfrac{1}{100}c$ u. s. w. Ausser den 8 ganzen Zahlen kommen also, für jede Ordnung der gebrochenen, 9 Logarithmen; weiter als bis zur 11ten Ordnung brauchte aber die Tafel nicht ausgedehnt zu werden, da bei der zwölften die Logarithmen mit den Logarithmen der eilften einerlei bedeutende Ziffern haben, und so bei den folgenden. Auf diese Weise umfasst die Tafel nur 107 Logarithmen, welche hinreichen, um den Logarithmen jedes Products der obigen Form auf 18 oder 19 Ziffern durch blosse Addition zu berechnen; die 20ste Stelle bleibt dabei offenbar immer schwankend. Für die hyperbolischen Logarithmen hat LEONELLI eine ähnliche Tafel von demselben Umfange beigefügt.

Wie sich übrigens jede Zahl A unter obige Form bringen lasse, wird man leicht übersehen; μ und a ergeben sich sogleich von selbst; macht man dann $A = 10^{\mu} aB$: so ist b die Ziffer in der ersten Decimalstelle von B; setzt man ferner $B = (1+\frac{1}{10}b)C$, so ist c die Ziffer in der zweiten Decimalstelle von C u. s. w. Bei näherer Untersuchung findet sich, dass man noch bequemer $\frac{1}{A}$, ohne diesen Quotienten wirklich zu berechnen, unter die obige Form bringen kann, indem man successive $10^{\mu} aA = B$, $(1+\frac{1}{10}b)B = C$ u. s. w. macht, wo man also B aus A, C aus B u. s. w. durch Multiplication erhält, indem bei der ersten Methode Division nöthig ist. LEONELLI hat indessen den Calcul bei beiden Methoden durch Reduction auf einen bestimmten Mechanismus noch abgekürzt; wer häufigen Gebrauch von diesen Tafeln zu machen denkt, thut wohl, sich mit demselben vertraut zu machen. Nach einiger Übung wird man es dann gewiss bald dahin bringen, sich die anzuwendende Aufmerksamkeit mechanisch zu machen, und wir halten daher mit LEONELLI den Vorwurf DELAMBRES für übereilt, dass eine ermüdende Aufmerksamkeit nöthig sei, wenn man nicht jedesmal alle die vielen überflüssigen Nullen aufschreibe.

Man sieht leicht, dass man auf ähnliche Weise auch A oder $\frac{1}{A}$ unter die Form

$$10^{\mu} a(1+\tfrac{1}{100}b)(1+\tfrac{1}{10000}c)\ldots$$

setzen könne, so dass $a, b, c \ldots$ lauter ganze Zahlen unter 100 bedeuten. Bei jedem einzelnen Falle wird man dann nur halb so viele Glieder nöthig haben; dagegen wird die Hülfstafel zwar auch nur halb so viel Ordnungen, aber in jeder 99 Logarithmen enthalten, also einen fast fünfmal so grossen Umfang haben müssen. LEONELLI hat auch eine solche Hülfstafel, aber nur für die Briggischen Logarithmen, und nur auf 15 Decimalen beigefügt; sie enthält 485 Logarithmen. Es ist schade, dass nicht auch diese Tafel für 20 Decimalen eingerichtet ist.

Für die umgekehrte Aufgabe, zu einem gegebenen Logarithmen die Zahl zu finden, sind LEONELLIS Tafeln nicht weniger anwendbar. Durch Zerlegung des gegebenen Logarithmen in seine in den Tafeln befindlichen Bestandtheile erhält man die Factorenreihe der Zahl, und durch deren Multiplication (wofür sich leicht ein geschmeidiger Algorithmus findet) die Zahl selbst.

Wo man übrigens mit sieben oder zehn Decimalen ausreicht, gewähren freilich die gewöhnlichen oder die VLACQschen, auch von VEGA herausgegebenen Tafeln bei weitem mehr Bequemlichkeit, als die LEONELLIschen. Und in der That sind jene auch bei den allerfeinsten astronomischen oder sonst auf die Körperwelt sich beziehenden Rechnungen, ohne Ausnahme, überflüssig genau. Bei analytischen Rechnungen, oder auch bei der primitiven Construction von Tafeln, kommt man jedoch öfters in den Fall, wo man eine grössere Schärfe wünscht, und dann, wenn man anders nicht noch mehr als 13 oder 18 Ziffern verlangt, sind LEONELLIS Tafeln unstreitig das Brauchbarste und Bequemste, was man zu diesem Behufe anwenden kann.

Dem DELAMBREschen Berichte zufolge hat übrigens BRIGG ganz dieselbe Methode in seiner *arithmetica logarithmica* vorgetragen, und eine ähnliche Hülfstafel auf 14 Decimalen berechnet; allein die französischen Geometer selbst haben von diesem seltenen Werke nur Ein Exemplar auftreiben können, worin gerade dieser Theil gefehlt hat. Das Verdienst der eigenen Erfindung und eigenen Berechnung bleibt also LEONELLI immer ungeschmälert, und es ist billig, dass wir ihm besonders für letztere den gebührenden Dank zollen.

Den Zweck der zweiten Abhandlung haben wir bereits oben angezeigt; wir wollen nun sehen, wie LEONELLI denselben erreichen will. Er schlägt eine aus drei Columnen bestehende Tafel vor; um uns kürzer zu fassen, wollen wir, anstatt LEONELLIS schwerfällige und unnöthige Terminologie zu gebrauchen, die zusammengehörigen Glieder dieser drei Columnen durch P, Q, R bezeichnen. Diese Grössen sollen so von einander abhängen, dass, wenn man die Zahl, deren Logarithm P ist, durch x bezeichnet,

$$Q = \log\left(1+\frac{1}{x}\right), \qquad R = \log(1+x)$$

sei; daher immer $R = P+Q$ sein wird; ferner soll diese Tafel nicht nach x, sondern nach P geordnet sein, oder P soll gleichförmig wachsen, und zwar von Null bis ins Unendliche, oder vielmehr bis Q als verschwindend betrachtet werden kann. Der Gebrauch einer solchen Tafel lässt sich leicht übersehen. Soll aus $\log a$ und $\log b$ der Logarithm von $a+b$ bestimmt werden: so geht man (wenn man voraussetzt, dass a grösser ist als b) mit $\log a - \log b$ in die erste Columne ein, oder setzt diese Differenz $= P$: dann ist offenbar

$$\log(a+b) = Q + \log a = R + \log b.$$

Soll man hingegen den Logarithmen der Differenz bestimmen: so wird man $\log a - \log b$ entweder in der zweiten oder dritten Columne finden, je nachdem diese Differenz kleiner oder grösser ist, als log 2. Im ersten Falle, wenn man $\log a - \log b = Q$ macht, wird $\log(a-b) = \log b - P = \log a - R$ sein; im zweiten hingegen, wenn man $\log a - \log b = \log R$ setzt, wird der gesuchte Logarithm

$$= \log b + P = \log a - Q.$$

Sonderbar ist's, dass LEONELLI diese Art, den Logarithmen der Differenz zu bestimmen, wenn die Differenz der Logarithmen kleiner als log 2 ist, nicht gleich bemerkt hat; in der Schrift selbst gibt er für diesen Fall ein anderes verwickelteres Verfahren, und erst durch die Rüge dieser Unvollkommenheit in dem DELAMBREschen Berichte ist er auf die doch so nahe liegende Art, die Tafel zu benutzen, geführt, welche er in seinen Bemerkungen über diesen Bericht mit vieler Weitschweifigkeit erklärt.

Obgleich wir LEONELLIS Gedanken, durch eine solche Tafel die logarithmischen Rechnungen zu erleichtern, im Ganzen genommen unsern Beifall nicht versagen können, sondern vielmehr die wirkliche Ausführung einer solchen Tafel für wünschenswerth halten: so können wir doch allem übrigen, was LEONELLI über diesen Gegenstand sagt, nur wenig Werth beilegen. Seine Entwickelung des Gebrauchs ist für einen so elementarischen Gegenstand mit unnöthiger Weitläuftigkeit vorgetragen. Auch nur etwas tiefere Untersuchungen über das Gesetz des Fortganges der Tafeln und der Differenzen, welche doch zur Bestimmung des ihnen zu gebenden Umfanges sehr nöthig wären, findet man gar nicht, wohl aber einige bloss hingeworfene, und zum Theil ziemlich verworren ausgedrückte Äusserungen, aus denen sich schliessen lässt, dass LEONELLI dergleichen gar nicht, oder doch ganz unrichtig angestellt hat. Dahin gehört z. B. die grundfalsche Behauptung, dass, wenn P immer um die Differenz 0,0005 zunimmt und sich dem Werth 6 nähert, die ersten Differenzen von Q nur noch eine oder zwei bedeutende Ziffern haben sollen, wenn Q mit 14 Decimalen ausgedrückt wird. Eine leichte Rechnung zeigt, dass diese Differenzen bis dahin wenigstens fünf bedeutende Ziffern behalten; noch weniger verschwinden sie, wenn P den Werth 6 übersteigt, sondern erst für $P = 10{,}7$ werden sie bis auf eine Einheit in der vierzehnten Decimale abgenommen haben; bis dahin hätte aber die Tafel über 21000 Glieder. Was aber noch wichtiger ist: man darf keinesweges die dritten Differenzen überall als verschwindend betrachten, wie LEONELLI sich einbildet, der nur auf die zweiten Rücksicht zu nehmen für hinreichend hält. Zu diesem Irrthume scheint ihn die von ihm berechnete Probe des Anfangs der Tafel verleitet zu haben, wo freilich die dritten Differenzen verschwinden; allein eine leichte Rechnung zeigt, dass diese dritten Differenzen weiterhin *zunehmen* und allerdings bedeutend werden können, wenn man 14 Decimalen geben, und keine kleinern Differenzen bei P, als 0,0005 gebrauchen will: für $x = 2+\sqrt{3}$, oder für $P = 0{,}5719$, wo die dritten Differenzen ihr Maximum erreichen, finden wir unter obigen Voraussetzungen ihren Werth = 6377 Einheiten in der vierzehnten Decimale. Weit entfernt also, dass LEONELLI mit weniger als 5000 Gliedern ausreichen könnte, müsste die Tafel, wenn die zweiten Differenzen überall hinlänglich sein sollen, eine so grosse Ausdehnung erhalten, dass ihre Berechnung die Mühe keinesweges belohnen würde. Allein wozu auch vierzehn Decimalen? Rechnungen, wo eine solche Schärfe nöthig wäre, kommen ja nur höchst selten vor, und für einen so seltenen Fall eine doch nicht sehr bedeutende Abkürzung der Arbeit zu erhalten, daran ist wenig gelegen. Hingegen für Rechnungen, die täglich vorkommen, und wo sieben Decimalen völlig hinreichen, würde eine, wenn auch nur mässige, aber oft wiederkommende Erleichterung der Arbeit allerdings schätzbar sein. Dann müsste aber die Tafel, um auch die nöthige Bequemlichkeit zu gewähren, so eingerichtet werden, dass überall auch die zweiten Differenzen verschwinden; mit etwas mehr als 15000 Gliedern liesse sich diess bequem erreichen, die nur ein mässiges Bändchen machen würden. Doch zu einer weitern Ausführung ist hier nicht der Ort.

Noch eine Probe, wie oberflächlich LEONELLI seinen Gegenstand behandelt hat, gibt die S. 60 vorgetragene Formel, für einen vorgegebenen Werth von R, der zwischen zwei der Tafel fällt, den entsprechenden von Q mit Rücksicht auf die zweiten Differenzen zu finden. Diese Formel, deren Deduction dem Übersetzer, seinem Geständnisse zufolge, so viele vergebliche Mühe gemacht hat, ist ganz falsch; statt

$$2\delta(r'n-n) \quad \text{sollte nemlich stehen} \quad \frac{(D+d)\delta rn}{d}.$$

Übrigens bemerken wir noch, dass, wenn man die Zahlen der ersten Columne als die doppelten Logarithmen von Tangenten betrachtet, die Zahlen der zweiten und dritten die doppelten Complemente der Logarithmen der dazu gehörigen Sinus und Cosinus sein werden. Man kann daher mit den gewöhnlichen trigonometrischen Tafeln den vorgesetzten Zweck ganz auf dieselbe Art erreichen, als mit den von LEONELLI vorgeschlagenen; nur erspart theils die letztere die Division und Multiplication mit 2 (die aber doch ein mässig geübter Rechner leicht im Kopfe macht), theils gibt sie, wenn sie auf dieselbe Zahl von Decimalen berechnet ist, doppelt so viele Schärfe. Sonderbar ist es, dass die sich hierauf gründende Art, die trigonometrischen Tafeln zu gleicher Absicht anzuwenden, von DELAMBRE nicht erwähnt wird, da er doch eine andere weit weniger bequeme anführt. LEONELLI hat sehr Recht, sich zu beschweren, dass man ein solches Verfahren dem seinigen an die Seite setzen wollte.

NACHLASS.

[I.]

VORSCHRIFTEN, UM DEN LOGARITHMEN DES SINUS EINES KLEINEN BOGENS ZU FINDEN.

$$\log \text{hyp} \sin \varphi = \log \varphi - \tfrac{1}{6}\varphi\varphi - \tfrac{1}{180}\varphi^4 - \tfrac{1}{2835}\varphi^6 - \tfrac{1}{37800}\varphi^8 - \cdots$$

$\log \text{brigg} \sin n'' = 4{,}6855748.668 + \log n'' - An''n''$;

$\log A \text{ proxime } = -\{{}^{1\,1}_{\;4}\}{,}7692172 + \tfrac{1}{5}n''n''A.$

Noch genauer:

$\log A' = -\{{}^{1\,1}_{\;4}\}{,}7692172$; $\quad \log A = -\{{}^{1\,1}_{\;4}\}{,}7692172 + \tfrac{1}{5}n''n''\{A + \tfrac{17}{42}(A - A')\}.$

Hiernach findet man den Log. bis über 30^0 auf die letzte Ziffer [7. Decimale] genau.

$$\log \text{hyp} \cos \varphi = -\tfrac{1}{2}\varphi\varphi - \tfrac{1}{12}\varphi^4 - \tfrac{1}{45}\varphi^6 - \cdots$$

$\log \text{brigg} \cos n'' = -Bn''n''$;

$\log B \text{ proxime } = -\{{}^{1\,1}_{\;4}\}{,}2920960 + \tfrac{1}{3}n''n''B$

$\qquad = -\{{}^{1\,1}_{\;4}\}{,}2920960 + \tfrac{1}{3}n''n''\{B + \tfrac{1}{10}(B - B')\}.$

$$\log \text{hyp} \,\text{tang}\, \varphi = \log \varphi + \tfrac{1}{3}\varphi\varphi + \tfrac{7}{90}\varphi^4 + \tfrac{62}{2835}\varphi^6 + \cdots$$

$\log \text{brigg} \,\text{tang}\, n'' = 4{,}6855748.668 + \log n'' + Cn''n''$;

$\log C \text{ proxime } = -\{{}^{1\,1}_{\;4}\}{,}4681872 + \tfrac{7}{10}n''n''\{C - \tfrac{599}{2058}(C - C')\}.$

[II.]

[INTERPOLATION DER COTANGENTEN UND COSECANTEN KLEINER BÖGEN.]

Zur Interpolation der Cotangenten und Cosecanten kleiner Bögen sind folgende Formeln die brauchbarsten:

Es gehören

zu den Bögen	die Cotangenten (oder Cosecanten)
a	θ
x	y
a'	θ',

so ist

$$\text{I.}\qquad x = a + \frac{(\theta-y)\,a\,(a'-a)}{(\theta-y)\,a + (y-\theta')\,a'} = a + \frac{(\theta-y)\,(a'-a)}{\theta-\theta' + \frac{a'-a}{a}(y-\theta')}$$

$$= a' - \frac{(y-\theta')\,a'\,(a'-a)}{(\theta-y)\,a + (y-\theta')\,a'} = a' - \frac{(y-\theta')\,(a'-a)}{\theta-\theta' + \frac{a'-a}{a'}(y-\theta)}.$$

$$\text{II.}\qquad y = \frac{a'\theta'-a\theta}{a'-a} + \frac{(\theta-\theta')\,a a'}{(a'-a)\,x} = \theta - \frac{(\theta-\theta')\,(x-a)\,a'}{(a'-a)\,x}$$

$$= \theta' + \frac{(\theta-\theta')\,(a'-x)\,a}{(a'-a)\,x}.$$

Beispiel zu II. Man sucht cotg 0,060335.

θ =	10,5259499		
θ' =	10,5084181		
$\theta-\theta'$ =	175318	log	8,2438265 — 10
$x-a$ =	0,000035	log	5,5440680 — 10
[a' =	0,0604]	log	8,7810369 — 10
		Compl. log $x(a'-a)$ . .	5,2194307
	0,00614274	....	7,7883621 — 10
	10,5259499		
	10,5198072		

[III.]

MUSTERRECHNUNG, UM AUS $A = p\cos P$, $B = p\sin P$ p UND P ZU FINDEN.

B . . . . . . 9,56905 69225 r
A . . . . . . 0,28523 04177 n

---

tg P . . . . . 9,28382 65048 $P = 190^\circ 52' 52'',913567$
tg P^* . . . . 9,28379 34121 $P^* = 190\ 52\ 50$

---

cos P^* . . . 9,99212 15841 n
— 11792 5,5197322 . . . . 3 30927
cos P . . . . 9,99212 04049 n 9,9842419 . . . . cos P cos P^*

---

p 0,29311 00128 5,5039741

11792 { 9,2838100 . . . . $\sqrt{(\text{tg}P\,\text{tg}P^*)}$
4,7877841 }

$\left[-\log\frac{\text{Mod.}}{206264,8}\right]$ = Const. . . . — 4,3233592 } 2'',913567.

BEMERKUNGEN.

Dass die Anzeige, S. 121—127, von GAUSS herrührt, geht aus einem Briefe von GAUSS an OLBERS vom 3. December 1808 hervor, worin es heisst:

»*So wünschte ich z. B. sehr, dass eine solche Tafel, wie* LEONELLI *vorgeschla-*
»*gen hat (meine Anzeige: Hallische L.Z. 1808 vom 12. Febr.), ausgeführt würde.*
»*Für bloss 5 Decimalen habe ich selbst einmal einen Anfang gemacht. Bei solchen*
»*Rechnungen, wo sehr* v i e l e *Logarithmen von Summen oder Differenzen gesucht*
»*werden (wie z. B. bei meiner Methode die Störungen zu berechnen), würde eine*
»*solche Tafel eine bedeutende Erleichterung geben*«.

Die Notiz [I.] ist einem Handbuch entnommen; [II.] und [III.] finden sich auf Blättern, die den Büchern der GAUSS-Bibliothek: HOBERT und IDELER, Trigonometrische Tafeln, und VEGA, Thesaurus Logarithmorum, angeheftet sind.

BÖRSCH, KRÜGER.

WAHRSCHEINLICHKEITSRECHNUNG.

NACHTRAGE ZU BAND IV.

NACHLASS UND BRIEFWECHSEL.

[I.]

[AUFGABE AUS DER WAHRSCHEINLICHKEITSRECHNUNG.]

Es sei μ die Wahrscheinlichkeit eines bestimmten Erfolges E aus einem einfachen Versuche, mithin $1-\mu$ die Wahrscheinlichkeit des Ausbleibens dieses Erfolges.

Die Wahrscheinlichkeit, dass unter n von einander unabhängigen Versuchen k den Erfolg E geben, ist

$$\frac{n(n-1)(n-2)\ldots\ldots(n-k+1)}{1.2.3\ldots\ldots k}(1-\mu)^{n-k}\mu^k = \varphi k.$$

Der mittlere Werth von			k	ist	$n\mu$,
»	»	»	$k(k-1)$	»	$n(n-1)\mu\mu$,
»	»	»	$k(k-1)(k-2)$	»	$n(n-1)(n-2)\mu^3$,
			u. s. w.		
»	»	»	$(k-n\mu)^2$	»	$n\mu(1-\mu)$.

[II.]

AUFGABE.

Es sind p Plätze vorhanden, auf welchen m Gegenstände vertheilt werden, ganz nach Zufall, wobei angenommen wird, für jeden Gegenstand habe jeder Platz gleiche Wahrscheinlichkeit.

Die Wahrscheinlichkeit, dass die Anzahl der so besetzten Plätze $= m - n$ sein werde, bezeichnen wir mit (m, n) und setzen $\frac{1}{p} = x$.

Man hat dann:

$(2,0) = 1 - x$
$(2,1) = x$

$(3,0) = (1-x)(1-2x)$
$(3,1) = 3x(1-x)$
$(3,2) = xx$

$(4,0) = (1-x)(1-2x)(1-3x)$
$(4,1) = 6x(1-x)(1-2x)$
$(4,2) = 7xx(1-x)$
$(4,3) = x^3$

$(5,0) = (1-x)(1-2x)(1-3x)(1-4x)$
$(5,1) = 10x(1-x)(1-2x)(1-3x)$
$(5,2) = 25xx(1-x)(1-2x)$
$(5,3) = 15x^3(1-x)$
$(5,4) = x^4$.

Coefficienten für die folgenden Werthe von m:

n	5	6	7	8	9
0	1	1	1	1	1
1	10	15	21	28	36
2	25	65	140	266	462
3	15	90	350	1050	2646
4	1	31	301	1701	6951
5		1	63	966	7770
6			1	127	3025
7				1	255
8					1

Es ist der mittlere Werth von n [für $m = 5$ und 6]

$$(5,1) + 2\,(5,2) + 3\,(5,3) + 4\,(5,4)$$
$$= 10x - 10xx + 5x^3 - x^4,$$
$$(6,1) + 2\,(6,2) + 3\,(6,3) + 4\,(6,4) + 5\,(6,5)$$
$$= 15x - 20xx + 15x^3 - 6x^4 + x^5$$

und allgemein

$$(m,1) + 2\,(m,2) + 3\,(m,3) + \cdots = \frac{(1-x)^m - (1-mx)}{x}.$$

Bezeichnet man die Zahlencoefficienten zum Beispiel von (8,5) mit $C^{8.5}$, so ist z. B. $3\,C^{8.5} + C^{8.6} = C^{9.6}$, [und allgemein

$$(m-n)\,C^{m.n} + C^{m.n+1} = C^{m+1.n+1}$$

Ferner ist] allgemein

$$(m-n)\,x\,(m,n) + (1-(m-n-1)\,x)\,(m,n+1) = (m+1,\ n+1).$$

Hieraus folgt leicht, wenn man

$$(m,1) + 2\,(m,2) + 3\,(m,3) + 4\,(m,4) + \cdots = S_m$$

setzt, und sich erinnert, dass

$$(m,0) + (m,1) + (m,2) + (m,3) + \cdots = 1$$

ist,

$$S_{m+1} = (1-x)\,S_m + mx,$$

und daraus der oben angegebene Werth

$$\frac{(1-x)^m - (1-mx)}{x}.$$

[III.]

[ZUR GESCHICHTE DER ENTDECKUNG DER METHODE DER KLEINSTEN QUADRATE.]

Allgemeine Geographische Ephemeriden. Herausgegeben von F. VON ZACH.
Vierter Band. 4. Stück. October 1799. S. 378. Weimar, 1799.

Erlauben Sie, dass ich einen im Julius-St. der A. G. E. bemerkten Druckfehler anzeige. S. xxxv der Einleitung, bei der Angabe des Bogens zwischen dem Panthéon und Évaux, muss statt 76545,74 stehen 76145,74. Die Summe ist richtig, und der Fehler kann auf kein anderes als dieses Stück fallen*). Ich entdeckte diesen Fehler, indem ich meine Methode, von der ich Ihnen eine Probe gegeben habe**), anwandte, um bloss aus diesen vier gemessenen Stücken die Ellipse zu bestimmen, und $\frac{1}{150}$ Abplattung fand; nach Verbesserung jenes Fehlers fand ich $\frac{1}{187}$, und den ganzen Quadranten 2565006 Modulen (nemlich ohne Rücksicht auf den Grad in Peru). Der Unterschied von $\frac{1}{150}$ und $\frac{1}{187}$ ist in diesem Falle eben nicht erheblich, da die End-Punkte zu nahe liegen.

Braunschweig, den 24. Aug. 1799. C. F. GAUSS.

*) Dieser Druckfehler hat seine Richtigkeit, und ist auch aus dem beigesetzten Decimal-Grade $2^g,66868$ zu erkennen. v. Z.

**) Hiervon ein andermal. v. Z.

Monatliche Correspondenz zur Beförderung der Erd- und Himmelskunde. Herausgegeben von F. VON ZACH.
Erster Band. S. 193. Gotha, 1800.

Verbesserungen zum IV. Bande der Allg. Geogr. Ephemer.

. . . .

Ebendaselbst S. 378 Nr. 3 Zeile 9 statt $\frac{1}{150}$ Abplattung muss es heissen $\frac{1}{50}$ Abplattung. Zeile 12 statt der Worte »*Der Unterschied von* $\frac{1}{150}$ *und* $\frac{1}{187}$ *ist in diesem Falle eben nicht erheblich*« kann man zu mehrerer Verständlichkeit folgendes setzen »*Der Unterschied von* $\frac{1}{150}$, [*welche Abplattung*] *die Französischen Grad-Messer (A. G. E. IV. B. S. XXXVII der Einleitung und S. 42) und* $\frac{1}{187}$, *die ich gefunden habe, ist in diesem Falle eben nicht erheblich*«.

[SCHUMACHER *an* GAUSS. *Altona, 30. November 1831.*]

. . . .

{Ich glaube Ihnen schon einmal gesagt zu haben, dass ZACH in den Geographischen Ephemeriden (1799, October. p. 378) einen Brief von Ihnen hat abdrucken lassen, in dem Sie offenbar die Methode der kleinsten Quadrate erwähnen, die Sie also damals schon ZACH mitgetheilt haben. Sie sprechen von der französischen Gradmessung:

»Ich entdeckte diesen Fehler, indem ich meine Methode, von der ich
»Ihnen eine Probe gegeben habe, anwandte« u. s. w.

ZACH bemerkt dabei: »Hiervon ein andermal«, das andere Mal ist aber nie gekommen. Da Sie die Resultate Ihrer Rechnung geben, so scheint es mir, ist es leicht zu zeigen, dass diese durch die Methode der kleinsten Quadrate abgeleitet sind. ZACH lebt zudem noch, und hat gewiss Ihren Brief aufgehoben. Finden Sie es nicht der Mühe werth, endlich die Sache einmal, selbst gegen die mir vor allen widerlichen höflichen Zweifel der Franzosen, unwidersprechlich abzumachen?}

. . . .

Gauss an Schumacher. Göttingen, 3. December 1831.

. . . .

Die von Ihnen erwähnte Stelle in Zachs A. G. E. ist mir wohl bekannt; die Anwendung der M. der kl. Q., deren dort Erwähnung geschieht, betrifft einen früher in derselben Zeitschrift abgedruckten Auszug aus Ulugh Beighs Zeitgleichungs-Tafel, die zu manchen ganz curiosen Resultaten geführt hatte. Diese Resultate hatte ich Zach mitgetheilt mit der Bemerkung, dass ich dabei eine mir eigenthümliche seit Jahren gebrauchte Methode benutzt habe, Grössen, die zufällige Fehler involviren, auf eine willkürfreie consequente Art zu combiniren, ohne ihm jedoch das Wesen der Methode selbst mitzutheilen. Ich glaube Ihnen schon einmal geschrieben zu haben, dass ich auf keinen Fall diese Stelle, worin die Methode zum erstenmale öffentlich angedeutet ist, releviren werde, auch nicht wünsche, dass einer meiner Freunde mit meiner Zustimmung es thue. Diess hiesse anerkennen, als bedürfe meine Anzeige (Theoria Motus Corporum Coelestium), dass ich seit 1794 diese Methode vielfach gebraucht habe, einer Rechtfertigung, und dazu werde ich mich nie verstehen. Als Olbers attestirte [*)], dass ich ihm 1802 [**)] die ganze Methode mitgetheilt habe, war diess zwar gut gemeint; hätte er mich aber vorher gefragt, so würde ich es hautement gemissbilligt haben.

. . . .

Gauss an Olbers. Braunschweig, 30. Juli 1806.

. . . .

Hr. von Zach schreibt mir noch, dass Sie Sich zur Recension von Legendres Werk über die Kometenbahnen erboten hätten. Mit Vergnügen werde ich Ihnen also das mir von Hrn. von Zach zugeschickte Exemplar nach Bremen

[*) In seiner Abhandlung: Über den veränderlichen Stern im Halse des Schwans; v. Lindenau und Bohnenberger, Zeitschrift für Astronomie. Band II. Seite 192. September-October 1816.]

[**) Sollte heissen »1803«.]

senden, doch erlauben Sie wohl, dass ich es erst noch einige Wochen behalte. Bei vorläufigem Durchblättern scheint es mir sehr viel Schönes zu enthalten. Vieles von dem, was ich in meiner Methode besonders in ihrer ersten Gestalt Eigenthümliches hatte, finde ich auch in diesem Buche wieder. Es scheint mein Schicksal zu sein, fast in allen meinen theoretischen Arbeiten mit Legendre zu concurriren. So in der höhern Arithmetik, in den Untersuchungen über transcendente Functionen, die mit der Rectification der Ellipse zusammenhangen, bei den ersten Gründen der Geometrie und nun wieder hier. So ist z. B. auch das von mir seit 1794 gebrauchte Princip, dass man, um mehrere Grössen, die man nicht alle genau darstellen kann, am besten darzustellen, die Summe der Quadrate zu einem Minimum machen müsse, auch in Legendres Werke gebraucht und recht wacker ausgeführt.

. . . .

Gauss an Olbers. Göttingen, 4. October 1809.

. . . . Erinnern Sie sich wohl noch, liebster Freund, dass ich bei meiner ersten Anwesenheit in Bremen 1803 mit Ihnen über das Princip gesprochen habe, dessen ich mich bediente, Beobachtungen am genauesten darzustellen, dass nemlich bei gleichem Werthe der Beobachtungen die Summe der Quadrate der Differenzen ein Kleinstes sein muss? Dass wir darüber 1804 in Rehburg gesprochen haben, davon sind mir noch alle Umstände gegenwärtig. Es ist mir daran gelegen, diess zu wissen. Über die Ursache der Frage ein andermal.

. . . .

Gauss an Olbers. Göttingen, 24. Januar 1812.

. . . . Hr. Delambre soll, wie ich höre, im franz. Moniteur eine ad modum suum sehr weitläuftige Chrie über die moindres carrés gegeben haben; ich lese den Moniteur nicht, welcher auch nur in jährlichen Lieferungen hierher kommt. Vielleicht finden Sie einmal Gelegenheit, öffentlich zu bezeugen, dass ich Ihnen schon bei unserer ersten persönlichen Bekanntschaft im Jahr 1803 die Hauptmomente davon declarirt habe. Unter meinen Papieren finde ich, dass ich im Junius 1798, wo mir jene Methode eine längst angewandte Sache war, zuerst Laplaces Methode gesehen und die Unverträglichkeit derselben mit den Grundsätzen der Wahrscheinlichkeitsrechnung in einem kurzen Notizen-Journal [*)] über meine mathematischen Beschäftigungen angezeigt habe. Im Herbst 1802 habe ich die VIII[ten] Cereselemente in meinem Astronomischen Brouillonbuche nach der Methode der kleinsten Quadrate gefunden eingetragen. Die Papiere, worin ich in frühern Jahren, z. B. im Frühjahr 1799, auf Ulugh Beighs Zeitgleichungstafel jene Methode angewandt habe, sind verloren gegangen. Das einzige, worüber man sich wundern kann, ist, dass dieses Princip, was sich so leicht von selbst darbietet, dass man auf den Gedanken allein gar keinen besondern Werth legen kann, nicht schon 50 oder 100 Jahr früher von andern, z. B. Euler oder Lambert oder Halley oder Tobias Mayer angewandt ist, obwohl es ja sehr leicht sein kann, dass z. B. letzterer so etwas angewandt hat, ohne es zu proclamiren, so wie jeder Rechner nothwendig sich selbst eine Menge Vortheile und Methoden schafft, die er nur gelegentlich durch mündliche Tradition fortpflanzt.

. . . .

[*) In dem auf Seite 20 bereits erwähnten Tagebuche von Gauss findet sich aus dem Jahre 1798 die Notiz: »*Calculus probabilitatis contra La Place defensus. Gott. Jun. 17*«.]

Gauss an Schumacher. Göttingen, 6. Juli 1840.

. . . .

Sie wissen, dass ich selbst auf das von mir seit 1794 gebrauchte Verfahren, dem später der Name Méthode des moindres quarrés beigelegt ist, niemals grossen Werth gelegt habe. Verstehen Sie mich recht; nicht in Beziehung auf den grossen Nutzen, den sie leistet, der ist klar genug, aber danach taxire ich die Dinge nicht. Sondern deshalb oder in so fern legte ich nicht viel Werth darauf, als vom ersten Anfang an der Gedanke mir so natürlich, so äusserst nahe liegend schien, dass ich nicht im Geringsten zweifelte, viele Personen, die mit Zahlenrechnung zu verkehren gehabt, müssten von selbst auf einen solchen Kunstgriff gekommen sein, und ihn gebraucht haben, ohne deswegen es der Mühe werth zu halten, viel Aufhebens von einer so natürlichen Sache zu machen. Namentlich fiel mir vor allen Tobias Mayer ein, und ich erinnere mich sehr bestimmt, dass ich oft, wo ich mit andern von meiner Methode sprach (wie z. B. während meiner Studirzeit 1795—1798 wirklich vielfach geschehen ist), geäussert habe, ich wolle die allergrösste Wette eingehen, dass Tobias Mayer bei seinen Rechnungen dieselbe Methode schon gebraucht habe. Ich weiss nun jetzt aus jenen Papieren, dass ich jene Wette verloren haben würde. In der That enthalten sie Eliminationen, z. B. von 3 unbekannten Grössen aus 4 oder 5 Gleichungen, aber so, wie es der ordinärste Rechner machen würde, ohne alle Spur irgend einer subtilern Kunst.

. . . .

[IV.]

[KRITISCHE BEMERKUNGEN ZUR METHODE DER KLEINSTEN QUADRATE.]

GAUSS an OLBERS. Göttingen, 22. Februar 1819.

. . . . Auch bin ich jetzt mit einer neuen Begründung der sogenannten Methode der kleinsten Quadrate beschäftigt. Meine erste Begründung setzt voraus, dass die Wahrscheinlichkeit des Beobachtungsfehlers x durch e^{-hhxx} dargestellt werde, wo denn jene Methode nach aller Strenge und in allen Fällen die wahrscheinlichsten Resultate gibt. Ist das Gesetz der Fehler unbekannt, so ist es unmöglich die wahrscheinlichsten Resultate aus schon gemachten Beobachtungen anzugeben. LAPLACE hat die Sache von einer verschiedenen Seite angesehen und ein Princip gewählt, welches auch auf die M. d. kl. Q. führt*), wenn die Anzahl der Beobachtungen unendlich gross ist. Allein bei einer mässigen Anzahl Beobachtungen bleibt man, wenn das Fehlergesetz unbekannt, ganz im Dunkeln, und LAPLACE weiss auch selbst für diesen Fall nichts besseres zu sagen, als dass man die Meth. der kl. Quadrate auch hier anwenden möge, weil sie bequeme Rechnung gewähre. Ich habe jetzt gefunden, dass bei der Wahl eines etwas andern Princips als das LAPLACEsche (und zwar eines solchen, wo niemand in Abrede stellen kann, dass man wenigstens eben so gut zu dessen Annahme befugt sei als zu dem von LAPLACE, und welches, meiner Meinung nach, jeder nicht im Voraus Eingenommene für natürlicher erklären muss als das LAPLACEsche) man alle jene Vor-

---

*) und zwar unabhängig von dem Fehlergesetz.

theile vereinigt geniesst, nemlich die M. d. kl. Q. wird in allen Fällen und bei jedem Fehlergesetz die absolut-vortheilhafteste, und die Vergleichung der Genauigkeit der Resultate mit der der Beobachtungen, die ich in meiner Theoria auf das Fehlergesetz e^{-hhxx} gegründet hatte, bleibt allgemein gültig. Zugleich hat man den Vortheil, dass alles durch sehr klare einfache analytische Entwickelungen bewiesen und aufgelöst wird, was bei Laplaces Princip und Behandlung keinesweges der Fall zu sein scheint, so wie namentlich die Generalisirung seines Schlusses von 2 unbekannten Grössen auf jede Anzahl noch nicht die nöthige Evidenz zu haben scheint.

. . . .

Gauss an Schumacher. Göttingen, 2. Februar 1825.

. . . .

Die sogenannten wahrscheinlichen Fehler wünsche ich eigentlich, als von Hypothese abhängig, ganz proscribirt; man mag sie aber berechnen, indem man die mittlern mit 0,6744897 multiplicirt.

. . . .

Gauss an Olbers. Göttingen, 15. März 1827.

Ich bin Ihnen sehr verpflichtet, mein allertheuerster Freund, für die gefällige Übersendung der drei Hefte des Philosophical Magazine. Ich habe die Aufsätze von Ivory durchgesehen, und ich würde sagen müssen, dass ich dadurch sehr befremdet sei, wenn ich nicht durch die Abhandlung in den Philosophical Transactions (1824), deren ich in meinem letzten Briefe erwähnte, schon vorbereitet gewesen wäre. Ich hatte Herrn I. längst als einen scharfsinnigen Mathematiker geschätzt, der im Calcul grosse Gewandtheit hat: von diesem Urtheil gehe ich auch noch nicht ab; allein rücksichtlich des Hauptpunkts in der erwähnten Abhandlung vermisse ich den logischen Zusammenhang, und erkenne darin nichts weiter als eine baare Petitio principii. Sie werden mich nicht missverstehen. Ich lege wenig Werth auf eine streng logische Einkleidung, die, in Schriften für Männer und Kenner, oft nur Pedanterie sein würde; aber der streng logische Zusammenhang muss sich, wo es nur gefordert wird, überall nachweisen lassen, diess ist eine unerlässliche Bedingung eines guten Vortrags. Wenn ich einen Mathematiker sehr hochschätze, und hierin etwas vermisse, so denke ich immer zuerst, dass es bloss im Vortrag liegt, und gehe schwer daran, anzunehmen, dass der Gedanke selbst leer ist. Aber bei Herrn Ivorys drei Aufsätzen bin ich leider dazu genöthigt.

Die Abhandlung über die Kleinsten Quadrate ist denn doch wirklich unter aller Kritik. Welche Verworrenheit, Unklarheit und völliger Mangel logischer Bündigkeit! Aber darüber könnte man noch wegsehen, wenn wirklich ein reeller Gedanke zum Grunde läge. Allein das ist durchaus nicht der Fall. Wie ist es möglich, dass das Geschwätz p. 163 und 164 uns als ein proof that this principle leads necessarily to the method of the least squares venditirt wird!

In der That weit entfernt, dass daraus eine Nothwendigkeit der M. der kl. Q. folge, kann man dieses Ganze*) auf jede beliebige andere Behandlung der vorgegebenen Gleichungen anwenden; z. B. wenn, anstatt sie mit a, a', a'' zu multipliciren, man sie mit irgend einer Potenz dieser Coefficienten multiplicirte, oder auch sie dividirte. Die Abhandlung scheint in der That halb im Schlafe geschrieben zu sein, und Sie erlassen mir wohl noch mehrere einzelne Stellen anzustechen, die Sie sogleich selbst bemerken werden, sobald Sie nur nicht von einer vorgefassten Meinung ausgehen, dass irgend etwas daran ist.

Wenig besser scheint mir der andere Aufsatz über die Pendellängen; die Vorwürfe, die er der Anwendung der M. der kl. Q. macht, zeigen nur, dass ihr Geist dem Hrn. I. ganz fremd ist. Ich finde, dass Hr. Sabine diese Methode im Wesentlichen ganz richtig angewandt hat (— die Form der Anwendung ist allerdings nicht die zweckmässigste, und ich habe, unter uns gesagt, eigentlich Sabine, Paucker und Muncke in der neuen Ausgabe von Gehler, bei meiner

---

*) Versteht sich mit Ausnahme der Folge, dass $\varepsilon\varepsilon + \varepsilon'\varepsilon' + \varepsilon''\varepsilon'' + \cdots$ ein Minimum wird; aber diess soll ja eben nicht Axiom sein, sondern bewiesen werden.

Anmerkung in den A. N. Nr. 110, p. 230 [*)]; mit im Sinn gehabt —); aber darin hat er gefehlt, dass er den mittlern zu befürchtenden Fehler in den Resultaten nicht mit berechnet hat, und dass er durch einen Umstand, welchen Herr Ivory mit Recht tadelt, nemlich durch die Zusammenstellung der verschiedenen Resultate aus verschiedenen Combinationen, wobei immer seine Beobachtungen in der Nähe des Äquators einen überwiegenden Einfluss behalten müssen, den Schein einer viel grössern Genauigkeit der Endresultate hervorbringt, als diese wirklich haben. In der That ist es damit gewissermassen so, obwohl lange nicht in dem Masse, wie der verstorbene Ende zuweilen Polhöhenbestimmungen nach Douwes' Methode machte, indem er immer dieselbe Höhe in der Nähe des Mittags mit verschiedenen weit davon entfernten verband und dann Resultate fand, die innerhalb 0″,01 übereinstimmten.

Einzeln widerlegen kann man diesen Aufsatz von Ivory eben so schwer, da darin eben so wenig logische Ordnung ist; ich finde auch nicht den allerkleinsten Grund gegen die Zweckmässigkeit der M. der kl. Q. darin, aber was soll man von dem Verfahren sagen, welches Ivory dafür substituiren will, indem er die kleinste Pendellänge mit vielen in grosser Breite combinirt, das ist ja eines verständigen Mathematikers ganz unwürdig und eigentlich das Endesche Verfahren [**)]. . . . . . .

Gauss an Encke. Göttingen, 23. August 1831.

. . . .

Nicht ohne Interesse habe ich aus Ihrem Briefe den Gang gesehen, den Sie zur Rechtfertigung des Verfahrens, das arithmetische Mittel zu nehmen, eingeschlagen haben. Ich finde diesen Gang sehr beifallswerth, in so fern auf die Frage, was zu thun sei, eine von allen Betrachtungen der Wahrscheinlich-

[*) Vgl. Band VI, S. 457.]

[**) Die vorstehende Kritik bezieht sich auf folgende Arbeiten J. Ivorys:

1. On the method of least squares. Phil. Mag. (Tilloch), LXVIII, 1826, S. 161—165.

2. On the Ellipticity of the Earth, as deduced from Experiments made with the Pendulum. Phil. Mag. (Tilloch), LXVIII, 1826, S. 3—10, 92—101, 241—245, 246—251, 321—326, 350—353.]

keitsrechnung ganz unabhängige Antwort gegeben werden soll. Nur kann ich nicht wohl einräumen, das, was man auf diese Art erhält, den wahrscheinlichsten Werth zu nennen. In der That ist die Aufgabe, den wahrscheinlichsten Werth zu finden, eine mathematisch ganz bestimmte, die aber ihrer Natur nach die Kenntniss des Fehlergesetzes voraussetzt und nur in dem einzigen Falle, wo diess durch die Form e^{-kkxx} ausgedrückt wird, auf die arithmetischen Mittel führt. Allgemein zu reden ist die Wahrscheinlichkeit des wahrscheinlichsten Werths auch nur unendlich klein, nemlich wenn a der wahrscheinlichste Werth aus einer stetigen Gesammtheit ist, so bedeutet diess im Grunde nur so viel, dass

> die Wahrscheinlichkeit, der wahre Werth liege zwischen $a-\omega$ und $a+\omega$, grösser ist als die Wahrscheinlichkeit, der wahre Werth liege zwischen irgend einem andern Paar eben so weiter Grenzen, in so fern ω unendlich klein ist.

Genau besehen hat aber eben deshalb solcher wahrscheinlichster Werth nur wenig praktisches Interesse, viel weniger als derjenige Werth, wobei der zu befürchtende Irrthum im Durchschnitt am wenigsten schädlich ist, daher ich (ausser andern freilich eben so wichtigen oder noch viel wichtigern Gründen) dieses zweite mit dem ersten ja nicht zu verwechselnde Princip vorgezogen habe.

. . . .

GAUSS an BESSEL. Göttingen, 28. Februar 1839.

. . . .

Ihren Aufsatz in den Astronomischen Nachrichten über die Annäherung des Gesetzes für die Wahrscheinlichkeit aus zusammengesetzten Quellen entspringender Beobachtungsfehler an die Formel $e^{-\frac{xx}{hh}}$ habe ich mit grossem Interesse gelesen; doch bezog sich, wenn ich aufrichtig sprechen soll, dieses Interesse weniger auf die Sache selbst, als auf Ihre Darstellung. Denn jene ist mir seit vielen Jahren familiär, während ich selbst niemals dazu gekommen bin, die Entwickelung vollständig auszuführen.

Dass ich übrigens die in der Theoria Motus Corporum Coelestium angewandte Metaphysik für die Methode der kleinsten Quadrate späterhin habe fallen lassen, ist vorzugsweise auch aus einem Grunde geschehen, den ich selbst öffentlich nicht erwähnt habe. Ich muss es nemlich in alle Wege für weniger wichtig halten, denjenigen Werth einer unbekannten Grösse auszumitteln, dessen Wahrscheinlichkeit die grösste ist, die ja doch immer nur unendlich klein bleibt, als vielmehr denjenigen, an welchen sich haltend man das am wenigsten nachtheilige Spiel hat; oder wenn fa die Wahrscheinlichkeit des Werths a für die Unbekannte x bezeichnet, so ist weniger daran gelegen, dass fa ein Maximum werde, als daran, dass $\int fx \cdot F(x-a)\, dx$, ausgedehnt durch alle möglichen Werthe des x, ein Minimum werde, indem für F eine Function gewählt wird, die immer positiv und für grössere Argumente auf eine schickliche Art immer grösser wird. Dass man dafür das Quadrat wählt, ist rein willkürlich und diese Willkürlichkeit liegt in der Natur der Sache. Ohne die bekannten ausserordentlich grossen Vortheile, die die Wahl des Quadrats gewährt, könnte man jede andere jenen Bedingungen entsprechende wählen und thut es auch in ganz singulären Fällen. Ich weiss aber nicht, ob ich mich hinlänglich klar über das, was ich eigentlich mit dieser Distinction meine, ausgedrückt habe, und bitte im entgegengesetzten Fall um gütige Entschuldigung.

. . . .

GAUSS an SCHUMACHER. Göttingen, 25. November 1844.

. . . .

Beim mündlichen Vortrage der Lehre von der Methode der kleinsten Quadrate pflege ich gerade den umgekehrten Weg von demjenigen zu nehmen, den in einer gedruckten Abhandlung einzuschlagen verständig ist. Ich lehre nemlich zuerst die Art sie anzuwenden, nach Massgabe der Umstände, mehr oder weniger von den feinern Kunstgriffen einmischend. Dann erst nehme ich, soweit dazu Zeit übrig bleibt, die verschiedenen Begründungsarten vor, welche kennen zu lernen erst für den ein lebhaftes Interesse haben kann, der die Methoden schon zu gebrauchen versteht. Ich pflege drei Begründungsarten vorzutragen:

1) eine bloss auf Principien der Zweckmässigkeit basirte, die sich, sehr einleuchtend, leicht machen lässt,
2) die in der Th. M. C. C. gelehrte Anknüpfungsart an die Wahrscheinlichkeitsrechnung,
3) die davon durchaus verschiedene Anknüpfungsart an die Wahrscheinlichkeitsrechnung, welche in der Theoria Combinationis Observationum vorgetragen, und nach meiner Überzeugung die ausschliesslich einzige zulässige ist.

Für jeden, der mit dieser Lehre noch ganz unbekannt ist, halte ich diese Reihefolge für die zweckmässigste. Fremde Darstellungen kenne ich aber keine, die ich empfehlen könnte. Was aber No. 1) betrifft, so kann Herr Warensdorf diess aus unzähligen Büchern lernen (was das A. B. C. der Sache betrifft) und es ist ziemlich einerlei, welches er wählt, wenn er nur das, was fast bei allen schlecht ist, nachher Gelegenheit nimmt bei sich zu verbessern. So z. B. legen diese Bücher keinen hinlänglichen Druck darauf, dass man auch dann, wenn die beobachteten Grössen schon linearische Functionen von den unbekannten Elementen sind (wie bei der Pendellänge $x+y\sin\varphi^2$), man doch nicht diese Elemente als die unbekannten Grössen der Aufgabe betrachten, sondern dazu die an schon bekannte möglichst genäherte Werthe anzubringenden Correctionen wählen soll, u. s. w.

. . . .

[V.]

[KLEINERE BEITRÄGE ZUR METHODE DER KLEINSTEN QUADRATE.]

$A, B, B', \ldots B^{(n-1)}$ seien linearische Functionen von x und andern unbekannten Grössen.

$$\begin{aligned} A &= \alpha x + \cdots \\ B &= \beta x + \cdots \\ B' &= \beta' x + \cdots \\ &\vdots \\ B^{(n-1)} &= \beta^{(n-1)} x + \cdots. \end{aligned}$$

$$\Omega = (\lambda A)^2 + (\mu B)^2 + (\mu' B')^2 + (\mu'' B'')^2 + \cdots$$

soll ein Minimum werden.

Man setze

$$\frac{\alpha}{\beta} = l, \qquad \frac{\mu}{\lambda l} = \operatorname{tang}\varphi, \qquad \frac{\mu \operatorname{tang}\varphi}{\lambda} = k,$$

$$A + kB = A', \qquad A - lB = C,$$

$$\lambda\cos\varphi = \lambda', \qquad \lambda\sin\varphi = \nu,$$

so ist

$$(\lambda' A')^2 + (\nu C)^2 = (\lambda A)^2 + (\mu B)^2,$$

und C von x frei.

Der Coefficient von x in A' wird $= \frac{\alpha}{\cos\varphi^2}$.

Fährt man auf dieselbe Art weiter fort, so erhält Ω die Gestalt

$$\Omega = (\nu C)^2 + (\nu' C')^2 + (\nu'' C'')^2 + \cdots + (\nu^{(n-1)} C^{(n-1)})^2 + (\beta^{(n)} B^{(n)})^2,$$

wo alle C von x frei sind.

GAUSS an OLBERS. Göttingen, 14. April 1819.

. . . .

Eben so ist mir Ihre Erinnerung gegen die richtige Formel für das Gewicht des Resultats einer Combination von 2 Bestimmungen, deren Gewichte p, q sind, nemlich $\frac{pq}{p+q}$, nicht recht erklärlich, es sei denn, dass Sie meinen Brief nicht mit der Stelle bei LITTROW zusammengehalten haben. Allerdings setze ich voraus, dass die partiellen Resultate von einander unabhängig sind. Aber es kommt darauf an, von *was für* Combinationen die Rede ist, und da ist in dem *vorliegenden Fall* der Umstand, dass $\frac{pq}{p+q}$ immer $< p$ und $< q$ wird, nicht ungereimt, sondern das Gegentheil würde ungereimt sein. Nehmen wir einen andern ganz ähnlichen Fall. SCHUMACHER hat die Absicht einen Längengradbogen zu messen. Es seien seine äussersten Punkte A und C. Er kann dieselben, d. h. seine Raketen, nicht unmittelbar vergleichen, sondern bedarf eines Zwischenpunkts B; vergleicht er zuerst A mit B 100mal, und nachher C mit B auch 100mal, so haben die partiellen Längenunterschiede $B-A$, $C-B$ eine grosse, und gleich grosse Zuverlässigkeit, deren Gewicht durch $100 = p$, $100 = q$ angezeigt wird. Allein die aus der Verbindung von beiden abgeleitete Differenz der Örter C, A wird ja offenbar weniger zuverlässig sein, als wenn sie aus 100 unmittelbaren Vergleichungen abgeleitet wäre. Wie viel das Gewicht des Resultats aus dieser Combination geringer sei, kann nur die Wahrscheinlichkeitstheorie lehren. Sie ergibt, dass dieses geschlossene Resultat nur so genau sei, als das Mittel aus 50 directen Vergleichungen. Nur wenn $q = \infty$, also $C-B$ absolut genau, wird das geschlossene Resultat für $C-A$ eben so genau, wie das benutzte $B-A$ war, wie es ja auch die Natur der Sache mit sich bringt. LITTROWS falsche Formel würde für $q = \infty$ das absurde Resultat $4p$ geben. — Ich vermuthe, dass LITTROW dadurch irre geleitet ist, dass der

Bestimmung der Polhöhe aus p untern und q obern Culminationen das Gewicht $\frac{4pq}{p+q}$ beigelegt wird, welches auch ganz richtig ist; aber die Polhöhe ist nicht die Summe, sondern nur die halbe Summe der Zenith-Distanzen in oberer und unterer Culmination. Der Fall ist also ganz verschieden. Allgemein lässt sich zeigen, ohne viele Mühe aus den Grundsätzen meiner Theoria, und äusserst leicht bei meiner neuen Begründung, dass, — wenn eine Grösse w aus der Combination der Grössen x, y, z etc. entsteht, so dass $w = \alpha x + \beta y + \gamma z + \text{etc.}$; wenn dann ferner die Werthe von x, y, z etc. unabhängig von einander so ausgemittelt sind, dass diesen Bestimmungen resp. die Gewichte p, q, r etc. beizulegen sind, — dass dann der hieraus hervorgehende Werth von w eine solche Zuverlässigkeit habe, deren Gewicht durch $\frac{1}{\frac{\alpha\alpha}{p}+\frac{\beta\beta}{q}+\frac{\gamma\gamma}{r}+\text{etc.}}$ ausgedrückt wird.

(Gewicht ist übrigens immer dem Quadrate der Genauigkeit direct, oder dem Quadrate des sogenannten wahrscheinlichen Fehlers umgekehrt proportional; welches aber kein Lehrsatz, sondern bloss die Definition des Worts Gewicht ist.)

Gauss an Olbers. Göttingen, 25. Februar 1825.

. . . .

P. S. Die Vertheilung der Fehler in Gruppen, um die Summe der Quadrate zu finden, hat allemal die Wirkung, diese zu klein, also die Genauigkeit scheinbar grösser zu machen, als sie ist.

Es seien die Fehler

$a, a', a'' \ldots\ldots,$	Anzahl $= \alpha,$	Mittel $= A,$
$b, b', b'' \ldots\ldots,$	» $\beta,$	» $B,$
$c, c', c'' \ldots\ldots,$	» $\gamma,$	» $C,$
	etc.,	

so ist genau

$$aa + a'a' + a''a'' \ldots = \alpha A^2 + (a-A)^2 + (a'-A)^2 + (a''-A)^2 + \text{etc.}$$
$$bb + b'b' + b''b'' \ldots = \beta B^2 + (b-B)^2 + (b'-B)^2 + (b''-B)^2 + \text{etc.}$$
$$cc + c'c' + c''c'' \ldots = \gamma C^2 + (c-C)^2 + (c'-C)^2 + (c''-C)^2 + \text{etc.}$$

etc.

Indem man also für die Summe $\alpha A^2+\beta B^2+\gamma C^2+\cdots$ annimmt, vernachlässigt man alle $(a-A)^2+(a'-A)^2+\cdots$, $(b-B)^2+(b'-B)^2+\cdots, \ldots$, die alle positiv sind.

Der Beweis ist leicht: nemlich

$$\begin{aligned} aa &= [A+(a-A)]^2 = AA+2A(a-A)+(a-A)^2 \\ a'a' &= [A+(a'-A)]^2 = AA+2A(a'-A)+(a'-A)^2 \\ a''a'' &= [A+(a''-A)]^2 = AA+2A(a''-A)+(a''-A)^2 \\ &\ldots\ldots\ldots\ldots\ldots\ldots \end{aligned}$$

$$\Sigma aa = \alpha AA+2A\Sigma(a-A)+\Sigma(a-A)^2$$

oder da $\Sigma(a-A) = \Sigma a-\alpha A = 0$,

$$\Sigma aa = \alpha AA+\Sigma(a-A)^2.$$

Gauss an Olbers. Göttingen, 3. Mai 1827.

. . . .

Zu einer erfolgreichen Anwendung der Wahrscheinlichkeitsrechnung auf Beobachtungen ist allemal umfassende Sachkenntniss von höchster Wichtigkeit. Wo diese fehlt, ist das Ausschliessen wegen grösserer Differenz immer misslich, wenn nicht die Anzahl der vorhandenen Beobachtungen sehr gross ist. Alle einzelnen Bestandtheile des Beobachtungsfehlers, deren Vermeidung ausser unserer Gewalt liegt, haben gewiss Grenzen, wenn wir auch nicht im Stande sind, sie scharf anzugeben. Es gibt sehr viele Fälle, wo wir mit Gewissheit sagen können, dass ein vorgekommener grosser Fehler ausserhalb der Grenzen der Möglichkeit solcher Fehler liegt, und ein ausserordentliches Versehen begangen sein muss. Die muss man natürlich ausschliessen. So lange man sich aber die Möglichkeit denken kann, dass der Fehler durch unglückliche Conspiration der Bestandtheile hervorgegangen ist, soll man nicht ausschliessen. Zuweilen kann es freilich auch Fälle geben, wo man zweifelhaft ist, ob man sie zur ersten oder zweiten Classe zählen soll; da halte man es wie man will, mache sich aber zum Gesetz, nichts zu verschweigen, damit andere nach Gefallen auch anders rechnen können. Die Zahlwerthe der Resultate werden, man halte es, wie man wolle, gleiche Brauchbarkeit haben, aber ihre Zuverlässigkeit riskirt man für zu gross auszugeben, wenn man mit dem Ausschliessen zu schnell bei der Hand ist. Geschäfte dieser Art scheinen mir schon mehr Analogie mit dem Handeln im Leben zu haben, wo man selten oder nie mathematische Strenge und Gewissheit hat und wo man sich begnügen muss, nach bester überlegter Einsicht zu verfahren.

. . . .

Gauss an Gerling. Göttingen, 2. April 1840.

. . . . In Beziehung auf den wissenschaftlichen Inhalt Ihres Briefes will ich bloss auf die Bedenklichkeit, die Sie Sich, unnöthigerweise, wegen Heterogeneität von Winkel- und Linien-Messungen machen, ein Paar Worte erwiedern.

Sind q, q', q'', q''' etc. überhaupt durch Beobachtung gefundene Grössen, homogen oder heterogen ist ganz gleichgültig, und bezeichnet man mit dq, dq', dq'' ... die Differenzen zwischen Beobachtung und Rechnung nach irgend einem System von Elementen, so ist das Princip der Methode der kleinsten Quadrate durchaus nicht, dass

$$dq^2 + dq'^2 + dq''^2 + \text{etc.}$$

ein Minimum werden soll, sondern dass $\left(\frac{dq}{m}\right)^2 + \left(\frac{dq'}{m'}\right)^2 + \left(\frac{dq''}{m''}\right)^2 + \text{etc.}$ ein Minimum werde, wo m, m', m''... die respectiven bei den einzelnen Daten zu befürchtenden mittlern Fehler bedeuten. Nur dadurch, dass in der Praxis so überwiegend oft solche Fälle vorkommen, wo $m = m' = m'' = m'''$ etc. gesetzt werden kann oder muss, wird man verleitet, das erste Énoncé gelten zu lassen und zu vergessen, dass nur das zweite das allgemein gültige ist.

Um von diesem Princip Gebrauch machen zu können, muss man, wenn auch nicht genau, doch einigermassen genähert, wenn auch nicht die Grössen

m, m', m'', m''' etc. selbst, doch ihr Verhältniss (i. e. das Verhältniss der Zahlen, wodurch sie ausgedrückt werden, indem im Fall der Heterogeneität beliebig Einheiten für jedes zum Grunde gelegt werden) kennen. Mittel zu einiger Schätzung wenigstens wird man bei Mutterwitz fast immer finden; wo aber alle Kenntniss gänzlich fehlt, da liegt es doch wahrhaftig nicht an der Methode selbst, dass sie ihre Dienste versagen muss. Sachkenntniss kann bei Anwendung der M. d. kl. Q. niemals erlassen werden. So wird es also eben von der Sachkenntniss jedesmal abhängen, in wie fern man bei Linearmessungen den zu befürchtenden mittlern Fehler für kleinere und grössere Distanzen gleich oder ungleich, und im letztern Falle, wie man ihn von der Grösse abhängig setzen soll. Exempli gratia bei kleinen Distanzen, wo z. B. mit einer 3 Meter langen Messruthe gemessen ist, wird, wenn die Distanz selbst nur sehr wenige Meter beträgt, der Fehler ganz oder fast allein von der Theilung abhängen; muss aber der Massstab viele hundert male umgeschlagen werden, so tritt eine ganz verschiedene Fehlerquelle ins Spiel.

. . . .

[VI.]

[EINE AUSGLEICHSFORMEL FÜR MORTALITÄTSTAFELN.]

Das reine Resultat der Erfahrungen über die Tontinen ist folgendes:

a Anzahl der zu Anfang des 3ten, $\frac{a}{x}$ Anzahl der zu Anfang des $n$ten Jahres Lebenden:

n	$\log x$	n	$\log x$
3	0	52	0,24220
7	0,03547	57	0,28735
12	0,06075	62	0,34577
17	0,07687	67	0,42323
22	0,09718	72	0,54021
27	0,11871	77	0,72623
32	0,14038	82	1,02073
37	0,16404	87	1,43402
42	0,18579	92	2,09812
47	0,21004	97	3,17730

Befriedigend wird $\log x$ dargestellt durch die Formel

$$\log x = A + Bb^n - Cc^n,$$

wo

$$A = 0{,}48213$$
$$\log B = 6{,}66231 - 10$$
$$\log C = 9{,}67925 - 10$$
$$\log b = 0{,}03909.7$$
$$\log c = -0{,}00422.25$$

Der Werth von A ergibt sich aus

$n =$	A	$n =$	A
3	0,46347	52	0,48081
7	0,48097	57	0,48409
12	0,48459	62	0,48527
17	0,47976	67	0,48097
22	0,47966	72	0,47736
27	0,48097	77	0,48150
32	0,48224	82	0,49766
37	0,48463	87	0,48097
42	0,48325	92	0,47698
47	0,48097	97	0,51417

BEMERKUNGEN.

Die Aufgaben [I.] und [II.] sowie die erste Notiz unter [V.], S. 149/150, sind ein und demselben Handbuch entnommen. [VI.] befindet sich auf einem Blatte am Ende des Buchs der GAUSS-Bibliothek: Essai sur les probabilités de la durée de la vie humaine. Par M. DEPARCIEUX. Paris, 1746.

BÖRSCH, KRÜGER.

GRUNDLAGEN DER GEOMETRIE.

NACHTRÄGE ZU BAND IV.

NACHLASS UND BRIEFWECHSEL.

[ÜBER DIE ERSTEN GRÜNDE DER GEOMETRIE.]

GAUSS an BOLYAI. Helmstedt, 16. December 1799.

.... Es thut mir sehr leid, dass ich unsere ehemalige grössere Nähe nicht benutzt habe, um mehr von Deinen Arbeiten über die ersten Gründe der Geometrie zu erfahren; ich würde mir gewiss dadurch manche vergebliche Mühe erspart haben und ruhiger geworden sein, als jemand wie ich es sein kann, so lange bei einem solchen Gegenstande noch so viel zu desideriren ist. Ich selbst bin in meinen Arbeiten darüber weit vorgerückt (wiewohl mir meine andern ganz heterogenen Geschäfte wenig Zeit dazu lassen); allein der Weg, den ich eingeschlagen habe, führt nicht so wohl zu dem Ziele, das man wünscht und welches Du erreicht zu haben versicherst, als vielmehr dahin, die Wahrheit der Geometrie zweifelhaft zu machen. Zwar bin ich auf manches gekommen, was bei den meisten schon für einen Beweis gelten würde, aber was in meinen Augen so gut wie NICHTS beweist, z. B. wenn man beweisen könnte, dass ein geradliniges Dreieck möglich sei, dessen Inhalt grösser wäre als eine jede gegebene Fläche, so bin ich im Stande die ganze Geometrie völlig strenge zu beweisen. Die meisten würden nun wohl jenes als ein Axiom gelten lassen; ich nicht; es wäre ja wohl möglich, dass, so entfernt man auch die drei Endpunkte des Dreiecks im Raume von einander annähme, doch der Inhalt immer unter (infra) einer gegebenen Grenze wäre. Dergleichen Sätze habe ich mehrere, aber in keinem finde ich etwas Befriedigendes. Mach' doch ja Deine Arbeit bald bekannt; gewiss wirst Du dafür den Dank nicht zwar des grossen Publikums (worunter auch mancher gehört, der für einen geschickten Mathematiker gehalten wird) einernten, denn ich überzeuge mich immer mehr, dass die Zahl wahrer Geometer äusserst gering ist und die meisten die Schwierigkeiten bei solchen Arbeiten weder beurtheilen noch selbst einmal sie verstehen können — aber gewiss den Dank aller derer, deren Urtheil Dir allein wirklich schätzbar sein kann. — In Braunschweig ist ein Emigrant Namens Chauvelot, ein nicht schlechter Geometer, welcher vorgibt, die Theorie der Parallellinien ganz begründet zu haben und seine Arbeit nächstens wird drucken lassen, aber ich verspreche mir eben nichts von ihm. In Hindenburgs Archiv, 9tes Stück, befindet sich gleichfalls ein neuer Versuch über denselben Gegenstand, von einem gewissen Hauff, welcher unter aller Kritik ist. . . . . . .

Gauss an Bolyai. Braunschweig, 25. November 1804.

. . . . Ich habe Deinen Aufsatz mit grossem Interesse und Aufmerksamkeit durchgelesen, und mich recht an dem ächten gründlichen Scharfsinne ergötzt. Du willst aber nicht mein leeres Lob, das auch gewissermassen schon darum parteiisch scheinen könnte, weil Dein Ideengang sehr viel mit dem meinigen Ähnliches hat, worauf ich ehemals die Lösung dieses Gordischen Knoten versuchte, und vergebens bis jetzt versuchte. Du willst nur mein aufrichtiges unverholenes Urtheil. Und diess ist, dass Dein Verfahren mir noch nicht Genüge leistet. Ich will versuchen, den Stein des Anstosses, den ich noch darin finde (und der auch wieder zu derselben Gruppe von Klippen gehört, woran meine Versuche bisher scheiterten) mit so vieler Klarheit, als mir möglich ist, ans Licht zu ziehen. Ich habe zwar noch immer die Hoffnung, dass jene Klippen einst, und noch vor meinem Ende, eine Durchfahrt erlauben werden. Indess habe ich jetzt so manche andere Beschäftigungen vor der Hand, dass ich gegenwärtig daran nicht denken kann, und glaube mir, es soll mich herzlich herzlich freuen, wenn Du mir zuvorkommst, und es Dir gelingt alle Hindernisse zu übersteigen. Ich würde dann mit der innigsten Freude alles thun, um Dein Verdienst gelten zu machen und ins Licht zu stellen, so viel in meinen Kräften steht. Ich komme nun sogleich zur Sache.

Bei allen übrigen Schlüssen finde ich gar nichts wesentliches einzuwenden: was mich nicht überzeugt hat, ist bloss das Räsonnement im XIII Artikel. Du denkst Dir daselbst eine ins Unbestimmte fortgeführte Linie $\Pi \ldots kdcfg \ldots$, die aus lauter geraden und gleichen Stücken besteht: kd, dc, cf, fg etc., und wo die Winkel kdc, dcf, cfg etc. einander gleich sind, und willst beweisen, dass Π über kurz oder lang nothwendig über $k\varphi$ hinaus gehen werde. Zu dieser Absicht lässest Du die gerade Linie $kd\infty = Q$ sich nach der Seite zu, wo Π liegt, um k herumbewegen, so dass sie nach und nach von einer Seite des Polygons Π zur folgenden kommt. Du zeigst vortrefflich, dass Q so, wie es stufenweise durch d, c, f, g etc. geht, jedesmal näher an $k\varphi$ kommt: gegen alles diess lässt sich Nichts einwenden: aber nun fährst Du fort

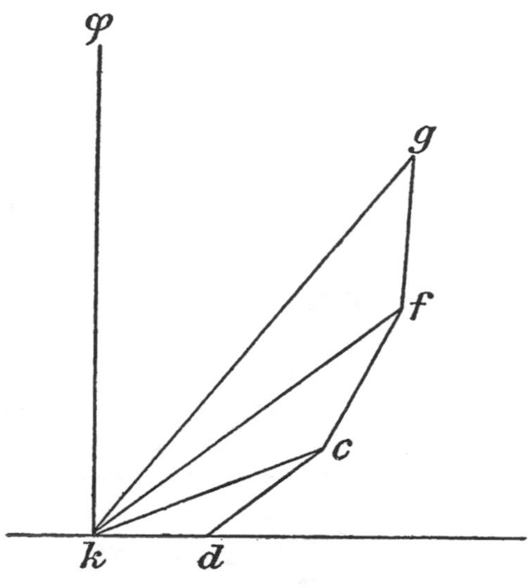

»Quapropter Q moveri potest modo praescripto usque dum in $k\varphi$, $\varphi\infty$ pervenerit« etc.

und diese Schlussfolge ist es, die mir nicht einleuchtet. Aus Deinem Räsonnement folgt, meiner Einsicht nach, noch gar nicht, dass der Winkel, um den Q, beim Durchlaufen einer Seite von Π (nach oben herum), der $k\varphi$ näher kommt, nicht etwa immer unbedeutender werde, so dass das Aggregat aller successiven Annäherungen, so oft sie auch wiederholt werden, dennoch immer noch nicht gross [genug] werden könnte, um Q in $k\varphi$ zu bringen. Könntest Du beweisen, dass $dkc = ckf = fkg$ etc., so wäre die Sache gleich aufs Reine. Aber dieser Satz ist zwar wahr, allein schwerlich ohne die Theorie der Parallelen schon vorauszusetzen, strenge zu beweisen. Man könnte also immer noch besorgen, dass die Winkel dkc, ckf, fkg etc. successive abnehmen. Geschähe diess (bloss exempli gratia) in einer geometrischen Progression, so dass $ckf = \psi \times dkc$, $fkg = \psi \times dkc$ etc. (so dass ψ kleiner als 1), so würde die Summe aller Annäherungen, so viele male man sie auch fortsetzte, doch immer kleiner als $\frac{1}{1-\psi} \times ckf$ bleiben, und diese Grenze könnte denn immer noch kleiner als der rechte Winkel $dk\varphi$ sein. Du hast mein aufrichtiges Urtheil verlangt: ich habe es gegeben, und ich wiederhole nochmals die Versicherung, dass es mich innig freuen soll, wenn Du alle Schwierigkeiten überwindest.

. . . .

BEMERKUNGEN.

Gauss und Wolfgang Bolyai aus Bolya in Siebenbürgen haben vom Herbst 1796 bis Herbst 1798 zusammen in Göttingen studirt und freundschaftlich verkehrt. Vor Bolyais Heimreise sind sie noch einmal am 25. Mai 1799 in Clausthal zusammengetroffen; der Brief vom 16. December 1799, von dem hier ein Stück mitgetheilt wird, ist der erste, den Gauss nach dem Abschiede an seinen Freund gerichtet hat.

Bolyai hat seine »Göttingische Theorie der Parallelen« erst im Jahre 1804 an Gauss geschickt, dessen Kritik der Brief vom 25. November 1804 enthält.

Was Gauss' Untersuchungen über die ersten Gründe der Geometrie betrifft, so werden die vorstehenden Äusserungen ergänzt durch die Notizen:

»*Plani possibilitatem demonstravi.* [*1797*] *Jul. 28. Gotting.*«

und

»*In principiis Geometriae egregios progressus fecimus. Br*[*unovici 1799*] *Sept.*«

die sich in dem bereits S. 20 dieses Bandes erwähnten Tagebuche finden.

Stäckel.

EINIGE SÄTZE
DIE ERSTEN GRÜNDE DER GEOMETRIE BETREFFEND.

---

1) Parallellinie mit einer Geraden heisst die, von welcher die Senkrechten auf letztere überall von gleicher Grösse sind.

2) Ob die Parallellinie selbst gerade ist, bleibt noch unentschieden.

3) AB gerade, [AC senkrecht auf AB,] CD mit ihr parallel; AE gerade, unter gegebenem Winkel BAE, wird weit genug fortgesetzt gewiss CD schneiden. Beweis so zu führen:

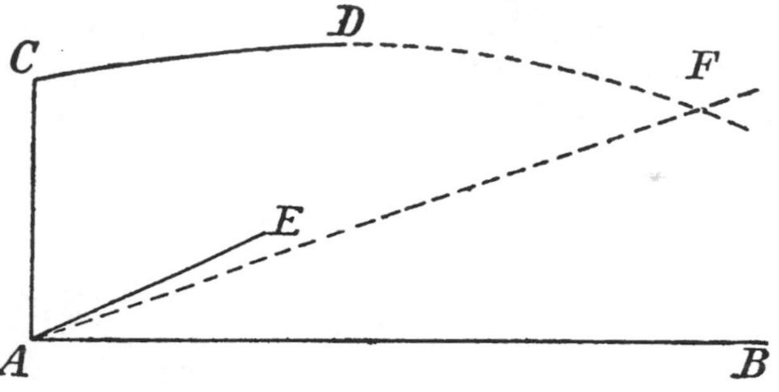

Es sei

$$2^n > \frac{90^\circ}{BAE}, \qquad BAF = \frac{90^\circ}{2^n}, \qquad AF \gtreqless 2^n AC,$$

so liegt gewiss F jenseits CD, also schneidet AF die CD und a potiori schneidet AE die CD.

4) BE und AC auf AB senkrecht, CD parallel, CE gerade. [ACE ein Rechter.] Falls BEC stumpf ist, wird $BE < AC$: alsdann liegt CE ganz unterhalb CD.

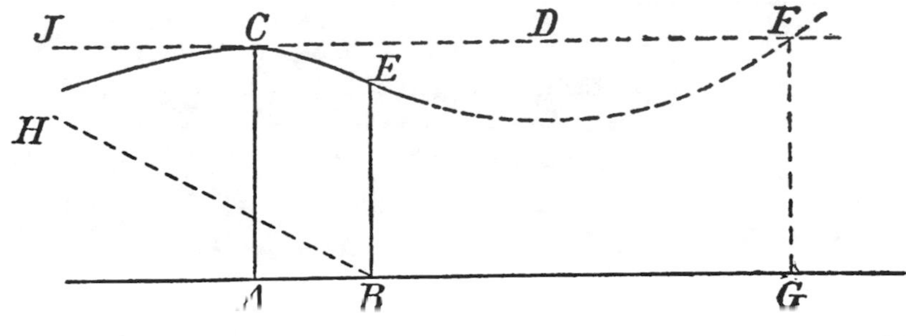

Gesetzt, CD würde von CE in F geschnitten, so sei FG auf AB senkrecht und GFE wird $= ACF$ sein, aber $< BEF$. Q[uod]. E[st]. A[bsurdum].

5) Man mache iisdem suppositis $EBH = BEF$, so wird BH die EC nicht schneiden, wohl aber die Parallele CJ, welches absurd ist.

BEMERKUNGEN.

Die vorstehende Notiz findet sich auf der letzten Seite eines Handbuches, das den Titel trägt: Mathematische Brouillons. October 1805. Lässt sich auch die Zeit der Abfassung nicht genau feststellen, so zeigt doch der Inhalt der Notiz, dass sie an den Anfang von GAUSS' Untersuchungen über die ersten Gründe der Geometrie gehört.

Der in 3) angedeutete Beweis beruht auf dem Hülfssatze: Trägt man auf dem einen Schenkel eines Winkels der Grösse

$$\frac{90^0}{2^n}$$

vom Scheitelpunkte aus die Strecke $2^n.l$ ab, so ist das vom Endpunkte dieser Strecke auf den andern Schenkel gefällte Loth grösser als l.

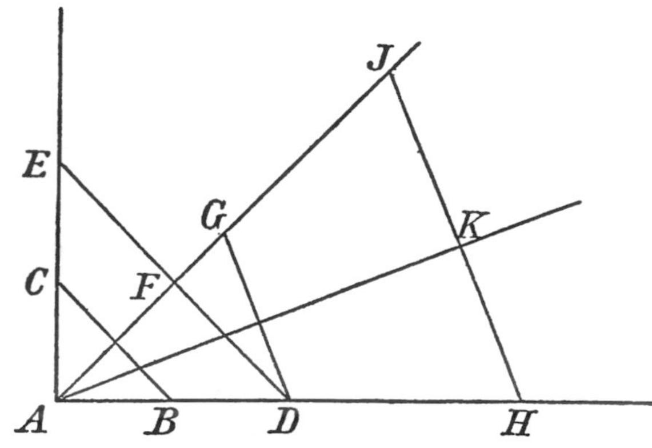

Es sei nemlich BAC ein rechter Winkel und $AB = AC = l$. Dann ist $BC > l$. Halbirt man den Winkel BAC durch AF und macht $AD = AE = 2l$, so wird $DE > 2l$, folglich ist das von D auf AF gefällte Loth $DF > l$.

Trägt man jetzt auf der Halbirungslinie AF des rechten Winkels BAC die Strecke $AG = 2l$ ab, so ist a fortiori $DG > l$. Halbirt man den Winkel DAG durch AK und macht $AH = AJ = 4l$, so wird $HJ > 2l$, folglich ist das von H auf AK gefällte Loth $HK > l$.

Wird diese Construction n-mal hintereinander ausgeführt, so ergibt sich die Richtigkeit der obigen Behauptung.

STÄCKEL.

[ZUR THEORIE DER PARALLELLINIEN.]

[1.]

GAUSS an OLBERS. Braunschweig, 30. Juli 1806.

..... Hr. VON ZACH schreibt mir noch, dass Sie Sich zur Recension von LEGENDRES Werk über die Kometenbahnen erboten hätten. Mit Vergnügen werde ich Ihnen also das mir von Hrn. VON ZACH zugeschickte Exemplar nach Bremen senden, doch erlauben Sie wohl, dass ich es erst noch einige Wochen behalte. Bei vorläufigem Durchblättern scheint es mir sehr viel Schönes zu enthalten. Vieles von dem, was ich in meiner Methode besonders in ihrer ersten Gestalt Eigenthümliches hatte, finde ich auch in diesem Buche wieder. Es scheint mein Schicksal zu sein, fast in allen meinen theoretischen Arbeiten mit LEGENDRE zu concurriren. So in der höhern Arithmetik, in den Untersuchungen über transcendente Functionen, die mit der Rectification der Ellipse zusammenhangen, bei den ersten Gründen der Geometrie und nun wieder hier. So ist z. B. auch das von mir seit 1794 gebrauchte Princip, dass man, um mehrere Grössen, die man nicht alle genau darstellen kann, am besten darzustellen, die Summe der Quadrate zu einem Minimum machen müsse, auch in LEGENDRES Werke gebraucht und recht wacker ausgeführt. ......

[2.]

[*Aus* SCHUMACHERS *Tagebuch: »Gaussiana«. Göttingen, November 1808.*]

{GAUSS hat die Theorie der Parallellinien darauf zurückgebracht, dass wenn die angenommene Theorie nicht wahr wäre, es eine constante a priori der Länge nach gegebene Linie geben müsste, welches absurd ist. Doch hält er selbst diese Arbeit noch nicht für hinreichend.}

[3.]

Ideen.

Die schärfste Bestimmung der Declinationen der Sterne würde in der Nähe des Äquators durch gute Repetitionstheodolithen gemacht werden können, indem ihre Azimuthalunterschiede mit terrestrischen Objecten zur Zeit der grössten östlichen und westlichen Digressionen beobachtet würden. 1813 April 21.

In der Theorie der Parallellinien sind wir jetzt noch nicht weiter als Euklid war. Diess ist die partie honteuse der Mathematik, die früh oder spät eine ganz andere Gestalt bekommen muss. 1813 April 27.

Eben so wie eine Classe von Wahrheiten der höhern Arithmetik, auf reelle Zahlen beschränkt, in inniger Verbindung mit den Kreisfunctionen steht, eben so werden sich die allgemeinern Wahrheiten der H. A., auf imaginäre Grössen ausgedehnt, in den Lemniscatischen Functionen gleichsam spiegeln. Diese Ideen öffnen die Pforte zu einem höchst reichhaltigen Felde der Analyse.

Das Krystallprisma an den Fernröhren vergrössert deren Länge etwa um $\frac{1}{2}$ der Seite des Prisma, stört aber etwas die vollkommene Farbenlosigkeit.

BEMERKUNG.

SCHUMACHER hat sich während des Winters 1808 bis 1809 in Göttingen aufgehalten. Über GAUSS' Gespräche mit ihm hat er Aufzeichnungen in einem »GAUSSIANA« betitelten Hefte gemacht. Aus diesem Hefte ist die Notiz [2.] entnommen, während die Notiz [3.] auf einem einzelnen Zettel verzeichnet ist.

STÄCKEL.

BRIEFWECHSEL.

[LEGENDRES THEORIE DER PARALLELEN.]

[GERLING *an* GAUSS. *Kassel, 11. März 1816.*]

{....... Am Schlusse dieses fällt mir ein, dass ich schon oft vergessen habe, Sie um Ihr Urtheil über LEGENDRES Theorie der Parallelen in seinen élémens de géom. zu bitten. — Er definirt die gerade Linie als den kürzesten Weg zwischen zwei Punkten, und beweist mit Hülfe dieser Definition, dass die Summe 3er Winkel im Dreieck nicht grösser sein kann als $2R$, nachher beweist er, dass sie auch nicht kleiner sein könne als $2R$, wobei aber vorausgesetzt wird, dass man eine Linie durch einen Punkt zwischen den Schenkeln eines Winkels der $< \frac{2}{3}R$ ist, immer so legen könne, dass beide Schenkel geschnitten werden. Diese Voraussetzung rechtfertigt er in einer Anmerkung (pag. 280, 6te edit. 1806) durch das Einholen und Überholen des Punktes durch Verbindungslinien zwischen gleich weit vom Scheitel abliegenden Punkten auf den Schenkeln. — In diesem letzten scheint mir aber derselbe Fehler zu stecken, dessen Sie mich bei meinem letzten Aufenthalt in Göttingen überführten. Er erklärt es für assez évident, und glaubt, man könne es zu keiner grössern Strenge bringen, ohne von einer andern Erklärung der geraden Linie auszugehen. — Hinterher aber zeigt er, dass die Summe der 3 Winkel im Dreieck $= 2R$ sein müsse, noch auf eine andere mir neue und, wie mir scheint, stringente Weise; etwa so: durch 2 Winkel und die zwischenliegende Seite A, B, c ist das ganze Dreieck bestimmt, also

$$C = \varphi(A, B, c).$$

Setzt man nun den rechten Winkel $= 1$, so sind C, A, B Zahlen, es muss also c aus der Function wegfallen, weil sonst

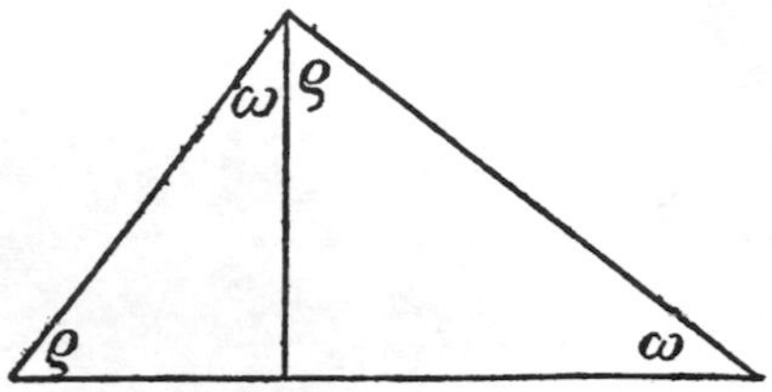

$$c = \psi(C, A, B) = \text{einer Zahl},$$

q[uod] e[st] a[bsurdum]. Demnach im rechtwinkligen Dreiecke die Summe der beiden spitzen Winkel $= 1R$, woraus das andere weiter folgt.

Ich hatte diesen Satz im LEGENDRE schon gelesen, als ich in G[öttingen] studirte, und ärgerte mich auf meiner letzten Rückkehr von Göttingen nicht wenig, dass er mir nicht eingefallen war, als ich die Freude hatte, Sie damals darüber sprechen zu hören. Jetzt finde ich bei nochmaligem Nachlesen, dass er gegen den Einwurf der sphärischen Dreiecke, »der ihm gemacht sei«, erwiedert, bei ihnen sei nicht $C = \varphi(A, B, c)$, sondern $C = \varphi(A, B, c, \text{rad.})$ »ou seulement

$$C = \varphi\left(A, B, \frac{c}{r}\right)$$

en vertu de la loi des homogenes«. — Dieses letzte will mir nicht recht klar werden, und ich wünsche sehr gelegentlich die ganze Sache mit ein Paar Worten von Ihnen erwähnt zu sehen.}

GAUSS an GERLING. Göttingen, 11. April 1816.

.... Sie wünschen mein Urtheil über LEGENDRES Beweis der Parallelen zu haben. Ich gestehe, dass für mich gar keine Beweiskraft in seinem Schlusse liegt. Er schliesst, dass $c = \psi(A, B, C)$, also $=$ einer Zahl, welches absurd. Aber dieses also folgt nicht, denn die Gleichung $c = \psi(A, B, C)$ sagt nichts weiter aus, als dass c bestimmt ist, sobald A, B, C bestimmt sind, schliesst aber nicht aus, dass noch eine constante Linie mit in der Form ψ vorkomme. Aus der Gleichung $C = \varphi(A, B, c)$ braucht c nicht wegzufallen, sondern jene kann recht gut bestehen, sobald in der Function φ eine constante Linie $= m$ mit vorkommt, so dass eigentlich

$$C = \varphi\left(A, B, \frac{c}{m}\right).$$

Es ist leicht zu beweisen, dass, wenn Euklids Geometrie nicht die wahre ist, es gar keine ähnliche Figuren gibt: die Winkel in einem gleichseitigen Dreieck sind dann auch nach der Grösse der Seite verschieden, wobei ich gar nichts absurdes finde. Es ist dann der Winkel Function der Seite und die Seite Function des Winkels, natürlicher Weise eine solche Function, in der zugleich eine constante Linie vorkommt. Es scheint etwas paradox, dass eine constante Linie gleichsam a priori möglich sein könne; ich finde aber darin nichts widersprechendes. Es wäre sogar wünschenswerth, dass die Geometrie Euklids nicht wahr wäre, weil wir dann ein allgemeines Mass a priori hätten, z. B. könnte man als Raumeinheit die Seite desjenigen gleichseitigen Dreiecks annehmen, dessen Winkel = $59^0\,59'\,59'',99999$. . . . . . .

ANZEIGE.

Göttingische gelehrte Anzeigen. 1816 April 20.

Stuttgart.

Typis J. F. Steinkopf: *Commentatio in primum elementorum Euclidis librum, qua veritatem geometriae principiis ontologicis niti evincitur, omnesque propositiones, axiomatum geometricorum loco habitae, demonstrantur. Auctore* J. C. Schwab, *Regi Württembergiae a consiliis aulicis secretioribus, academiae scientiarum Petropolitanae, Berolinensis et Harlemensis Sodali.* 1814. 65 Seiten in Octav.

Mainz.

Auf Kosten des Verfassers und in Commission bei Florian Kupferberg: *Vollständige Theorie der Parallellinien. Nebst einem Anhange, in welchem der erste Grundsatz zur Technik der geraden Linie angegeben wird. Herausgegeben von* Matthias Metternich, *Doctor der Philosophie, Professor der Mathematik, Mitglied der gelehrten Gesellschaft nützlicher Wissenschaften zu Erfurt.* 1815. 44 Seiten in Octav.

Es wird wenige Gegenstände im Gebiete der Mathematik geben, über welche so viel geschrieben wäre, wie über die Lücke im Anfange der Geometrie bei Begründung der Theorie der Parallellinien. Selten vergeht ein Jahr, wo nicht irgend ein neuer Versuch zum Vorschein käme, diese Lücke auszufüllen, ohne dass wir doch, wenn wir ehrlich und offen reden wollen, sagen könnten, dass wir im Wesentlichen irgend weiter gekommen wären, als Euklides vor 2000 Jahren war. Ein solches aufrichtiges und unumwundenes Geständniss scheint uns der Würde der Wissenschaft angemessener, als das eitele Bemühen, die Lücke, die man nicht ausfüllen kann, durch ein unhaltbares Gewebe von Scheinbeweisen zu verbergen.

Der Verfasser der erstern Schrift hatte bereits vor 15 Jahren in einer kleinen Abhandlung: »Tentamen novae parallelarum theoriae notione situs fundatae« einen ähnlichen Versuch gemacht, indem er alles auf den Begriff von Identität der Lage zu stützen suchte. Er definirt Parallellinien als solche gerade Linien, die einerlei Lage haben, und schliesst daraus, dass solche Linien von jeder dritten geraden Linie nothwendig unter gleichen Winkeln geschnitten werden müssen, weil diese Winkel nichts anderes seien, als das Mass der Verschiedenheit der Lage dieser dritten Linie von den Lagen der beiden Parallellinien. Diese Beweisart ist in der vorliegenden neuen Schrift wiederholt, ohne dass wir sagen könnten, dass sie durch die eingewebten philosophischen Betrachtungen an Stärke gewonnen hätte. Der Behauptung S. 24: »Notionem situs e geometria adeo non excludi posse, ut potius notionibus ejus fundamentalibus annumeranda sit, dudum omnes agnovere geometrae« muss in dem Sinne, in welchem der Verf. den Begriff Lage in seinem Beweise gebraucht, jeder Geometer widersprechen. Wenn wir von des Verfassers Definition: »Situs est modus, quo plura coëxistunt vel juxta se existunt in spatio« ausgehen, so ist Lage ein blosser Verhältnissbegriff, und man kann wohl sagen, dass zwei gerade Linien A, B eine gewisse Lage gegen einander haben, die mit der gegenseitigen Lage zweier andern C, D einerlei ist. Aber der Verf. gebraucht das Wort Lage in seinem Beweise als absoluten Begriff, indem er von Identität der Lage zweier nicht coincidirenden geraden Linien spricht. Diese Bedeutung ist offenbar so lange leer und ohne Haltung, bis wir wissen, was wir uns bei einer solchen Identität denken und woran wir dieselbe erkennen sollen. Soll sie an der Gleichheit der Winkel mit einer dritten geraden Linie erkannt werden, so wissen wir ohne vorangegangenen Beweis noch nicht, ob eben dieselbe Gleichheit auch bei den Winkeln mit einer vierten geraden Linie Statt haben werde: soll die Gleichheit der Winkel mit jeder andern geraden Linie das Criterium sein, so wissen wir wiederum nicht, ob gleiche Lage ohne Coincidenz möglich ist. Wir stehen mithin nach des Verf. Beweise noch gerade auf demselben Punkte, wo wir vor demselben standen.

Ein grosser Theil der Schrift dreht sich um die Behauptung gegen Kant, dass die Gewissheit der Geometrie sich nicht auf Anschauung, sondern auf Definitionen und auf das »Principium identitatis« und das »Principium contradictionis« gründe. Dass von diesen logischen Hülfsmitteln zur Einkleidung und Verkettung der Wahrheiten in der Geometrie fort und fort Gebrauch gemacht werde, hat wohl Kant nicht läugnen wollen: aber dass dieselben für sich nichts zu leisten vermögen, und nur taube Blüthen treiben, wenn nicht die befruchtende lebendige Anschauung des Gegenstandes selbst überall waltet, kann wohl niemand verkennen, der mit dem Wesen der Geometrie vertraut ist. Hrn. Schwabs Widerspruch scheint übrigens zum Theil nur auf Missverständniss zu beruhen: wenigstens scheint uns, nach dem 16ten Paragraph seiner Schrift, welcher von Anfang bis zu Ende gerade das Anschauungsvermögen in Anspruch nimmt, und am Ende beweisen soll, »postulata Euclidis in generaliora resolvi posse, non sensu et intuitione sed intellectu fundata«, dass Hr. Schwab sich bei diesen Benennungen verschiedener Zweige des Erkenntnissvermögens etwas anderes gedacht haben müsse, als der Königsberger Philosoph.

Obgleich der Verfasser der zweiten Schrift seinen Gegenstand auf eine ganz andere und wirklich mathematische Art behandelt hat, so können wir doch über das Resultat derselben nicht günstiger urtheilen. Wir haben nicht die Absicht, hier den ganzen Gang seines versuchten Beweises darzulegen, sondern begnügen uns, dasjenige hier herauszuheben, worauf im Grunde alles ankommt.

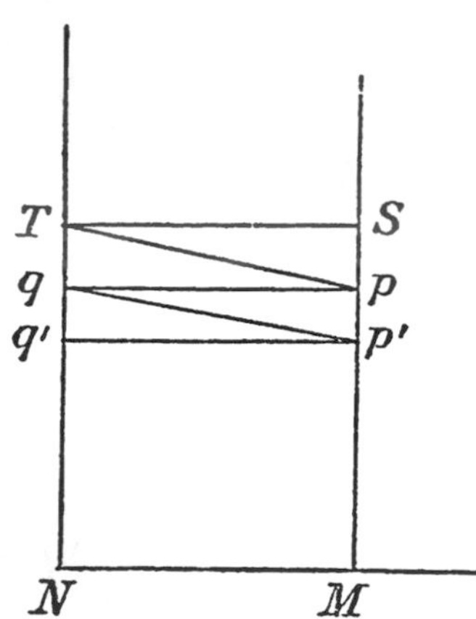

Man denke sich zwei im Punkte N unter rechten Winkeln einander schneidende gerade Linien, und fälle von einem Punkte S, der ausserhalb dieser geraden Linien, aber in derselben Ebene liegt, Senkrechte auf dieselben: ST und SM. Es kommt nun darauf an zu beweisen, dass MST ein rechter Winkel wird. Der Verf. sucht dies apagogisch zu beweisen; zuvörderst nimmt er an, MST sei spitz, fällt von T auf MS das Perpendikel Tp, und beweist, dass p zwischen S und M fallen muss. Hierauf fällt er wieder aus p auf NT das Perpendikel pq, wo q zwischen T und N fallen wird. Dann fällt er abermals aus q auf MS das Perpendikel qp', wo p' zwischen p und M liegen wird. Sodann abermals aus p' auf NT das Perpendikel $p'q'$ u. s. w. Diese Operationen lassen sich ohne Aufhören fortsetzen, und so werden von der Linie MS nach und nach die Stücke Sp, pp' u. s. w. abgeschnitten, die jedes eine angebliche Grösse haben, und deren Zahl unbegrenzt ist. Der Verfasser meint nun, dass diess widersprechend sei, weil auf diese Weise nothwendig MS zuletzt erschöpft werden müsste. Es ist kaum begreiflich, wie er sich auf eine solche Weise selbst täuschen konnte. Er macht sich sogar selbst den Einwurf, dass die Summe der Stücke Sp, pp' u. s. w., wenn diese Stücke immer kleiner und kleiner werden, doch ungeachtet ihre Anzahl ohne Aufhören zunehme, nicht über eine gewisse Grenze hinauswachsen könnte, und meint diesen Einwurf damit zu heben, dass jene Stücke, auch wenn sie immer kleiner und kleiner werden, doch immer grösser bleiben, als eine angebliche Grösse; nemlich jene Stücke sind Katheten von rechtwinkligen Dreiecken, und folglich immer grösser als der Unterschied zwischen Hypotenuse und der andern Kathete. Fast scheint es, dass eine grammatische Zweideutigkeit den Verf. irre geleitet hat, nemlich der zwiefache Sinn des Artikels eine angebliche Grösse. Der Schluss des Verf. würde nur dann richtig sein, wenn sich zeigen liesse, dass die Stücke Sp, pp' u. s. w. immer grösser bleiben als Eine bestimmte angebliche Grösse, z. B. als der Unterschied zwischen der Hypotenuse pT und der Kathete ST. Aber das lässt sich nicht beweisen, sondern nur, dass jedes Stück immer grösser bleibt, als eine angebliche Grösse, die aber selbst für jedes Stück eine andere ist, nemlich Sp grösser als der Unterschied zwischen pT und ST, ferner pp' grösser als der Unterschied zwischen qp' und qp u. s. w. Hiermit verschwindet nun aber die ganze Kraft des Beweises.

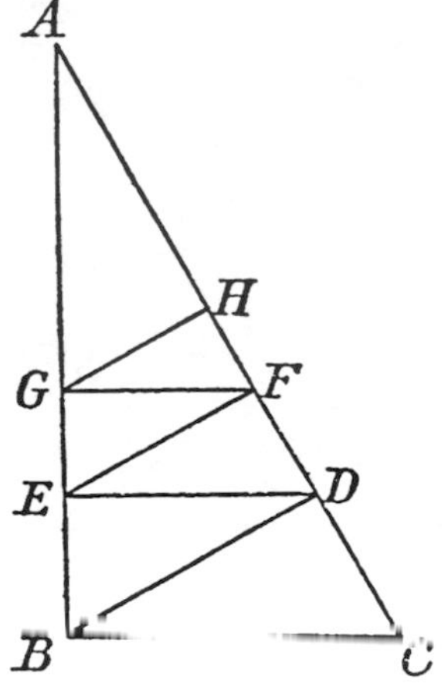

Auf dieselbe Art, wie er seinen Beweis führen zu können geglaubt hat, könnte er auch beweisen, dass in einem ebenen Dreiecke ABC, worin B ein rechter Winkel ist, C nicht spitz sein könne; er brauchte nur aus B ein Perpendikel BD auf die Hypotenuse AC zu fällen, dann wieder das Perpendikel DE auf AB und so ohne Aufhören die Perpendikel EF, FG, GH u. s. w. wechselsweise auf AC und AB. Die Stücke CD, DF, FH u. s. w.

sind immer grösser als der angebliche Unterschied zwischen Hypotenuse und einer Kathete desjenigen rechtwinkligen Dreiecks, worin jede der Reihe nach die andere Kathete ist, demungeachtet erschöpft ihre Summe offenbar die Hypotenuse AC nie, so gross auch ihre Anzahl genommen wird.

Wir müssten fast bedauern, bei so bekannten und leichten Dingen so lange verweilt zu haben, wenn nicht diese Schrift, deren Verf. es übrigens wirklich um Wahrheit zu thun zu sein scheint, durch die Art, wie sie schon vor ihrer Erscheinung in öffentlichen Blättern angekündigt wurde, eine mehr als gewöhnliche Aufmerksamkeit auf sich gezogen hätte. Wir bemerken daher hier nur noch, dass der Verf. nachher auf eine ganz ähnliche, und daher eben so nichtige Art beweisen will, dass der Winkel MST nicht stumpf sein kann: allein hierbei ist doch ein wesentlicher Unterschied, weil in der That die Unmöglichkeit dieses Falles in aller Strenge bewiesen werden kann, welches weiter auszuführen aber hier nicht der Ort ist.

BEMERKUNG.

Diese bereits in Band IV, Seite 364 bis 368 abgedruckte Anzeige ist hier der Vollständigkeit wegen reproducirt worden. Zwei Figuren, die sich weder beim Originale noch bei dem ersten Abdrucke finden, sollen das Verständniss des Textes erleichtern. STÄCKEL.

BRIEFWECHSEL.

[DIE TRANSCENDENTE TRIGONOMETRIE.]

[WACHTER *an* GAUSS. *Danzig, 12. December 1816.*]

{. . . . . Also die anti-Euklideische oder Ihre Geometrie wäre wahr. Die Constante in ihr aber bleibt unbestimmt: warum? liesse sich vielleicht durch Folgendes begreiflich machen. . . . .

. . . . Das Resultat des Bisherigen wäre also so auszusprechen:

Die Euklideische Geometrie ist falsch; aber dennoch muss die wahre Geometrie mit demselben elften Euklideischen Axiom oder mit dem Postulat von Linien und Flächen anfangen, welche die in jenem Axiom behauptete Eigenschaft haben. Statt der geraden Linie und Ebene sind nur die grössten Kreise jener mit unendlichem Radius beschriebenen Kugel nebst ihrer Oberfläche zu setzen. Es entsteht zwar die eine Unbequemlichkeit daraus, dass die Theile dieser Fläche bloss symmetrisch, nicht, wie bei der Ebene, congruent sind; oder dass der Radius nach der einen Seite hin unendlich, nach der andern imaginär ist; allein wie jene Unbequemlichkeit durch viele andere Vortheile, welche die Construction auf einer Kugelfläche darbietet, wieder aufgewogen werde, ist klar: so dass vielleicht auch dann noch, wenn die Euklideische Geometrie wahr wäre, zwar nicht mehr die Nothwendigkeit obwaltete, die Ebene als eine unendliche Kugelfläche zu betrachten, aber doch noch die Fruchtbarkeit dieser Ansicht dieselbe empfehlen könnte.

Allein, als ich alles diess durchdacht, als ich mich über das Resultat schon völlig beruhigt hatte, theils weil ich glaubte, der Grund (la métaphysique) jener der Geometrie nothwendig anhaftenden Unbestimmtheit, — auch selbst der vollendeten Unentschiedenheit in dieser Sache, dann, wenn jener Beweis gegen die Euklideische Geometrie, wie ich nicht erwarten durfte, nicht für stringent zu halten sei — [sei von mir erkannt worden]; theils, weil doch alle die vielen bisherigen Untersuchungen aus der ebenen Geometrie nicht für verloren zu achten: sondern mit wenigen Modificationen zu gebrauchen wären, und denn doch wenigstens bis zu einer ziemlich weiten Grenze hin, die sich vielleicht noch näher bestimmen liesse, auch die Sätze der körperlichen Geometrie und der Mechanik näherungsweise Gültigkeit hätten; fand ich heute Abend — eben mit einem Versuch beschäftigt, einen Eingang zu Ihrer transcendenten Trigonometrie zu finden, und weil es mir nicht gelingen wollte, in der Ebene dafür hinreichende, bestimmte Functionen zu erhalten, zu räumlichen Constructionen fortgehend, zu meiner nicht geringen Überraschung folgenden Beweis für die Euklideische Parallel-Theorie. . . . . .

. . . . . . Gerade im Begriff zu schliessen bemerke ich noch, dass der obige Beweis für die Euklideische Parallel-Theorie fehlerhaft ist. . . . . . Also wäre auch hier die Hoffnung verschwunden, zu einem völlig entschiedenen Resultat zu kommen, und ich muss mich wieder bei dem vorhin Angeführten beruhigen. Übrigens glaube ich auf jenem Wege wenigstens einen Schritt zu Ihrer transcendenten Trigonometrie gethan zu haben, indem ich, mit Hülfe der sphärischen Trigonometrie, die Verhältnisse aller Constanten, wenigstens durch Construction der rechtwinkligen Dreiecke angeben kann. Es fehlt mir noch die wirkliche Berechnung der Basis eines gleichschenkligen Dreiecks aus der Seite, wofür ich suchen werde vom gleichseitigen Dreieck auszugehen. . . .}

BEMERKUNG.

In dem Briefe vom 12. December 1816, von dem hier Stücke mitgetheilt sind, bezieht sich WACHTER wiederholt auf ein Gespräch mit GAUSS, das während seines »letzten Aufenthalts in Göttingen« stattgefunden und die antieuklidische Geometrie zum Gegenstand gehabt hatte. Aus einem Briefe von GAUSS an OLBERS vom 4. Juni 1816 geht hervor, dass dieser Besuch WACHTERS in den April 1816 zu setzen ist.

STÄCKEL.

GAUSS an OLBERS. Göttingen, 28. April 1817.

.... WACHTER hat eine kleine Piece drucken lassen über die ersten Gründe der Geometrie, wovon Sie durch LINDENAU vermuthlich ein Exemplar erhalten werden. Obgleich W. in das Wesen der Sache mehr eingedrungen ist, als seine Vorgänger, so ist sein Beweis doch nicht bündiger als alle andern. Ich komme immer mehr zu der Überzeugung, dass die Nothwendigkeit unserer Geometrie nicht bewiesen werden kann, wenigstens nicht vom **menschlichen** Verstande noch für den menschlichen Verstand. Vielleicht kommen wir in einem andern Leben zu andern Einsichten in das Wesen des Raums, die uns jetzt unerreichbar sind. Bis dahin müsste man die Geometrie nicht mit der Arithmetik, die rein a priori steht, sondern etwa mit der Mechanik in gleichen Rang setzen. ......

[ASTRALGEOMETRIE.]

[GERLING *an* GAUSS. *Marburg, 23. Juli 1818.*]

{. . . . . . Mir steht im künftigen Semester eine Arbeit bevor, für welche ich schon jetzt so frei bin Sie um Rath zu bitten, und diess zu thun, wahrscheinlich öfter so frei sein werde. — FLECKEISEN hat mich nemlich gebeten, die Besorgung einer neuen Auflage von LORENZ' reiner Mathematik zu übernehmen; und ich kann diess um so lieber thun, da ich hier nach diesem Buch selbst lese; und es nun schon 6 Jahre immer beim Unterricht gebraucht habe.

. . . . In der Geometrie habe ich weniger Anstösse, möchte aber besonders gern Ihre Meinung wissen, wie es mit der Parallelentheorie wohl am besten zu halten ist. Was LORENZ darüber hat, ist theils falsch, theils ungründlich. — Dass die Euklidische Manier vorzutragen sei, dabei aber der Mangel derselben einzugestehen, halte ich für Recht; das quomodo aber ist mir nicht klar. Ich habe gedacht, es sei am besten, den Satz: Eine gerade Linie kann durch einen Punkt nur eine Parallele haben, als Axiom hinzustellen, und in einer Anmerkung zu sagen, dass man einen Beweis für diesen Satz noch nicht habe finden können, und deshalb ihn so lange bis einer gefunden, oder die Unwahrheit des Satzes bewiesen sei, als Axiom annehmen müsse, wie im Grunde schon Euklides gethan. — Haben Sie doch die Güte mir auch hierüber Ihr Urtheil zu eröffnen. . . . . . .}

GAUSS an GERLING. Göttingen, 25. August 1818.

...... Von Ihren Fragen wegen des LORENZischen Lehrbuchs kann ich heute nur auf einige antworten. ......

...... Ich freue mich, dass Sie den Muth haben sich so auszudrücken, als wenn Sie die Möglichkeit, dass unsere Parallelentheorie, mithin unsere ganze Geometrie, falsch wäre, anerkennten. Aber die Wespen, deren Nest Sie aufstören, werden Ihnen um den Kopf fliegen. ......

[GERLING *an* GAUSS. *Marburg, 25. Januar 1819.*]

{....... Die Stelle über die Parallelentheorie habe ich nun so gefasst: »Der Satz § 72 ist in Euklids Elementen (1. Buch, 11. Grundsatz) als Grundsatz aufgestellt. Dass er aber kein Grundsatz sei, sondern eines Beweises bedürfe, lehrt die Betrachtung: dass zwei wesentlich verschiedene Anschauungen (Winkel zweier Linien mit einer dritten und Zusammentreffen derselben unter sich) darin vorkommen, deren nothwendiger Zusammenhang durch einen Beweis nachgewiesen werden muss. — Dieser Beweis (die Parallelentheorie) ist auf mannichfaltige Weise von scharfsinnigen Mathematikern versucht, bis jetzt aber noch nicht vollkommen genügend aufgefunden worden. Solange er fehlt, bleibt der Satz, so wie alles was sich auf ihn stützt, eine Hypothese, deren Gültigkeit für unser Leben freilich durch die Erfahrung dargethan wird, deren allgemeine, nothwendige Richtigkeit aber ohne Absurdität bezweifelt werden könnte«.

Ad vocem Parallelentheorie muss ich Ihnen noch etwas erzählen, und eines Auftrags mich entledigen. Ich erfuhr im vorigen Jahr, dass mein College SCHWEIKART (Prof. juris, jetzt Prorector) sich ehedem mit Mathematik viel beschäftigt und namentlich auch über Parallelen geschrieben habe. Ich bat ihn also mir sein Buch zu leihen. Indem er mir diess versprach, sagte er mir, dass er jetzt wohl einsehe, wie in seinem Buche (1808) Fehler vorgekommen (er hatte z. B. Vierecke mit gleichen Winkeln als einen ursprünglichen Begriff gebraucht), dass er aber nicht abgelassen habe, sich mit dem Gegenstande zu beschäftigen, und jetzt beinahe überzeugt sei, dass ohne irgend ein datum der Euklidische Satz nicht zu beweisen sei, dass es ihm auch nicht unwahrscheinlich sei, dass unsere Geometrie nur ein Kapitel einer allgemeinern sei. Ich erzählte ihm darauf, wie Sie vor einigen Jahren öffentlich geäussert hätten, dass man seit Euklids Zeiten im Grunde hiermit nicht weiter gekommen sei; ja dass Sie gegen mich mehrmals geäussert hätten, wie Sie durch vielfältige Beschäftigung mit diesem Gegenstand, auch nicht zum Beweise von der Absurdität einer solchen Annahme gekommen seien. — Als er mir darauf das verlangte Buch schickte, lag der beigehende Zettel bei, und er bat mich kurz darauf (Ende December) mündlich, Ihnen doch gelegentlich diesen seinen Zettel beizuschliessen, und Sie in seinem Namen zu ersuchen, gelegentlich ihm Ihr Urtheil über seine Ideen wissen zu lassen.

Das Buch selbst hat, abgesehen von allem übrigen, das angenehme, dass eine reichhaltige Literatur des Gegenstandes sich darin findet; welche er auch, wie er mir sagt, ferner zu sammeln nicht abgelassen hat. . . . . .}

[*Beilage: Notiz von* SCHWEIKART. *Marburg, December 1818.*]

{Es gibt eine zwiefache Geometrie, — eine Geometrie im engern Sinn — die Euklidische; und eine astralische Grössenlehre.

Die Dreiecke der letztern haben das Eigene, dass die Summe der drei Winkel nicht zwei Rechten gleich ist.

Diess vorausgesetzt, lässt es sich auf das strengste beweisen:

a) dass die Summe der 3 Winkel in dem Dreieck kleiner als 2 Rechte sei;

b) dass diese Summe immer kleiner werde, je mehr Inhalt das Dreieck umfasst;

c) dass die Höhe eines gleichschenkligen rechtwinkligen Dreiecks zwar immer zunimmt, je mehr man die Schenkel verlängert, dass sie aber eine gewisse Linie, die ich die Constante nenne, nicht übersteigen könne.

Die Quadrate haben daher folgende Gestalt:

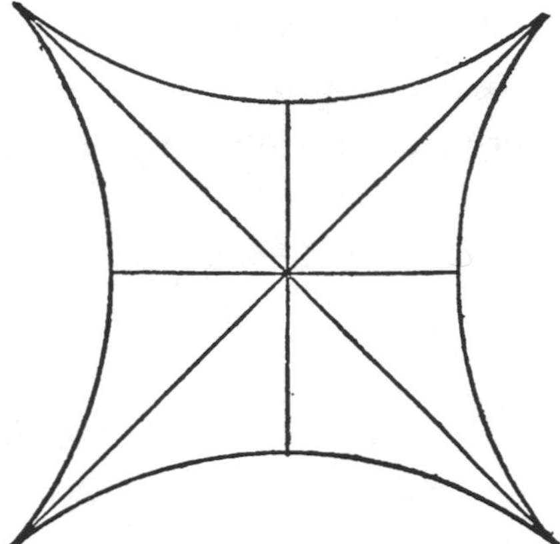

Ist diese Constante für uns die halbe Erdaxe (wonach jede im Weltraume von einem Fixstern zum andern, die 90^0 von einander entfernt sind, gezogene Linie eine Tangente der Erdkugel sein würde), so ist sie in Beziehung auf die, im täglichen Leben vorkommenden, Räume unendlich gross.

Die Euklidische Geometrie gilt nur unter der Voraussetzung, dass die Constante unendlich gross sei. Nur dann ist es wahr, dass die drei Winkel eines jeden Dreiecks zwei Rechten gleich seien; auch lässt sich diess, so wie man sich den Satz, dass die Constante unendlich gross sei, geben lässt, leicht beweisen.

SCHWEIKART.}

Gauss an Gerling. Marburg, 16. März 1819.

...... Die Notiz von Hrn. Prof. Schweikart hat mir ungemein viel Vergnügen gemacht, und ich bitte ihm darüber von mir recht viel Schönes zu sagen. Es ist mir fast alles aus der Seele geschrieben. Nur bloss bei dem einen Artikel der so anfängt:

Ist diese Constante für uns die halbe Erdaxe u. s. w., muss ich drei Bemerkungen machen:

1) sehe ich die Möglichkeit nicht ein, dass eine Constante bloss für uns gelten könne, und für andere Wesen eine andere. Ich weiss auch nicht, ob Hr. Schw. diess so gemeint habe, nur hat er das für uns selbst unterstrichen.

2) fährt er fort: »wonach jede im Weltraum von einem Fixstern zum andern, die 90^0 von einander entfernt sind, gezogene Linie eine Tangente der Erdkugel sein würde«. Hierbei ist die Entfernung der Fixsterne verglichen mit der Constante als unermesslich gross betrachtet, aber demungeachtet hat das um 90^0 von einander entfernt sein dann nur einen bestimmten Sinn, in so fern es auf einen bestimmten Scheitelpunkt des Winkels bezogen wird, z. B. den Mittelpunkt der Erde, was ohne Zweifel auch Hr. Prof. SCH. tacite vorausgesetzt hat.

3) hat ohne Zweifel diess Hr. Prof. SCH. bloss Beispielshalber als Erläuterung gesagt, denn obgleich ich mir recht gut die Unrichtigkeit der Euklidischen Geometrie denken kann, so müsste doch nach unsern astronomischen Erfahrungen die besagte Constante unermesslich viel grösser sein, als der Erdradius.

Ich vermuthe, dass Hr. SCH. mit allem diesen einverstanden sein wird, was mich bei dem gänzlichen Zusammentreffen seiner Ansicht mit der meinigen sehr freuen wird. Ich bemerke nur noch, dass ich die Astralgeometrie so weit ausgebildet habe, dass ich alle Aufgaben vollständig auflösen kann, sobald die Constante $= C$ gegeben wird. Der Defect der Winkelsumme im ebenen Dreieck gegen 180^0 ist z. B. nicht bloss desto grösser, je grösser der Flächeninhalt ist, sondern ihm genau proportional, so dass der Flächeninhalt eine Grenze hat, die er nie erreichen kann, und welche Grenze selbst dem Inhalt der zwischen drei sich asymptotisch berührenden geraden Linien enthaltenen Fläche gleich ist, die Formel für diese Grenze ist

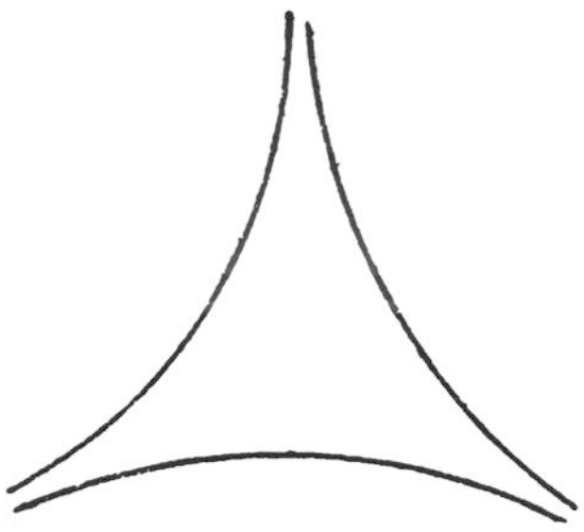

$$\text{Limes areae trianguli plani} = \frac{\pi CC}{\{\log \text{hyp}\,(1+\sqrt{2})\}^2}.$$

Auch jedes andere Polygon von einer bestimmten Seitenzahl $= n$ hat in Beziehung auf seinen Flächeninhalt eine bestimmte Grenze, der es so nahe man will kommen, aber sie nie erreichen kann,

$$= \frac{(n-2)\,\pi CC}{(\log \text{hyp}\,(1+\sqrt{2}))^2}.$$

Theilen Sie gefälligst diess Hrn. SCHW. mit. . . . . .

ANZEIGE.

Göttingische gelehrte Anzeigen. 1822 October 28.

Marburg.

Theorie der Parallelen, von Carl Reinhard Müller, *Doctor der Philosophie, ausserordentlichem Professor der Mathematik* u. s. w. 1822. 40 Seiten in Quart.

Rec. hat bereits vor sechs Jahren in diesen Blättern seine Überzeugung ausgesprochen, dass alle bisherigen Versuche, die Theorie der Parallellinien streng zu beweisen, oder die Lücke in der Euklidischen Geometrie auszufüllen, uns diesem Ziele nicht näher gebracht haben, und kann nicht anders, als dieses Urtheil auch auf alle spätern ihm bekannt gewordenen Versuche ausdehnen. Inzwischen bleiben doch manche solcher Versuche, obgleich der eigentliche Hauptzweck verfehlt ist, wegen des darin bewiesenen Scharfsinns den Freunden der Geometrie lesenswerth, und Rec. glaubt in dieser Rücksicht die vorliegende bei Gelegenheit einer Schulprüfung bekannt gemachte kleine Schrift besonders auszeichnen zu müssen. Den ganzen sinnreichen Ideengang des Verf. hier ausführlich darzulegen, wäre für unsere Blätter zu weitläuftig und auch überflüssig, da die Schrift selbst gelesen zu werden verdient: aber sie hat ihre schwache Stelle, wie alle übrigen Versuche, und diese herauszuheben, ist der Zweck dieser Anzeige.

Wir finden diese schwache Stelle S. 15 in dem Beweise des Lehrsatzes des 15. Artikels. Dieser Lehrsatz ist der wahre Nerv der ganzen Theorie, welche fällt, sobald jener nicht streng bewiesen werden kann. Wir führen daher zuvörderst diesen Lehrsatz hier auf; die dazu gehörige Figur wird jeder leicht selbst zeichnen können.

Wenn jeder Winkel an der Grundlinie ON eines gleichschenkligen Dreiecks grösser ist, als der Winkel an der Spitze A, und man setzt in O an die Seite OA

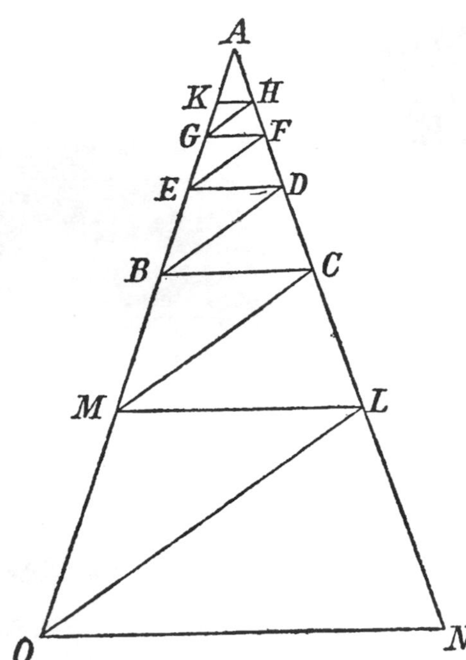

einen Winkel von der Grösse des Winkels A, dessen anderer Schenkel OL die AN in dem Punkte L zwischen A und N trifft, schneidet alsdann von AO ein Stück $OM = NL$ ab und zieht ML; wenn man ferner in M an MA abermals einen Winkel von der Grösse des Winkels A setzt, dessen anderer Schenkel MC die AN in dem Punkte C zwischen A und L trifft, hierauf von AM ein Stück $MB = LC$ abschneidet und BC zieht, und sodann diese Construction auf ähnliche Art fortsetzt, so dass auf der Linie OA die Punkte O, M, B, E, G, K u. s. w., auf der Linie NA hingegen die Punkte N, L, C, D, F, H u. s. w. liegen, so wird behauptet, dass die Stücke OM, MB, BE, EG, GK u. s. w. oder die ihnen resp. gleichen NL, LC, CD, DF, FH u. s. w. eine abweichende Progression bilden.

Den Beweis dieses Lehrsatzes sucht der Verf. apagogisch so zu führen, dass er die übrigen möglichen Fälle, wenn der Lehrsatz nicht wahr wäre, aufzählt, und die Unstatthaftigkeit eines jeden zu erweisen versucht. Der Verf. behauptet nemlich, dass unter jener Voraussetzung einer von folgenden fünf Fällen Statt haben müsste. Die auf einander folgenden Stücke, von OM an gerechnet, wären

1) alle einander gleich, oder
2) jedes nachfolgende grösser als das vorhergehende, oder
3) einige einander gleich und das darauf folgende grösser oder kleiner, oder
4) einige auf einander folgende nähmen fortschreitend ab, und die darauf folgenden fortschreitend zu, oder
5) sie würden abwechselnd grösser und kleiner.

In dieser Aufzählung ist der mögliche Fall übergangen, dass die Stücke anfangs fortschreitend zu- und dann fortschreitend abnähmen, und nach Rec. eigener Überzeugung (deren tiefer liegende Gründe hier aber nicht angeführt werden können) wäre dessen Erledigung gerade die Hauptsache und die eigentliche Auflösung des Gordischen Knotens. Inzwischen kann man zugeben, dass diese Auslassung hier in so fern wenig auf sich hat, als die Beweisart des Verf. für die Unstatthaftigkeit des dritten Falls, wenn sie zulässig wäre, auch auf diesen Fall von selbst erstreckt werden könnte. Allein eben diesem angeblichen Beweise der Unstatthaftigkeit des dritten Falls können wir keine Gültigkeit zugestehen. Der Verf. stellt die Sache so vor. Wenn z. B. in dem dritten Falle angenommen wird, die beiden ersten Stücke seien gleich, das dritte aber grösser, so wäre DC also grösser als CL. Da nun aber AML gleichfalls ein gleichschenkliges Dreieck ist, dem dieselbe Grundbedingung zukommt, wie dem ursprünglichen Dreieck AON, so müsste, wenn jener dritte Fall mit seiner angenommenen Unterabtheilung der gültige wäre, $DC = CL$ sein, in Widerspruch mit dem vorher Gefundenen.

Wir haben, wie wir glauben, bei diesem Moment des Beweises das, worauf es ankommt, noch etwas klarer und bestimmter nach der Ansicht des Verf. angedeutet, als er es selbst gethan hat, wodurch dann aber auch die Schwäche desselben, wie uns scheint, leichter erkannt wird. Denn offenbar ist hier ganz willkürlich angenommen, dass bei allen gleichschenkligen Dreiecken mit dem Winkel A an der Spitze und grösserm Winkel an der Basis, wenn mit ihnen die im Lehrsatz angezeigte Construction vorgenommen wird, die Folge der abgeschnittenen Stücke in Rücksicht auf ihr Gleichbleiben, Grösser- oder Kleinerwerden, allemal, unabhängig von der Grösse der Seiten, nothwendig dieselbe sein müsse, eine Annahme, die doch unmöglich als von selbst evident betrachtet werden darf. Da sich nun aber hierauf allein der versuchte Beweis der Unstatthaftigkeit des dritten (wie auch vierten und fünften) Falls stützt, und der ganze Artikel auch keine andere Ressourcen zum Beweise der Unstatthaftigkeit des übergangenen Falls darbietet, so glauben wir hierdurch das oben ausgesprochene Urtheil hinlänglich gerechtfertigt zu haben, wobei wir aber gern der ganzen übrigen sinnreichen Durchführung in den folgenden Artikeln volle Gerechtigkeit widerfahren lassen.

BEMERKUNG.

Diese bereits in Band IV, Seite 368 bis 370 abgedruckte Anzeige ist hier der Vollständigkeit wegen reproducirt worden. Die Figur, die sich weder beim Originale noch bei dem ersten Abdrucke findet, soll das Verständniss des Textes erleichtern. STÄCKEL.

NACHLASS UND BRIEFWECHSEL.

[ZUR PARALLELENTHEORIE.]

GAUSS an TAURINUS. Göttingen, 8. November 1824.

Ewr. Wohlgeboren

gefälliges Schreiben vom 30. Oct. nebst dem beigefügten kleinen Aufsatz habe ich nicht ohne Vergnügen gelesen, um so mehr, da ich sonst gewohnt bin, bei der Mehrzahl der Personen, die neue Versuche über die sogenannte Theorie der Parallellinien [machen,] gar keine Spur von wahrem geometrischen Geiste anzutreffen. Gegen Ihren Versuch habe ich nichts (oder nicht viel) anderes zu erinnern als dass er unvollständig ist. Zwar lässt Ihre Darstellung des Beweises, dass die Summe der drei Winkel eines ebenen Dreiecks nicht grösser als 180^0 sein kann, in Rücksicht auf geometrische Schärfe noch zu desideriren übrig. Allein diess würde sich ergänzen lassen, und es leidet keinen Zweifel, dass jene Unmöglichkeit sich auf das allerstrengste beweisen lässt. Ganz anders verhält es sich aber mit dem 2^n. Theil, dass die Summe der Winkel nicht kleiner als 180^0 sein kann; diess ist der eigentliche Knoten, die Klippe, woran alles scheitert. Ich vermuthe, dass Sie Sich noch nicht lange mit diesem Gegenstande beschäftigt haben. Bei mir ist es über 30 Jahr, und ich glaube nicht, dass jemand sich eben mit diesem 2^n. Theil mehr beschäftigt haben könne als ich, obgleich ich niemals darüber etwas bekannt gemacht habe. Die Annahme, dass die Summe der 3 Winkel kleiner sei als 180^0, führt auf eine eigene, von der unsrigen (Euklidischen) ganz verschiedene Geometrie, die in sich selbst durchaus consequent ist, und die ich für mich selbst ganz befriedigend ausgebildet habe, so dass ich jede Aufgabe in derselben auflösen kann mit Ausnahme der Bestimmung einer Constante, die sich a priori nicht ausmitteln lässt. Je grösser man diese Constante annimmt, desto mehr nähert man sich der Euklidischen Geometrie und ein unendlich grosser Werth macht beide zusammenfallen. Die Sätze jener Geometrie scheinen zum Theil paradox, und dem Ungeübten ungereimt; bei genauerer ruhiger Überlegung findet man aber, dass sie an sich durchaus nichts unmögliches enthalten. So z. B. können die drei Winkel eines Dreiecks so klein werden als man nur will, wenn man nur die Seiten gross genug nehmen darf, dennoch kann der Flächeninhalt eines Dreiecks, wie gross auch die Seiten genommen werden, nie eine bestimmte Grenze überschreiten, ja sie nicht einmal erreichen. Alle meine Bemühungen, einen Widerspruch, eine Inconsequenz in dieser Nicht-Euklidischen Geometrie zu finden, sind fruchtlos gewesen, und das Einzige, was unserm Verstande darin widersteht, ist, dass es, wäre sie wahr, im Raum eine *an sich bestimmte* (obwohl uns unbekannte) Lineargrösse geben müsste. Aber mir deucht, wir wissen, trotz der nichtssagenden Wort-Weisheit der Metaphysiker eigentlich zu wenig oder gar nichts über das wahre Wesen des Raums, als dass wir etwas uns unnatürlich vorkommendes mit *Absolut Unmöglich* verwechseln dürfen. Wäre die Nicht-Euklidische Geometrie die wahre, und jene Constante in einigem Verhältnisse zu solchen Grössen, die im Bereich unserer Messungen auf der Erde oder am Himmel liegen, so liesse sie sich a posteriori ausmitteln. Ich habe daher wohl zuweilen im Scherz den Wunsch geäussert, dass die Euklidische Geometrie nicht die wahre wäre, weil wir dann ein absolutes Mass a priori haben würden.

Von einem Manne, der sich mir als einen denkenden mathematischen Kopf gezeigt hat, fürchte ich nicht, dass er das Vorstehende missverstehen werde: auf jeden Fall aber haben Sie es nur als eine Privat Mittheilung anzusehen, von der auf keine Weise ein öffentlicher oder zur Öffentlichkeit füh-

24*

ren könnender Gebrauch zu machen ist. Vielleicht werde ich, wenn ich einmal mehr Musse gewinne, als in meinen gegenwärtigen Verhältnissen, selbst in Zukunft meine Untersuchungen bekannt machen.

Mit Hochachtung verharre ich

Ewr. Wohlgeboren

Göttingen den 8. November 1824.

ergebenster Diener
C. F. Gauss.

Gauss an Olbers. Göttingen, 3. Mai 1827.

.... Vor etwa 6 Wochen hatte ich das Vergnügen, Hrn. Dirichlet, von dem ich, glaube ich, Ihnen schon einmal geschrieben habe, hier persönlich kennen zu lernen. Ich erwähnte gegen ihn des schlechten Aufsatzes von Ivory; er kannte ihn nicht selbst, sagte mir aber, Hr. Fourier habe ihm gesagt, dass er »Unsinn« sei, und dass er (F.) sehr über einen lobhudelnden Artikel darüber im Férussac gelacht habe. Ungefähr eben so wie ich habe er auch über sein Mémoire von der Gleichgewichtsgestalt einer rotirenden homogenen Flüssigkeit geurtheilt. Es war mir überraschend noch in mehrern andern Beziehungen, über Personen und Sachen, eine ausserordentliche Übereinstimmung Hrn. Fouriers mit meinem Urtheile zu erfahren; z. B. über imaginäre Grössen, über die Unbeweisbarkeit der Geometrie a priori u. s. w. Nachdem ich Hrn. Dirichlet z. B. über letztere meine Ansicht kurz angedeutet hatte, sagte er, dass ihm Fourier die seinige fast mit den nemlichen Worten gesagt habe. ......

BEMERKUNG.

In einem Notizbuche von GAUSS ist unter Aufzeichnungen aus den Jahren 1824 bis 1828 vermerkt:

»Journal de l'École Normale. Fouriers Defin. der Ebene. Lacroix I. p. 503.«

In der That enthalten die Séances des Écoles Normales T. I (Séance du 25 pluviose an III (1795)), Nouvelle Édition, Paris 1800, S. 28 Äusserungen FOURIERS, in denen er neue Erklärungen der Geraden und der Ebene vorschlägt; FOURIER beginnt dabei, ähnlich wie BOLYAI und LOBATSCHEFSKIJ, mit der Kugel. Weitere Veröffentlichungen FOURIERS über die Grundlagen der Geometrie scheinen nicht zu existiren.

Der Discours préliminaire der Éléments de Géométrie von LACROIX (Quatrième édition. Paris, An VIII [1804] S. XV.) enthält einen Hinweis auf das *Journal des Séances de l'École Normale*; wenn dabei nicht FOURIER, sondern LAPLACE genannt wird, so erklärt sich das daraus, dass jener seine Theorie in den von diesem geleiteten geometrischen Übungen der École Normale vorgetragen hatte.

STÄCKEL.

GAUSS an SCHUMACHER. Göttingen, 11. October 1827.

.... Wer ist wohl Hr. KOCH auf dem Cremon Nr. 83? Er hat mir seine Parallelentheorie [*)] zugeschickt, an der freilich nichts ist; aber etwas seltenes ist, dass er meine Anzeige der Blösse sogleich anerkannt hat; eben so wie meine Bemerkungen über seine nachher mir schriftlich zugesandten, aber eben so erfolglosen Versuche. .....

[*) Christian Adolf KOCH, *Über Parallellinien.* Ein Versuch, dem Urtheil Sachkundiger gewidmet. Hamburg 1827. 8°. 12 S.]

[ÜBER DIE WINKEL DES DREIECKS.]

[1.]

Der Beweis, dass die Summe der drei Winkel eines Dreiecks nicht grösser sein kann als 180^0, ist unabhängig vom 11. Axiom so zu führen.

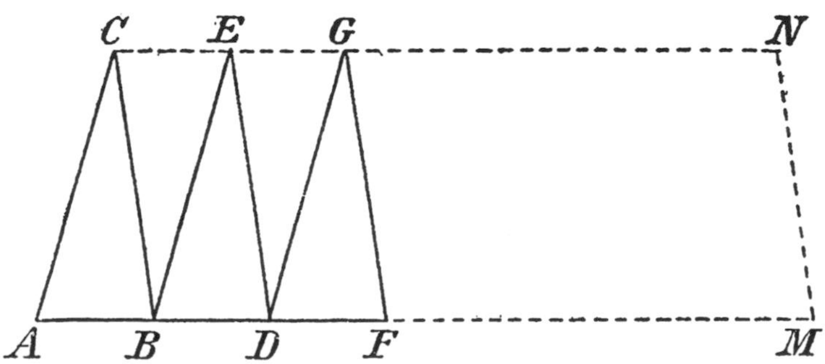

Es sei $A+B+C > 180^0$; man verlängere AB in infin. und wiederhole das vorige Dreieck; dann ist per hyp.

$$CBE < ACB \quad \text{also} \quad (\text{Elemente I. } 24) \quad CE < AB.$$

Eben so $EG = CE$ u. s. w. Man leitet daraus leicht ab, dass, wenn das Dreieck nur oft genug wiederholt wird, die gerade [Linie] AM grösser ist als die gebrochene $ACEG \ldots . NM$, worin sich das Widersprechende leicht nachweisen lässt. Eine $n$malige Wiederholung reicht hin, wenn

$$AC + CB - AB < n(AB - CE).$$

(gefunden 1828 Nov. 18).

[2.]

[*Satz 1* = Euklid I. 13: Die Winkel, die eine Gerade mit einer andern bildet, auf der sie steht, sind entweder beide Rechte oder zusammen gleich zwei Rechten.

Satz 2 = Euklid I. 5: In jedem gleichschenkligen Dreieck sind die Winkel an der Grundlinie einander gleich.

Satz 3 = Euklid I. 6: Sind in einem Dreieck zwei Winkel einander gleich, so sind auch die den gleichen Winkeln gegenüberliegenden Seiten einander gleich.

Satz 4: In einem Dreieck können nicht zwei Winkel gleich Rechten sein.]

5. Lehrsatz. Kein Winkel eines Dreiecks kann dem Nebenwinkel eines andern Winkels desselben Dreiecks gleich sein.

Es ist nicht möglich, dass $ACB = ABD$.

Beweis. Nehmen wir an, es sei $ACB = ABD$ und unterscheiden drei Fälle.

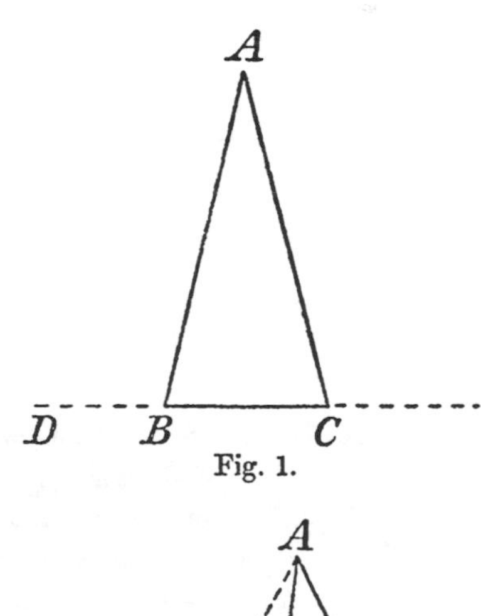

Fig. 1.

I. Es sei $AB = AC$. Fig. 1. Also (Satz 2) $ABC = ACB$, folglich $ABC = ABD$; es sind daher ABC, ACB rechte Winkel [Satz 1], welches unmöglich ist (Satz 4).

II. Es sei AB kleiner als AC. (Fig. 2.) Es liegt daher B innerhalb einer Kugelfläche, deren Mittelpunkt A, Halbmesser $= AC$. Die gerade Linie CB über B hinaus verlängert muss folglich die Kugelfläche schneiden; das geschehe in E. Es ist also $AE = AC$, daher $AEB = ACB$ (Satz 2), dann $AEB = ABD = ABE$, ferner (Satz 3) $AB = AE = AC$ gegen die Voraussetzung.

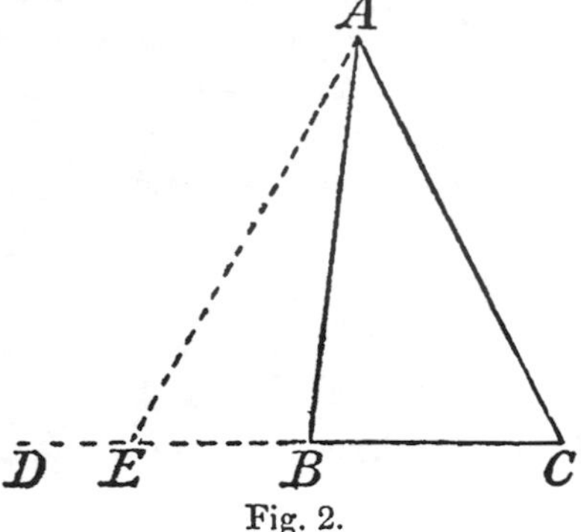

Fig. 2.

III. Es sei AB grösser als AC. Es liegt also C innerhalb einer Kugelfläche, Centrum A, Halbmesser AB, diese Kugelfläche werde von der über C fortgesetzten BC in E geschnitten. Es ist also

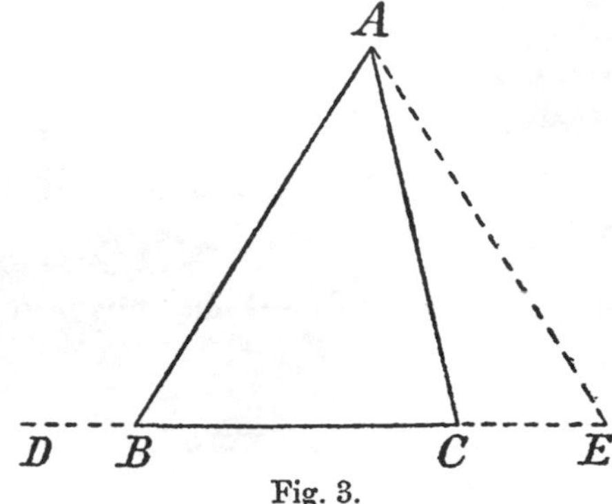

Fig. 3.

$AB = AE$, $ABE = AEB$; folglich ist nun aus der Voraussetzung $ACB = ABD$ sogleich (Satz 1) $ACE = ABC = ABE = AEB$. Also ist $AC = AE = AB$ gegen die Voraussetzung.

6. Lehrsatz. Kein Winkel eines Dreiecks kann grösser sein als der Nebenwinkel eines andern Winkels in demselben Dreieck. ACB kann nicht grösser sein als ABD.

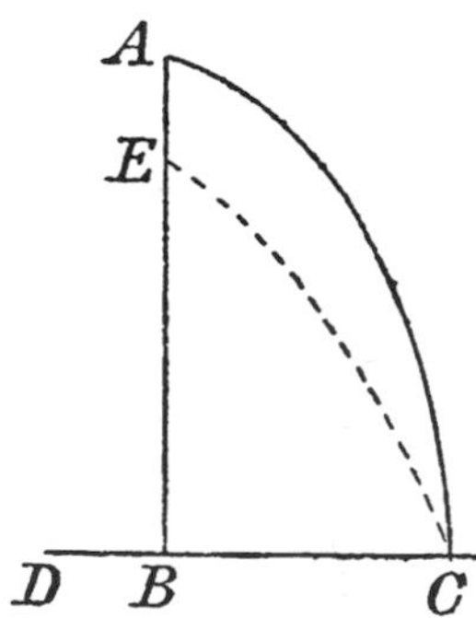

Beweis. Man beschreibe eine Kegelfläche, Axe CB, Spitze C, Winkel dem ABD gleich. Wäre nun ABD kleiner als ACB, so würde die Linie CA ausserhalb des Kegels liegen (Definition) und da B, als Punkt in der Axe, innerhalb liegt, so muss die Gerade AB die Kegelfläche schneiden. Das geschehe in E. Es wird also $ECB = EBD$, welches nicht möglich ist (Satz 5).

BEMERKUNG.

Das Princip des Aneinanderreihens congruenter Dreiecke, auf dem der Beweis in der Notiz [1] beruht, den GAUSS auf der hintern Seite des Titelblatts seines Exemplars von BAERMANN, Elementorum Euclidis Libri XV, Leipzig 1769 notirt hat, war bereits von LEGENDRE im Jahre 1798 angewandt worden (Éléments de géométrie, 2ième édition, Proposition XIX); genau derselbe Beweis findet sich auch bei LOBATSCHEFSKIJ in der Abhandlung Новыя начала геометрiи (Neue Anfangsgründe der Geometrie) Kap. VI, § 90 vom Jahre 1836.

Die Notiz [2] befindet sich auf einem einzelnen, nicht datirten Zettel. Der darin enthaltene *Lehrsatz 6* ist gleichbedeutend mit Euklid I. 17.

STÄCKEL.

[ZUR THEORIE DER GERADEN LINIE UND DER EBENE.]

[1.]

[Euklids Elemente Buch I. Lehrsatz 7: »Sind von den Endpunkten einer Geraden nach einem Punkt ausserhalb zwei Gerade gezogen, so ist es unmöglich, von diesen Endpunkten aus nach einem andern Punkt auf derselben Seite jener Geraden zwei Gerade zu ziehen, die den ersten beziehungsweise gleich sind.]

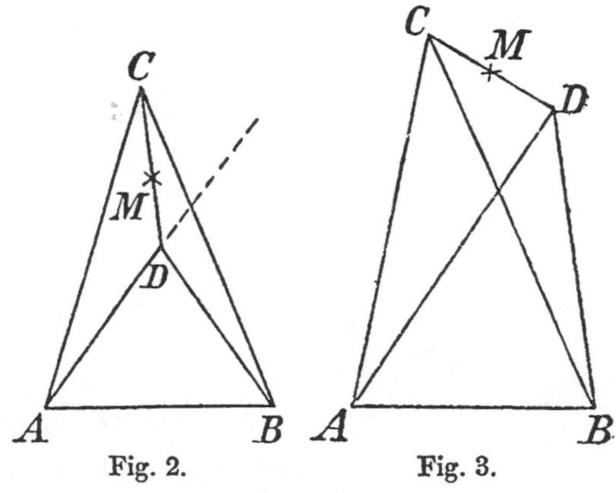

Fig. 2. Fig. 3.

Um Euklids Beweis I. 7 stringent zu machen, ohne vorher die Ebene anders definirt zu haben, als »die Fläche, welche durch Umdrehung einer Geraden um eine Axe [entsteht], mit der sie rechte Winkel macht«, muss man in der 2. und 3. Figur CD in M halbiren und durch M ein Planum legen, gegen welches CD normal ist, *in* diesem liegen A und B, während C und D ausserhalb liegen. Es braucht also nur bewiesen zu werden, dass kein Punkt von AD und BC (AD für die Fig. 2 indefinite verlängert) in dem Planum liegt, was keine Schwierigkeit hat. Es folgt dann von selbst, dass die Voraussetzung absurd ist, sobald AD und BC einander schneiden.

[2.]

Es gibt viele solche Dinge, selbst in der Elementargeometrie, die eines strengen Beweises bedürfen, z. B. die Möglichkeit der Ebene, deren Definition eigentlich schon ein Theorem involvirt; z. B. wenn ABD, AFG, ACE, BFC gerade Linien sind, dass dann die gerade Linie durch DE nicht oberhalb oder unterhalb G weggehen kann.

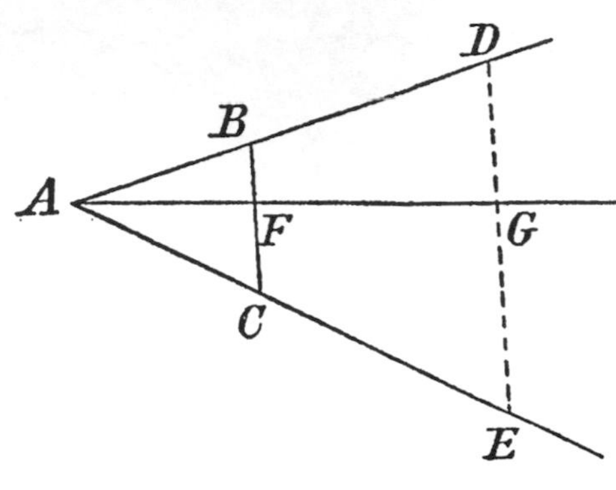

Der Beweis ist zwar nicht sehr schwer, aber doch auch nicht ganz leicht, und auf jeden Fall in dieser oder einer andern Form unerlässlich.

[3.]

BEGRÜNDUNG DES PLANUM.

1. **Ebene** nennen wir die Fläche, in der jede durch einen gegebenen Punkt A gehende Gerade AD liegt, die mit der gegebenen Geraden AB einen rechten Winkel macht. Eine solche Ebene wird also beschrieben, wenn AD sich um AB als Axe dreht.

2. Wird AB rückwärts nach C fortgesetzt, so macht auch AC mit jeder AD rechte Winkel.

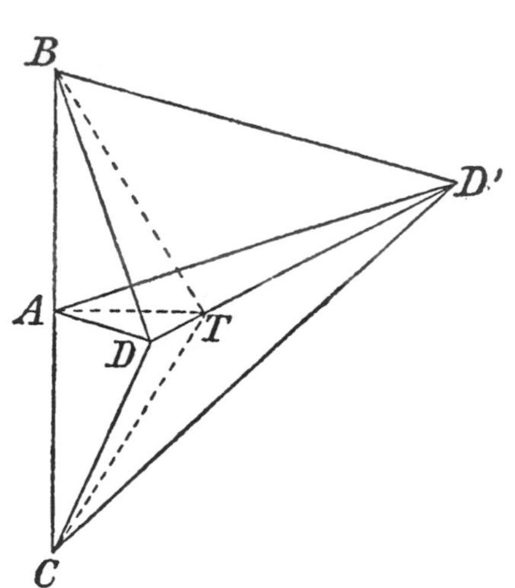

3. Es seien nun AD, AD' zwei im Planum liegende Gerade und $AD = AD'$; es sei ferner $AC = AB$: es deckt dann das Vierpunkt-System $ACD'D$ das Vierpunkt-System $ABDD'$; also das Dreieck $CD'D$ das Dreieck BDD'; allein auch das Dreieck $BD'D$ deckt BDD'; also deckt auch $CD'D$ $BD'D$. Ist also T ein beliebiger Punkt in der Geraden DD', so decken sich auch BDT, CDT, also BT und CT. Es ist also BCT gleichschenklig, also decken sich BCT und CBT, also BAT und CAT, folglich sind die Winkel BAT und CAT Rechte und T liegt im Planum.

4. *Theorem.* Eine durch zwei im Planum P liegende Punkte T, U gezogene Gerade liegt ganz in jenem.

Beweis. I) Liegt A in der Geraden $\ldots TU \ldots$, so ist der Satz aus der Definition des Planum von selbst klar. Liegt A nicht in der Geraden TU, so machen AT, AU einen Winkel mit einander; ist nun

II) $AT = AU$, so folgt der Satz aus 3; sind hingegen

III) AT und AU ungleich, so sei $AT > AU$. Man verlängere AT rückwärts bis $AK = AT$; die Kreislinie, welche T durch Drehung um A beschreibt, wird dann durch K gehen, und die Kreisfläche, die ein Theil des Planum P ist, wird durch KT in zwei Theile getheilt, in deren einem U liegt.

Indem nun eine Gerade TK sich so bewegt, dass ihr einer Endpunkt in T, der andere in der Peripherie KVW bleibt, beschreibt sie das Planum, vollendet die Figur immer vollkommener und hat sie ganz erschöpft, wenn W in T angekommen ist. In einer Lage der beweglichen Geraden ist sie also durch U gegangen, es sei diess die Lage TV. Die Gerade TU ist also nur ein Theil der Geraden TV, letztere aber liegt ganz in der Ebene, dasselbe gilt also auch von TU.

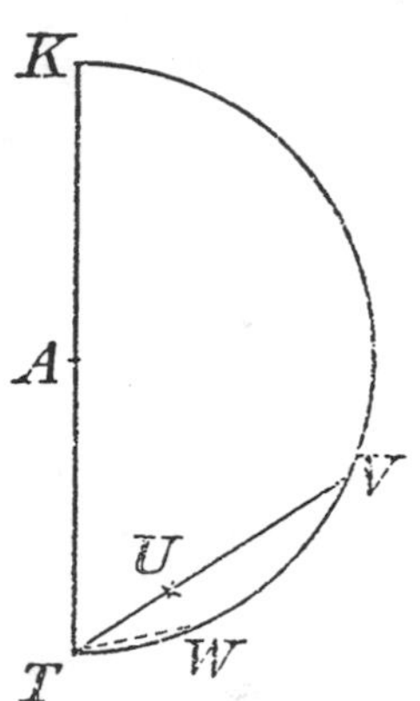

Dass übrigens auf vorbeschriebene Art die Fläche des Halbkreises ganz ausgefüllt wird, kann leicht mit vollkommener Strenge bewiesen werden. Gesetzt Ein Theil könne nicht erreicht werden und U sei ein Punkt in demselben. Mit einem Radius kleiner als TU beschreibe man [um T] eine Kugelfläche, wodurch jener Halbkreis in die Theile M, M' getheilt wird, so dass M ausserhalb, M' innerhalb der Kugelfläche liege; offenbar ist dann U in M. Es sei ferner W der Punkt der Peripherie des Halbkreises, wo dieselbe von der Kugelfläche geschnitten wird; die gerade Linie TW liegt dann innerhalb M', also U innerhalb der Figur $KTWK$, diese aber wird beschrieben, indem die bewegliche Linie sich von der Lage TK bis zu der Lage TW dreht. Also ist die Voraussetzung, dass U nicht getroffen werde, absurd.

[4.]

[Bei LÜBSEN, *Ausführliches Lehrbuch der Elementar-Geometrie*, Hamburg 1851, Seite 11 heisst es:]

{Erklärung: Eine gerade Linie ist diejenige, welche nicht aus ihrer Lage kommt, indem sie sich um ihre beiden festen Endpunkte dreht *).}

{*) So ungefähr hörten wir einmal GAUSS bei der Erklärung des Fernrohrs und dessen richtigen Gebrauchs den Begriff der geraden Linie festsetzen. Diese Erklärung ist theoretisch fruchtbar, wie die gleich daraus folgenden Sätze zeigen; ausserdem ist das angegebene Merkmal praktisch wichtig, z. B. bei der Justirung eines Fernrohrs, richtigen Bohrung eines Cylinders etc.}

[5.]

THEORIE DES VORTRAGS VON LEHREN, DIE RAUMVERHÄLTNISSE BETREFFEN.

1) Alle die Gegenstände, die bei einem Satz relevant sind, zeichne man, und bezeichne sie durch Buchstaben oder Ziffern, Punkte durch einen, Linien durch 2, Flächen durch 3, Körper allenfalls durch 4, welches jedoch öfters auch durch einen geschehen kann.

2) Relativ bewegliche Räume, deren Bewegung ohne Stetigkeit bei dem Geschäft in Frage kommt, zeichne man besonders.

3) Die Grössenrelationen, die relevant sind, bezeichne man auch durch Buchstaben.

4) Man stelle sich das, was man beweisen will, in Form einer Gleichung vor und gehe successive auf deren Gründe zurück.

So wird das ganze Geschäft in seine Elemente gleichsam zerlegt, die man nachher rückwärts wieder zusammensetzt. Dabei bemerkt man dann leicht, was beim wirklichen Vortrag zusammengezogen werden kann.

Beispiel an der Theorie des Nivellirens einer Ebene.

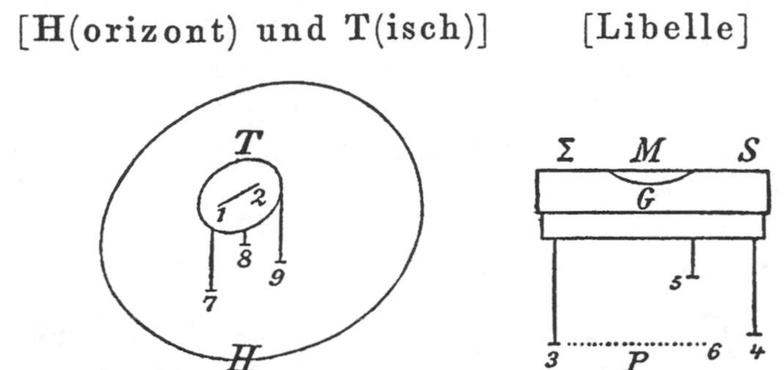

Man will bewirken, dass Eine Linie 1 2 horizontal wird und zuletzt beweisen, dass die gemachten Operationen diess bewirken. Man nenne also die Richtung von 1 2 gegen H[orizont]: v.

Es soll also bewiesen werden, dass das letzte $v = 0$. Überlegt man die Quelle der Gewissheit, so findet man, dass sie darauf beruht, dass die beiden vorletzten Werthe einander entgegengesetzt waren.

Weshalb waren sie einander entgegengesetzt? Weil eine andere Linie, die beidemale gleiche Neigung gegen H hatte, mit ihr in entgegengesetzten Lagen zusammenfiel. Diese andere Linie ist 3 6. Es heisse ihre Neigung gegen H[orizont]: u. Es muss also bewiesen werden, dass u in den Experimenten gleich war. Woran erkannte man diess? An der gleichen Stellung der Libelle.

Die Stellung der Libelle muss also u bestimmen. Wie wird diess bewiesen? Fragt sich erst: ist diess wahr? Man sieht ein, dass es nicht genau wahr ist, sondern nur im Fall einer berichtigten Libelle.

Man suche also eine Zwischengrösse, die 0 sein muss, wenn die Libelle wirklich berichtigt ist. Diess ist die Neigung von G gegen P, welche i heisst. Nennt man die Neigung von G gegen H[orizont]: g, so ist klar, dass die Stellung der Libelle von g abhängt, und dass sehr nahe

$$g = i + u$$

ist. Jetzt bezeichne man die Experimente mit:

I

Umgestellt

II

An 7 geschraubt

III

An 7 halb zurückgeschraubt

IV

An 3 geschraubt, wenn zugleich die Libelle berichtigt werden soll.

V

Die Schlüsse rückwärts sind also:

(1) $v^4 = 0$, weil (2) $v^3 = -v^2$ und kleine gleiche Bewegungen von 7 das v gleich viel verändern.

(2) $v^3 = -v^2$, weil $v^2 = u^1$, $v^3 = -u^3$ und (3) $u^1 = u^3$.

(3) $u^1 = u^3$, weil $S^1 = S^3 = u$ von u abhängig, also $u^1 = u^3$.

Da also S^1 hier in Consideration kommt, so ist klar, dass man vor I schon die Ebene T in die Lage gebracht haben muss, dass die Enden der Blase sichtbar sind.

Soll nun noch die Berichtigung der Libelle bewirkt werden, so ist zu zeigen, dass $i^5 = 0$.

Diess erkennt man an der Normalstellung von S, aber offenbar hängt sie nicht unmittelbar mit $i = 0$, sondern nur mit $g = 0$ zusammen.

Die Synthesis geht nun am besten von den ursprünglichen Werthen aus:

$$S = M + h + i + u,$$
$$\Sigma = M - h + i + u,$$

	u	v	i
[I]	v^1	v^1	i^1
[II]	$-v^1$	v^1	i^1
[III]	v^1	$-v^1$	i^1
[IV]	0	0	i^1
[V]	0	0	0

Da v bei 5 verschiedenen Stellungen nur 1 mal $= +u$ und 4 mal $= -u$ ist, so kann man v als Zeichen ganz ignoriren und [nur] von u sprechen.

Man kann also den Vortrag so einkleiden: Die Gleichung

$$\left.\begin{matrix} S \\ \Sigma \end{matrix}\right\} = M \pm h + i + u$$

lehrt, dass gleiche Stellungen der Blase, bei ungeändertem Werth von i, gleiche Werthe von u anzeigen. Nun sind die Werthe von u in I und II entgegengesetzt; hat [die Blase] also in II dieselbe Stellung wie in I, so ist $u' = u'' = 0$.

Im entgegengesetzten Fall schliesst man, dass u nicht $= 0$ war und jetzt den entgegengesetzten Werth vom vorigen hatte. Bringt man also durch stetiges Schrauben an 7 das u wieder auf den vorigen Werth, so geht es dabei durch 0, und das halbe Schrauben zurück bringt 0 hervor. Dann ist also die Linie 12 oder 21 oder 34 horizontal, aber die Blase hat sich ihrerseits wieder gleichfalls der 2ten Stellung um die Hälfte genähert. Man ändert nun i durch Schrauben an 3, bis $\left.\begin{matrix} S \\ \Sigma \end{matrix}\right\} = M \pm h$ wird.

BEMERKUNGEN.

Die erste der vorstehenden Notizen findet sich auf dem hintern Schmutzblatte des Werkes: *Mathematische Abhandlungen* von Jacob Wilhelm Heinrich LEHMANN, Zerbst 1829 und stammt vermuthlich aus diesem Jahre. Die Notiz [2] steht auf einem einzelnen Blatte; die Zeit ihrer Abfassung lässt sich nicht genau angeben, doch darf man vermuthen, dass sie zwischen 1820 und 1830 fällt. Die Notiz [3] hat GAUSS in einem Handbuche verzeichnet, höchst wahrscheinlich im März 1832, denn sie bezieht sich auf GAUSS' Brief an BOLYAI vom 6. März 1832. Die Notiz [4] beruht auf einer mündlichen Mittheilung von GAUSS an LÜBSEN, der im Jahre 1830 bei ihm Vorlesungen hörte (vergl. LÜBSEN, *Ausführliches Lehrbuch der Analysis*, Hamburg 1853, S. 171). Endlich ist die Notiz [5] auf einem Zettel verzeichnet, der nicht datirt ist, jedoch deutet die Handschrift auf eine spätere Periode aus GAUSS' Leben, etwa die Zeit zwischen 1840—1850; wahrscheinlich hat GAUSS die Notiz bei der Vorbereitung für eine Vorlesung über praktische Astronomie niedergeschrieben. Für ihre Unterbringung an dieser Stelle ist lediglich ihr Inhalt massgebend gewesen.

Dass GAUSS sich schon sehr früh mit der Definition der Ebene beschäftigt hat, zeigt die bereits S. 162 dieses Bandes abgedruckte Stelle aus seinem Tagebuche vom 28. Juli 1797.

Die beiden Figuren in der Notiz [1] sind dem Texte hinzugefügt worden.

STÄCKEL.

[ÜBER DIE ERSTEN GRÜNDE DER GEOMETRIE.]

GAUSS an BESSEL. Göttingen, 27. Januar 1829.

.... Auch über ein anderes Thema, das bei mir schon fast 40 Jahr alt ist, habe ich zuweilen in einzelnen freien Stunden wieder nachgedacht, ich meine die ersten Gründe der Geometrie: ich weiss nicht, ob ich Ihnen je über meine Ansichten darüber gesprochen habe. Auch hier habe ich manches noch weiter consolidirt, und meine Überzeugung, dass wir die Geometrie nicht vollständig a priori begründen können, ist, wo möglich, noch fester geworden. Inzwischen werde ich wohl noch lange nicht dazu kommen, meine *sehr ausgedehnten* Untersuchungen darüber zur öffentlichen Bekanntmachung auszuarbeiten, und vielleicht wird diess auch bei meinen Lebzeiten nie geschehen, da ich das Geschrei der Böotier scheue, wenn ich meine Ansicht *ganz* aussprechen wollte. — Seltsam ist es aber, dass *ausser* der bekannten Lücke in Euklids Geometrie, die man bisher umsonst auszufüllen gesucht hat, und nie ausfüllen wird, es noch einen andern Mangel in derselben gibt, den meines Wissens niemand bisher gerügt hat, und dem abzuhelfen keinesweges leicht (obwohl möglich) ist. Diess ist die Definition des *Planum* als einer Fläche, in der die, *irgend zwei* Punkte verbindende, gerade Linie *ganz* liegt. Diese Definition enthält *mehr*, als zur Bestimmung der Fläche nöthig ist, und involvirt tacite ein *Theorem*, welches erst bewiesen werden muss. ......

[BESSEL *an* GAUSS. *Königsberg i. Pr., 10. Februar 1829.*]

{...... Ich würde sehr beklagen, wenn Sie Sich »durch das Geschrei der Böotier« abhalten liessen, Ihre geometrischen Ansichten aus einander zu setzen. Durch das, was LAMBERT gesagt hat, und was SCHWEIKART mündlich äusserte, ist mir klar geworden, dass unsere Geometrie unvollständig ist, und eine Correction erhalten sollte, welche hypothetisch ist und, wenn die Summe der Winkel des ebenen Dreiecks = 180^0 ist, verschwindet. Das wäre die wahre Geometrie, die Euklidische die praktische, wenigstens für Figuren auf der Erde......}

GAUSS an BESSEL. Göttingen, 9. April 1830.

.... Wahre Freude hat mir die Leichtigkeit gemacht, mit der Sie in meine Ansichten über die Geometrie eingegangen sind, zumal da so wenige offenen Sinn dafür haben. Nach meiner innigsten Überzeugung hat die Raumlehre in unserm Wissen a priori eine ganz andere Stellung, wie die reine Grössenlehre; es geht unserer Kenntniss von jener durchaus diejenige vollständige Überzeugung von ihrer Nothwendigkeit (also auch von ihrer absoluten Wahrheit) ab, die der letztern eigen ist; wir müssen in Demuth zugeben, dass, wenn die Zahl bloss unsers Geistes Product ist, der Raum auch ausser unserm Geiste eine Realität hat, der wir a priori ihre Gesetze nicht vollständig vorschreiben können........

[ZUR THEORIE DER PARALLELLINIEN.]

[1.]

PARALLELLINIEN.

1. Wenn die Geraden $AM\ldots$, $BN\ldots$ einander nicht schneiden, jede durch A zwischen $AM\ldots$ und $AB\ldots$ gelegte Gerade hingegen die $BN\ldots$ schneidet: so heisst $AM\ldots$ mit $BN\ldots$ parallel.

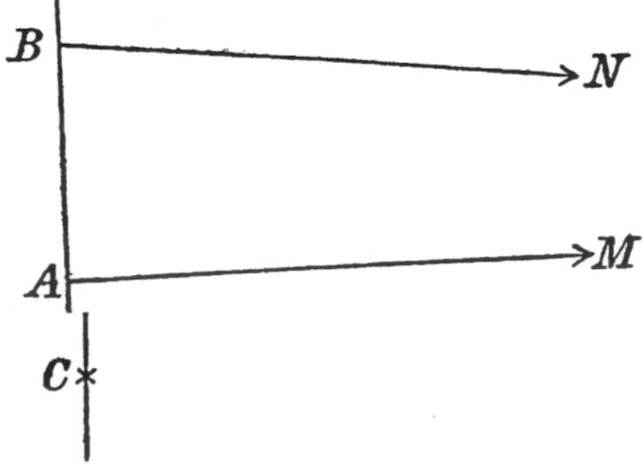

2. Geht eine Gerade beständig durch den Punkt A, und gelangt durch Drehung aus der Lage $AB\ldots$ auf der Seite, wo BN liegt, zuletzt in die Lage $AC\ldots$, die der ersten entgegengesetzt ist, so ist sie anfangs schneidend, zuletzt nicht schneidend, also muss es gewiss Eine und nur Eine Lage geben, die die Scheidung der schneidenden und nicht schneidenden [Geraden] ist, und zwar wird diess die erste nicht schneidende sein, also nach unserer Definition die Parallele $AM\ldots$, da es offenbar keine letzte schneidende geben kann.

3. In unserer Definition sind in beiden Linien bestimmte Anfangspunkte A, B vorausgesetzt. Man sieht aber leicht, dass der Parallelismus davon unabhängig ist, in so fern nur der Sinn der Richtungen, nach welchen die Linien als unbegrenzt betrachtet werden, derselbe bleibt. Nimmt man nemlich statt B einen andern Anfangspunkt B', sei es auf der Linie $BN\ldots$, oder wo immer

auf ihrer Fortsetzung rückwärts, so ist von selbst klar, dass diess keinen Unterschied macht.

Nimmt man dagegen anstatt A einen andern Anfangspunkt A' auf der Linie $AM\ldots$, zieht durch A' zwischen $A'M\ldots$ und $A'B$ die Gerade $A'P$ in beliebiger Richtung, und durch einen Punkt Q zwischen A' und P die Gerade $AQ\ldots$, so wird solche (Definition) die $BN\ldots$ schneiden, woraus von selbst klar ist, dass auch $QP\ldots$ die $BN\ldots$ schneiden wird.

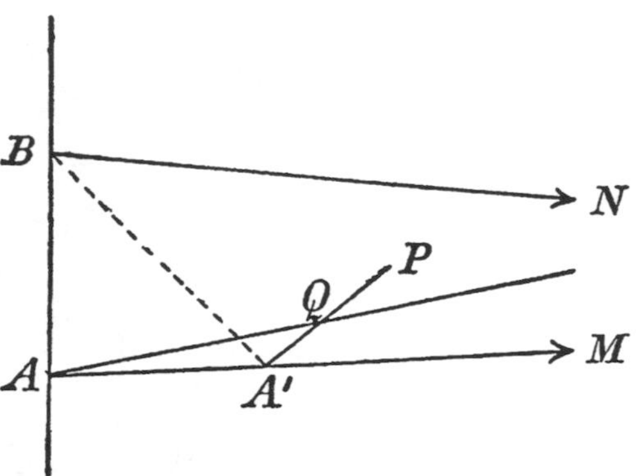

Nimmt man aber A' auf der rückwärts fortgesetzten $AM\ldots$ und zieht

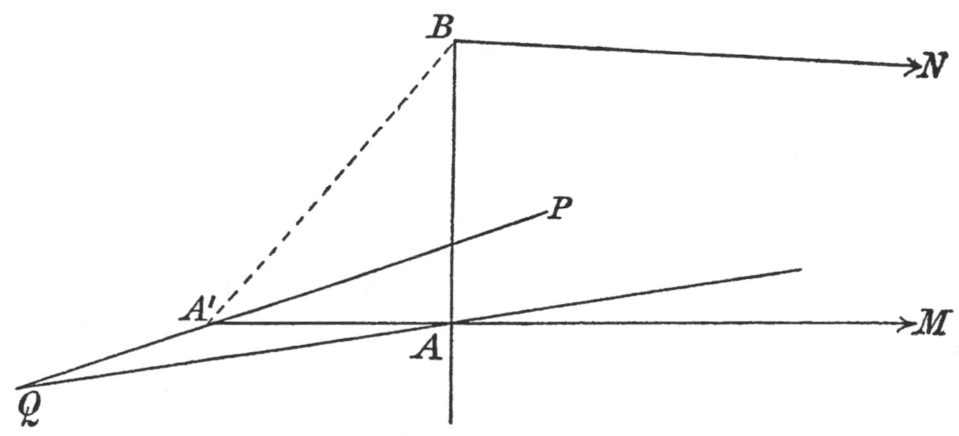

durch A' zwischen $A'M\ldots$ und $A'B\ldots$ in beliebiger Richtung die Gerade $A'P$, verlängert solche rückwärts und nimmt darauf einen beliebigen Punkt Q, so wird $QA\ldots$ die $BN\ldots$ schneiden (Definition), z. B. in R. $A'P$ ist also in der geschlossenen Figur $A'ARB$ und wird daher eine der vier Seiten $A'A$, AR, RB, BA' schneiden, offenbar muss diess aber die dritte RB sein, daher also auch $A'M\ldots$ mit $BN\ldots$ parallel ist.

4. Nicht ganz so evident ist die Reciprocität des Parallelismus. Es sei die Gerade 1 parallel mit 2. Von einem beliebigen Punkte in 2, A, fälle man ein Perpendikel AB auf 1. Es sei 3 eine beliebige Gerade durch A zwischen AB und 2, und AC eine Gerade zwischen denselben Grenzen, so dass der Winkel

$$BAC = \tfrac{1}{2}(3, 2).$$

Wir haben nun zwei Fälle zu unterscheiden.

I. Schneidet $AC\ldots$ die Linie 1 in D, so mache man $BE = BD$, indem

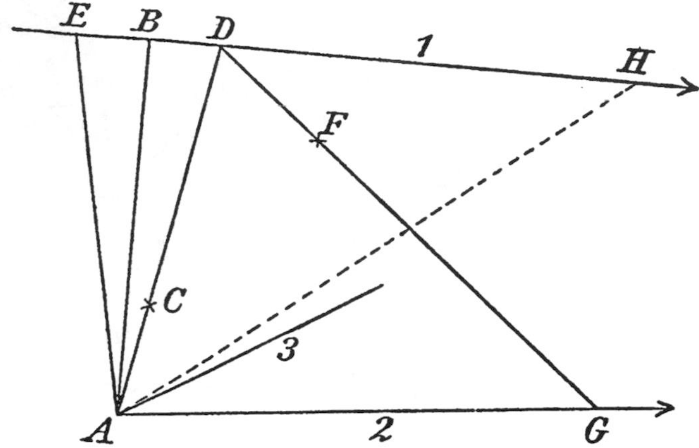

E in 1 auf der entgegengesetzten Seite von D genommen wird. Durch D ziehe man zwischen 1 und DA die Gerade $DF\ldots$, so dass $ADF = AED$. Diese Gerade wird also 2 in G schneiden. Man mache [auf 1] $EH = DG$ und verbinde AH. Die Dreiecke ABD, ABE werden congruent sein, also $AE = AD$; folglich auch die Dreiecke ADG, AEH congruent, also $EAH = DAG$. [Mithin ist] $GAH = DAE = (2,3)$, [d. h.] AH ist mit 3 identisch oder 3 schneidet 1 in H und folglich ist, weil 3 jede beliebige zwischen 2 und AB liegende Gerade bedeuten kann, 2 mit 1 parallel.

II. Schneidet AC die 1 nicht, so sei D ein beliebiger Punkt auf 1. Es

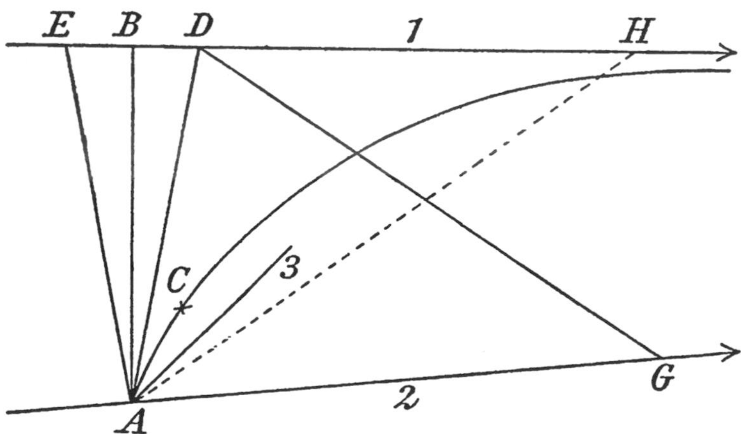

gelten dann dieselben Schlüsse wie vorher bis zu dem Resultat $GAH = DAE$.

Allein in diesem Fall ist $DAB < CAB$ oder $DAE < (2,3)$. Also $(2,3) > GAH$ und 3 wird folglich in der geschlossenen Figur *AHD* liegen, also *DH* schneiden. Das übrige wie in I.

5. *Lehrsatz.* Ist die Gerade 1 sowohl mit 2 als mit 3 parallel, so ist auch 2 mit 3 parallel.

Beweis. Erster Fall, wenn 1 zwischen 2 und 3 liegt. Es seien *A*, *B*

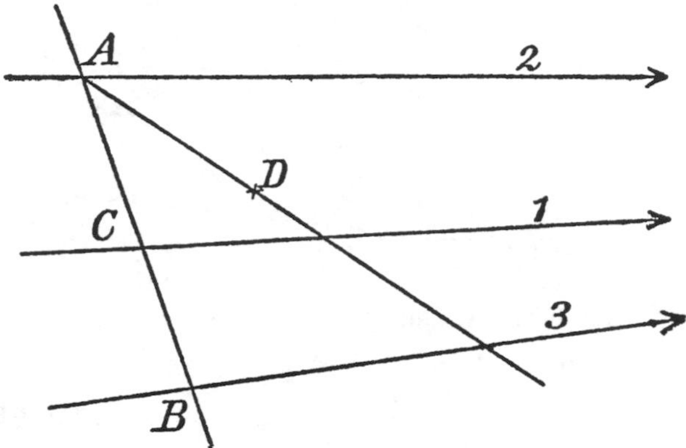

Punkte auf 2 und 3 und *AB* schneide die 1 in *C*. Durch *A* ziehe man eine beliebige Gerade *AD* ... zwischen 2 und *AB*, welche also 1 schneiden wird; weiter fortgesetzt wird sie also auch 3 schneiden; da diess von jeder *AD*... gilt, so ist 2 mit 3 parallel.

Zweiter Fall, wenn 1 ausserhalb 2 und 3 liegt. Es liege 2 zwischen 1

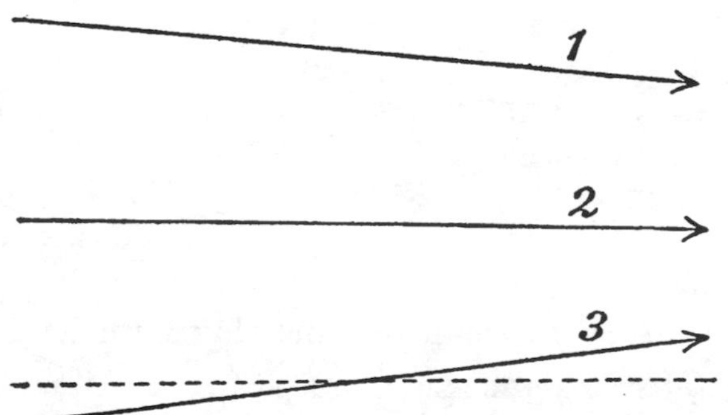

und 3. Wäre 2 mit 3 nicht parallel, so lässt sich durch einen beliebigen Punkt von 3 eine von 3 verschiedene Gerade ziehen, die mit 2 parallel ist. Diese ist also vermöge des ersten Falls auch mit 1 parallel, welches absurd ist. (Lehrsatz oben nachzusehen.)

6. *Lehrsatz.* Eine Gerade $CL\ldots$ oder 3, die sich zwischen zwei Parallelen $AM\ldots$ oder 1, $BN\ldots$ oder 2 befindet, und keine von beiden schneidet, ist mit denselben parallel.

Beweis. Man ziehe durch einen beliebigen Punkt C in der Geraden 3

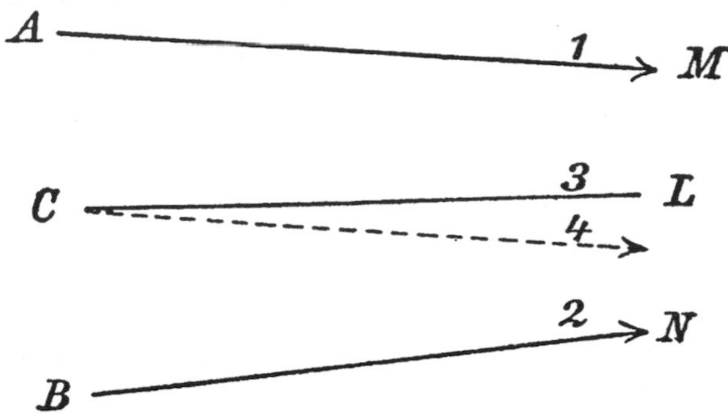

eine Parallele 4 mit 2; wäre diese von 3 verschieden, so müsste 3 entweder zwischen 1 und 4 oder zwischen 2 und 4 fallen; in jenem Fall würde sie (Definition der Parallelen) die 1, im andern die 2 schneiden müssen, gegen die Voraussetzung.

7. *Lehrsatz.* Zwei Parallellinien, rückwärts fortgesetzt, können einander auf dieser Seite nicht schneiden.

Beweis. Gesetzt $AM\ldots$, $BN\ldots$ schnitten einander auf ihren Fort-

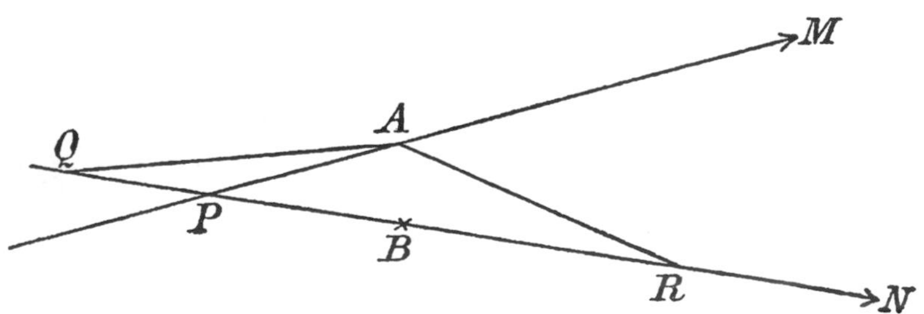

setzungen rückwärts in P, so sei Q ein beliebiger Punkt in der noch über P hinaus rückwärts geführten Fortsetzung von $BN\ldots$. Man verbinde QA, welche Gerade noch weiter fortgesetzt PN in einem Punkt R schneiden wird. Wir haben also durch die Punkte Q, R zwei verschiedene gerade Linien, welches absurd ist.

[2.]

[CORRESPONDIRENDE PUNKTE IN PARALLELLINIEN.]

1. *Definition.* Correspondirende Punkte in Parallellinien, auf den gleichen Winkeln an der Verbindungslinie beruhend.

2. Sind A, B correspondirende Punkte und M in der Mitte von AB,

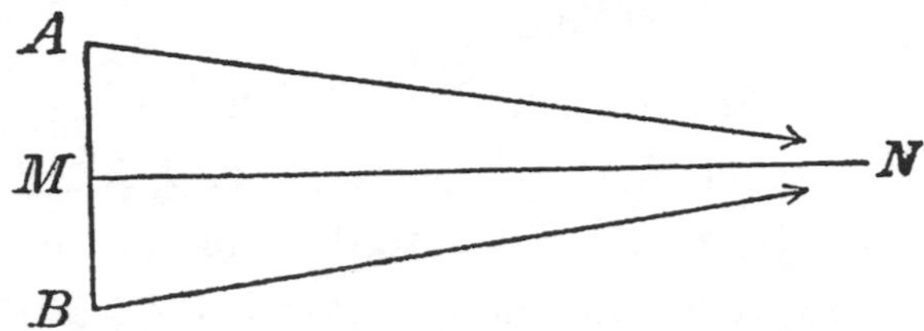

MN senkrecht auf AB, so wird 1) MN mit beiden parallel sein, 2) jeder Punkt, welcher mit A auf Einer Seite von MN liegt, wird dem A näher sein als [dem] B.

. . . .

4. *Theorem.* Sind A, B correspondirende Punkte auf den Parallelen 1, 2 und A', B' desgleichen, so ist $AA' = BB'$ und vice versa.

5. *Theorem.* Sind A, B, C Punkte auf den Parallelen 1, 2, 3 und A mit B, B mit C correspondirend; so ist auch A mit C correspondirend.

Beweis. Im entgegengesetzten Fall sei der Winkel $C > A$; man nehme

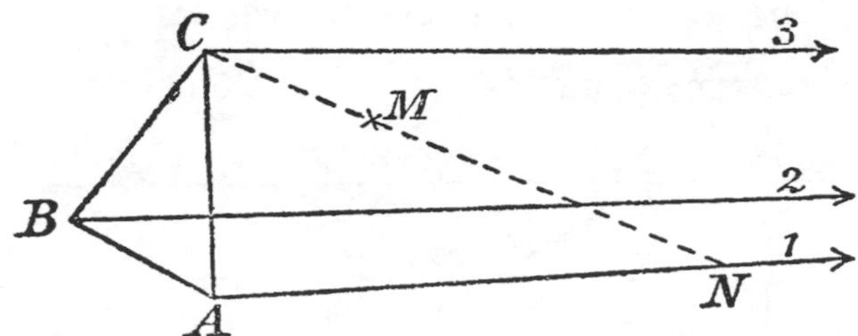

$ACM = A$, so wird CM die AN in N schneiden. Man hat also $AN = CN$; allein vermöge *Th.Th.* ist $AN < BN$ und $BN < CN$, welches also ein Widerspruch ist.

Setzte man voraus, dass $A = B$; $A = C$, und wäre B nicht $= C$, so sei $B = C'$, woraus $A = C'$ folgen würde.

[3.]

PARALLELISMUS.

1. $ab*$ ist mit $cd*$ parallel, wenn
   1) beide in einer Ebene sind,
   2) einander nicht schneiden,
   3) jede Linie $af*$ innerhalb des Raumes $*bacd*$ die $cd*$ schneidet.
2. Der Parallelismus ist unabhängig von dem Anfang der Linie $cd*$.
3. Der Parallelismus ist unabhängig von dem Anfang der Linie $ab*$.

   I. Es ist auch $a'b*$ parallel mit $cd*$, wenn a' auf $ab*$.

   Beweis. $af*$ schneidet $cd*$; so wird auch $a'f*$ schneiden.

   II. [Es ist auch $a'b*$ parallel mit $cd*$,] wenn a' ausserhalb $ab*$.

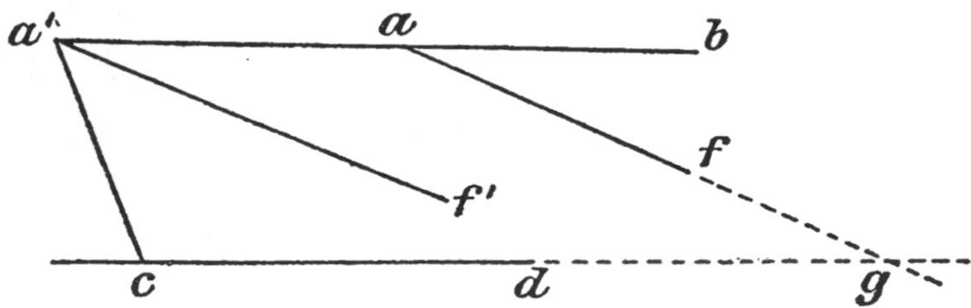

Man mache $baf = ba'f'$; es schneide $af*$ die $cd*$ in g, so wird $a'f'$ die $af*$ nicht schneiden, also cg.

4. Es ist verstattet $ab*$ und $cd*$ zu vertauschen.

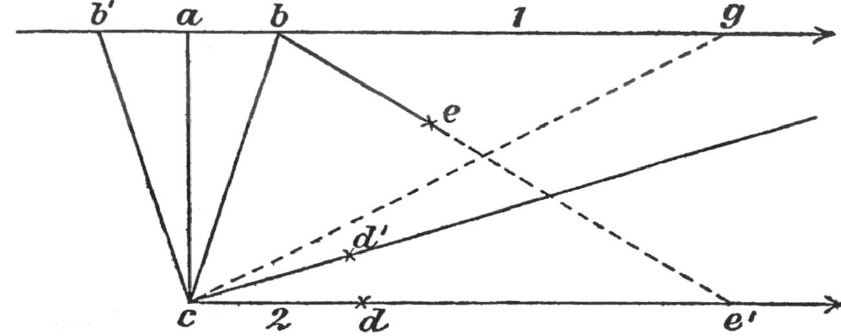

Es sei 1 und 2 parallel. Wäre nun nicht 2 mit 1 parallel, so sei cd' mit 1 parallel. Es sei ca senkrecht auf 1 und $acb = acb' = \frac{1}{2}dcd'$. Ferner

$cbe = cb'b$. Es wird also be die 2 schneiden, in e'. Macht man nun $b'g = be'$, so wird cg und cd' mit cb' einerlei Winkel machen. Welches absurd ist.

5. Wenn 1 mit 2 und 1 mit 3 parallel, so ist auch 2 mit 3 parallel.

6. Was correspondirende Punkte auf zwei Parallelen sind.

7. Aequidistanz der correspondirenden Punkte.

8. Der Punkt auf einer dritten Parallelen correspondirt correspondirenden Punkten auf den beiden ersten.

9. Trope ist die L[inie, die von correspondirenden Punkten gebildet wird, wenn man alle Parallelen zu einer Geraden betrachtet.]

BEMERKUNG.

In dem Briefe an SCHUMACHER vom 17. Mai 1831 (S. 213 dieses Bandes) sagt GAUSS, dass er von seinen Meditationen über die Theorie der Parallellinien, die schon gegen 40 Jahr alt seien, früher nie etwas aufgeschrieben habe, dass er jedoch vor einigen Wochen begonnen habe, einiges aufzuschreiben; auch in dem Briefe an BOLYAI vom 6. März 1832 erwähnt GAUSS solche Aufzeichnungen. Man wird daher nicht fehlgehen, wenn man annimmt, dass die vorstehenden nicht datirten Notizen, die sich auf einzelnen Zetteln befinden, aus dem Jahre 1831 stammen.

Die Figuren in der Notiz [1] sowie die erste Figur in der Notiz [3] sind dem Texte hinzugefügt worden.

STÄCKEL.

[ZUR PARALLELENTHEORIE.]

[SCHUMACHER *an* GAUSS. *Copenhagen, 3. Mai 1831.*]

{. . . . . Ich bin so frei Ihnen anbei einen Versuch zu senden, ohne Parallellinien und ihre Theorie zu gebrauchen, den Satz zu beweisen, dass die Summe aller drei Winkel eines geradlinigen Dreiecks $= 180^0$ sei, aus dem dann der Beweis des Euklidischen Axioms folgen würde. Ich setze nichts voraus, als dass die Summe aller um einen Punkt liegenden Winkel $= 360^0 = 4R$, und dass die Wechselwinkel sich gleich sind.

Da ich aus Erfahrung weiss, wie sonderbar blind man (ich wenigstens) mitunter in Bezug auf eigene Arbeiten ist, so fürchte ich sehr, dass eine petitio principii dabei zum Grunde liegt. Ich bin aber jetzt nicht im Stande sie zu entdecken, und erwarte Belehrung von Ihnen.

[Beilage.] Man verlängere die Seiten eines geradlinigen Dreiecks *ABC*

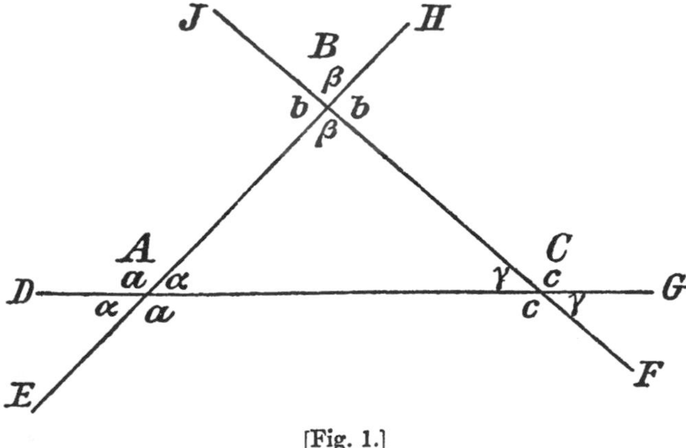

[Fig. 1.]

unbestimmt, oder man betrachte ein System von drei geraden Linien in einer

Ebene, deren Durchschnitte das Dreieck ABC bilden, so geben die drei Winkelpunkte uns die Gleichungen:

$$2a+2\alpha = 4R,$$
$$2b+2\beta = 4R,$$
$$2c+2\gamma = 4R,$$

also

$$\alpha+\beta+\gamma = 6R-(a+b+c).$$

Da diese Relationen bestehen, wie auch die Punkte A, B, C liegen mögen, oder, was einerlei ist, wie auch die drei Linien im Raume gezogen sind, so lasse man die Linien $\overline{DG}$, $\overline{EH}$ unverrückt, und ziehe $\overline{JF}$ durch den Punkt A, so dass sie denselben Winkel als in ihrer vorigen Lage mit EH macht oder, da

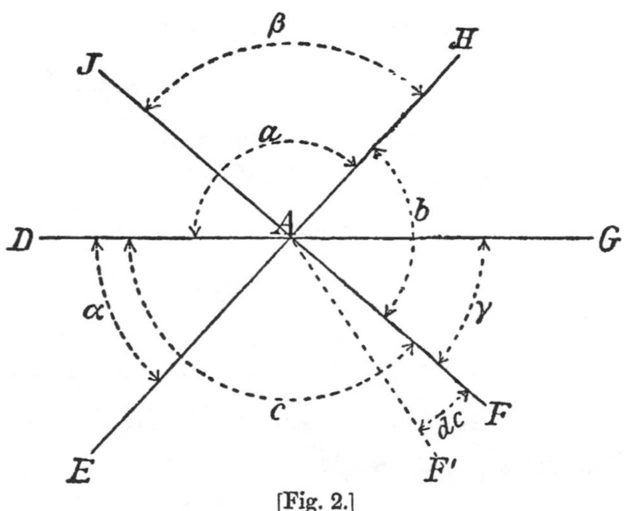

[Fig. 2.]

dieser Winkel beliebig ist, überhaupt nur so, dass sie innerhalb des Winkels a fällt, so haben wir

$$a+b+c = 4R,$$

also

$$\alpha+\beta+\gamma = 2R.$$

Kann man dagegen sagen, dass freilich

$$b\ [\text{1ste Figur}] = b\ [\text{2te Figur}]$$

nach der Annahme, dass aber der Satz

$$c\ [\text{1ste Figur}] = c\ [\text{2te Figur}]$$

dann bewiesen werden müsse?

Mir scheint bei der Willkürlichkeit der Winkel dieser Beweis nicht nothwendig.

Diess sind die Grundzüge des Beweises und ich erwarte Ihre Entscheidung. Ich füge nur, um meinen Beweis zu rechtfertigen, hinzu, dass freilich durch die zweite Operation das Dreieck ABC verschwindet, aber nicht die Winkel des Dreiecks. Wie die Linien auch liegen, so ist immer

$$J\widehat{B}H = \beta, \qquad G\widehat{C}F = \gamma, \qquad D\widehat{A}E = \alpha$$

im endlichen, so wie im verschwindenden Dreiecke, mithin die Summe

$$J\widehat{A}H + G\widehat{A}F + D\widehat{A}E$$

immer gleich der Summe der Winkel eines geradlinigen Dreiecks.

Soll man also den Satz von einem beliebigen Dreiecke (dessen Winkel A, B, C) beweisen, so zieht man die Linien DG, EH, so dass

$$\alpha = A,$$

man nimmt ferner den Winkel $J\widehat{A}H = B$, $G\widehat{A}F = C$.

Ist dann JAF keine gerade, sondern eine gebrochene Linie JAF', so ist freilich der Winkel c dadurch um dc kleiner, der Winkel b aber um eben so viel grösser geworden, mithin ihre Summe unverändert geblieben, oder wir haben, was zur Stringenz des Beweises gehört:

$$b + c\ [\text{Fig. } 1] = b + c\ [\text{Fig. } 2].\}$$

GAUSS an SCHUMACHER. Göttingen, 17. Mai 1831.

.... Bei dem, was Sie über die Parallellinien schreiben, haben Sie, genau besehen, in Ihren Syllogismen einen Zwischensatz gebraucht, ohne ihn ausdrücklich auszusprechen, der so lauten müsste:

Wenn zwei einander schneidende gerade Linien (1) und (2) mit einer dritten (3), von der sie geschnitten werden, respective die Winkel A', A'' machen, und dann eine vierte (4) in derselben Ebene liegende Gerade von (1) gleichfalls unter dem Winkel A' geschnitten wird, so wird (4) von (2) unter dem Winkel A'' geschnitten werden.

Allein dieser Satz ist nicht bloss eines Beweises bedürftig, sondern man kann sagen, dass er im Grunde der zu beweisende Satz selbst ist.

Von meinen eigenen Meditationen, die zum Theil schon gegen 40 Jahr alt sind, wovon ich aber nie etwas aufgeschrieben habe, und daher manches 3 oder 4 mal von neuem auszusinnen genöthigt gewesen bin, habe ich vor einigen Wochen doch einiges aufzuschreiben angefangen. Ich wünschte doch, dass es nicht mit mir unterginge.

[SCHUMACHER *an* GAUSS. *Lübeck, 25. Mai 1831.*]

{Ich falle Ihnen, mein theuerster Freund! noch einmal mit der Parallelentheorie beschwerlich.

Man verlängere die Seiten des geradlinigen Dreiecks unbestimmt, und

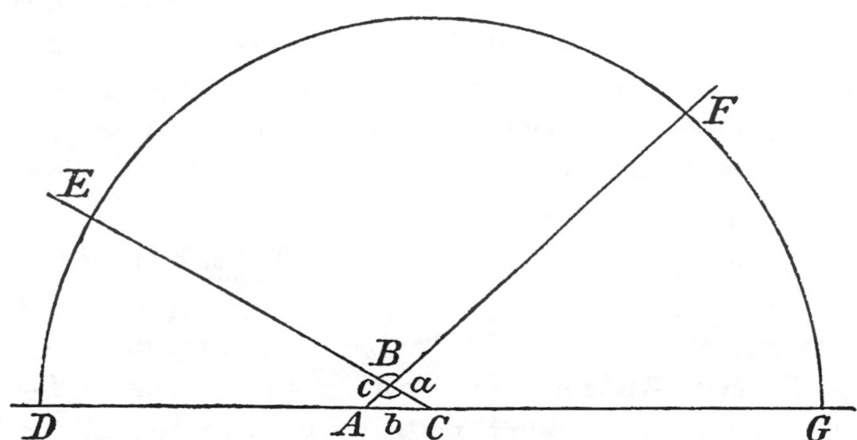

nehme einen Radius R so gross, dass $\frac{a}{R}$, $\frac{b}{R}$, $\frac{c}{R}$ kleiner als jede gegebene Grösse werden. Mit diesem Radius beschreibe man aus C den Halbkreis $DEFG$.

Weil in Bezug auf diesen Halbkreis a, b, c als verschwindend zu betrachten sind, also die Punkte A, B als in C fallend, so ist dieser Halbkreis das Mass der drei Winkel des Dreiecks, die mithin weniger als jede gegebene Grösse von 180^0 differiren.

Mir scheint, wenn man den Begriff des endlos Wachsenden nicht ausschliesst, so zeigt dieser Beweis sehr einfach, dass in jedem endlichen geradlinigen Dreiecke die Summe der Winkel $= 180^0$ ist, oder eigentlich, dass die Constante, die, wenn Euklids Geometrie nicht wahr wäre, zu der Summe der Winkel kommt, um die Gleichheit mit 180^0 zu bewirken, kleiner als jede gegebene Grösse ist, und da sich diess für jedes Dreieck beweisen lässt, so kann diese Constante eben so wenig von der Grösse des Dreiecks abhängen. ......}

[SCHUMACHER *an* GAUSS. *Altona, 29. Juni 1831.*]

{........ Nur etwas habe ich in Ihrem Briefe vermisst — Ihr Urtheil über meinen Beweis, dass die Summe der Winkel in einem geradlinigen Dreiecke nur um eine Grösse, die kleiner als jede gegebene ist, von 180^0 verschieden sei. Sie können leicht denken, dass mir Ihr Urtheil sehr wichtig ist, da Sie jede Schwäche eines Beweises so leicht entdecken. Ausser Ihnen, meinem Gehülfen, und Professor HANSEN vom Seeberg habe ich noch niemandem etwas mitgetheilt. Keiner von uns kann einen Paralogismus entdecken.

Sollte jemand den Satz, dass man die Winkelpunkte eines endlichen Dreiecks als coincidirende Mittelpunkte eines Kreises von unendlichem (brevitatis causa unendlich genannt) Halbmesser betrachten könne, eines Beweises bedürfend halten, obgleich ich diess nicht glaube, so lässt sich dieser Beweis strenge führen.

Mir scheint, wenn zwei Punkte eine endliche Entfernung von einander haben, so wird diese Entfernung in Bezug auf eine unendliche Linie $= 0$ zu setzen sein, sie coincidiren mithin in Bezug auf diese unendliche Linie betrachtet. ....}

GAUSS an SCHUMACHER. Göttingen, 12. Juli 1831.

.... Was die Parallellinien betrifft, so würde ich Ihnen mein Urtheil sehr gern schon auf Ihren ersten Brief geschrieben haben, wenn ich nicht hätte voraussetzen müssen, dass Ihnen mit demselben ohne vollständige Entwickelungen wenig gedient sein würde. Zu solchen vollständigen Entwickelungen, wenn sie wahrhaft überzeugend sein sollen, würden aber vielleicht Bogenlange Auseinandersetzungen in Erwiederung auf das, was Sie in wenigen Zeilen im Grunde nur angedeutet haben, nöthig sein, zu welchen Auseinandersetzungen mir aber gegenwärtig die erforderliche Geistesheiterkeit fehlt. Um Ihnen jedoch meinen guten Willen zu bethätigen, will ich folgendes hersetzen.

Die eigentliche Pointe richten Sie sogleich auf jedes Dreieck; allein Sie würden im Grunde Ihr nemliches Räsonnement anwenden, wenn Sie das Geschäft zuerst auf den einfachsten Fall anwendeten und den Satz aufstellten:

1) In jedem Dreieck, dessen eine Seite endlich, die zweite und folglich auch die dritte hingegen unendlich ist, ist die Summe der beiden Winkel an jener $= 180^0$.

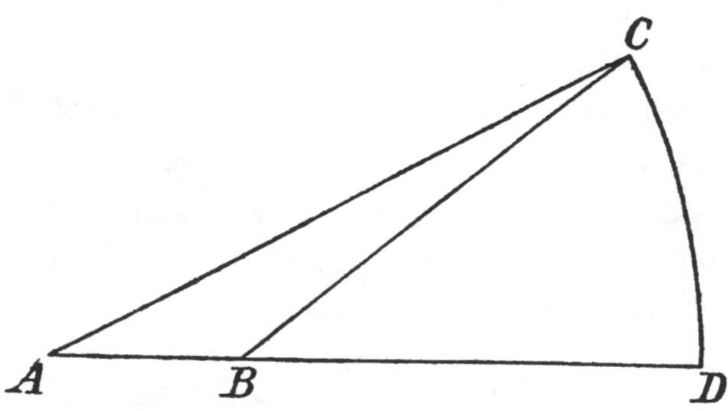

Beweis nach Ihrer Manier:

Der Kreisbogen CD ist eben so gut das Mass des Winkels CAD als CBD, weil bei einem Kreise von unendlichem Halbmesser eine endliche Verrückung des Mittelpunkts für 0 zu achten ist. Also

$$CAD = CBD, \qquad CAD + CBA = CBD + CBA = 180^0.$$

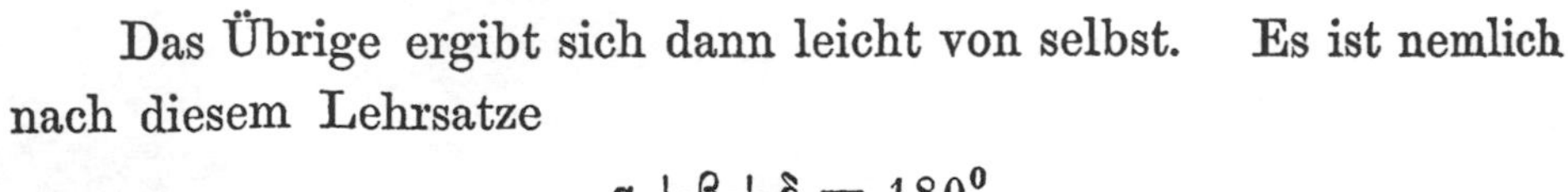

Das Übrige ergibt sich dann leicht von selbst. Es ist nemlich nach diesem Lehrsatze

$$\alpha+\beta+\delta = 180^0$$
$$180^0 = \varepsilon+\delta$$
$$\gamma+\varepsilon = 180^0.$$

Also addendo

$$\alpha+\beta+\gamma = 180^0.$$

Was nun aber Ihren Beweis für 1) betrifft, so protestire ich zuvörderst gegen den Gebrauch einer unendlichen Grösse als einer Vollendeten, welcher in der Mathematik niemals erlaubt ist. Das Unendliche ist nur eine façon de parler, indem man eigentlich von Grenzen spricht, denen gewisse Verhältnisse so nahe kommen als man will, während andern ohne Einschränkung zu wachsen verstattet ist. In diesem Sinne enthält die Nicht-Euklidische Geometrie durchaus nichts widersprechendes, wenn gleich diejenigen[, die sie kennen lernen,] viele Ergebnisse derselben anfangs für paradox halten müssen, was aber für widersprechend zu halten nur eine Selbsttäuschung sein würde, hervorgebracht von der frühen Gewöhnung, die Euklidische Geometrie für streng wahr zu halten.

In der Nicht-Euklidischen Geometrie gibt es gar keine ähnlichen Figuren ohne Gleichheit, z. B. die Winkel eines gleichseitigen Dreiecks sind nicht bloss von $\frac{2}{3}R$, sondern auch [bei verschiedenen Dreiecken] nach Massgabe der Grösse der Seiten unter sich verschieden und können, wenn die Seite über alle Grenzen wächst, so klein werden, wie man will. Es ist daher schon an sich widersprechend, ein solches Dreieck durch ein kleineres zeichnen zu wollen, man kann es im Grunde nur bezeichnen:

Die Bezeichnung des unendlichen Dreiecks in diesem Sinne wäre am Ende:

In der Euklidischen Geometrie gibt es nichts absolut grosses, wohl aber in der Nicht-Euklidischen, diess ist gerade ihr wesentlicher Charakter, und diejenigen, die diess nicht zugeben, setzen eo ipso schon die ganze Euklidische Geometrie; aber, wie gesagt, nach meiner Überzeugung ist diess blosse Selbsttäuschung.

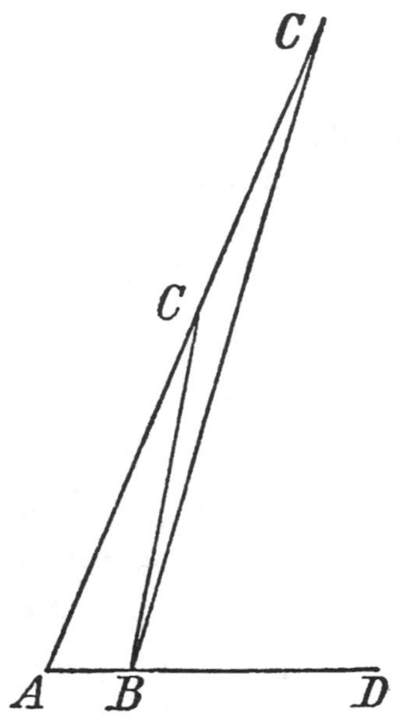

Für den fraglichen Fall ist nun durchaus nichts widersprechendes darin, dass, wenn die Punkte A, B und die Richtung AC gegeben sind, während C ohne Beschränkung wachsen kann, dass dann, obgleich so DBC dem DAC immer näher kommt, doch der Unterschied nie unter eine gewisse endliche Differenz heruntergebracht werden könne.

Ihr Hineinziehen des Bogens CD macht allerdings den Schluss um vieles captiöser, allein wenn man, was Sie nur angedeutet haben, klar entwickeln will, so müsste es so lauten:

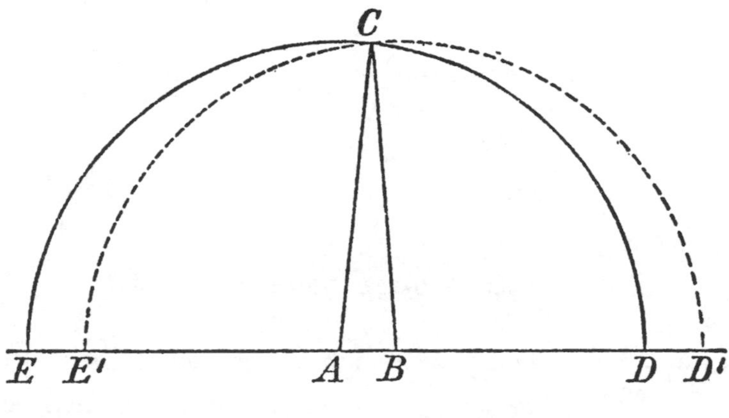

Es ist

$$CAB : CBD = \frac{CD}{ECD} : \frac{CD'}{E'CD'}$$

und indem AC ins Unendliche wächst, kommen CD und CD' einerseits und ECD, $E'CD'$ andererseits der Wahrheit immer näher.

Beides ist in der Nicht-Euklidischen Geometrie nicht wahr, wenn man darunter versteht, dass ihre geometrischen Verhältnisse der Gleichheit so nahe kommen wie man will. In der That ist in der Nicht-Euklidischen Geometrie der halbe Umfang eines Kreises, dessen Halbmesser $= r$:

$$= \tfrac{1}{2}\pi k\left(e^{\frac{r}{k}} - e^{-\frac{r}{k}}\right),$$

wo k eine Constante ist, von der wir durch Erfahrung wissen, dass sie gegen alles durch uns messbare ungeheuer gross sein muss. In Euklids Geometrie wird sie unendlich.

In der Bildersprache des Unendlichen würde man also sagen müssen, dass die Peripherien zweier unendlichen Kreise, deren Halbmesser um eine endliche Grösse verschieden sind, selbst um eine Grösse verschieden sind, die zu ihnen ein endliches Verhältniss hat.

Hierin ist aber nichts widersprechendes, wenn der endliche Mensch sich nicht vermisst, etwas Unendliches als etwas Gegebenes und von ihm mit seiner gewohnten Anschauung zu Umspannendes betrachten zu wollen.

Sie sehen, dass hier in der That der Fragepunkt unmittelbar an die Metaphysik streift.

[SCHUMACHER *an* GAUSS. *Altona, 19. Juli 1831.*]

{Meinen herzlichsten Dank statte ich Ihnen, mein theuerster Freund, für Ihren letzten Brief ab. Ich kann nicht sagen, dass er mich schon überzeugt hätte. Ich glaube die unendliche Grösse nicht als geschlossen gebraucht zu haben. Mir scheint, man kann zeigen, dass mit dem Wachsen des Halbmessers die Differenz der Winkelpunkte des Dreiecks immer mehr verschwindet, und sich der Grenze des Zusammenfallens, so viel man immer will, nähert. Sagt man also, der Kürze halber, sie fallen für einen unendlichen Radius wirklich zusammen, so wird diess eben so wie gewöhnlich verstanden, und es folgt daraus, dass, in Bezug auf die Peripherie, die von den geraden Linien intercaptirten Bögen, sich ohne Grenze dem Masse der Winkel nähern. Indessen gebe ich gern zu, dass ich mich täusche, und werde theils selbst die Sache reiflicher durchdenken, theils und vorzüglich den Augenblick erwarten, wo mündliche Belehrung von Ihrer Seite möglich wird. Warum man bei Linien nicht, wie bei allgemeinen Grössen, Schlüsse brauchen soll, die sich auf ohne Ende wachsende Linien gründen, sehe ich nicht ein, vorausgesetzt, dass man die Grenzen bestimmen kann, denen man sich dabei, so weit man will, nähert. . . . .}

[JOHANN BOLYAIS APPENDIX.]

Gauss an Gerling. Göttingen, 14. Februar 1832.

.... Noch bemerke ich, dass ich dieser Tage eine kleine Schrift aus Ungarn über die Nicht-Euklidische Geometrie erhalten habe, worin ich alle meine eigenen Ideen und **Resultate** wiederfinde, mit grosser Eleganz entwickelt, obwohl in einer für jemand, dem die Sache fremd ist, wegen der Concentrirung etwas schwer zu folgenden Form. Der Verfasser ist ein sehr junger österreichischer Officier, Sohn eines Jugendfreundes von mir, mit dem ich 1798 mich oft über die Sache unterhalten hatte, wiewohl damals meine Ideen noch viel weiter von der Ausbildung und Reife entfernt waren, die sie durch das eigene Nachdenken dieses jungen Mannes erhalten haben. Ich halte diesen jungen Geometer v. Bolyai für ein Genie erster Grösse. ......

Gauss an Wolfgang von Bolyai. Göttingen, 6. März 1832.

.... Jetzt Einiges über die Arbeit Deines Sohnes.

Wenn ich damit anfange, »dass ich solche nicht loben darf«: so wirst Du wohl einen Augenblick stutzen: aber ich kann nicht anders; sie loben hiesse mich selbst loben: denn der ganze Inhalt der Schrift, der Weg, den Dein

Sohn eingeschlagen hat, und die Resultate, zu denen er geführt ist, kommen fast durchgehends mit meinen eigenen, zum Theile schon seit 30—35 Jahren angestellten Meditationen überein. In der That bin ich dadurch auf das Äusserste überrascht. Mein Vorsatz war, von meiner eigenen Arbeit, von der übrigens bis jetzt wenig zu Papier gebracht war, bei meinen Lebzeiten gar nichts bekannt werden zu lassen. Die meisten Menschen haben gar nicht den rechten Sinn für das, worauf es dabei ankommt, und ich habe nur wenige Menschen gefunden, die das, was ich ihnen mittheilte, mit besonderm Interesse aufnahmen. Um das zu können, muss man erst recht lebendig gefühlt haben, was eigentlich fehlt, und darüber sind die meisten Menschen ganz unklar. Dagegen war meine Absicht, mit der Zeit alles so zu Papier zu bringen, dass es wenigstens mit mir dereinst nicht unterginge.

Sehr bin ich also überrascht, dass diese Bemühung mir nun erspart werden kann und höchst erfreulich ist es mir, dass gerade der Sohn meines alten Freundes es ist, der mir auf eine so merkwürdige Art zuvorgekommen ist.

Sehr prägnant und abkürzend finde ich die Bezeichnungen: doch glaube ich, dass es gut sein wird, für manche Hauptbegriffe nicht bloss Zeichen oder Buchstaben, sondern bestimmte Namen festzusetzen, und ich habe bereits vor langer Zeit an Einige solcher Namen gedacht. So lange man die Sache nur in unmittelbarer Anschauung durchdenkt, braucht man keine Namen oder Zeichen; die werden erst nöthig, wenn man sich mit Andern verständigen will. So könnte z. B. die Fläche, die Dein Sohn F nennt, eine Parasphäre, die Linie L ein Paracykel genannt werden: es ist im Grunde Kugelfläche, oder Kreislinie von unendlichem Radius. Hypercykel könnte der Complexus aller Punkte heissen, die von einer Geraden, mit der sie in Einer Ebene liegen, gleiche Distanz haben; eben so Hypersphäre. Doch das sind alles nur unbedeutende Nebensachen: die Hauptsache ist der Stoff, nicht die Form.

In manchem Theile der Untersuchung habe ich etwas andere Wege eingeschlagen: als ein Specimen füge ich einen rein geometrischen Beweis (in den Hauptzügen) von dem Lehrsatze bei, dass die Differenz der Summe der Winkel eines Dreiecks von 180^0 dem Flächeninhalte des Dreiecks proportional ist.

I. Der Complexus dreier Geraden ab, cd, ef, die so beschaffen sind, dass $ab \,|||\, dc$, $cd \,|||\, fe$, $ef \,|||\, ba$, bildet eine Figur, die ich T nenne. Es lässt

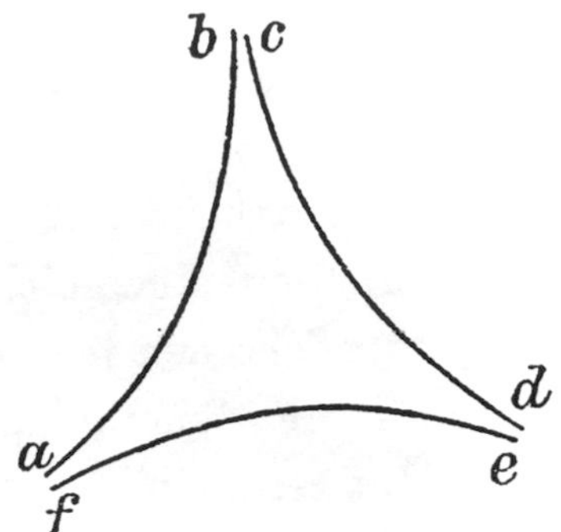

sich beweisen, dass solche immer in einem Planum liege.

II. Derjenige Theil des Planums, welcher zwischen*) den drei Geraden *ab*, *cd*, *ef* liegt, hat eine bestimmte endliche Area: sie heisse *t*.

III. Indem zwei Geraden *ab*, *ac* sich in *a* unter dem Winkel φ schneiden, möge eine dritte Gerade *de* so beschaffen sein, dass *ab* ||| *ed*, *ac* ||| *de*: es liegt dann auch *de* mit *ab* und *ac* in Einem Planum, und die Area der Fläche zwi-

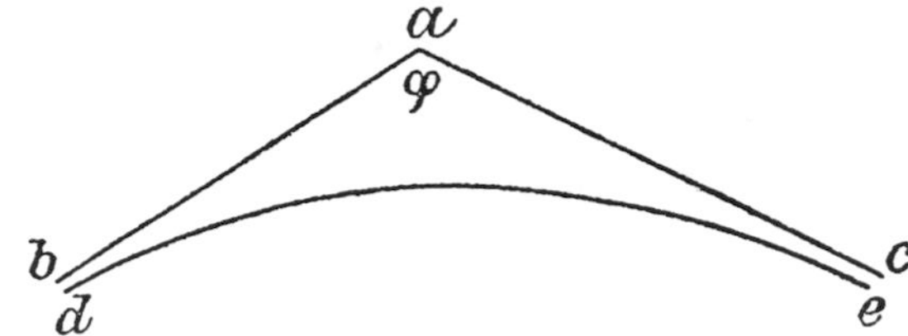

schen diesen Geraden ist endlich, und nur von dem Winkel φ abhängig; offenbar bilden in *S* *de* und *bac* nur Eine gerade Linie, wenn $\varphi = 180^0$ ist, und folglich verschwindet der Werth jener Area mit $180^0-\varphi$: man setze also allgemein die Area $= f(180^0-\varphi)$, wo *f* ein Functionalzeichen bezeichnet.

IV. Lehrsatz. Es ist allgemein $f\varphi + f(180^0-\varphi) = t$.

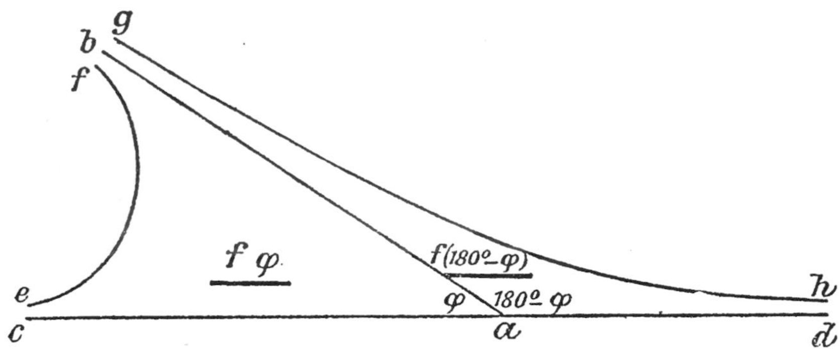

Den Beweis gibt die Figur, wo $bac = \varphi$, $bad = 180^0-\varphi$, *ac* ||| *fe*, *ef* ||| *ab* *ab* ||| *hg*, *ad* ||| *gh*, und wo der Flächeninhalt roth eingeschrieben ist.

*) Bei einer vollständigen Durchführung müssen solche Worte, wie »zwischen«, auch erst auf klare Begriffe gebracht werden, was sehr gut angeht, was ich aber nirgends geleistet finde.

V. Lehrsatz. Es ist allgemein $f\varphi + f\psi + f(180^0 - \varphi - \psi) = t$.

Der Beweis erhellt leicht aus der Figur, wo die drei Flächentheile $\underline{1}, \underline{2}, \underline{3}$ die Werthe haben

$$\underline{1} = f(180^0 - \varphi - \psi),$$
$$\underline{2} = f\varphi,$$
$$\underline{3} = f\psi$$

und ihre Summe $= t$ wird.

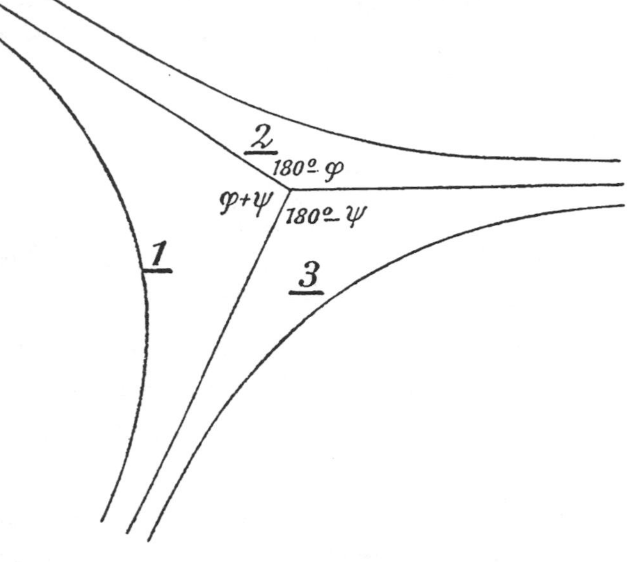

VI. Corollarium. Es ist also

$$f\varphi + f\psi = t - f(180^0 - \varphi - \psi)$$
$$= f(\varphi + \psi),$$

woraus leicht folgt, dass

$$\frac{f\varphi}{\varphi} = \textit{Constans},$$

und zwar

$$= \frac{t}{180^\circ}$$

ist.

VII. Lehrsatz. Der Flächeninhalt eines Dreiecks, dessen Winkel A, B, C sind, ist

$$= \frac{180^\circ - (A + B + C)}{180^\circ} \times t.$$

Den Beweis gibt die Figur. Es ist nemlich

der Inhalt $\alpha = fA = \frac{A}{180^\circ} \cdot t,$

$$\beta = fB = \frac{B}{180^\circ} \cdot t,$$
$$\gamma = fC = \frac{C}{180^\circ} \cdot t,$$
$$t = \alpha + \beta + \gamma + Z$$
$$= \frac{A + B + C}{180^\circ} \cdot t + Z.$$

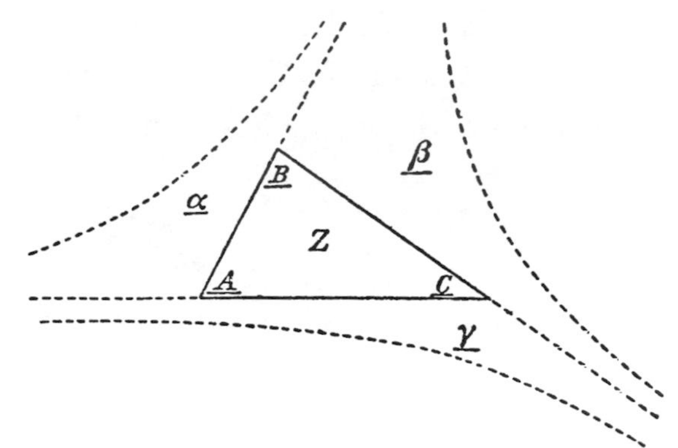

Ich habe hier bloss die Grundzüge des Beweises angeben wollen, ohne alle Feile oder Politur, die ich ihm zu geben jetzt keine Zeit habe. Es steht Dir frei, es Deinem Sohne mitzutheilen: jedenfalls bitte ich Dich, ihn herzlich von mir zu grüssen und ihm meine besondere Hochachtung zu versichern; fordere ihn aber doch zugleich auf, sich mit der Aufgabe zu beschäftigen:

»Den Kubikinhalt des Tetraeders (von vier Ebenen begrenzten Raumes) zu bestimmen«.

Da der Flächeninhalt eines Dreiecks sich so einfach angeben lässt: so hätte man erwarten sollen, dass es auch für diesen Kubikinhalt einen eben so einfachen Ausdruck geben werde: aber diese Erwartung wird, wie es scheint, getäuscht.

Um die Geometrie vom Anfange an ordentlich zu behandeln, ist es unerlässlich, die Möglichkeit eines Planums zu beweisen; die gewöhnliche Definition enthält zu viel, und implicirt eigentlich subreptive schon ein Theorem. Man muss sich wundern, dass alle Schriftsteller von Euklid bis auf die neuesten Zeiten so nachlässig dabei zu Werk gegangen sind: allein diese Schwierigkeit ist von durchaus verschiedener [Natur] mit der Schwierigkeit zwischen Σ und S zu entscheiden, und jene ist nicht gar schwer zu heben. Wahrscheinlich finde ich mich auch schon durch Dein Buch hierüber befriedigt.

Gerade in der Unmöglichkeit, zwischen Σ und S a priori zu entscheiden, liegt der klarste Beweis, dass Kant Unrecht hatte zu behaupten, der Raum sei nur Form unserer Anschauung. Einen andern ebenso starken Grund habe ich in einem kleinen Aufsatze angedeutet, der in den Göttingischen Gelehrten Anzeigen 1831 steht Stück 64, pag. 625. Vielleicht wird es Dich nicht gereuen, wenn Du Dich bemühest Dir diesen Band der G.G.A. zu verschaffen (was jeder Buchhändler in Wien oder Ofen leicht bewirken kann), da darin unter andern auch die Quintessenz meiner Ansicht von den imaginären Grössen auf ein Paar Seiten dargelegt ist. . . . .

BEMERKUNGEN.

Bereits im Juni 1831 hatte WOLFGANG BOLYAI das »Werkchen« seines Sohnes JOHANN an GAUSS abgeschickt, es war jedoch wegen der Choleraepidemie nicht an diesen gelangt (Briefe von BOLYAI an GAUSS vom 20. Juni 1831 und 16. Januar 1832). Der Titel des Exemplares, das sich in GAUSS' Nachlass befindet, ist von WOLFGANG BOLYAI eigenhändig geschrieben und lautet:

Appendix prima.

Scientia Spatii, a veritate aut falsitate Axiomatis XI^{mi} Euclidei (a priori haud unquam decidenda) independens: atque ad casum falsitatis quadratura circuli geometrica.

Auctore, Auctoris filio JOHANNE BOLYAI, de eadem, Geometrarum in Exercitu Caesareo Regio Austriaco Castrensium Locumtenente Primario.

De eadem bedeutet: de Bolya; Bolya war das in der Nähe von Maros Vásárhely gelegene Stammgut der Familie Bolyai (vergl. auch S. 235, Z. 18 und Fussnote).

Die nur 26 Seiten lange klassische Abhandlung JOHANN BOLYAIs erschien als Anhang zu dem ersten Bande des Werkes seines Vaters:

Tentamen juventutem studiosam in elementa matheseos purae, elementaris ac sublimioris, methodo intuitiva, evidentiaque huic propria, introducendi. Maros Vásárhelyini 1832.

und führt daselbst einen etwas abweichenden Titel (vergl. den Brief von GAUSS an GERLING vom 4. Februar 1844 S. 235 dieses Bandes).

Zur Erläuterung sei noch bemerkt, dass JOHANN BOLYAI das Zeichen /// für *parallel* (im Sinne der Nicht-Euklidischen Geometrie) anwendet und dass er mit Σ das System der Euklidischen, mit S das System seiner absoluten Geometrie bezeichnet.

Das Original des Briefes von GAUSS vom 6. März 1832, das WOLFGANG seinem Sohne JOHANN geschenkt hatte, ist verloren gegangen. In GAUSS' Nachlass befindet sich nur eine von JOHANN angefertigte Abschrift, die dessen Vater am 26. August 1856 an SARTORIUS VON WALTERSHAUSEN geschickt und dieser dem GAUSS'schen Nachlass einverleibt hat.

Die Abschrift hat S. 222 Z. 18—19 *wo folglich* statt *und folglich*, S. 224 Z. 18 Σ *in* S statt Σ *und* S. Da GAUSS häufig als Abkürzung für *und* ein undeutliches *uð* schreibt, so ist ein Irrthum des Abschreibers sehr wahrscheinlich. Die unterstrichenen Zeichen $\underline{f\varphi}$ und $\underline{f(180^\circ-\varphi)}$ auf S. 222, $\underline{1}$, $\underline{2}$, $\underline{3}$, $\underline{\alpha}$, $\underline{\beta}$, $\underline{\gamma}$, $\underline{A}$, $\underline{B}$, $\underline{C}$ auf S. 223 waren im Originale mit rother Tinte geschrieben und sind in der Abschrift mit Bleistift wiedergegeben.

STÄCKEL.

ZUR ASTRALGEOMETRIE.

[I.]

Die Hauptmomente des Beweises, dass die Summe der Dreieckswinkel von 180^0 um eine dem Flächeninhalt proportionale Differenz verschieden ist, beruhen auf Folgendem:

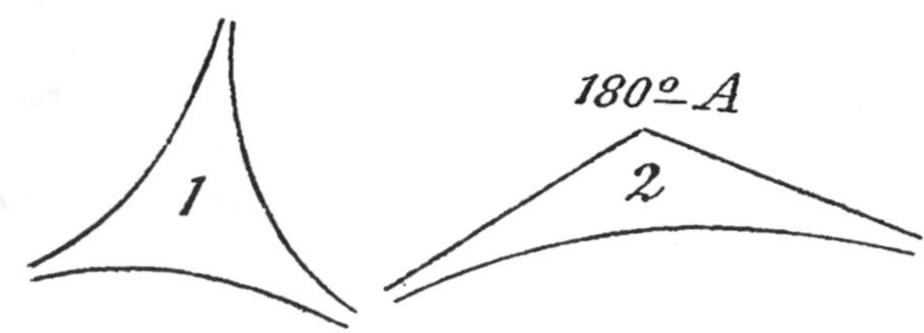

Inhalt des unendlichen Dreiecks 1 $= T$.

Inhalt des unendlichen Dreiecks 2 $= \varphi A$.

Dann ist

1. $\varphi A + \varphi(180^0 - A) = T$,
2. $\varphi B + \varphi C + \varphi(180^0 - B - C) = T$,

beides durch Construction.

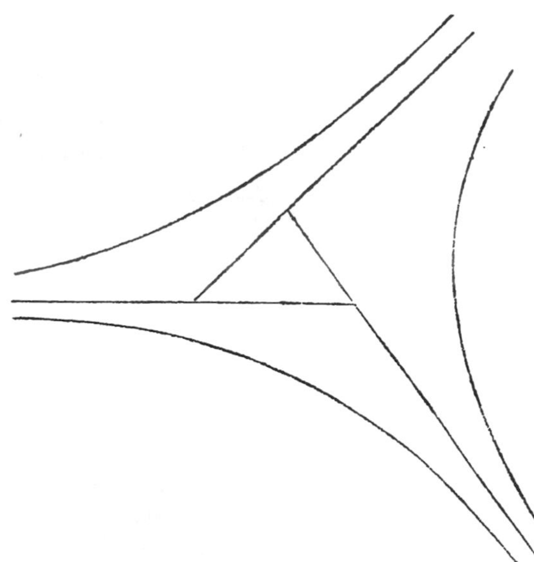

Also wenn man $A = B + C$ setzt:

3. $\varphi B + \varphi C = \varphi(B + C)$,

mithin $\varphi t = \alpha t$, wo α ein constanter Factor und

$$\alpha \,.\, 180^0 = T.$$

Sind nun ferner A, B, C die drei Winkel eines Dreiecks, dessen Inhalt $= Q$, so ist durch Construction

$$T = Q + \varphi A + \varphi B + \varphi C$$
$$= Q + \alpha(A + B + C),$$

woraus das zu Beweisende sogleich von selbst folgt.

[II.]

Die Construction für 2 ist:

$$1 = 180^0 - B$$
$$2 = 180^0 - C$$
$$3 = 180^0 - \{180^0 - (B + C)\}.$$

Man kann aber den Satz 3 mit Einem Schlage durch folgende Construction beweisen:

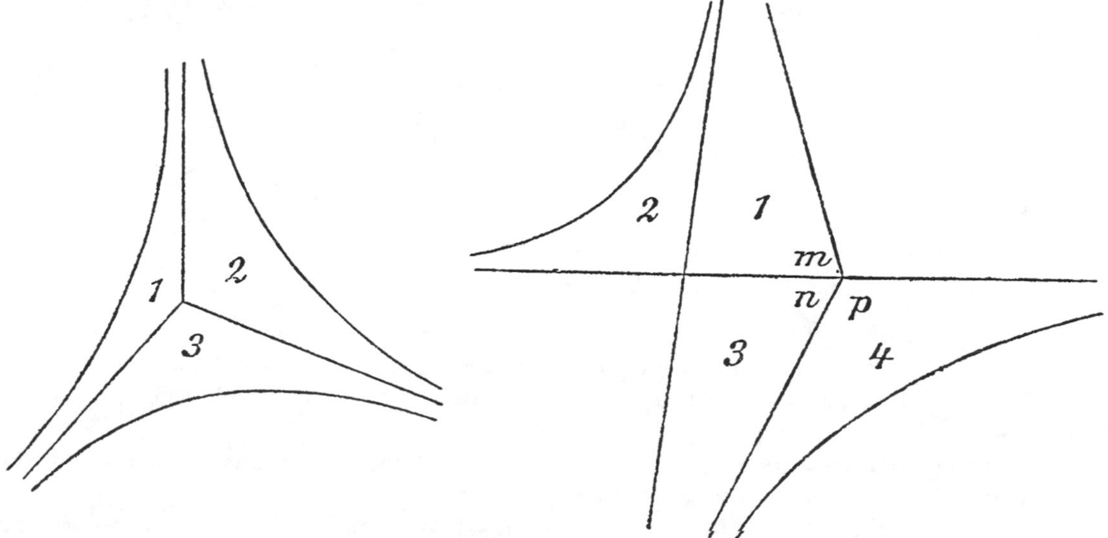

Hier ist $2 = 3 + 4$, weil beides Asymptotenräume auf gleichen Winkeln, also

$$(1 + 2) = (1 + 3) + (4).$$

Aber $1 + 2$ ist ein Asymptotenraum zu $180^0 - m$

$1 + 3$ zu $180^0 - (m + n)$

4 zu $180^0 - p \quad = n,$

woraus

$$f(180^0 - m) = f(180^0 - m - n) + fn$$

folgt.

[III.]

CUBIRUNG DER TETRAEDER.

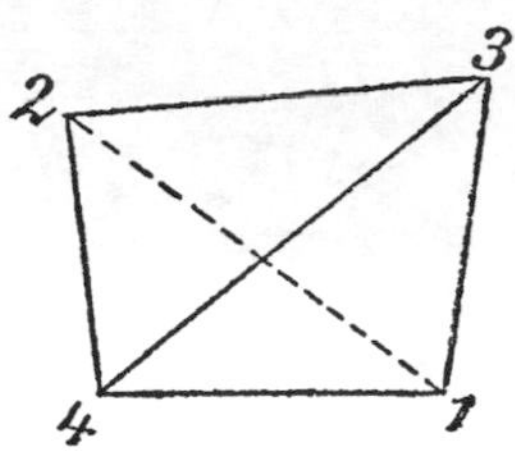

Im Tetraeder 1 2 3 4 sind die Seitenflächen 1 2 4 gegen 1 3 4 senkrecht. Der Inhalt $= \Delta$.

$$\partial\Delta = -24 . \partial 341,$$

in so fern die Winkel an 3 constant sind, wo also

$$\alpha\alpha \operatorname{cotg} 341^2 - \beta\beta\left(\frac{\operatorname{tg} i . 24}{i}\right)^2 = 1$$

und

$$\alpha = \operatorname{cotg} 431$$

$$\beta = \operatorname{cotg} 234.$$

BEMERKUNGEN.

Die Notizen [I] und [III] stehen in einem Handbuche unmittelbar hinter einander und sind höchst wahrscheinlich niedergeschrieben worden, als GAUSS den Seite 221—224 dieses Bandes abgedruckten Brief an BOLYAI concipirte, also im März 1832; die Notiz [II] stammt aus späterer Zeit; sie ist in demselben Handbuche verzeichnet.

Während die Notizen [I] und [II] keiner Erläuterung bedürfen, ist das bei der Notiz [III] um so mehr erforderlich, als bei der Formel für $\partial\Delta$ der Factor $\frac{1}{2}$ fehlt.

GAUSS denkt sich ein Tetraeder 1 2 3 4 in der Weise construirt, dass die Seitenflächen 1 2 4 und 1 3 4 auf einander senkrecht stehen und dass auch die Kanten 1 3 und 2 4 die Schnittlinie 1 4 dieser beiden Seitenflächen auf rechtem Winkel treffen. Alsdann steht 2 4 auf 1 4 und 3 4, 1 3 auf 1 2 und 1 4 senkrecht, und das Tetraeder hat vier rechtwinklige Dreiecke zu Seitenflächen:

1 2 3, 1 3 4, 4 1 2, 4 2 3,

wo der Eckpunkt mit einem rechten Winkel stets an erster Stelle vermerkt ist.

In dem rechtwinkligen Dreieck 1 3 4 ist:

$$\cos(i . 34) = \cot(431) . \cot(341),$$

in dem rechtwinkligen Dreieck 4 2 3:

$$\sin(i . 34) = \cot(234) . \operatorname{tg}(i . 24),$$

woraus durch Elimination der den beiden Dreiecken gemeinsamen Seite 3 4 die Relation hervorgeht:

$$\cot(431)^2 . \cot(341)^2 - \cot(234)^2 . \left(\frac{\operatorname{tg} i . 24}{i}\right)^2 = 1,$$

oder wenn man

$$\cot(4\,3\,1) = \alpha, \qquad \cot(2\,3\,4) = \beta$$

setzt:

$$\alpha^2 \cot(3\,4\,1)^2 - \beta^2 \left(\frac{\operatorname{tg} i\,.\,2\,4}{i}\right)^2 = 1.$$

Das Tetraeder 1 2 3 4, dessen Volumen Δ heisse, möge nunmehr dadurch einen unendlich kleinen Volumenzuwachs $1\,2\,4\,1'2'4' = \partial\Delta$ erfahren, dass man die Kante 3 1 um das unendlich kleine Stück $1\,1' = d(1\,3)$ verlängert und durch $1'$ senkrecht zu $3\,1'$ die Ebene $1'\,2'\,4'$ legt, die die Kanten 3 2 und 3 4 beziehungsweise in $2'$ und $4'$ schneidet. Die Winkel an der Ecke 3, also auch die Grössen α und β, bleiben hierbei unverändert. Der Winkel (3 4 1) geht in den Winkel

$$(3\,4'\,1') = (3\,4\,1) + d(3\,4\,1)$$

über, und zwar wird, wie die Betrachtung des Vierecks $1\,1'4'4$ mit der unendlich kleinen Grundlinie $1\,1' = d(1\,3)$ und rechten Winkeln bei 1 und $1'$ sofort erkennen lässt:

$$d(3\,4\,1) = -\frac{\sin(i\,.\,1\,4)}{i}\cdot d(1\,3).$$

Der Volumenzuwachs $1\,2\,4\,1'2'4' = \partial\Delta$ wird seitlich von den Dreiecken 1 2 4 und $1'2'4'$ begrenzt, deren Ebenen beide auf $1\,1'$ senkrecht stehen, mithin ist (vergl. S. 233 dieses Bandes):

$$\partial\Delta = \tfrac{1}{2} d(1\,3)\cdot(2\,4)\cdot\frac{\sin(i\,.\,1\,4)}{i},$$

folglich

$$\partial\Delta = -\tfrac{1}{2}(2\,4)\,d(3\,4\,1),$$

und das ist, abgesehen von dem Factor $\frac{1}{2}$, die GAUSS'sche Formel. Setzt man also

$$(2\,4) = x, \qquad (3\,4\,1) = \varphi,$$

so ergibt sich für das Volumen des Tetraeders 1 2 3 4 der Ausdruck

$$\Delta = -\tfrac{1}{2}\int_0^x x\frac{d\varphi}{dx}\,dx;$$

dabei hat man $\frac{d\varphi}{dx}$ vermöge der Gleichung

$$\alpha^2 \cos\varphi^2 - \beta^2\left(\frac{\operatorname{tg} ix}{i}\right)^2 = 1$$

zu berechnen.

STÄCKEL.

[LÜBSENS PARALLELENTHEORIE.]

[SCHUMACHER *an* GAUSS. *Altona, 31. December 1835.*]

{......... LÜBSEN quält mich sehr mit seiner Parallelentheorie (wahrscheinlich tritt die Nemesis hier ein, um mir meine eigenen Versuche zu vergelten). Ich lege Ihnen seinen Beweis bei. Ich habe ihm vergebens bemerkt, dass das Schieben der Linien besser am Parallellineal, als in der Theorie auszuführen sei; er bleibt doch bei seiner Überzeugung, den geometrischen Beweis gefunden zu haben. Vielleicht wäre es gut, da er sonst doch ein gescheuter und bescheidener Mann ist, wenn Sie ihn mit ein Paar Worten aus dem Irrthum rissen. Es muss wohl daran liegen, dass ich ihm seinen Irrthum nicht so deutlich vorstellen kann, wie ich ihn selbst erkenne.......}

GAUSS an SCHUMACHER. Göttingen, 2. Januar 1836.

.... Die Pointe des Fehlers von Hrn. LÜBSEN besteht darin, dass Euklids Geometrie falsch sein kann, ohne dass es in seiner Construction bei der parallelen Fortbewegung von GK nach AB einen l e t z t e n Punkt N in ED

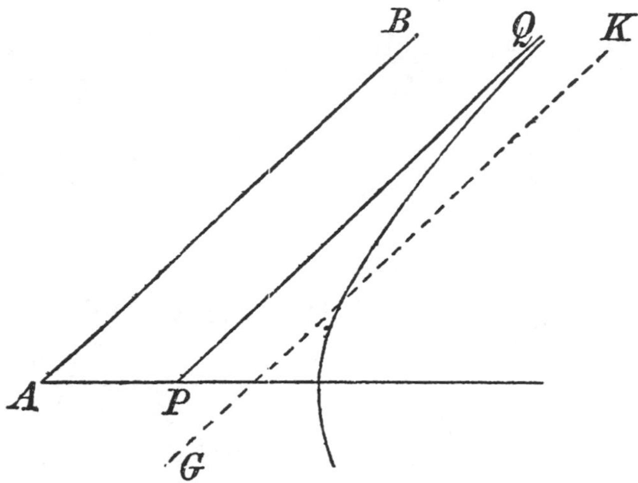

zu geben braucht, der beiden gemein ist, eben so wenig wie es in der Hyperbel einen solchen l e t z t e n Punkt gibt, den sie mit GK gemein hat, wenn GK und AB beide mit der zwischen ihnen liegenden Asymptote [PQ] parallel sind. . . . .

[VOLUMENBESTIMMUNGEN
IN DER NICHTEUKLIDISCHEN GEOMETRIE.]

[1.]

GAUSS an ENCKE. Göttingen, 1. Februar 1841.

...... Ich fange an, das Russische mit einiger Fertigkeit zu lesen, und finde dabei viel Vergnügen. Hr. KNORRE hat mir eine kleine in russischer Sprache geschriebene Abhandlung von LOBATSCHEWSKY (in Kasan) geschickt und dadurch so wie durch eine kleine Schrift in deutscher Sprache über Parallellinien (wovon eine höchst alberne Anzeige in GERSDORFS Repertorium steht) bin ich recht begierig geworden, mehr von diesem scharfsinnigen Mathematiker zu lesen. Wie mir KNORRE sagte, enthalten die (in russischer Sprache geschriebenen) Abhandlungen der Universität Kasan eine Menge Aufsätze von ihm. ...

[2.]

ASTRALGEOMETRIE.

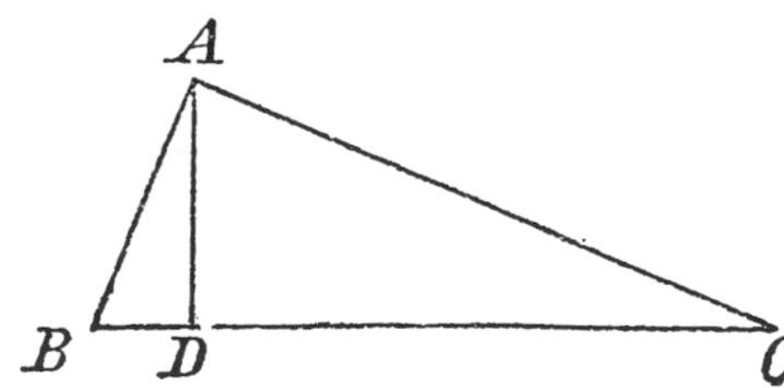

Aa, Bb, Cc normal gegen die Ebene, worin das Dreieck ABC. Durch a, b, c eine zweite Ebene.

Aa kleinster Abstand der beiden Ebenen, und selbst unendlich klein. AD normal gegen BC.

Dann ist:

$$\text{Volumen } ABCabc = \tfrac{1}{2} Aa \cdot BC \cdot \frac{\sin iAD}{i}.$$

Noch zierlicher: Inhalt der Pyramide $ABCD$ [, bei welcher der Winkel $ABC = 90^0$ und ein] unendlich kleiner diedrischer Winkel an $AB = \theta$.

$$AB = x,$$

$$AC = r.$$

$$\text{Volumen} = \tfrac{1}{2}(x - r\cos\varphi).\theta.$$

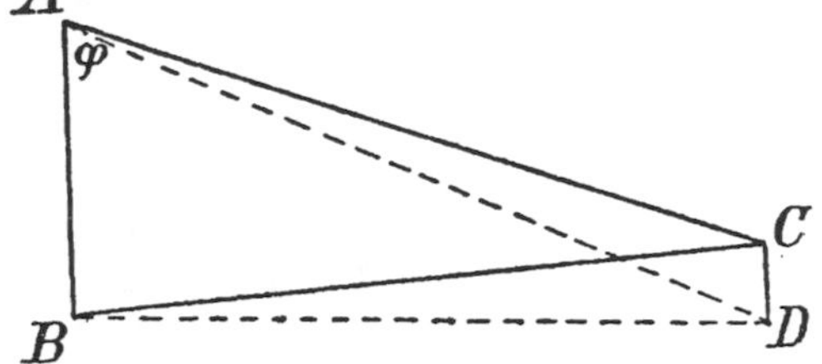

BEMERKUNGEN.

Die in dem Briefe an ENCKE erwähnte Abhandlung in russischer Sprache ist höchst wahrscheinlich die im ersten Hefte des Jahrganges 1836 der Kasaner Gelehrten Schriften erschienene Arbeit: Примѣненіе воображаемой геометріи къ нѣкоторымъ интеграламъ (Anwendung der imaginären Geometrie auf einige Integrale), von der sich ein mit eigenem Titelblatte versehener Sonderabdruck in GAUSS' Nachlass befindet; einzelne Randbemerkungen sowie ein darin liegender Zettel, der die Notiz [2] enthält, zeigen, dass GAUSS in dieser Arbeit wirklich gelesen hat.

Die kleine Schrift in deutscher Sprache sind die *Geometrischen Untersuchungen zur Theorie der Parallellinien*, Berlin 1840, die in GERSDORFS Repertorium der gesammten deutschen Literatur, Jahrgang 1840, Bd. 3, S. 147 besprochen wurden; durch diese Anzeige scheint GAUSS darauf aufmerksam geworden zu sein.

Statt KNORRE muss es höchst wahrscheinlich KNORR heissen, denn der mit LOBATSCHEFSKIJ engbefreundete Physiker ERNST KNORR war von 1832 bis 1846 Professor in Kasan und hat im Jahre 1840 eine längere Reise nach Westeuropa gemacht, während der Astronom K. F. KNORRE in Nikolajew keine Beziehungen zu LOBATSCHEFSKIJ hatte und vor 1841 nur einmal in Deutschland gewesen ist, ohne jedoch GAUSS in Göttingen anzutreffen.

Eine einfache Herleitung der Formel für das Element dP einer Pyramide hatte LOBATSCHEFSKIJ im Jahre 1830 in der Abhandlung: О началахъ геометріи (Über die Anfangsgründe der Geometrie) (Gl. 62) gegeben. Er schreibt:

$$dP = \tfrac{1}{2} d\psi (r\cos\varphi - h).$$

In der That ist in der Nicht-Euklidischen Geometrie $r\cos\varphi$ grösser als h oder x. Dagegen findet sich bei ihm die Formel für das Volumen $ABCabc$ nicht ausdrücklich hervorgehoben, in deren Besitz GAUSS schon im Jahre 1832 gewesen zu sein scheint (vgl. S. 229 dieses Bandes). Sie lässt sich auch so aussprechen, dass das Volumen $ABCabc$ gleich dem halben Produkt aus der Grundlinie BC und dem Inhalt des unendlich kleinen Vierecks $ADda$ ist.

STÄCKEL.

[BOLYAI UND LOBATSCHEWSKY.]

[GERLING *an* GAUSS. *Marburg, 18.—21. December 1843.*]

{. . . . . . . Ein Paar Ungarsche Stipendiaten aus Maros Vásárhely brachten ein Präsentations-Schreiben von dortiger Universität, was mir auffiel, weil ich unter den übrigen Unterschriften auch den Namen WOLFGANGUS BOLYAI fand. Sie übergaben mir nun in diesen Tagen auch einen Privat-Brief von einem andern dortigen Professor, der früher mein Zuhörer gewesen, und diese Gelegenheit benutzte ich, um zur Mittheilung an Sie mich nach W. B. zu erkundigen. Sie schildern ihn als einen ziemlich wohlbeleibten rüstigen und freundlichen Greis, der in der Mitte seiner Gärten ein heiteres Alter zu verleben scheine. Seine Wirksamkeit als akademischer Lehrer sei ununterbrochen, aber nur dadurch gehemmt, dass es den meisten Zuhörern zu schwer falle ihm zu folgen. Sein Sohn (von welchem Sie mir mittheilten, dass er ein gutes Buch geschrieben) sei als erst 32jähriger Officier als Rittmeister pensionirt worden, und lebe, wenn ich recht verstanden habe, bei seinem Vater. — Muthmasslich hat er mit mathematischen Ketzereien also Anstoss erregt. — Jener ehemalige Zuhörer hatte mir damals versprochen, Anstalt zu machen, dass ich die Bücher von Vater und Sohn (denn auch vom Vater habe ich einmal ein Buch bei Ihnen gesehen, was Sie interessant nannten) hierher bekäme. Er scheint diess aber in Gnaden vergessen zu haben, denn sein Brief enthält kein Wort davon. Auch kann ich nirgends (selbst in Berlin nicht) die Titel mir ausforschen. — Da nun die jetzt neu angekommenen jungen Leute sich erbieten, für die Sache zu sorgen; so möchte ich Sie wohl bitten, mir diese Titel gelegentlich aufschreiben zu lassen. . . . .}

Gauss an Gerling. Göttingen, 4. Februar 1844.

.... So ist es zugegangen, dass ich vergessen habe, einen andern Punkt Ihres Briefes zu beantworten, an den ich eben heute durch eine ganz zufällige Veranlassung wieder erinnert bin.

Der Titel des Buchs meines alten Universitätsfreundes Varkas (i. e. Wolfgang) von Bolyai, Vater, ist wörtlich folgender:

Tentamen juventutem studiosam in elementa matheseos purae, elementaris ac sublimioris, methodo intuitiva, evidentiaque huic propria, introducendi cum Appendice triplici. Auctore Professore Matheseos et Physices Chemiaeque Publ. Ordinario. Tomus primus. Mar[o]s Vásárhelyini 1832. Typis Collegii Reformatorum per Josephum, et Simeonem Kali de felsö Vist. LXVI u. 502 Seiten 8vo. Tomus secundus 1833. XVI u. 400 S., viele Kupfertafeln. Den Namen des Verfassers finde ich nicht angegeben.

Die eine, beim ersten Bande befindliche Appendix hat den Titel:

Appendix scientiam spatii absolute veram exhibens: a veritate aut falsitate Axiomatis XI Euclidei (a priori haud unquam decidenda) independentem; adjecta ad casum falsitatis, quadratura circuli geometrica. Auctore Johanne Bolyai de eadem*), Geometrarum in exercitu Caesareo Regio Austriaco Castrensium Capitaneo.

Diese Appendix ist besonders paginirt (p. 1—26); da aber auf der Titelseite weder Ort noch Jahr angegeben ist, so präsumire ich, dass diese Schrift, welche gerade die in Rede stehende ist, nicht für sich, sondern nur als Anhang des Werkes des Vaters ins Publicum gekommen ist.

Übrigens hat in den letzten Decennien ein Russe (Lobatschewsky, Staatsrath und Professor in Kasan) einen ähnlichen Weg eingeschlagen. Er nennt die Nicht-Euklidische die imaginäre Geometrie (wie Ihr ehemaliger Kollege [Schweikart] Astralgeometrie) und hat darüber in russischer Sprache viele sehr ausgedehnte Abhandlungen gegeben (meistens in den Записки Казанскаго Университета, Memoiren der Kasanschen Universität), zum Theil auch in besondern Brochuren, die ich, glaube ich, alle besitze, aber ihre genaue Lecture noch verschoben habe,

*) *of that ilk*, wie es gewöhnlich bei Walter Scott heisst. — [*Vergl. auch S. 225.*]

bis ich mich einmal mit Musse wieder in dieses Fach werfen kann, und das Lesen russischer Bücher mir noch geläufiger ist als jetzt. Irre ich nicht, so ist auch ein Aufsatz des p. LOBATSCHEWSKY, vielleicht eine Übersetzung aus den Записки, in CRELLES Journal, was ich aber in diesem Augenblick nicht nachsehen kann. . . . .

GAUSS an GERLING. Göttingen, 8. Februar 1844.

Es wird Ihnen, mein theuerster Freund, vielleicht nicht unlieb sein, wenn ich zu den literarischen Notizen, welche ich in meinem letzten Briefe mittheilte, noch eine oder die andere hinzufüge: in die Sache selbst kann ich freilich jetzt nicht tiefer eingehen.

LOBATSCHEWSKYS Aufsatz in CRELLES Journal steht Band 17 pag. 295 ff. Ich finde, dass derselbe nur eine freie Übersetzung des russischen Aufsatzes [Воображаемая геометрія] im Jahrgang 1835 der Gelehrten Schriften der Kasanschen Universität ist, wo man eben da auch anstossen wird, wo diess in dem deutschen Aufsatze der Fall ist. In diesem stossen Sie an S. 296 Zeile 10 bei den Worten J'ai démontré etc., womit dem Leser, der weiter nichts hat wie diesen Aufsatz, wenig gedient ist. Ebenso S. 303 oben J'ai prouvé ailleurs etc., wozu man dieselbe Bemerkung machen muss. Der frühere Aufsatz, worauf sich diess zu beziehen scheint, wird wohl derselbe sein, der in einer Note des erwähnten russischen Aufsatzes angeführt wird als unter dem Titel: Über die Anfänge oder Principe der Geometrie stehend in Казанскомъ Вѣстникѣ (Kasanschen Boten) für 1829 und 1830. Zugleich wird dabei bemerkt, dass eine sehr kränkende Kritik dieser Abhandlung in No. 41 eines andern russischen, wie ich vermuthe in Petersburg erscheinenden, Journals »Sohn des Vaterlandes« Сынъ Отечества von 1834 stehe, wogegen LOBATSCHEWSKY eine Antikritik eingeschickt habe, die aber bis Anfang 1835 nicht aufgenommen sei.

Mit diesen literarischen Notizen ist uns nun freilich auch wenig geholfen, da in Deutschland schwerlich ein Exemplar des Kasanschen Boten von 1829—

1830 zu finden sein möchte. Dagegen aber kann ich Ihnen den Titel einer andern Schrift nachweisen, die Sie ohne Zweifel sehr leicht durch den Buchhandel erhalten können, und die nur 4 Bogen stark ist:

»Geometrische Untersuchungen zur Theorie der Parallel-Linien
von Nicolaus Lobatschewsky Kais. Russischem Staatsrath etc.
Berlin 1840 in der G. Finckeschen Buchhandlung.«

Ich erinnere mich, in Gersdorfs Repertorium damals eine sehr wegwerfende Recension dieses Buchs gelesen zu haben, die (nemlich die Recension) übrigens für jeden etwas kundigen Leser das Gepräge hatte, von einem ganz unwissenden Menschen herzurühren. Seitdem ich Gelegenheit gehabt habe, diese kleine Schrift selbst einzusehen, muss ich ein sehr vortheilhaftes Urtheil darüber fällen. Namentlich hat sie viel mehr Concinnität und Präcision, als die grössern Aufsätze des Lobatschewsky, die mehr einem verworrenen Walde gleichen, durch den es, ohne alle Bäume erst einzeln kennen gelernt zu haben, schwer ist, einen Durchgang und Übersicht zu finden.

Über die Crelle 17 p. 303 angeführte experimentelle Begrenzung habe ich aber nichts in der Schrift von 1840 gefunden und ich werde mich daher wohl entschliessen müssen, einmal deswegen an Hrn. Lobatschewsky selbst zu schreiben, dessen Aufnahme als Correspondent unserer Societät ich vor einem Jahre veranlasst habe. Vielleicht schickt er mir dann den Kasanschen Boten. Doch wäre es möglich, dass sich in den folgenden Jahrgängen der Kasanschen gelehrten Schriften von 1836—1838, wo auch lange Aufsätze von Lobatschewsky stehen, etwas darüber findet. Ich besitze diese zwar, habe aber bisher, aus dem in meinem vorigen Briefe erwähnten Grunde, mich bisher nicht näher mit ihnen bekannt gemacht.

In seinem Danksagungsschreiben wegen Aufnahme in die Societät schrieb mir übrigens Lobatschewsky damals, dass seine vielen administrativen Geschäfte (er scheint Rector perpetuus der Universität zu sein) ihn jetzt aus den wissenschaftlichen Arbeiten ganz herausgebracht hätten.

Für heute schliesse ich mit der Bitte bald wieder mit einigen Zeilen zu erfreuen

Ihren treu ergebenen

C. F. Gauss.

[GERLING *an* GAUSS. *Marburg, 26. Februar 1844.*]

{. . . . . . Die Notiz über das Buch von BOLYAI habe ich bereits benutzt, um das Buch zu verschreiben. Unsere Bibliothek hat sich, mit diesem ausführlichen Titel ausgerüstet, unmittelbar an die Buchhändler wenden können. Gleichzeitig ist auch das Buch von LOBATSCHEWSKY aus Berlin verschrieben und so werden wir denn wohl hoffentlich nach nicht allzu langer Zeit in den Besitz kommen. Ich wiederhole meinen herzlichen Dank für Ihre gütige Bemühung. Die russischen Abhandlungen sind mir freilich unzugänglich, da ich selbst das Buchstabiren, was ich als Student gelernt, wieder vergessen habe. Den Aufsatz in CRELLE Band 17 habe ich inzwischen auch nachgesehen und hängt darin allerdings alles an dem j'ai démontré. — Das russische Steppenland scheint demnach doch ein geeigneter Boden für diese Speculationen, denn SCHWEIKART (jetzt in Königsberg) ersann seine »Astral-Geometrie«, während er in Charkow war. . . . .}

GAUSS an SCHUMACHER. Göttingen, 28. November 1846.

. . . . Ich habe kürzlich Veranlassung gehabt, das Werkchen von LOBATSCHEWSKY (Geometrische Untersuchungen zur Theorie der Parallellinien. Berlin 1840, bei G. Fincke. 4 Bogen stark) wieder durchzusehen. Es enthält die Grundzüge derjenigen Geometrie, die Statt finden müsste und strenge consequent Statt finden könnte, wenn die Euklidische nicht die wahre ist. Ein gewisser SCHWEIKART*) nannte eine solche Geometrie Astralgeometrie, LOBATSCHEWSKY imaginäre Geometrie. Sie wissen, dass ich schon seit 54 Jahren (seit 1792) dieselbe Überzeugung habe (mit einer gewissen spätern Erweiterung, deren ich hier nicht erwähnen will); materiell für mich Neues habe ich

---

*) Früher in Marburg, jetzt Professor der Jurisprudenz in Königsberg.

also im LOBATSCHEWSKYschen Werke nicht gefunden, aber die Entwickelung ist auf anderm Wege gemacht, als ich selbst eingeschlagen habe, und zwar von LOBATSCHEWSKY auf eine meisterhafte Art in ächt geometrischem Geiste. Ich glaube Sie auf das Buch aufmerksam machen zu müssen, welches Ihnen gewiss ganz exquisiten Genuss gewähren wird. . . . . . .

GAUSS an W. STRUVE. Göttingen, 11. December 1846.

. . . . Gleichermassen bin ich für die übrigen Zusendungen zu dem verbindlichsten Danke verpflichtet; für die russischen Sachen von LOBATSCHEWSKY wahrscheinlich zunächst Ihrem Herrn Sohne, gegen den ich vor einigen Jahren bei seinem Hiersein meinen Wunsch ausgesprochen hatte; ich lasse mich seinem freundlichen Andenken angelegentlich empfehlen. Mit meiner russischen Sprachkenntniss werde ich wohl etwas zurückgekommen sein, da ich seit länger als einem Jahre nicht dazu habe kommen können, auch nur einen russischen Buchstaben anzusehen, ich hoffe jedoch in der ersten freien Zeit das Versäumte schnell nachzuholen, und werde dann der Lecture jener interessanten Aufsätze meine besondere Aufmerksamkeit widmen. Die kleine deutsche Schrift von LOBATSCHEWSKY besass ich schon vorher selbst. . . . .

[CONGRUENZ UND SYMMETRIE.]

[GERLING *an* GAUSS. *Cassel, 25. März 1813.*]

{...... Im Decemberheft der monatlichen Correspondenz vom vorigen Jahr erklärt Professor MOLLWEIDE den gewöhnlichen Beweis für die Oberfläche der sphärischen Dreiecke für unstatthaft, indem dabei zwei Dreiecke als gleich gebraucht werden, die 3 gleiche Seiten haben, aber wegen verschiedener Lage derselben nicht congruent sein können, dieser Satz aber in den sphärischen Trigonometrien nicht vorkommt. Ich habe von diesem Satz einen Beweis gefunden, der mir sehr einfach zu sein scheint. Es ist folgender: Zwei solche Dreiecke entstehen immer, wenn man die das eine bildenden Kugelradien, jenseits des Mittelpunkts, verlängert. Legt man nun durch die Winkelpunkte beider Dreiecke Ebenen, so erhellt sehr leicht, dass sie parallel sind, und daraus folgt dann gleichfalls sehr leicht, dass sie gleich weit vom Mittelpunkte abstehen. — Sie beschreiben also auf der Kugel congruente kleine Kreise, und congruente Oberflächensegmente, und die Dreiecke entstehen, wenn man von diesen congruenten Oberflächensegmenten die 3 Zweiecke abzieht, die von gleichen Bögen der kleinen Kreise, und von den gleichen Dreiecksseiten begrenzt werden; diese Zweiecke sind aber congruent, wie aus der Construction leicht erhellt, also auch die Dreiecke gleich. ....}

[GERLING an GAUSS. *Marburg, 26. Februar 1844.*]

{. . . . . Seitdem ich 1813 auf die symmetrischen Dreiecke und die Fläche des sphärischen Dreiecks kam, ist mir immer das Desiderium geblieben, dass mir eigentlich eine scharfe Definition oder ein scharfes Kriterium der Symmetrie fehlte, im Gegensatz gegen die Congruenz. Seit vorigem Winter bin ich nun darauf gekommen, die Sache auch im Vortrag, denn früher kam ich schon bei anderer Gelegenheit für mich darauf (1834), so darzustellen:

Jedes Gebilde in der Ebene beziehen wir auf zwei Dimensionen (rechtwinklige Coordinaten), jedes räumliche auf drei. Denken wir nun die Coordinaten als dem Wechsel des Zeichens unterworfen, so wird allgemein congruent, was in zwei Dimensionen das Zeichen ändert; symmetrisch aber, was in einer oder in drei Dimensionen das Zeichen ändert. — Hieraus ergibt sich dann als Corollar,

1) dass bei Coordinaten aus einem Punkt durch Wechsel aller radii vectores (sit venia verbo) Symmetrie entstehen muss bei körperlichen Constructionen, Congruenz aber bei ebenen,

2) dass die Symmetrie in die Congruenz übergeht, wenn das Gebilde durch eine gerade Linie oder durch eine Ebene in zwei symmetrische Hälften theilbar ist. —

Sie würden mich sehr verbinden, wenn Sie mir gelegentlich Ihr Urtheil über diese Darstellungsweise mittheilten.}

GAUSS an GERLING. Göttingen, 8. April 1844.

. . . . Ihre Bemerkungen über Symmetrie und Congruenz sind vollkommen treffend. Was noch zu desideriren wäre, ist der metaphysische Grund, warum es so ist (was bei Ihnen nur als eine wahrgenommene Thatsache auftritt) und damit auch die Erweiterung auf eine Geometrie von mehr als 3 Dimensionen, wofür wir menschliche Wesen keine Anschauung haben, die aber in abstracto betrachtet nicht widersprechend ist, und füglich höhern Wesen zukommen könnte. Um aber, aus dieser Höhe, wieder auf die Erde herunterzukommen, so ist es schade, dass die Gleichheit der Volumina körperlicher bloss symmetrischer, aber nicht congruenter Gebilde, sich nur durch die Exhaustionsmethode, und nicht eben so elementarisch demonstriren lässt, wie meines Wissens zuerst Sie bei der Area des sphärischen Dreiecks gezeigt haben. Ihr Beweis in etwas anderer Gestalt findet sich auch bei LOBATSCHEWSKY, ohne dass erhellt, ob er Ihren Aufsatz gekannt habe. Jedes sphärische Dreieck lässt sich nemlich in drei gleichschenklige Dreiecke zerlegen, und diese Zerlegung auf zwei symmetrische Dreiecke angewandt, gibt bei beiden gleiche und nur in ungleicher Ordnung liegende Dreiecke. (Es versteht sich, dass um vollständig zu sein, man drei Fälle unterscheiden müsste, wovon der zweite und dritte auch so ausgesprochen werden können, dass je eins der Partialdreiecke negativ oder 0 sein kann.) . . . .

[GERLING *an* GAUSS. *Marburg, 15. April 1844.*]

{Obwohl ich Ihren Brief vom 8. d. M., den ich vorläufig herzlich verdanke, eigentlich noch gar nicht beantworten kann, weil ich bis jetzt noch nicht dazu habe kommen können, ihn so zu studiren und in mich aufzunehmen, als sein reichhaltiger Inhalt und mein Interesse für den Gegenstand erfordert; so kann ich mir doch das Vergnügen nicht versagen, Ihnen in Beziehung auf eine einzelne Äusserung darin ein Paar Zeilen zu schreiben.

Sie sagen: »Es ist schade, dass die Gleichheit der Volumina körperlicher bloss symmetrischer, aber nicht congruenter Gebilde sich nur durch die Exhaustionsmethode, und nicht eben so elementarisch demonstriren lässt« etc.

Erlauben Sie, dass ich Ihnen hier eine solche Demonstration mittheile mit der Bitte, mir gelegentlich Ihr Urtheil darüber zu schreiben.

Lehrsatz: Zwei beliebige symmetrische Polyeder sind von gleichem körperlichen Inhalt.

Beweis: I. Dieselben lassen sich durch angemessen durchgelegte Ebenen in lauter dreiseitige Pyramiden zerlegen, welche paarweise in beiden Körpern symmetrisch sind.

II. Um jede dreiseitige Pyramide lässt sich eine Kugel construiren, deren 4 Halbmesser, mittelst durch je zwei gelegte Ebenen, dieselbe in je 4 gleichseitige Pyramiden zerlegen. (Vorbehaltlich, dass auch negative Pyramiden dabei sein können.)

III. Macht man diese Construction bei jedem Paar der ad I. erwähnten dreiseitigen Pyramiden, so entstehen lauter gleichseitige Pyramiden, welche wieder paarweise symmetrisch sind.

IV. Jede gleichseitige Pyramide lässt sich mittelst eines Perpendikels von der Spitze auf die Grundfläche und durchgelegter Ebenen in drei dreiseitige Pyramiden zerfällen, deren Grundfläche ein gleichschenkliges Dreieck und deren eine Kante, welche von der Spitze dieses gleichschenkligen Dreiecks ausgeht, senkrecht auf der Grundfläche steht.

V. Zwei Pyramiden der letztbeschriebenen Art, die in beiden Polyedern analog liegen, sind nicht nur symmetrisch, sondern auch congruent, weil sich jede einzelne durch eine Ebene in zwei einander symmetrische Hälften spalten lässt.

VI. Demnach sind beide Polyeder als die (algebraischen) Summen von lauter congruenten Pyramiden zu betrachten, und haben also gleiches Volumen. Q.E.D.

Ich muss noch hinzufügen, dass der Beweis mir nicht ganz eigenthümlich ist. Ich war im Nachdenken über Ihre Äusserung dahin gekommen, dass ich die Theile III—V klar übersah, fand aber anfangs Schwierigkeit, jede dreiseitige Pyramide auf gleichseitige zu reduciren; und hätte vielleicht die Sache gehen lassen, wenn nicht in einem Gespräch mit Dr. STEGMANN die Rede zufällig darauf gekommen, wo dieser den glücklichen Einfall hatte, die Kugel um die dreiseitige [Pyramide] zu Hülfe zu nehmen, wodurch dann der Schlüssel eigentlich gefunden war.

So viel ich sehe, ist kein Fehlschluss in dem Obigen; Sie verbinden aber mich sehr, wenn Sie den Beweis einer scharfen Prüfung unterwerfen und mir gelegentlich Ihr Urtheil darüber schreiben. ....}

GAUSS an GERLING. Göttingen, 17. April 1844.

Die Art, wie Sie die Volumengleichheit bloss symmetrischer, nicht zugleich congruenter, Körper beweisen, hat mir viel Vergnügen gemacht. Man könnte den Nerv davon so hervorheben, dass man sagt,

1) dass man auf diejenigen Pyramiden aufmerksam macht, deren symmetrische Gegenstücke mit ihnen zugleich congruent sind, welches nemlich diejenigen sind, an denen zwei Seitenflächen zu einer dritten normal sind und in ihren Durchschnitten mit dieser gleiche Kanten geben, und

2) dass man nachweist, wie jede Pyramide in 12 Pyramiden von der eben bezeichneten Art zerlegt werden kann.

Ob die Beweisart neu ist, kann ich übrigens mit Gewissheit nicht verbürgen. Sehen Sie wenigstens LEGENDRES Geometrie nach, worin versucht ist, mehreres strenger oder einfacher als sonst geschehen, zu beweisen. Mir selbst ist in diesem Augenblick das Buch, welches ich nicht selbst besitze, nicht zur Hand.

Mein Bedauern muss ich nun, da jener Satz nicht mehr davon getroffen ist, auf die andern Sätze der Stereometrie beschränken, die annoch von der Exhaustionsmethode abhängig sind wie Euklid XII. 5. Vielleicht ist auch hier noch manches zu verbessern; in diesem Augenblick habe ich nicht Zeit, dem Gegenstande weiteres Nachdenken zu widmen. . . . . . .

[GERLING *an* GAUSS. *Marburg, 7. Juli 1844.*]

{. . . . . . Was zuerst die Symmetrie betrifft, wo ich im vorletzten Brief nur die »Thatsache« angab; so scheint mir der Grund in unserer Anschauung der geraden Linie und Ebene zu liegen, vermöge deren wir in der Ebene auf einer geraden Linie nur ein Perpendikel in einem Punkt denken können, dieses aber nach beiden Seiten hin ins Unendliche verlängert, und eben so auf der Ebene nur eins, mit zwei Seiten; so muss es also für a in der Ebene einen symmetrischen Punkt a' und für b ein b' geben; und muss ab mit $a'b'$ zusammenfallen, wenn ich umklappe, und, im allgemeinen, nur durch Umklappen. Symmetrisches von Symmetrischem wird hier congruent. Kommt nun die dritte Dimension hinzu, und liegen beiderseits c und c' über a und a', so fallen beim Umklappen auch c und c' auf verschiedene Seiten der Ebene u. s. w. — Ich meine, auf diesem Wege liesse sich eine anschauliche Überzeugung gewinnen.

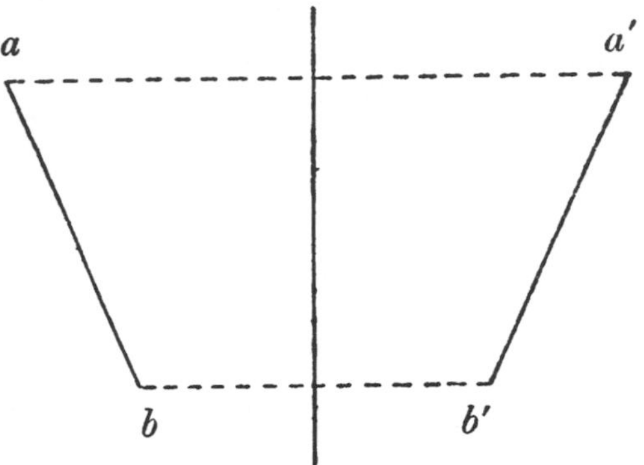

Für solche Gebilde, die sich mittelst einer durchgelegten Linie oder einer durchgelegten Ebene in zwei symmetrische Hälften zerfällen lassen, wie z. B. das gleichschenklige Dreieck, die dreiseitige Pyramide mit gleichschenkliger Grundfläche und in den Schenkeln gleichgeneigten Seitenflächen u. s. w., fehlt es meines Wissens noch an einem angemessenen Kunst-Ausdruck, den ich zu kurzer Darstellung dieser Dinge sehr desiderire.

Legendres Geometrie habe ich bei der ersten Herausgabe des Lorenz fleissig benutzt, und meines Wissens manches in der Stereometrie schärfer dargestellt [gefunden], als in frühern Büchern, für Euklid XII. 5 habe ich aber bis jetzt noch nichts besseres gefunden, als meinen § 330, wo ich mich von der Exhaustionsmethode nicht los machen konnte. . . . . . . }

Gauss an Gerling. Göttingen, 14. Juli 1844.

. . . . Ich habe unlängst einen jungen Mathematiker, Eisenstein aus Berlin, kennen gelernt, der mit einem Empfehlungsschreiben von Humboldt hierher kam. Dieser noch sehr junge Mann zeigt sehr ausgezeichnetes Talent, und wird gewiss Grosses leisten. Ich erwähnte gegen ihn Ihrer eleganten Art, die Gleichräumigkeit symmetrischer Körper zu beweisen, wogegen er behauptete, dass ein ähnlicher Beweis sich schon in LEGENDRES Geometrie finde. Ich habe diess noch nicht verificiren können.

[GERLING *an* GAUSS. *Marburg, 21. Juli 1844.*]

{. . . . . . Wegen der Bemerkung des Hrn. EISENSTEIN über die Volumina symmetrischer Körper habe ich im LEGENDRE nachgesehen. Ich selbst habe noch die Ausgabe von 1806, hatte aber Gelegenheit, CRELLES Übersetzung (1844) der 12ten Auflage jetzt einzusehen; wo ich allerdings gegen 1806 in diesen Materien einiges abgeändert finde. — LEGENDRE hat den Satz quaestionis aber nicht unabhängig von der Exhaustionsmethode bewiesen. Er geht nemlich von dem Satz aus: Pyramiden von gleicher Grundfläche und gleicher Höhe sind gleich. — Diesen beweist er nach der Exhaustionsmethode (im Wesentlichen jetzt ganz so wie mein LORENZ § 330, statt dass er sich früher näher an Euklid gehalten). Nun zerlegt er die symmetrischen Polyeder in symmetrische dreiseitige Pyramiden, und schliesst auf ihre Gleichheit vermöge jenes Satzes. Der Unterschied besteht also darin, dass LEGENDRE eine weitere Zerlegung in je 12 Pyramiden, die paarweise congruent sind, nicht ausführt. —

Wie ich den Satz LORENZ § 330 gelernt habe, weiss ich selbst nicht mehr. Wenn ich ihn aber auch selbstständig erfunden habe; so haben mir jedenfalls Bemerkungen von PFAFF die Erfindung sehr nahe gelegt. Ich erinnere mich namentlich, dass er mir (1809) mit Bedauern, dass man hier nicht tiefer eindringen könne, von dem »Segnerschen Axiom« sprach.}

GAUSS an SCHUMACHER. Göttingen, 8. Februar 1846.

.... Der Unterschied zwischen Rechts und Links lässt sich aber nicht definiren, sondern nur vorzeigen, so dass es damit eine ähnliche Bewandtniss hat, wie mit Süss und Bitter. Omne simile claudicat aber; das letztere gilt nur für Wesen, die Geschmacksorgane haben, das erstere aber für alle Geister, denen die materielle Welt apprehensibel ist; zwei solche Geister aber können sich über Rechts und Links nicht anders unmittelbar verständigen, als indem Ein und dasselbe materielle individuelle Ding eine Brücke zwischen ihnen schlägt, ich sage unmittelbar, da auch A sich mit Z verständigen kann, indem zwischen A und B eine materielle Brücke, zwischen B und C eine andere u. s. w. geschlagen werden, oder worden sein kann. Welche Geltung diese Sache in der Metaphysik hat, und dass ich darin die schlagende Widerlegung von KANTS Einbildung finde, der Raum sei BLOSS die Form unserer äussern Anschauung, habe ich succinct in den Göttingischen Gelehrten Anzeigen 1831, S. 635 ausgesprochen. ....

[GERLING *an* GAUSS. *Marburg, 20. Juni 1846.*]

{....... Zum erstenmal kam ich in den Fall, eine rechtsgewundene Schraube für den Druck [der neuen Ausgabe des »Lorenz«] definiren zu müssen. Ich weiss nicht besser als so zu sagen: so gewunden, dass jeder Punkt der vertical stehenden Schraube ausser der Axe in die Tiefe nur gelangen kann, wenn er von Ost durch Süd nach West geht. — Gibt es eine bessere Definition, so verpflichten Sie mich sehr durch die Mittheilung.......}

GAUSS an GERLING. Göttingen, 23. Juni 1846.

.... Die Unterscheidung der Schrauben hängt in letzter Instanz wie die Unterscheidung des Rechts und Links davon ab, dass

drei von einem Punkt A ausgehende und nicht in Einer Ebene liegende gerade Linien AB, AC, AD mit drei andern ab, ac, ad in der Ordnung, wie sie aufgezählt sind,

gleiche oder verkehrte Lage haben können.

Nemlich im ersten Fall wird die Pyramide $ABCD$ bloss durch allmählige quantitative Änderungen in die Pyramide $abcd$ dergestalt übergehen können, dass A in a, B in b u. s. w. übergehe. Im zweiten Fall ist ein solcher Übergang nicht anders möglich, als dass dazwischen die veränderte Pyramide einmal verschwindet ($ABCD$ in Einer Ebene). Ähnliche Lagen haben

$$AB, \quad AC, \quad AD$$
$$AC, \quad AD, \quad AB$$
$$AD, \quad AB, \quad AC,$$

aber verkehrte dagegen AB, AD, AC u. s. w.

Diesen Unterschied zweier Systeme von je drei geraden Linien kann man aber nicht auf Begriffe bringen, sondern nur aus dem Anhalten an wirklich vorhandene räumliche Dinge vorzeigen. Zwei Geister können sich nicht anders darüber verständigen, als dass sie ihre Anschauungen an Ein und dasselbe in der wirklichen Welt vorkommende System knüpfen. Wählt man also für das 1te System die [Ordnung:]

Süd West Zenith,

so ist für jedes andere Dreisystem feststehend, ob es mit diesem gleich oder ob es entgegengesetzt sei. Mit jenem gleiche so:

Vorne	Rechts	Oben	
Links	Vorne	Oben	
Vorne	Links	Unten	
Rechts	Vorne	Unten	
Rechts	Hinten	Oben	u. s. w.

Die Anwendung dieses Princips auf die Schrauben hat keine Schwierigkeit und begreiflicher Weise wird es eine grosse Menge verschiedener Einkleidungen geben können. Gegen die von Ihnen gewählte wird nichts zu erinnern sein. . . . .

. . . . . . Dass, was ich oben über Links und Rechts angeführt habe, nur ein Kernstück eines viel ausgedehntern Systems ist, brauche ich wohl nicht zu erinnern.

THEOREM AUS DER SPHÄROLOGIE.

[1.]

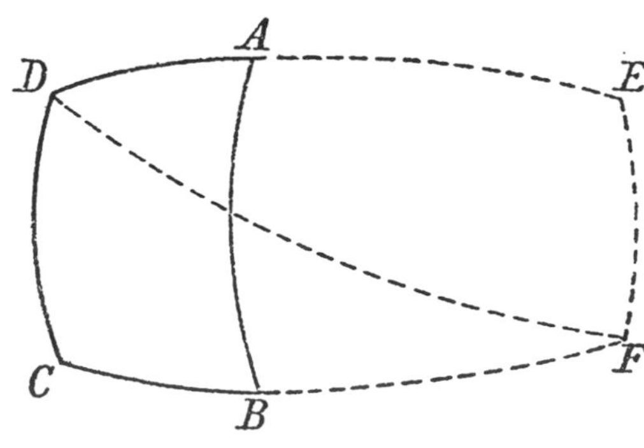

Ist $ABCD$ ein sphärisches Viereck mit rechten Winkeln in A, B, C; und verlängert man DA, CB, bis DE und CF Quadranten werden, so ist E ein rechter Winkel und [, die Bogen als Winkel gerechnet, so dass der Quadrant $= 90^0$ wird,] $F = 90^0 + CD,\ EF = D - 90^0$.

Beweis. Es wird DF ein Quadrant, woraus alles von selbst folgt.

[2.]

Wir bezeichnen mit

R den rechten Winkel, mit

ρ den Quadranten des grössten Kreises [, so dass der Bogen x zu $\frac{R}{\rho}x$ Grad zu rechnen ist], mit

λ den achten Theil der Kugelfläche. Ferner mit

$F(a, b)$ den Flächeninhalt eines sphärischen Vierecks [$ACBD$] mit drei rechten Winkeln [A, B, C], dessen mittelstem [C] die Seiten a, b anliegen; die diesen gegenüber liegenden seien α, β; der vierte Winkel $= R + \omega$.

Für unendlich kleine a sei

$$F(a, b) = afb,$$

und für unendlich kleine b sei

$$fb = k.b,$$

wo k eine Constante [bedeutet].

Fig. 1.

[Da der Flächeninhalt des Vierecks $ACBD$ dem Überschuss seiner Winkelsumme über 4 Rechte proportional ist, so hat man

$$F(a, b) = C.\omega.$$

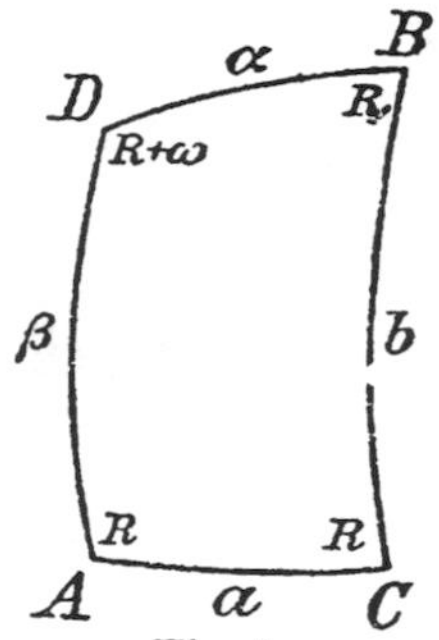

Es ist aber, wie die Figur 2 zeigt,

$$\lambda = F(\rho, \rho) = CR,$$

also

$$F(a, b) = \frac{\lambda}{R} \cdot \omega.]$$

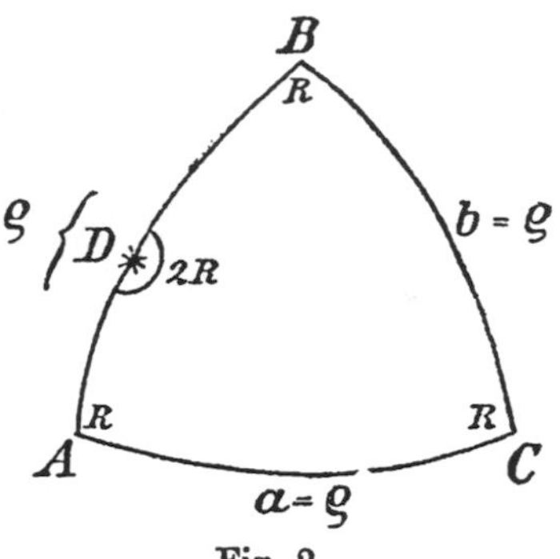

Fig. 2.

Man hat [daher]:

1) $$\omega = \frac{R}{\lambda} F(a, b).$$

[Wendet man diese Gleichung auf das Viereck $ACFE$ an (Fig. 3), so wird

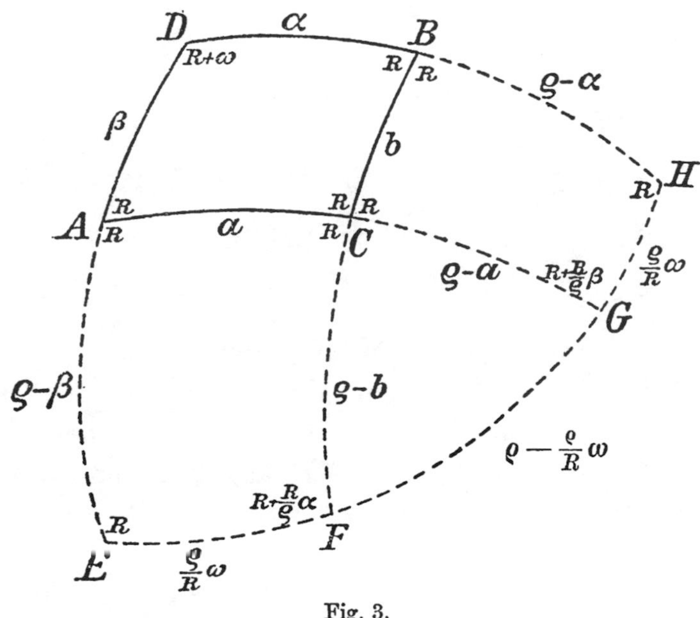

Fig. 3.

$$\frac{R}{\rho}\alpha = \frac{R}{\lambda}F(a, \rho-\beta)$$

oder]

2) $$\alpha = \frac{\rho}{\lambda}F(a, \rho-\beta).$$

[Ebenso ergibt das Viereck *BHGC*:]

3) $$\beta = \frac{\rho}{\lambda}F(b, \rho-\alpha).$$

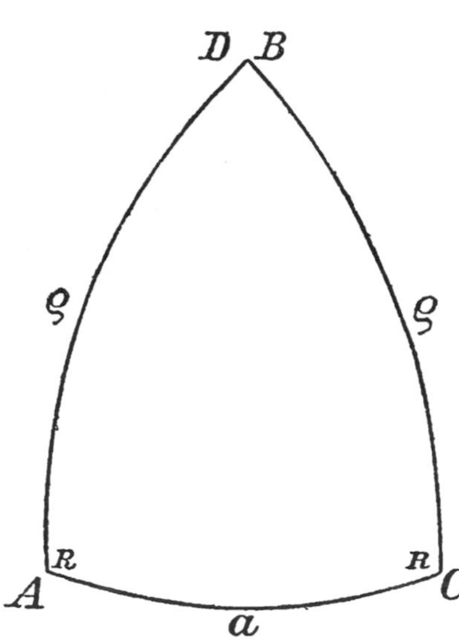

Fig. 4.

[Ferner ist nach Fig. 4:]

4) $$a\frac{\lambda}{\rho} = F(a, \rho),$$

[und für unendlich kleine a ist

$$F(a, \rho) = af\rho = a\frac{\lambda}{\rho},$$

also]

5) $$\frac{\lambda}{\rho} = f\rho.$$

Für unendlich kleine a ist

$$\alpha = \frac{\rho}{\lambda}\cdot af(\rho-\beta)$$

also selbst unendlich klein, daher dann aus 3) β unendlich wenig von

$$\frac{\rho}{\lambda}F(b, \rho)$$

d. i. von b verschieden.

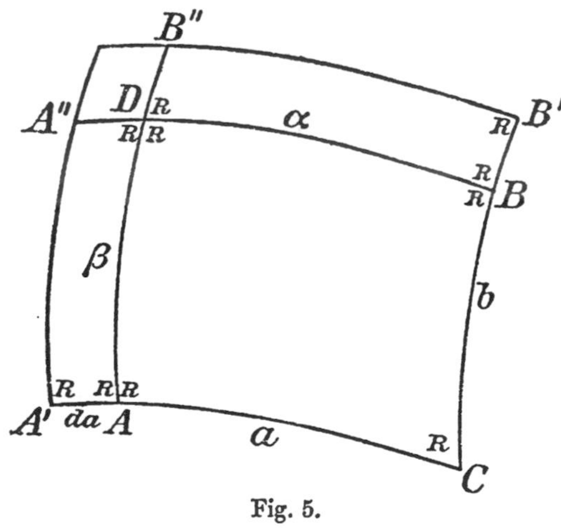

Fig. 5.

Ferner [ergibt Fig. 5] die vollständige allgemeine Differentialgleichung

6) $$dF(a, b) = F(da, \beta) + F(db, \alpha)$$
$$= da.f\beta + db.f\alpha.$$

Mithin, wenn bloss b veränderlich,

$$dF(a, b) = db.f\alpha.$$

Ist also a unendlich klein, so ist

$$d(afb) = db.f\alpha$$
$$= db.k\alpha = db\cdot\frac{\rho}{\lambda}ak.f(\rho-\beta)$$

oder, da hier $\beta = b$ gesetzt werden muss,

$$dfb = db \cdot \frac{\rho k}{\lambda} f(\rho - b), \tag{7}$$

aus welcher Gleichung die Natur von fb abgeleitet werden muss. Es wird durch Vertauschung [von b mit $\rho - b$:]

$$df(\rho - b) = -db \cdot \frac{\rho k}{\lambda} fb. \tag{8}$$

Setzt man also

$$f(\rho - b) + ifb = B,$$
$$f(\rho - b) - ifb = B',$$

so wird

$$dB = iB \cdot db \cdot \frac{\rho k}{\lambda}, \qquad dB' = -iB' \cdot db \cdot \frac{\rho k}{\lambda},$$

also

$$B = Ce^{ib\frac{\rho k}{\lambda}}, \qquad B' = C'e^{-ib\frac{\rho k}{\lambda}},$$

wo C, C' Constanten, welche sich aus der Bedingung bestimmen, dass für $b = 0$ B und B' nach 5) [und weil $f0$ verschwindet] $= \frac{\lambda}{\rho}$ werden, also

$$B = \frac{\lambda}{\rho} e^{ib\frac{\rho k}{\lambda}}, \qquad B' = \frac{\lambda}{\rho} e^{-ib\frac{\rho k}{\lambda}}.$$

Es ist folglich

$$fb = \frac{\lambda}{\rho} \sin\left(\frac{\rho k}{\lambda} \cdot b\right), \qquad f(\rho - b) = \frac{\lambda}{\rho} \cos\left(\frac{\rho k}{\lambda} \cdot b\right),$$

[mithin für $b = \rho$ nach 5):]

$$1 = \sin \frac{\rho \rho k}{\lambda},$$

woraus

$$\frac{\rho \rho k}{\lambda} = \tfrac{1}{2}\pi,$$

also

$$fb = \frac{\lambda}{\rho} \sin\left(\frac{\pi}{2\rho} \cdot b\right)$$

[folgt. Für unendlich kleine a hat mithin das Viereck $ACBD$ den Flächeninhalt

$$a \frac{\lambda}{\mu} \sin\left(\frac{\pi}{\mu\rho} b\right).]$$

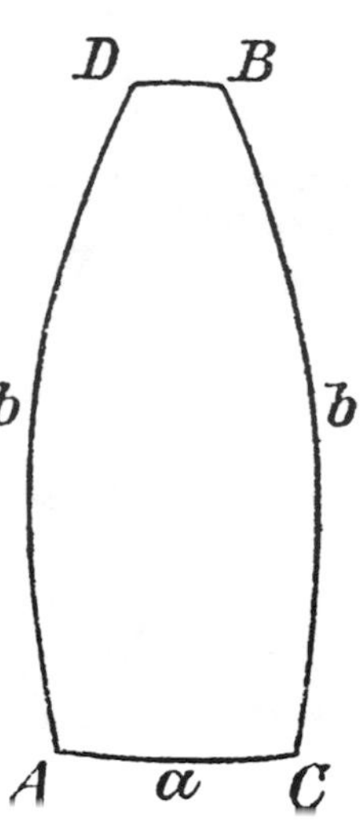

Fig. 6.

BEMERKUNG.

Die vorstehende Notiz befindet sich in einem Handbuche. Wenn auch das Datum ihrer Abfassung nicht angegeben ist, so berechtigt doch der sonstige Inhalt dieses Handbuches zu der Annahme, dass sie zwischen 1840 und 1846 entstanden ist.

Zur Erleichterung des Verständnisses sind in [2] die Figuren 1, 2, 4, 5 und 6 der Figur des Originals beigefügt worden. STÄCKEL.

[DIE SPHÄRISCHE UND DIE NICHT-EUKLIDISCHE GEOMETRIE.]

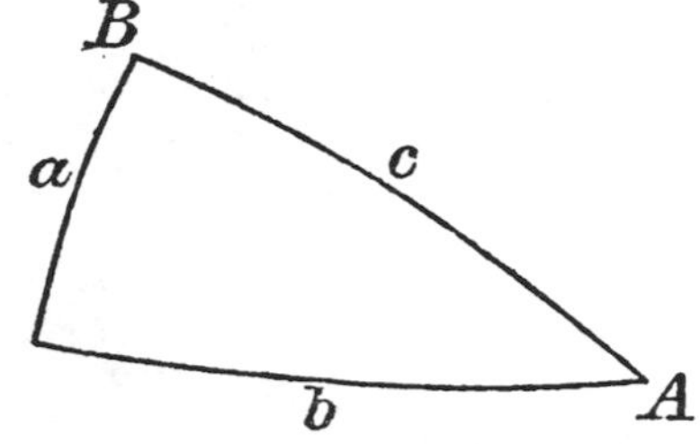

I. $ga.\partial b - \sin B.\partial c + fc.\cos B.\partial A = 0$

II. $gb.\partial a - \sin A.\partial c + fc.\cos A.\partial B = 0$

durch Construction;

III. $\sin B.\partial a - ga.\cos B.\partial b - fc.\partial A = 0$

IV. $gb.\cos A.\partial a - \sin A.\partial b + fc.\partial B = 0$

gleichfalls durch Construction.

Aus Verbindung von I und III folgt $\frac{\text{I} + \text{III} \cos B}{\sin B}$:

$$\cos B.\partial a + ga.\sin B.\partial b - \partial c = 0,$$

wonach sein muss:

V. $$\cos B.\partial a + \cos A.\partial b - \partial c = 0,$$

$$1)\quad \cos A = ga.\sin B$$

$$2)\quad \cos B = gb.\sin A.$$

VI. $$\partial a - \cos B.\partial c - fc.\sin B.\partial A \; [= 0]$$

VII. $$\partial b - \cos A.\partial c - fc.\sin A.\partial B \; [= 0]$$

durch Construction.

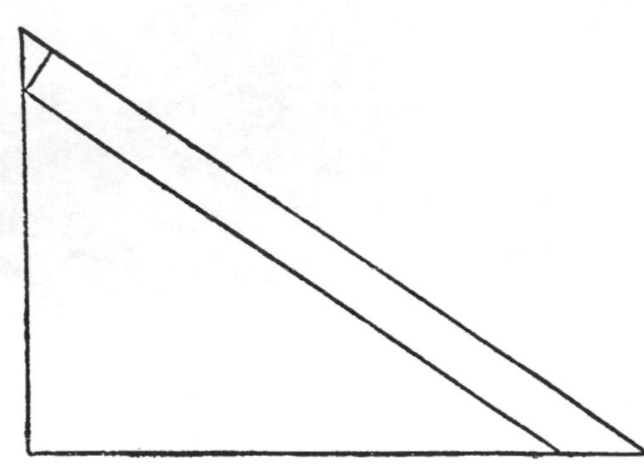

Ferner folgt durch Construction dass für $A = \text{const.}$:

$$\sin B \,.\, \partial a = gc \,.\, \sin A \,.\, \partial b,$$

also durch Verbindung von III. und 2)

$$ga \,.\, \cos B = gc \,.\, \sin A$$

und

3) $ga \,.\, gb = gc$

4) $\operatorname{tg} A \operatorname{tg} B \,.\, gc = 1.$

Aus 1) folgt leicht, dass für ein unendlich kleines P, wenn $Q = 90^0$:

$$R = 90^0 - gPQ \,.\, P.$$

Eben so, wenn P, Q, R rechte Winkel sind, und PQ unendlich klein, wird:

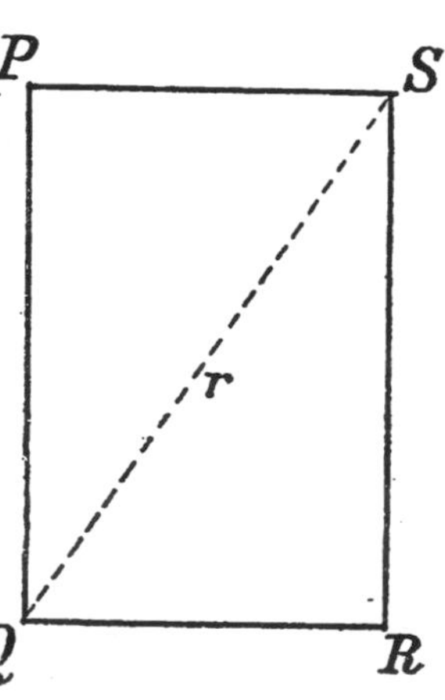

$$PSQ = \frac{PQ}{fr},$$

$$RQS = gr \,.\, PSQ = \frac{gr}{fr} \cdot PQ$$

$$RSQ = 90^0 - gr \,.\, RQS = 90^0 - gr^2 \,.\, PSQ$$

$$= 90^0 - \frac{gr^2}{fr} \cdot PQ,$$

also

$$PSR = 90^0 + \frac{1 - gr^2}{fr} \cdot PQ.$$

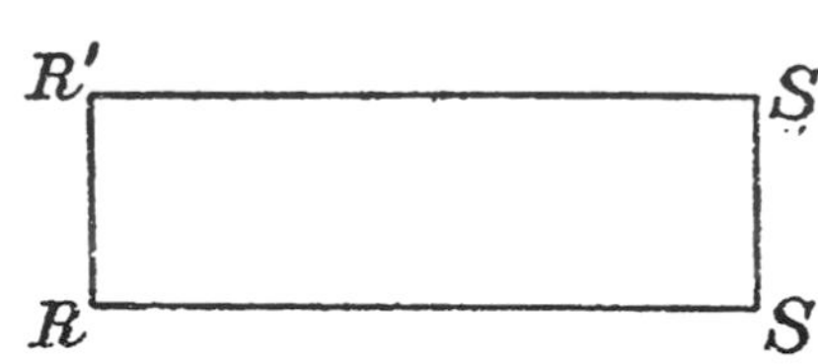

Hieraus ferner

$$R'S' = RS - fRR' \cdot \frac{1 - gr^2}{fr} \cdot PQ,$$

$$dgx = -fdx \,.\, \frac{1 - gx^2}{fx} \,.$$

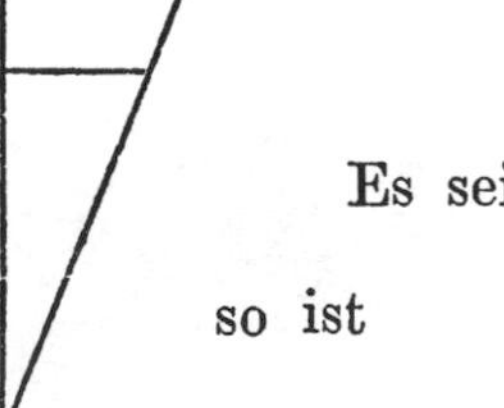

Eben so

$$dfx = fdx \,.\, gx.$$

Es sei

$$fdx = \alpha dx, \qquad fx = y;$$

so ist

$$\frac{dy}{dx} = \alpha gx,$$

$$\frac{ddy}{dx^2} = -\alpha\alpha\frac{1-\frac{dy^2}{\alpha\alpha dx^2}}{y},$$

$$\frac{yddy}{dx^2} - \frac{dy^2}{dx^2} + \alpha\alpha = 0.$$

Multiplicirt mit $\frac{2dy}{y^3}$:

$$\frac{2\frac{dy}{dx}\,d\frac{dy}{dx}}{yy} - \frac{2\left(\frac{dy}{dx}\right)^2 dy}{y^3} + \frac{2\alpha\alpha dy}{y^3} = 0.$$

Integrirt

$$\frac{1}{yy}\left(\frac{dy}{dx}\right)^2 - \frac{\alpha\alpha}{yy} = \text{Const.} = -kk,$$

$$-kkyy + \alpha\alpha - \left(\frac{dy}{dx}\right)^2 = 0,$$

$$dx = \frac{dy}{\sqrt{(\alpha\alpha - kkyy)}} = \frac{\frac{k}{\alpha}dy}{k\sqrt{\left(1-\frac{kk}{\alpha\alpha}yy\right)}},$$

$$kx = \text{Arc.}\sin\frac{k}{\alpha}y + \text{Const.},$$

$$y = \frac{\alpha}{k}\sin(kx+\lambda),$$

$$fx = \frac{\alpha}{k}\sin kx,$$

$$gx = \cos kx.$$

BEMERKUNGEN.

Gauss hat die vorstehende Notiz auf einem Zettel (4 Seiten 8°) niedergeschrieben, der sich als Einlage in seinem Exemplare der »*Geometrischen Untersuchungen zur Theorie der Parallellinien* von Nicolaus Lobatschewsky, Berlin 1840« vorgefunden hat; als Abfassungszeit darf daher 1840 bis 1846 angenommen werden.

Der Zweck der Notiz ist, unter der Voraussetzung, dass für Dreiecke, deren drei Seiten unendlich klein sind, die Euklidische Geometrie gilt, die Gleichungen herzuleiten, die zwischen den Seiten und Winkeln eines endlichen Dreiecks bestehen; es genügt, diese Beziehungen für ein rechtwinkliges Dreieck herzuleiten. Die Durchführung dieses Gedankens gestaltet sich auf Grund des vorstehenden Textes folgendermassen.

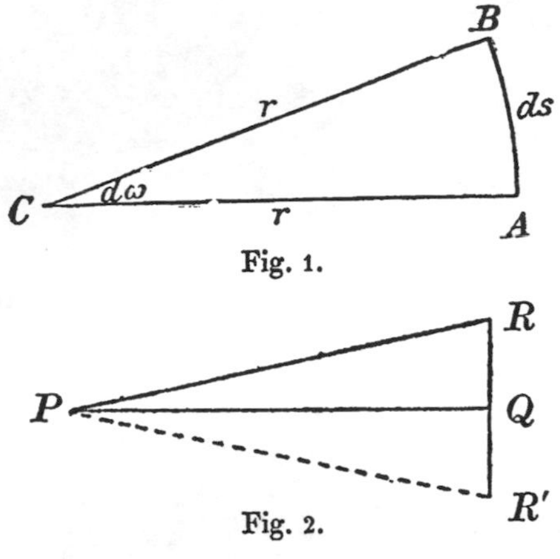

Fig. 1.

Fig. 2.

1. Ist $d\omega$ ein unendlich kleiner Centriwinkel ACB eines Kreises vom Radius $AC = BC = r$, so ist der zugehörige unendlich kleine Bogen $AB = ds$ proportional $d\omega$, und der Proportionalitätsfactor hängt nur von r ab. Man hat daher:

(A) $$ds = f(r)\, d\omega.$$

Die Sehne AB lässt sich bis auf unendlich kleine Grössen zweiter Ordnung durch den Bogen AB ersetzen.

Ist in dem Dreieck PQR der Winkel bei Q ein rechter und der Winkel bei P unendlich klein, so hat man

(A') $$QR = f(PR)\,.\,QPR,$$

denn wird RQ um $QR' = RQ$ verlängert, so ist nach (A)

$$RR' = f(PR)\,.\,RPR'.$$

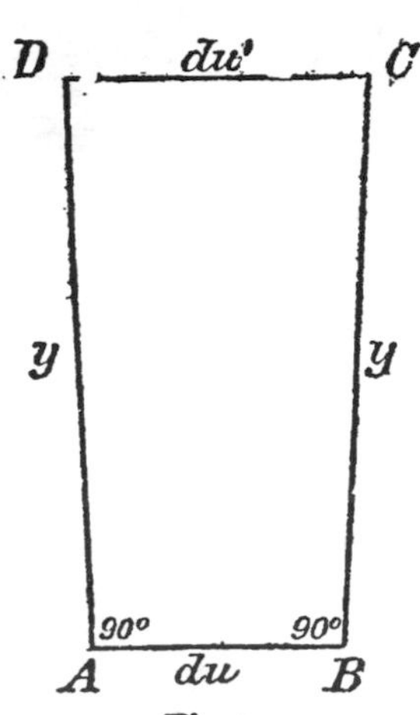

Fig. 3.

2. Es sei $ABCD$ ein Viereck mit der unendlich kleinen Grundlinie $AB = du$. Die Winkel in A und B seien rechte und $AD = BC = y$. Dann ist die Länge der vierten Seite $CD = du'$ proportional du, und der Proportionalitätsfactor hängt nur von y ab. Man hat daher

(B) $$du' = g(y)\, du.$$

3. In dem rechtwinkligen Dreieck ABC mit den Katheten a, b und

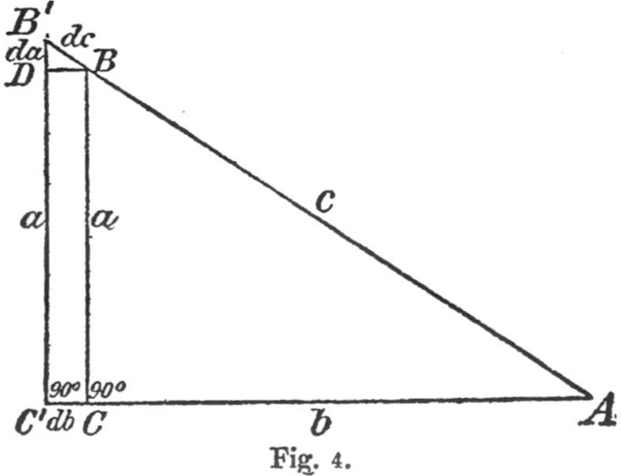

Fig. 4.

der Hypotenuse c lasse man b um ein unendlich kleines Stück $CC' = db$ wachsen, während der Winkel A unverändert bleibt. Die Senkrechte $C'B'$, die in C' auf AC' errichtet ist, schneide AB in B', sodass ein rechtwinkliges Dreieck $AB'C'$ mit den Katheten $a + da$, $b + db$ und der Hypotenuse $c + dc$ entsteht. Macht man auf $C'B'$ $C'D = a$, so wird nach (B):

$$BD = g(a)\,.\,db.$$

Andererseits ist, da in dem unendlich kleinen Dreieck $BB'D$ die Euklidische Geometrie gilt und die Winkel bei D und B' sich nur unendlich wenig von einem Rechten und von B unterscheiden:

$$BD = \sin B\,.\,dc,$$

folglich hat man:

1) $$g(a)\,.\,db = \sin B\,.\,dc.$$

4. In dem rechtwinkligen Dreieck ABC lasse man den Winkel A um $BAB' = dA$ wachsen, während $AB' = c$ bleibt. Fällt man von B' auf AB das Loth $B'C'$, so entsteht das rechtwinklige Dreieck $AB'C'$ mit den Katheten $a + da$, $b + db$ und der Hypotenuse c; dabei ist db negativ. Macht man auf $B'C'$ $C'D = a$, so wird die Länge von BD:

$$BD = -g(a) . db.$$

Andererseits ist in dem unendlich kleinen Dreieck $BB'D$:

$$B'D = da$$

und nach (A):

$$BB' = f(c) . dA,$$

während die Winkel bei D und B' sich nur unendlich wenig von einem Rechten und $90^0 - B$ unterscheiden. Mithin ist

$$BD = \cos B f(c) . dA,$$

und man hat

$$2) \qquad g(a)\ db = -\cos B f(c) . dA.$$

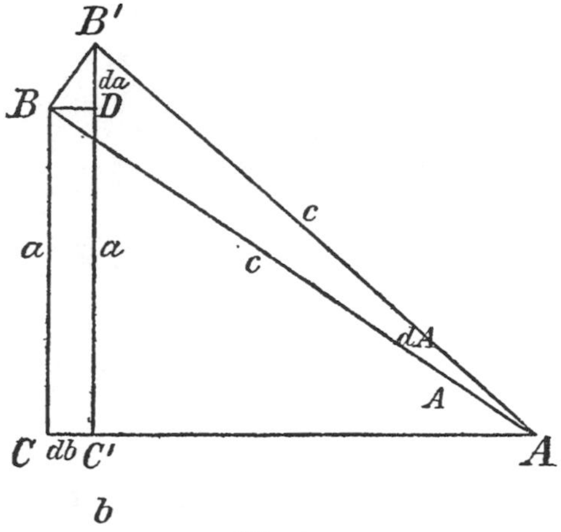

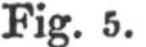
Fig. 5.

5. Durch Verbindung von 1) und 2) folgt, dass bei dem Übergange von dem Dreieck $a, b, c; A, B$ zu dem Dreieck $a + da, b + db, c + dc; A + dA, B + dB$ zwischen db, dc und dA die Relation:

$$\text{I.} \quad g(a) . db - \sin B . dc + f(c) \cos B . dA = 0$$

besteht. Da man aber gleichzeitig a mit b und A mit B vertauschen darf, so gilt auch die Gleichung:

$$\text{II.} \quad g(b) . da - \sin A . dc + f(c) \cos A . dB = 0.$$

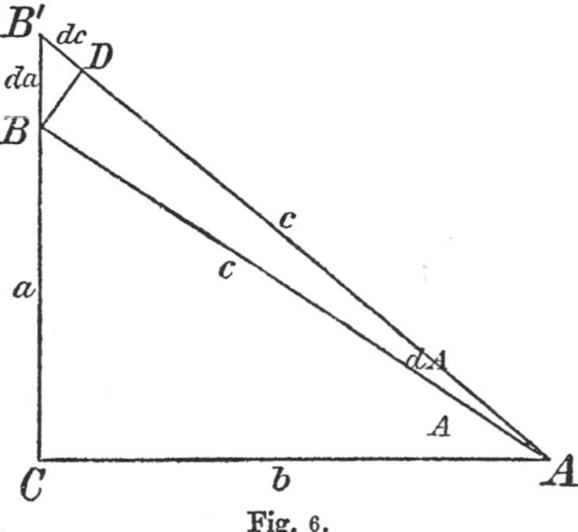

Fig. 6.

6. In dem rechtwinkligen Dreieck ABC lasse man A um $BAB' = dA$ wachsen; verlängert man BC bis zum Schnitt mit AB', so entsteht das rechtwinklige Dreieck ACB' mit den Katheten $a + da$ und b. Macht man auf AB' $AD = c$, so wird in dem unendlich kleinen Dreieck $BB'D$:

$$BB' = da, \qquad BD = f(c) . dA,$$

folglich ist

$$3) \qquad f(c) . dA = \sin B . da.$$

7. Man lasse wiederum A um $BAB' = dA$ wachsen, behalte aber die Kathete $B'C' = a$ bei. Verlängert man AB' bis $AD = c$, so entsteht das unendlich kleine Dreieck $BB'D$ mit

$$BD = f(c) . dA$$

und

$$DB' = -g(a) . db,$$

folglich ist:

$$4) \qquad f(c) . dA = -\cos B g(a) . db.$$

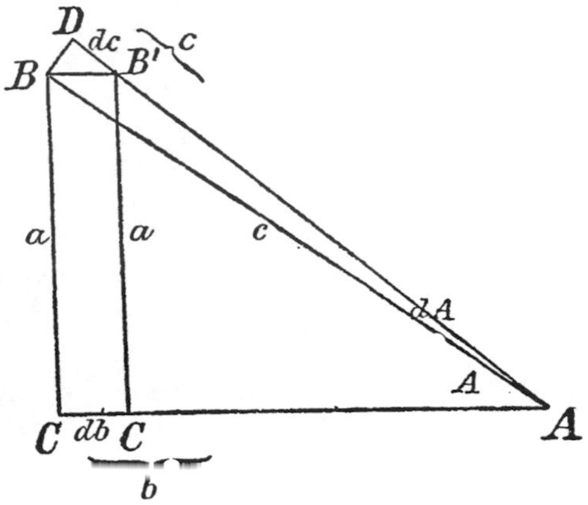

Fig. 7.

8. Durch Verbindung von 3) und 4) ergibt sich die Relation:

III. $$\sin B \,.\, da - \cos B\, g(a) \,.\, db - f(c) \,.\, dA = 0,$$

aus der durch gleichzeitige Vertauschung von a mit b und A mit B:

IV. $$\cos A \,.\, db - \cos A\, g(b) \,.\, da - f(c) \,.\, dB = 0$$

hervorgeht.

9. Aus I. und III. erhält man durch Elimination von dA die Gleichung:

$$\cos B \,.\, da + g(a) \sin B \,.\, db - dc = 0.$$

Ebenso ist auch

$$\cos A \,.\, db + g(b) \sin A \,.\, da - dc = 0,$$

folglich muss

$$(\cos B - g(b) \sin A)\, da + (\cos A - g(a) \sin B)\, db = 0$$

sein. Da aber da und db von einander unabhängig sind, so ist das nur möglich, wenn gleichzeitig

V. 1) $$\cos A = g(a) \sin B,$$

V. 2) $$\cos B = g(b) \sin A$$

wird. Aus diesen Gleichungen folgt die Relation:

V. $$\cos B \,.\, da + \cos A \,.\, db - dc = 0.$$

10. Verfährt man wie in No. 3, so ist in dem unendlich kleinen Dreieck $BB'D$ (Fig. 4):

5) $$da = \cos B \,.\, dc,$$

während $dA = 0$ wird. Verfährt man aber wie in No. 4, so ist in dem unendlich kleinen Dreieck $BB'D$ (Fig. 5):

6) $$da = \sin B f(c) \,.\, dA,$$

während $dc = 0$ wird. Mithin ergibt die Verbindung von 5) und 6) die allgemein gültige Formel:

VI. $$da - \cos B \,.\, dc - \sin B f(c) \,.\, dA = 0,$$

und entsprechend ist:

VII. $$db - \cos A \,.\, dc - \sin A f(c) \,.\, dB = 0.$$

11. Man verlängere CA um $AA' = db$ und trage in A' an CA' den Winkel A an, dessen anderer Schenkel die Verlängerung der Kathete CB in B' schneide, sodass $BB' = da$ wird. Von A fälle man auf $A'B'$ das Lot AD und trage auf $A'B'$ nach B' hin $DE = c$ ab. Dann wird $A'D = \cos A \,.\, db$, und da nach Fig. 8 und Gleichung V

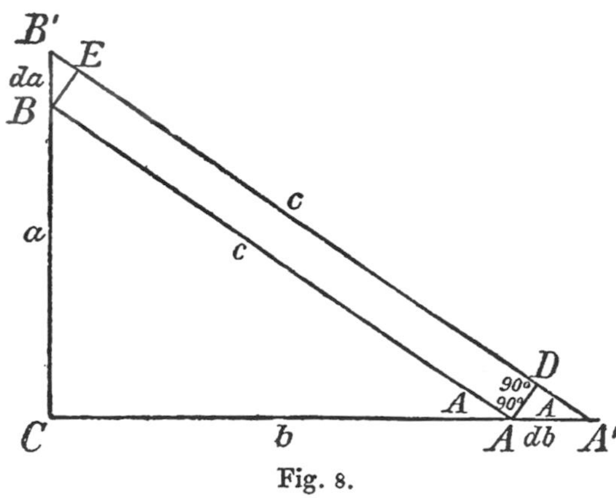

Fig. 8.

$$dc = A'D + EB'$$
$$= \cos B \,.\, da + \cos A \,.\, db$$

ist, $EB' = \cos B \,.\, da$, folglich $BE = \sin B \,.\, da$. Das Viereck $ADEB$ hat aber in A und D rechte Winkel, während $AB = DE = c$ ist, mithin ist nach (A):

$$BE = g(c) \,.\, AD$$

oder

$$\sin B \,.\, da = g(c) \sin A \,.\, db.$$

Auf der andern Seite ist für $dA = 0$ nach III

$$\sin B \,.\, da = \cos B\, g(a) \,.\, db,$$

also

$$g(c) \sin A = g(a) \cos B,$$

oder mit Hilfe von V. 2):

V. 3) $$g(c) = g(a)\, g(b).$$

Ferner ergibt sich aus V. 1) und V. 2) durch Multiplication:

$$\operatorname{tg} A \,.\, \operatorname{tg} B \,.\, g(a)\, g(b) = 1,$$

was vermöge V. 3) in

V. 4) $$\operatorname{tg} A \,.\, \operatorname{tg} B \,.\, g(c) = 1$$

übergeht.

Man erkennt leicht, dass die Relationen V. 1), 2) und 3) ausreichen, um sämmtliche 10 Gleichungen herzuleiten, die zwischen je drei Stücken eines rechtwinkligen Dreiecks bestehen, nemlich der Reihe nach zwischen

	a, b, c	$A, a, c;$	B, b, c
$A, b, c;$	B, a, c	$A, B, a;$	A, B, b
$A, a, b;$	B, a, b		$A, B, c.$

Es wird also alles darauf ankommen, die in diesen Relationen auftretende noch unbekannte Function $g(x)$ zu bestimmen, wozu man mittelst folgender Überlegungen gelangt.

12. In dem Dreieck PQR sei der Winkel bei Q ein Rechter, der Winkel bei P unendlich klein, sodass sein Sinus durch den Bogen ersetzt werden kann. Dann unterscheidet sich der Winkel bei R unendlich wenig von einem Rechten, und die Relation V. 1), in der man A, B durch R, P zu ersetzen hat, geht über in

$$90^0 - R = g(PQ) \,.\, P$$

oder

(C) $$R = 90^0 - g(PQ) \,.\, P.$$

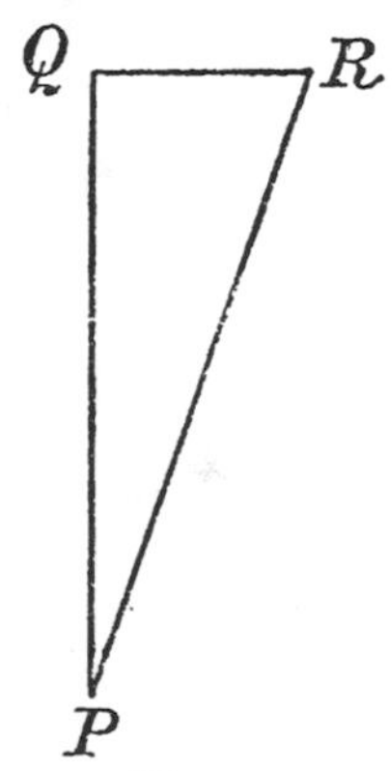

Fig. 9.

13. Das Viereck $PQRS$ habe in P, Q und R rechte Winkel, während die Seite PQ unendlich klein ist. Die Diagonale QS sei gleich r. Dann hat man nach (A′):

$$PQ = f(r) \,.\, PSQ$$

oder

$$PSQ = \frac{PQ}{f(r)},$$

und ebenso ist

$$RQS = \frac{RS}{f(r)}.$$

Verlängert man jetzt PQ um $QT = PQ$, SR um $RU = SR$, so hat das Viereck $PTUS$ in P und T rechte Winkel, und die Seiten PS und TU sind einander gleich. Mithin ist nach (B):

$$SU = g(PS) \,.\, PT$$

oder, da RS unendlich klein ist, bis auf unendlich kleine Grössen zweiter Ordnung:

$$RS = g(r) \,.\, PQ$$

und mit derselben Genauigkeit:

7) $$RQS = \frac{g(r)}{f(r)} \cdot PQ.$$

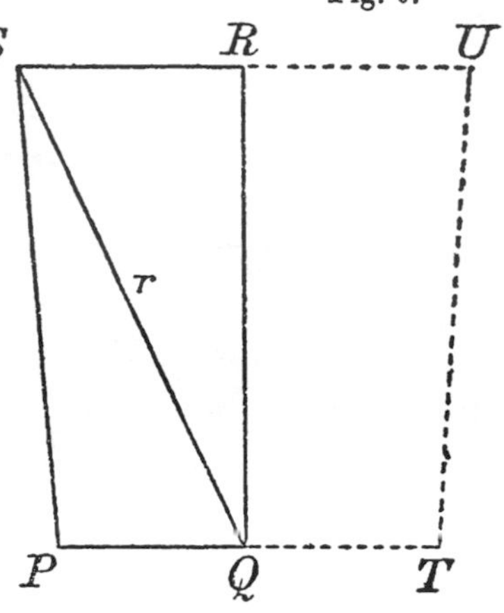

Fig. 10.

Endlich wird nach (C):

$$QSR = 90^0 - g(PQ).RQS,$$

demnach vermöge 7):

$$QRS = 90^0 - \frac{g(r)^2}{f(r)} \cdot PQ$$

und daher

(D)
$$PSR = PSQ + QSR$$
$$= 90^0 + \frac{1-g(r)^2}{f(r)} \cdot PQ.$$

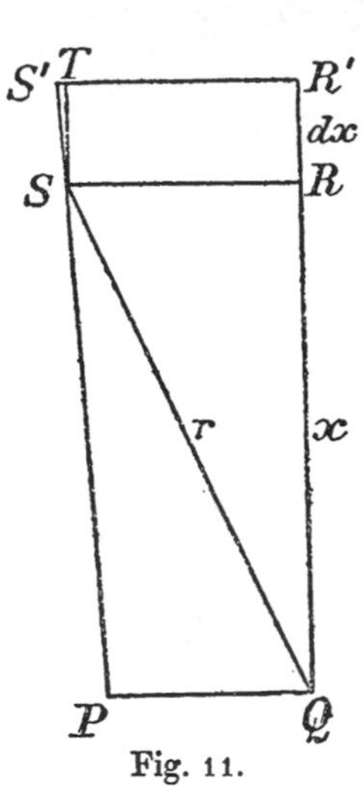

Fig. 11.

14. In dem Viereck $PQRS$ (Fig. 11) verlängere man QR um das unendlich kleine Stück RR', errichte auf QR' in R' das Loth $R'S'$, das die Verlängerung von PS in S' treffen möge, und trage auf $R'S'$ die Strecke $R'T = RS$ ab.

Da die Winkel des unendlich kleinen Vierecks $RR'TS$ als rechte angesehen werden dürfen, so ist nach (A'):

$$TS' = f(SS').S'ST$$
$$= f(SS').(90^0 - PSR)$$

oder

$$R'S' - RS = f(SS').(90^0 - PSR)$$

oder vermöge (D):

8)
$$R'S' - RS = -f(RR') \cdot \frac{1-g(r)^2}{f(r)} \cdot PQ.$$

Bezeichnet man jetzt QR mit x, RR' mit dx, so ist nach (B):

$$RS = g(x).PQ,$$

demnach

9)
$$R'S' - RS = dg(x).PQ,$$

und die Vergleichung der beiden Werthe von $R'S' - RS$ liefert die Relation:

(E)
$$dg(x) = -f(dx) \cdot \frac{1-g(x)^2}{f(x)} \cdot$$

15. Hat das Dreieck ABC, mit einem unendlich kleinen Winkel $d\omega$ in A und einem rechten Winkel in C, die Hypotenuse $AB = x + dx$, so ist nach (A'):

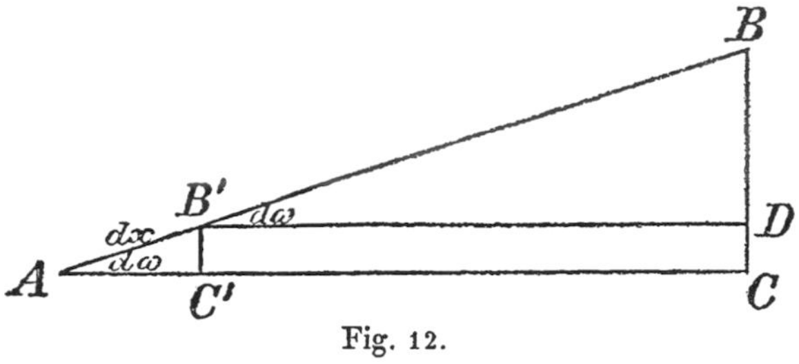

$$BC = f(x+dx).d\omega$$

oder

10)
$$BC = f(x).d\omega + df(x).d\omega.$$

Fig. 12.

Trägt man auf AB die Strecke $AB' = dx$ ab und fällt von B' auf AC das Loth C', so ist wieder nach (A'):

$$BD = f(x).d\omega, \qquad C'B' = f(dx).d\omega.$$

Errichtet man endlich auf $B'C'$ in B' das Loth $B'D$, das BC in D trifft, so ist nach (B):

$$CD = g(C'C).C'B',$$

also, da $C'C$ sich von $B'B$ nur unendlich wenig unterscheidet:

11)
$$CD = g(x).f(dx).d\omega,$$

folglich mit Benutzung von 10):

(F) $$df(x) = f(dx)\,g(x).$$

16. Aus der geometrischen Bedeutung von $f(x)$ geht hervor, dass $f(0) = 0$ ist. Mithin darf man

12) $$f(dx) = \alpha dx$$

setzen, wo α eine Constante bedeutet. Wird zur Abkürzung

$$f(x) = y$$

gesetzt, so ist nach (F)

13) $$\frac{dy}{dx} = \alpha g(x),$$

also

14) $$g(x) = \frac{1}{\alpha}\frac{dy}{dx}.$$

Aus 13) folgt durch Differentiation:

$$\frac{d^2y}{dx^2} = \alpha\frac{dg(x)}{dx},$$

mithin nach (E), 12) und 14):

$$\frac{d^2y}{dx^2} = -\alpha^2\frac{1-\frac{1}{\alpha^2}\frac{dy^2}{dx^2}}{y},$$

oder

15) $$y\frac{d^2y}{dx^2} - \left(\frac{dy}{dx}\right)^2 + \alpha^2 = 0.$$

Um diese Differentialgleichung zu integriren, multiplicire man sie mit

$$\frac{2}{y^3}\frac{dy}{dx},$$

wodurch sie in

$$\frac{2\frac{dy}{dx}\frac{d^2y}{dx^2}}{y^2} - \frac{2\left(\frac{dy}{dx}\right)^3}{y^3} + 2\alpha^2\frac{\frac{dy}{dx}}{y^3} = 0$$

übergeht. Mithin ist

$$\frac{1}{y^2}\left(\frac{dy}{dx}\right)^2 - \frac{\alpha^2}{y^2} = \text{Const.}$$

Wird die Constante mit $-k^2$ bezeichnet, so kommt

$$\left(\frac{dy}{dx}\right)^2 - \alpha^2 + k^2y^2 = 0,$$

woraus

$$dx = \frac{dy}{\sqrt{\alpha^2-k^2y^2}} = \frac{\frac{k}{\alpha}dy}{k\sqrt{1-\frac{k^2}{\alpha^2}y^2}}$$

und

$$kx = \arcsin\frac{k}{\alpha}y + \text{const.}$$

folgt. Die Constante ist jedoch gleich Null zu setzen, da y für $x = 0$ verschwindet, sodass schliesslich

$$y = \alpha \cdot \frac{\sin kx}{k}$$

wird. Demnach ist:

$$f(x) = \alpha \frac{\sin kx}{k}$$

und nach 14):

$$\text{(G)} \qquad g(x) = \cos kx.$$

17. Setzt man für $g(x)$ den Ausdruck $\cos kx$ in den Relationen V. 1), 2), 3) und 4) ein, so ergeben sich daraus die 10 Relationen:

$$\cos kc = \cos ka \,.\, \cos kb,$$

$$\operatorname{tg} kb = \operatorname{tg} kc \,.\, \cos A, \qquad \operatorname{tg} ka = \operatorname{tg} kc \,.\, \cos B,$$

$$\operatorname{tg} ka = \operatorname{tg} A \,.\, \sin kb, \qquad \operatorname{tg} kb = \operatorname{tg} B \,.\, \sin ka,$$

$$\sin ka = \sin A \,.\, \sin kc, \qquad \sin kb = \sin B \,.\, \sin kc,$$

$$\cos A = \cos ka \,.\, \sin B, \qquad \cos B = \cos kb \,.\, \sin A,$$

$$\cos kc = \cot A \,.\, \cot B,$$

und das sind die bekannten Gleichungen der sphärischen Trigonometrie, wenn der Radius der Kugel gleich $\frac{1}{k}$ gesetzt wird, die sich in die Gleichungen der Nicht-Euklidischen Trigonometrie verwandeln, wenn man für k einen rein imaginären Werth $k = ik'$ wählt.

Es ist auffallend, dass Gauss die Constante, die bei der Integration der Differentialgleichung 15) auftritt, mit k bezeichnet; ob er dadurch einen Zusammenhang mit dem Krümmungsmass andeuten wollte, das er in den Disquisitiones generales circa superficies curvas ebenfalls k nennt, lässt sich freilich nicht mit Bestimmtheit behaupten. Bemerkt zu werden verdient bei dieser Gelegenheit eine Äusserung von Minding in seiner Abhandlung: *Beiträge zur Theorie der kürzesten Linien auf krummen Flächen*, die 1840 in Crelles Journal für die reine und angewandte Mathematik (Bd. 20. S. 323—327) erschienen war:

»Dass auf jeder Fläche von unveränderlichem positivem Krümmungsmasse zwischen den Seiten und Winkeln eines aus kürzesten Linien gebildeten Dreiecks die Formeln der sphärischen Trigonometrie gelten, folgt sogleich, wenn man sich erinnert, dass jede Fläche dieser Art sich auf eine Kugel abwickeln lässt. Ist das Krümmungsmass negativ, so gelten dieselben Formeln mit der Änderung, dass die hyperbolischen Functionen der Seiten an die Stelle der trigonometrischen treten. Sind nemlich a, b, c die Seiten des Dreiecks, A der Gegenwinkel von a und k das unveränderliche Krümmungsmass, gleichviel ob positiv oder negativ, so ist es nicht schwer, die Richtigkeit folgender Gleichung zu beweisen:

$$\cos a\sqrt{k} = \cos b\sqrt{k} \,.\, \cos c\sqrt{k} + \sin b\sqrt{k} \,.\, \sin c\sqrt{k} \,.\, \cos A.«$$

Die Rotationsflächen von constantem negativen Krümmungsmasse hatte Minding bereits 1839 bestimmt (Crelles Journal, Bd. 19). Man vergleiche dazu folgende Notiz von Gauss, die sich in einem Handbuche findet und aus der Zeit zwischen 1823 und 1827 stammt:

Gar keine Schwierigkeit hat übrigens die Umformung der Oberfläche eines Revolutionskörpers in die eines andern. Man hat nemlich ($m = const.$):

$$dy = ds \,.\, \sin\varphi \qquad dy' = ds' \,.\, \sin\varphi'$$
$$dx = ds \,.\, \cos\varphi \qquad dx' = ds' \,.\, \cos\varphi'$$
$$s = s'$$
$$my = y'$$
$$m \sin\varphi = \sin\varphi'$$
$$x' = \int dx \sqrt{\left(1 + (1 - mm)\frac{dy^2}{dx^2}\right)} .$$

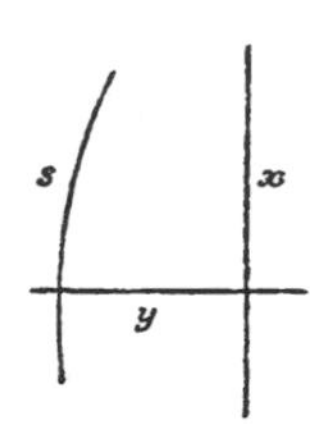

Für die Curve, durch deren Revolution das Gegenstück der Kugel entsteht, ist:

$$y = R \sin\varphi$$
$$x = R \cos\varphi + \log tang \tfrac{1}{2}\varphi$$
$$s = R \log \frac{1}{\sin\varphi} .$$

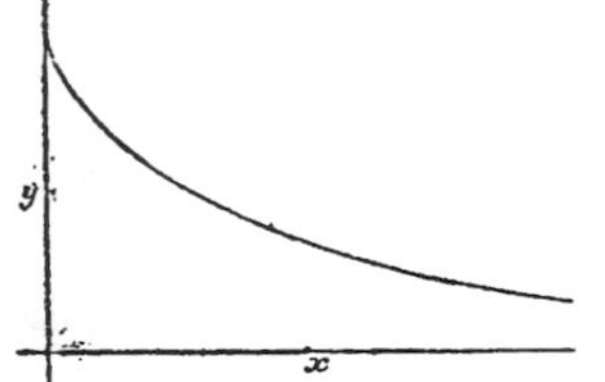

φ	y	x	s
0^0	0.0000	∞	∞
10^0	0.1736	1.45144	1.75072
20^0	0.3420	0.79572	1.07289
30^0	0.5000	0.45095	0.69315
40^0	0.6428	0.24464	0.44194
50^0	0.7660	0.12012	0.26652
60^0	0.8660	0.04931	0.14384
70^0	0.9397	0.01436	0.06220
80^0	0.9848	0.00178	0.01531
90^0	1.0000	0.00000	

Bei der Tabelle beachte man, dass die Logarithmen natürliche, nicht BRIGGische sind.

STACKEL.

[ÜBER DIE SUMME DER AUSSENWINKEL EINES POLYGONS.]

GAUSS an GERLING. Göttingen, 2. October 1846.

...... Der Satz, den Ihnen Hr. SCHWEIKART erwähnt hat, dass in *jeder* Geometrie die Summe aller äussern Polygonwinkel von 360° um eine Grösse verschieden ist (nemlich kleiner als 360° in der Astralgeometrie, wie SCHW. sie aufgefasst hat), welche dem Flächeninhalt proportional ist, ist der erste gleichsam an der Schwelle liegende Satz der Theorie, den ich schon im Jahr 1794 als nothwendig erkannte. Zu weitern Bemerkungen fehlt mir aber diessmal alle Zeit.

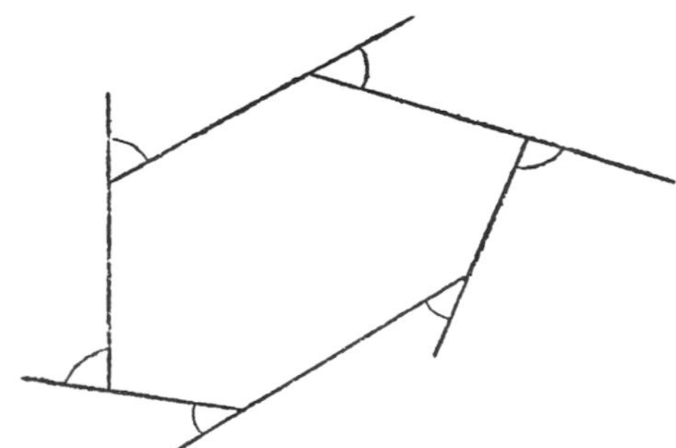

BEMERKUNG.

In SCHWEIKARTS Astralgeometrie ist die Summe aller äussern Polygonwinkel nicht kleiner, sondern grösser als 360°.

STÄCKEL.

[METAPHYSIK DER GEOMETRIE.]

[W. Sartorius von Waltershausen. *Gauss zum Gedächtniss. Leipzig 1856. S. 80—81.*]

{. . . . . In seiner frühsten Jugend habe ihm [Gauss] die Geometrie wenig Interesse eingeflösst, welches sich erst später bei ihm in hohem Masse entwickelt habe.

Es war besonders merkwürdig und überaus lehrreich, von Gauss die Fundamente, auf denen die Mathematik basirt ist, blossgelegt und sie gegen die Metaphysik scharf abgegrenzt zu erblicken. Obgleich er über diese Fragen nie etwas veröffentlicht hat, so steht doch zu vermuthen, dass sich darüber in seinem wissenschaftlichen Nachlass einiges vorfinden wird. In früherer Zeit, als seine Lebensrichtung noch nicht entschieden war und er daran denken musste, dass er vielleicht als Lehrer der Mathematik irgendwo aufzutreten habe, hatte er sich in dieser Aussicht ein Papier ausgearbeitet, welches noch in seinen letzten Jahren vorhanden gewesen sein soll und auf dem er die Anfänge der Mathematik philosophisch entwickelt hatte. Ob dasselbe sich jetzt noch vorfinden wird, ist zweifelhaft.

Die Geometrie betrachtete Gauss nur als ein consequentes Gebäude, nachdem die Parallelentheorie als Axiom an der Spitze zugegeben sei; er sei indess zur Überzeugung gelangt, dass dieser Satz nicht bewiesen werden könne, doch wisse man aus der Erfahrung, z. B. aus den Winkeln des Dreiecks Brocken, Hohehagen, Inselsberg, dass er näherungsweise richtig sei. Wolle man dagegen das genannte Axiom nicht zugeben, so folge daraus eine andere ganz selbstständige Geometrie, die er gelegentlich einmal verfolgt und mit dem Namen Antieuklidische Geometrie bezeichnet habe.

Gauss, nach seiner öfters ausgesprochenen innersten Ansicht, betrachtete die drei Dimensionen des Raumes als eine specifische Eigenthümlichkeit der menschlichen Seele; Leute, welche diess nicht einsehen könnten, bezcichnete er einmal in seiner humoristischen Laune mit dem Namen Böotier. Wir können uns, sagte er, etwa in Wesen hineindenken, die sich nur zweier Dimensionen bewusst sind; höher über uns stehende würden vielleicht in ähnlicher Weise auf uns herabblicken, und er habe, fuhr er scherzend fort, gewisse Probleme hier zur Seite gelegt, die er in einem höhern Zustande später geometrisch zu behandeln gedächte.}

BEMERKUNG.

Das von Sartorius von Waltershausen erwähnte Papier hat sich in Gauss' Nachlass vorgefunden, es bezieht sich jedoch im Wesentlichen nur auf die Erklärung des Zahlbegriffs und der vier Species.

Stäckel.

GEOMETRIA SITUS.

NACHTRÄGE ZU BAND IV.

NACHLASS.

[I.]

[ZUR GEOMETRIA SITUS.]

[1.]

THEOREM AUS DER GEOMETRIA SITUS.

Es sei die Amplitudo einer ganzen in sich selbst zurückkehrenden Curve $= \pm n.360^0$. Sie hat wenigstens Knoten

	1	0	1	2	3	4	5	6
für $n =$	0	1	2	3	4	5	6	7.

Der Beweis scheint nicht leicht zu sein; wahrscheinlich wird dazu dienen, dass man die Curve ihrem Laufe nach in Theile abtheilt, deren Grenzen die Punkte sind, in denen ihre Richtung $= 90^0(2n+1)$, dann eine unendliche gerade Linie, deren Richtung $= 90^0$, in der Richtung 0^0 durch die Fläche schiebt und die Folge der Stücke gehörig beachtet. So ist für diese Curve das Schema folgendes:

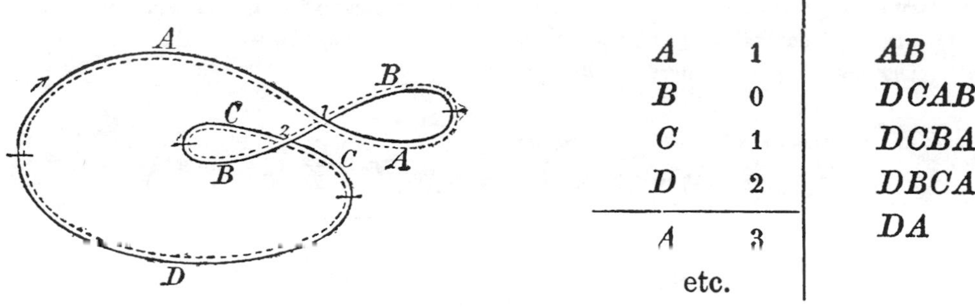

A	1	AB
B	0	$DCAB$
C	1	$DCBA$
D	2	$DBCA$
A	3	DA
etc.		

[2.]

Der Beweis ist doch sehr leicht. Man nenne n die Anzahl der Knoten und bezeichne sie in der Folge, wie man sie trifft, indem man die Curve in einem angenommenen Sinne der Bewegung durchläuft, durch $1, 2, 3, \ldots . n$. Da bei dieser Bewegung jeder Knoten zweimal getroffen wird, so sei Ω die aus $2n$ Gliedern bestehende Reihe dieser Zahlen, indem man das Zeichen $+$ beischreibt, so oft man auf die innere (rechte) Seite des durchschnittenen Arms kommt, sonst $-$ Man zähle die $+$ und $-$Zeichen bloss da zusammen, wo die Zahlen zum erstenmal vorkommen und habe so $+\ \alpha$-, $-\ \beta$mal. Indem man nun die Charactere des Theils der Curve, der zunächst vor dem ersten Knoten liegt, durch γ, γ' ausdrückt, ist die Amplitudo der ganzen Curve

$$= (\gamma + \gamma' + \alpha - \beta)\, 360^0$$

Es finden jedoch bei diesen Arrangements einige Bedingungen statt, so dass nicht jedes aus der Luft gegriffene Arrangement möglich ist; jeder Knoten muss einmal an einer geraden, einmal an einer ungeraden Stelle vorkommen; zwischen den beiden Plätzen muss die Summe aller $+\alpha, -\beta$ Null werden. Diess reicht aber nicht zu, um die Unmöglichkeit des Schemas

a	*b*	*c*	*b*	*a*	*b*	*c*	*b*
1	2	3	1	4	3	2	4
+	−	+	−	+	−	+	−

zu zeigen; hier müssen die Zeichen von 2 und 3 nothwendig geändert werden*).

*) 1844 Dec. 30 fand ich, dass die Anordnung der Zahlen (mittelste Reihe) zureicht, um auch die zugehörigen Schnittcharactere ($+$ und $-$Zeichen in der untersten Reihe) und die Verknüpfung der Tracte (oberste Reihe) daraus abzuleiten, dass aber jene Anordnung selbst nicht willkürlich ist, sondern gewissen Bedingungen unterliegt, deren vollständige Ermittelung Gegenstand neuer Arbeiten sein wird. Es leidet jedoch auch der obige Satz Einschränkungen, z. B.

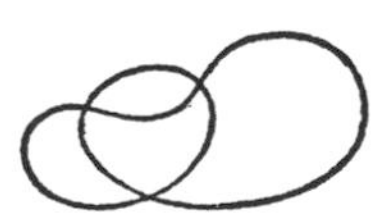

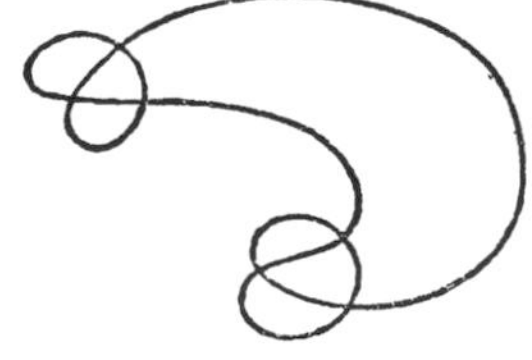

[3.]

Interessant wird es in Beziehung auf diesen Gegenstand sein, zu untersuchen 1) die Resultate des Durchschneidens der Knoten, in so fern man

wodurch dann lauter getrennte Grenzlinien entstehen. Zählt man dann für jede Grenzlinie, die [die] +Seite innen hat, $+1$, und für jede, die die —Seite innen hat, -1, so ist das Aggregat $\times 360^0$ die ganze Amplitudo.

Vielleicht ist es fruchtbar, die Sache gleich anfangs noch allgemeiner anzugreifen und mehrere Linien zugleich zu betrachten, deren jede in sich selbst zurückkehrt, sich selbst und die andern schneidet.

[4.]

Das Vorhergehende ist richtig, verträgt aber grosse Vereinfachung. Indem man die Linie durch die erwähnte Schneidung der Knoten in eine Anzahl in sich zurückkehrender Linien theilt, die weder sich selbst noch einander schneiden, braucht man nur anzugeben, gegen wie viele (μ) Linien der unendliche Raum auf der —Seite und gegen wie viele (ν) auf der +Seite liegt; man hat dann die Amplitudo

$$= (\mu - \nu)\, 360^0.$$

Die Angabe ist aber leicht; da sogar die Relation jedes Punkts angegeben werden kann. Es seien nemlich die Linien a, b, c, d etc. und

$$\frac{\partial (a)}{\partial a} = 0, \qquad \frac{\partial (a)}{\partial b} = \pm 1,$$

je nachdem a auf der + oder —Seite von b liegt, und so die übrigen. Man hat dann, wenn in der ursprünglichen Figur der Knoten vorkommt:

$$x \quad y$$

$$n$$

$$\varepsilon,$$

$$\frac{\partial y}{\partial x} = [illegible],$$

$$(y) - (x) = \varepsilon y + \varepsilon x,$$

wo ε entweder $+1$ oder -1 und das Zeichen von x unbestimmt bleibt; doch, weil nemlich zum Compagnon von n, m gehört:

$$\begin{matrix} y & & x \\ & m & \\ & -\varepsilon. & \end{matrix}$$

Hiernach werden in Folge des Paradigma die Grössen (a), (b), (c) etc. leicht bestimmt.

Bezeichnet man nun den Character irgend eines Flächentheils, der z. B. an die $+$ oder $-$Seite von a grenzt, durch Ch $\pm a$ und die Werthe von (a), (b) etc. für $a = b = c = d = e =$ etc. $= 1$, durch $A:a$, so ist

$$2\,\mathrm{Ch}\,\varepsilon a - \varepsilon - A:a = \text{Const.} = k,$$

und ist die Area der Figur $= \Omega$, so ist die ganze Seitenabweichung nach der $+$Seite

$$= k\,.\,360^0 - \frac{\Omega\,.\,720^0}{\text{Fläche der Kugel}}\,.$$

[5]

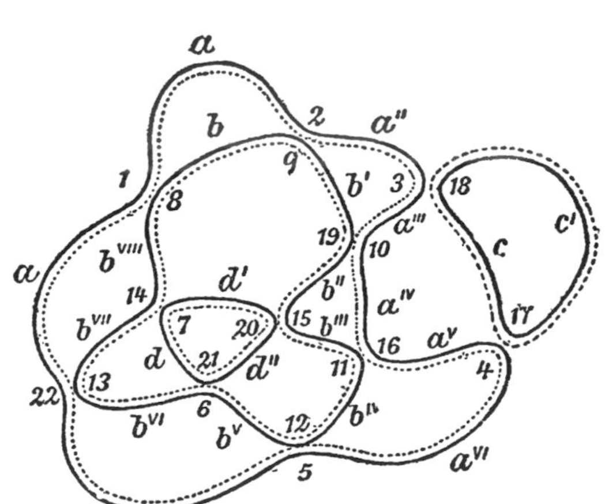

1
$+a = -b^{\text{VIII}}$
$+a' = -b$
2
$+a'' = -b'$
$-a'' = +c'$
3
$-a''' = +c$
$+c = -a^{\text{V}}$
4
$+c' = -a^{\text{VI}}$
$+a^{\text{VI}} = -b^{\text{IV}}$
5
$+a^{\text{VII}} = -b^{\text{V}}$
$+b^{\text{V}} = -d''$
6
$+b^{\text{VI}} = -d$
$-d = +b^{\text{VII}}$
7
$-d' = +b^{\text{VIII}}$
$-b^{\text{VIII}} = +a$
8
$-b = +a'$
$+a' = -b$
9
$+a'' = -b'$
$-b' = +a'''$
10
$-b'' = +a^{\text{IV}}$
$+a^{\text{IV}} = -b'''$
11
$+a^{\text{V}} = -b^{\text{IV}}$
$-b^{\text{IV}} = +a^{\text{VI}}$

12
$-b^{\text{V}} = +a^{\text{VII}}$
$+a^{\text{VII}} = -b^{\text{VI}}$
13
$+a = -b^{\text{VII}}$
$+b^{\text{VII}} = -d$
14
$+b^{\text{VIII}} = -d'$
$-d' = +b''$
15
$-d'' = +b'''$
$-b''' = +a^{\text{IV}}$
16
$-b^{\text{IV}} = +a^{\text{V}}$
$-a^{\text{V}} = +c$
17
$-a^{\text{VI}} = +c'$
$+c' = -a''$
18
$+c = -a'''$
$+a''' = -b'$
19
$+a^{\text{IV}} = -b''$
$+b'' = -d'$
20
$+b''' = -d''$
$-d'' = +b^{\text{V}}$
21
$-d = +b^{\text{VI}}$
$-b^{\text{VI}} = +a^{\text{VII}}$
22
$-b^{\text{VII}} = +a$

		a			b^{IV}
1.8	$+$		12.5	$-$	
		b			a^{VII}
2.9	$-$		13.22	$+$	
		a''			b^{VII}
3.18	$-$		14.7	$+$	
		c			d'
4.17	$+$		15.20	$-$	
		a^{VI}			b'''
5.12	$+$		16.11	$-$	
		b^{V}			a^{V}
6.21	$+$		17.4	$-$	
		d			c'
7.14	$-$		18.3	$+$	
		b^{VIII}			a'''
8.1	$-$		19.10	$+$	
		a'			b''
9.2	$+$		20.15	$+$	
		b'			d''
10.19	$-$		21.6	$-$	
		a^{IV}			b^{VI}
11.16	$+$		22.13	$-$	

$$(a) = \qquad -b+c-d$$
$$(b) = +a \;\; . \;\; +c-d$$
$$(c) = -a-b \;\; . \;\; -d$$
$$(d) = +a+b+c \;\; .$$

[6.]

Der Beweis der oben mitgetheilten Regel beruhet auf einer andern Vertheilung der Figur in mehrere geschlossene Figuren, von denen keine sich selbst schneidet, obwohl eine die andere schneiden kann; diess sind nemlich diejenigen, die sich nach und nach bilden, während die Linie erst beschrieben wird. Man hebe von den Intersectionen bloss diejenige Hälfte aus, wo sie zum zweitenmale geschehen, in unserm Beispiel

8.1	—
9.2	+
12.5	—
14.7	+
16.11	—
17.4	—
18.3	+
19.10	+
20.15	+
21.6	—
22.13	—

Es ist klar, dass, indem man von einem Punkte vor (1) ausgeht und in der Curve die Punkte 1, 2, 3 etc. durchläuft, sich zum erstenmale bei dem Schnitt 8 eine Figur bildet, die wir *a* nennen wollen, diese geht von 1 bis 8; offenbar liegen der Theil der ganzen Linie zunächst vor 1 und [der Theil] nach 8 auf der —Seite von *a*.

Indem man so weiter fortgeht, bildet sich eine neue zusammenhängende Curve, die vom Anfangspunkt bis 1 (dann den vorigen Weg 2, 3 etc. verlassend) auf 9, 10, 11 etc. fortgeht; bei 9 gelangt man auf die +Seite von *a*, bei 12 auf die —, bei 14 auf die +Seite von *a*; bei 16 hingegen trifft die Curve sich selbst und schliesst eine zweite Figur, die von 11 durch 12, 13, 14, 15 bis 16 geht, diese heisse *b*; offenbar liegt der Theil der Curve zunächst vor 1, dann das ganze Stück von 8 bis 11, endlich der zunächst an 16 grenzende Theil auf der —Seite von *b*. Nachdem jetzt auch *b* abgesondert ist, trifft die Curve in 17 wieder *a* und kommt auf die —Seite, in 18 abermals, indem sie auf die +Seite gelangt; in 19 schliesst sich die 3te Figur (da 10 noch nicht in einem ausgeschlossenen Theil liegt), welche *c* heissen soll und von 10 bis 11 = 16, dann von 16 bis 19 geht, und wenn diese wieder abgesondert wird, liegt das übrig bleibende Stück so wie das nächst folgende auf der +Seite von *c*; bei 20 gelangt man auf die +Seite von *b*, bei 21 auf die —Seite von *a*, bei 22 auf die —Seite von *b* und, indem man auf den Anfangspunkt (vor 1) zurückkommt, schliesst sich die 4te Figur, die *d* heisst.

Die Lage gegen die schon beschriebenen Curven ergibt sich also

Anfangspunkt			
	$-a$	$-b$	$+c$
8			
	$-a$		
9			
	$+a$		
12			
	$-a$		
14			
	$+a$		
16			
	$+a$	$-b$	
17			
	$-a$	$-b$	
18			
	$+a$	$-b$	
19			
	$+a$	$-b$	$+c$
20			
	$+a$	$+b$	$+c$
21			
	$-a$	$+b$	$+c$
22			
	$-a$	$-b$	$+c$
Anfangspunkt			

Man sieht aus der vorigen Analyse, dass das letzte Zeichen, welches in diesem Tableau jeder Figur entspricht, nothwendig dasselbe sein muss, wie das erste, oder, dass die Zeichen $+$ $-$, die bei den einzelnen Intersectionen vorkommen, wenn man diejenigen abrechnet, die bei den einzelnen Bildungspunkten der Figuren vorkommen, einander destruiren; die Summe aller ist folglich dieselbe, wie die der letztern allein, und zugleich einerlei mit der Summe der Zeichen in dem Character des Anfangspunktes gegen die einzelnen Figuren *a*, *b*, *c*, d. i. alle, wenn man die erst zuletzt gebildete *d* nicht mitzählt.

Der Character auf der einen Seite der Figur *d* gegen die Einzelnen Figuren werde durch $\alpha a + \beta b + \gamma c + \delta d$ aus[gedrückt] und [man] setze $\alpha + \beta + \gamma + \delta = \sigma$, der absolute Character jenes Platzes hingegen sei $= \chi$; dann ist die ganze Seitenbiegung

$$= -\sigma . 360^0 - \frac{F - \chi S}{S} \cdot 720^0,$$

wo F die Fläche der ganzen Figur, S die der ganzen Fläche bedeutet,

$$= (2\chi - \sigma).360^0 - \frac{F}{S}\cdot 720^0$$

Diese Vorschrift begreift die oben gegebene unter sich, da der unendliche Raum in der Ebene den Character 0 hat, wodurch $\frac{F}{S} = 0$ wird; oben wurden die Zeichen da gezählt, wo die Intersectionspunkte zum erstenmale getroffen wurden, und wo sie den hier gebrauchten entgegengesetzt sind.

[7.]

EINE ANDERE ART, DIESE GEGENSTÄNDE ZU BEHANDELN.

Es sei S die ganze Curve, und s ein unbestimmtes Stück. Im Anfangspunkte ziehe man eine Tangente und bezeichne durch $(0, s)$ den Winkel, welchen die gerade Linie vom Anfangspunkte zum Endpunkte des Stücks s macht. Offenbar wird sich $(0, s)$ von $s = 0$ an so lange nach dem Gesetz der Stetigkeit ändern, als die Curve nicht wieder in den Anfangspunkt zurückgekommen ist; wir nehmen an, dass diess nicht eher geschehe, als bis $s = S$ geworden ist, und der letzte Werth, ehe s diesen Werth erreicht hat, wird sein

$$(0, s) = \pm 180^0,$$

in so fern man die Winkel nach der innern oder äussern Seite der Linie wachsen lässt.

Indem man s als constant ansieht, ziehe man von jedem Punkt der Linie, die als Endpunkt des kleinern Stücks s' angesehen wird, eine gerade Linie zum Endpunkt des Stücks s und nenne deren Neigung gegen die erste Tangente (s', s). So lange der Endpunkt von s' mit dem von s nicht zusammenfällt, wird sich also, bei stetig geändertem s', (s', s) nach dem Gesetz der Stetigkeit ändern, falls das Stück s sich nicht selbst schneidet, bis $s' = s$. Für diesen Grenzwerth selbst ist (s', s), genau genommen, unbestimmt; so lange aber $s' < s$, wie nahe sich auch die Werthe liegen, ist er bestimmt; und er nähert sich, je näher s' dem s kommt, immer mehr der Neigung der Tangente gegen die Tangente im Anfangspunkte. Es sei nun $s = S - \omega$, und s' verändere sich von 0 bis $S - \omega - \omega'$; es ist klar, dass die Veränderung von s' dadurch 180^0 desto näher kommen wird, je kleiner ω, ω' sind, so dass $(S - \omega - \omega', S - \omega)$ dem

Werth 360^0 desto näher kommt, je kleiner ω, ω' sind; d. i. die Tangente an der Curve hat ihre Neigung vom Anfang bis zum Ende um 360^0 geändert.

Schneidet die Curve sich einmal selbst, so bekommen diese Schlüsse eine Abänderung. Sind nemlich die Endpunkte von $s = \sigma$, $s' = \sigma'$ identisch, so leidet (s', s) für diese Werthe eine Sprungsänderung: nemlich für $s = \sigma$, als constant betrachtet, ändert sich (s', s), indem s' den Werth σ' erreicht, auf einmal um $\pm 180^0$; um zu entscheiden, welcher Werth hier gilt, müssen die Werthe für $s = \sigma \mp \omega$ betrachtet werden, wo ω unendlich klein ist; man sieht, dass, wie $s' - \sigma'$ von einem [negativen] Werthe [an] die immer kleiner werdenden negativen Werthe erhält und durch 0 wieder wächst. $(s'. \sigma - \omega)$ um eine Grösse zunimmt oder abnimmt, die unendlich wenig von 180^0 verschieden ist, je nachdem man bei s' von der innern auf die äussere Seite der Linie s' übergeht oder umgekehrt; für $(s', \sigma + \omega)$ ist es hingegen umgekehrt; man sieht also, dass überhaupt für ein constantes s', grösser als σ', (s', s) beim Durchgang durch den Werth $s = \sigma$ auf einmal um 360^0 ab(zu)nimmt und dass die Änderung des (s', σ), indem s' durch den Werth σ' geht, um $\pm 180^0$ eigentlich mit beiden Zeichen zugleich gilt, je nachdem man $s = \sigma$ als den letzten der bis σ oder als den ersten der von σ an weiter zu nehmenden Werthe ansieht. Das Solidum hat hier die Gestalt einer Wendeltreppe. Die Änderung der Richtung der Tangente wird nunmehro entweder 720^0 oder 0^0, man kann aber dieser Betrachtung ganz enthoben sein, wenn man die gegenwärtige Methode auf den Fall einschränkt, wo die Curve sich nicht selbst schneidet.

[8.]

Überhaupt lässt sich in dieser Theorie vieles sehr vereinfachen, wenn man die Zerlegbarkeit der Polygone in Dreiecke voraussetzt. Diese aber lässt sich auf folgende Art beweisen.

Zuerst ist klar, dass jede Figur durch Eine Theilungslinie (gerade; kürzeste) sich in zwei zerlegen lässt, die zusammen einen Einwärts gehenden Winkel weniger haben. Durch wiederholte Theilung dieser Art wird also das Polygon in andere zerlegt, die gar keine einwärts gehende Winkel haben.

Es sei nun P ein Polygon mit lauter auswärts gehenden Winkeln an den Punkten (1), (2), (3) ... (n); ich behaupte, die Linie (1)(3) wird ganz im Innern des Polygons liegen.

Beweis. Zuerst ist klar, dass der Winkel (1) und die Linie (2)(3) auf der innern Seite von (1)(2) liegen; indem man also eine Linie durch (1) sich so bewegen lässt, dass sie von (1)(2) auf (1)(3) übergeht, wird sie anfangs im Innern der Figur liegen. Gesetzt nun, dass sie in der Lage (1)(3) nicht mehr ganz im Innern der Figur liege, so sei (1)(u) diejenige Lage, bis wohin sie ganz im Innern liegt und dann aufhört, diese Eigenschaft zu haben; sie wird

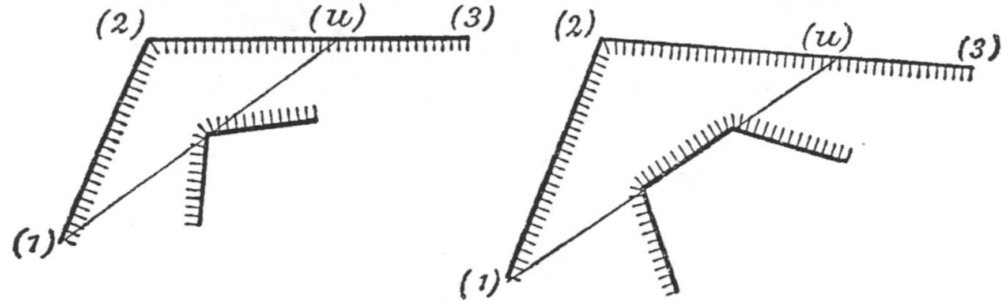

also in der Lage (1)(u) die Aussenseite der Figur berühren, entweder in einem Punkte oder in einer Linie (oder mehrern getrennten Punkten oder Linien)

Offenbar wird also an dieser Stelle oder an diesen Stellen einer oder mehrere einwärts gehende Winkel sein, gegen die Voraussetzung.

Es ist hierdurch zugleich bewiesen, dass alle Linien (1)(2), (1)(3), (1)(4) etc. ganz im Innern der Figur liegen und in einem Sinn fortgehen.

[9.]

Eine interessante Aufgabe scheint zu sein, die Bedingung analytisch anzugeben, ob ein gegebener Punkt innerhalb oder ausserhalb der Figur fällt.

Die Auflösung ist leicht. Indem man den Punkt zum Anfangspunkt der Coordinaten wählt, zähle man alle Punkte

$$\begin{array}{llll} \alpha, & \text{wo} \quad y, & -y', & xy'-yx' \\ \beta, & \text{wo} \quad y, & -y', & yx'-xy' \\ \gamma, & \text{wo} \; -y, & y', & xy'-yx' \\ \delta, & \text{wo} \; -y, & y', & yx'-xy' \end{array}$$

positiv sind; man hat dann

$$\alpha = \gamma, \qquad \beta = \delta.$$

Ist nun $\alpha - \beta = 0$, so liegt der Punkt ausserhalb, ist $\alpha - \beta = \pm 1$, so liegt er innerhalb.

[II.]

ZUR GEOMETRIE DER LAGE,

FÜR ZWEI RAUMDIMENSIONEN.

Bei den dargestellten Tracten werden alle nur einmal vorkommenden Knotenpunkte weggelassen. Mit zwei Sternen sind diejenigen bezeichnet, die für sich schon unmöglich sind; mit Einem Stern die, wo unter Vor- und Nachsetzung eines neuen Knotenpunkts der Tract unmöglich; ohne Stern, wo dieser Zusatz einen möglichen Tract ergibt.

Ein vollständiger Knoten.

1. *aa*

Zwei vollständige Knoten.

1. *aabb*
2. *abab* *
3. *abba*

Drei vollständige Knoten.

1. *aabbcc*
2. *aabcbc* *
3. *aabccb*
4. *ababcc* *
5. *abacbc* **
6. *abaccb* *
7. *abbacc*
8. *abbcac* *
9. *abbcca*
10. *abcabc*
11. *abcacb* *
12. *abcbac* *
13. *abcbca* **
14. *abccab* *
15. *abccba*

Vier vollständige Knoten.

1. aabbccdd
2. aabbcdcd *
3. aabbcddc
4. aabcbcdd *
5. aabcbdcd **
6. aabcbddc *
7. aabccbdd
8. aabccdbd *
9. aabccddb
10. aabcdbcd
11. aabcdbdc *
12. aabcdcbd *
13. aabcdcdb **
14. aabcddbc *
15. aabcddcb
16. ababccdd *
17. ababcdcd *
18. ababcddc *
19. abacbcdd **
20. abacbdcd **
21. abacbddc **
22. abaccbdd **
23. abaccdbd **
24. abaccddb **
25. abacdbcd **
26. abacdbdc **
27. abacdcbd **
28. abacdcdb **
29. abacddbc **
30. abacddcb **
31. abbaccdd
32. abbacdcd *
33. abbacddc
34. abbcacdd *
35. abbcadcd **
36. abbcaddc *
37. abbccadd
38. abbccdad *
39. abbccdda
40. abbcdacd
41. abbcdadc *
42. abbcdcad *
43. abbcdcda **
44. abbcddac *
45. abbcddca
46. abcabcdd
47 abcabdcd **
48. abcabddc
49. abcacbdd *
50. abcacdbd **
51. abcacddb *
52. abcadbcd *
53. abcadbdc **
54. abcadcbd
55. abcadcdb **
56. abcaddbc
57. abcaddcb *
58. abcbacdd *
59. abcbadcd **
60. abcbaddc *
61. abcbcadd **
62. abcbcdad **
63. abcbcdda **
64. abcbdacd **
65. abcbdadc **
66. abcbdcad **
67. abcbdcda **
68. abcbddac *
69. abcbddca **
70. abccabdd *
71. abccadbd **
72. abccaddb *
73. abccbadd
74. abccbdad *
75. abccbdda
76. abccdabd
77. abccdadb *
78. abccdbad *
79. abccdbda **
80. abccddab *
81. abccddba
82. abcdabcd *
83. abcdabdc *
84. abcdacbd **
85. abcdacdb **
86. abcdadbc *
87. abcdadcb *
88. abcdbacd *
89. abcdbadc
90. abcdbcad **
91. abcdbcda
92. abcdbdac **
93. abcdbdca **
94. abcdcabd **
95. abcdcadb **
96. abcdcbad *
97. abcdcbda **
98. abcdcdab **
99. abcdcdba **
100. abcddabc
101. abcddacb *
102. abcddbac *
103. abcddbca **
104. abcddcab *
105. abcddcba

Man kann die möglichen Tracte auch als geschlossene ansehen, und folglich aus jedem möglichen durch Vorrückung des Anfangsgliedes andere ableiten. Die 24 möglichen, welche sich unter den 105 Tracten für 4 vollständige Knoten befinden, erscheinen in dieser Abhängigkeit so:

1. 39	I. 4 IV. 1 VIII. 1
54. 89	II. 2 III. 4
15. 105. 73. 33	II. 5
3. 45. 7. 75. 31. 9. 81. 37	
10. 91. 46. 48. 56. 100. 76. 40	

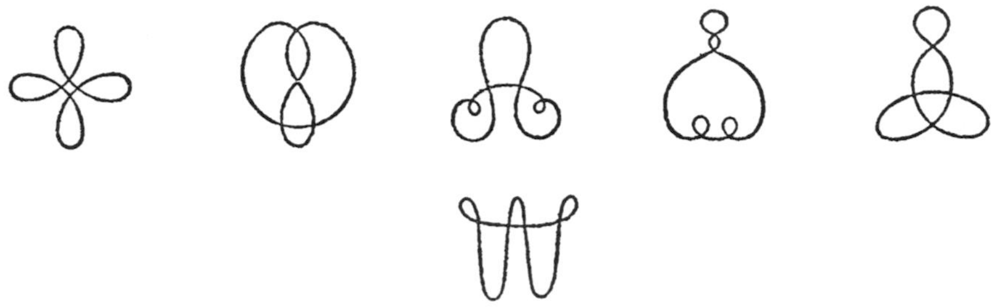

Sehr vereinfacht wird die Registrirung, indem man die Plätze mit 0, 1, 2, 3 u. s. w. bezeichnet, und diejenigen Paare von Plätzen, die Einem Knoten entsprechen, neben einander setzt. In einem möglichen geschlossenen Tracte muss jedes Paar aus einer geraden und einer ungeraden Zahl bestehen. Z. B.

Nr. 91	Nr. 48	
0.7	0.3	u. s. w.
2.5	2.7	
4.1	4.1	
6.3	6.5	

Dieses Criterium hört aber bei Perioden von mehr als 4 Knoten auf, für die Möglichkeit zureichend zu sein; z. B. *abcadcedbe* oder $\begin{pmatrix}0. & 2. & 4. & 6. & 8\\ 3. & 5. & 7. & 9. & 1\end{pmatrix}$ ist, obgleich dem Criterium genügt ist, unmöglich.

Ebenso ist unmöglich *abcabdecde* [oder] $\begin{pmatrix}0. & 2. & 4. & 6. & 8\\ 3. & 7. & 1. & 9. & 5\end{pmatrix}$.

Die vollständige lexicographische Aufzählung aller 120 Tractcombinationen für 5 Knoten auf der folgenden Seite [, wobei die unmöglichen Tracte durch einen Stern bezeichnet sind.]

1.	aabbccddee	31.	abbccaddee	61.	abcaddecbe	91.	abcdbceade*
2.	ccdeed	32.	adeed	62.	deebc	92.	ceeda
3.	cddcee	33.	ddaee	63.	ebced	93.	edaec*
4.	cddeec	34.	ddeea	64.	ebdec*	94.	edcea
5.	cdecde	35.	deade	65.	eecbd	95.	eeadc
6.	cdeedc	36.	deeda	66.	eedbc	96.	eecda
7.	aabccbddee	37.	abbcdacdee	67.	abccbaddee	97.	abcddabcee
8.	bdeed	38.	aceed	68.	adeed	98.	abeec
9.	ddbee	39.	aedce	69.	ddaee	99.	aecbe
10.	ddeeb	40.	aeecd	70.	ddeea	100.	aeebc
11.	debde	41.	dcaee	71.	deade	101.	cbaee
12.	deedb	42.	dceea	72.	deeda	102.	cbeea
13.	aabcdbcdee	43.	deace	73.	abccdabdee	103.	ceabe
14.	bceed	44.	deeca	74.	abeed	104.	ceeba
15.	bedce	45.	ecaed	75.	aedbe	105.	ebaec
16.	beecd	46.	ecdea	76.	aeebd	106.	ebcea
17.	dcbee	47.	eeacd	77.	dbaee	107.	eeabc
18.	dceeb	48.	eedca	78.	dbeea	108.	eecba
19.	debce	49.	abcabcddee	79.	deabe	109.	abcdeabcde
20.	deecb	50.	cdeed	80.	deeba	110.	abedc
21.	ecbed	51.	ddcee	81.	ebaed	111.	adcbe
22.	ecdeb	52.	ddeec	82.	ebdea	112.	adebc*
23.	eebcd	53.	decde*	83.	eeabd	113.	cbade
24.	eedcb	54.	deedc	84.	eedba	114.	cbeda
25.	abbaccddee	55.	abcadcbdee	85.	abcdbadcee	115.	cdabe*
26.	cdeed	56.	cbeed	86.	adeec	116.	cdeba
27.	ddcee	57.	cedbe*	87.	aecde	117.	ebadc
28.	ddeec	58.	ceebd	88.	aeedc	118.	ebcda
29.	decde	59.	dbcee	89.	cdaee	119.	edabc
30.	deedc	60.	dbeec	90.	cdeea	120.	edcba

BEMERKUNGEN ZU DEN NOTIZEN ÜBER GEOMETRIA SITUS.

Die unter [I] zusammengefassten Notizen stehen hinter einander in einem Handbuche, sind jedoch augenscheinlich zu sehr verschiedenen Zeiten niedergeschrieben worden; die Notizen [1] und [2] stammen wahrscheinlich aus der Zeit zwischen 1823 und 1827, während die Notiz [9] vermuthlich in die Zeit nach 1840 fällt.

In SCHERINGS Nachlass haben sich folgende Erläuterungen zu den Notizen [I] gefunden:

»Um die Charactere γ, γ' [S. 272] irgend eines bestimmten Theils der Curve zu erhalten, ziehe man von beliebig weiter Ferne nach zwei Punkten, die unmittelbar neben dem Curventheil und auf verschiedenen Seiten des Zuges liegen, zwei gerade Linien und zähle für jeden Durchschnitt, welchen eine der beiden Linien mit dem gegebenen Zuge macht, $+1$, wenn die Linie von der äussern Seite zur innern übergeht, -1 im entgegengesetzten Falle. Die Resultate für die beiden Linien sind die gesuchten Charactere γ, γ'.

Nennt man $+1$ oder -1 den Character eines durch eine einzelne der in sich zurückkehrenden Linien begrenzten Flächentheils, je nachdem die Fläche auf der positiven oder negativen Seite ihrer Begrenzung liegt, so bezeichnet Chεa [S. 274] die Summe der Charactere aller der Flächentheile, die an a stossen, sowohl derjenigen, die über a hinausgehen, als auch des Flächentheils, der von εa begrenzt wird und dessen Character ε ist.

Der absolute Character χ eines Punktes [S. 278] ist die Summe der Charactere aller Flächentheile, in denen der Punkt liegt.

Bei der Zählung [S. 281] hat man die Seiten des Polygons in einem und demselben Sinne, immer in der Richtung von (x, y) nach (x', y'), zu durchlaufen.«

Die Notiz [II] hat SCHERING, wahrscheinlich auf Grund der Äusserungen von GAUSS in der Anmerkung S. 272, mit dem Datum: 1844. Dec. 30 versehen und zu ihr folgende Bemerkungen gemacht:

»Zwei Punkte des Tractes, die zusammenfallen und dadurch einen Knoten bilden, sind mit denselben Buchstaben a und a, b und b u. s. w. bezeichnet. Bei der Darstellung eines Tractes werden diese Punkte in der Ordnung angegeben, in welcher sie auf dem Tracte nach einander folgen.

Durch die Figuren werden die Nummern

1 54 15 3 10
15

dargestellt.«

STÄCKEL.

AUFGABEN UND LEHRSÄTZE DER ELEMENTAREN GEOMETRIE ANGEHÖRIG.

NACHTRÄGE ZU BAND IV

NACHLASS UND BRIEFWECHSEL.

[ZUR SPHÄRISCHEN TRIGONOMETRIE.]

[1.]

GAUSS an GERLING. Göttingen, 18. Februar 1815.

Recht sehr danke ich Ihnen, lieber GERLING, für die Mittheilungen aus Ihrer Arbeit über die Trigonometrie. Ihren Beweis für die 4 Gleichungen finde ich für Ihren Zweck sehr angemessen. Es fehlt ihm weiter nichts zur Vollständigkeit, als dass noch die Zeichen besonders bewiesen werden müssen, indem z. B. aus

$$\sin\tfrac{1}{2}A^2\cos\tfrac{1}{2}(b+c)^2 = \cos\tfrac{1}{2}(B+C)^2\cos\tfrac{1}{2}a^2$$

eigentlich nichts weiter folgt, als dass

$$\sin\tfrac{1}{2}A\cos\tfrac{1}{2}(b+c) \quad \text{entweder} \quad = \cos\tfrac{1}{2}(B+C)\cos\tfrac{1}{2}a$$
$$\text{oder} \quad = -\cos\tfrac{1}{2}(B+C)\cos\tfrac{1}{2}a.$$

Man kann eine solche Completirung des Beweises aus andern Sätzen ableiten, wodurch aber das Ganze weitläuftiger wird. Ich habe zuletzt mich immer an folgende Entwickelungsmethode gehalten:

Ich setze die 5 Gleichungen voraus, da sie in der That alle ohnehin nothwendig sind:

$$1)\quad \cos a = \cos b \cos c + \sin b \sin c \cos A$$
$$2)\quad \sin a \cos B = \cos b \sin c - \sin b \cos c \cos A$$
$$3)\quad \sin a \sin B = \sin b \sin A$$
$$4)\quad \cos B \sin C + \sin B \cos C \cos a = \cos b \sin A$$
$$5)\quad -\cos B \cos C + \sin B \sin C \cos a = \cos A.$$

Hieraus leiten Sie leicht folgende 6 neue ab

$$\left.\begin{array}{ll} 6) & \sin a(\cos C - \cos B) = (1+\cos A)\sin(b-c) \\ 7) & \sin a(\cos C + \cos B) = (1-\cos A)\sin(b+c) \end{array}\right\} \text{aus } 2),$$
$$\left.\begin{array}{ll} 8) & \sin A(\sin b + \sin c) = \sin a(\sin B + \sin C) \\ 9) & \sin A(\sin b - \sin c) = \sin a(\sin B - \sin C) \end{array}\right\} \text{aus } 3),$$
$$\left.\begin{array}{ll} 10) & \sin A(\cos c + \cos b) = (1+\cos a)\sin(B+C) \\ 11) & \sin A(\cos c - \cos b) = (1-\cos a)\sin(B-C) \end{array}\right\} \text{aus } 4).$$

[Dabei gebraucht man die Gleichung 2)] theils in ihrer ursprünglichen Form, theils indem B, b gegen C, c vertauscht werden. Dasselbe gilt von den folgenden [Gleichungen 3) und 4)].

Löst man nun alles in Factoren auf und setzt, um nicht so viel zu schreiben zu haben,

$$\begin{array}{ll} \cos\tfrac{1}{2}A\cos\tfrac{1}{2}(b-c) = P & \cos\tfrac{1}{2}a\cos\tfrac{1}{2}(B+C) = p \\ \cos\tfrac{1}{2}A\sin\tfrac{1}{2}(b-c) = Q & \cos\tfrac{1}{2}a\sin\tfrac{1}{2}(B+C) = q \\ \sin\tfrac{1}{2}A\cos\tfrac{1}{2}(b+c) = R & \sin\tfrac{1}{2}a\cos\tfrac{1}{2}(B-C) = r \\ \sin\tfrac{1}{2}A\sin\tfrac{1}{2}(b+c) = S & \sin\tfrac{1}{2}a\sin\tfrac{1}{2}(B-C) = s, \end{array}$$

so bekommen die letzten 6 Gleichungen folgende Gestalt:

$$\begin{array}{ll} 6^*) & PQ = qs \\ 7^*) & RS = pr \\ 8^*) & PS = qr \\ 9^*) & QR = ps \\ 10^*) & PR = pq \\ 11^*) & QS = rs. \end{array}$$

Aus $\frac{6^*\times 8^*}{11^*}$ oder $\frac{6^*\times 10^*}{9^*}$ oder $\frac{8^*\times 10^*}{7^*}$ folgt

$$PP = qq,$$

woraus nothwendig

$$P = +q$$

geschlossen werden muss, in so fern man nur Dreiecke betrachtet, wo Seiten und Winkel nicht über 180^0 hinausgehen. Dann hat man ohne weiteres

$$Q = +s, \qquad R = +p, \qquad S = +r,$$

welches zusammen die vier gewünschten Sätze sind.

Ich überlasse es Ihnen, in wie fern Sie hiervon, oder von andern mir gewöhnlichen Rechnungsanordnungen, in Ihrem Werke Gebrauch machen wollen. . . .

[2.]

Gauss an Gerling. Göttingen, 26. Juni 1816.

. . . . Ich habe bisher immer so vielfache Zerstreuungen gehabt, dass ich noch nicht habe dazu kommen können, über die zweckmässigste Ordnung der ersten Sätze der sphärischen Trigonometrie, bei einer geometrischen Behandlung, nachzudenken. Ich sollte indessen glauben, dass es am einfachsten sein würde, Euklid XI. 20. 21 zum Grunde zu legen und den Satz, dass $A+B+C > 180^0$ ist, aus dem Polardreieck abzuleiten. Ich glaube kaum, dass sich aus der Betrachtung des ebenen Dreiecks zwischen den Winkelpunkten des sphärischen irgend ein erheblicher Gewinn ziehen lässt, da es keine sehr einfache Relationen zwischen dessen Winkeln zu geben scheint. Folgende möchte wohl mit die zierlichste sein: wenn A', B', C' die Winkel des ebenen Dreiecks sind, und

$$A+B+C-180^0 = u,$$

so ist

$$\cos A' = \cos\tfrac{1}{2}a\cos(A-\tfrac{1}{2}u).$$

. . . .

[GEOMETRISCHER ORT DER SPITZE DES SPHÄRISCHEN DREIECKS AUF GEGEBENER BASIS MIT GEGEBENEM INHALT.]

Gauss an Schumacher. Göttingen, 29. December 1841.

.... Ist Ihnen eine gedruckte Auflösung der Aufgabe: den geometrischen Ort der Spitze eines sphärischen Dreiecks auf gegebener Basis und von gegebenem Inhalt zu finden, bekannt? Ich wurde neulich veranlasst sie zu suchen; und war etwas verwundert, dass die analytische Auflösung mit einigem Umwege auf ein höchst einfaches Resultat führt, dessen synthetischer Beweis sich in ein Paar Zeilen führen lässt. ....

[Schumacher *an* Gauss. *Altona, 3. Januar 1842.*]

{Eine geometrische Auflösung des von Ihnen, mein theuerster Freund, erwähnten Problems hat vor nicht gar langer Zeit Steiner in Crelles Journal (Bd. 2. p. 45) gegeben, wo er aber seine Vorgänger nicht richtig citirt. Lexells Aufsatz steht nicht, wie dort gesagt wird, in Nova Acta Petrop. V. Pars 1, sondern in Acta Petrop. pro 1781, Pars I. Euler ist später darauf in Nova Acta Tom. X. p. 47 (Variae speculationes etc.) zurückgekommen. Legendre hat ihn auch in seiner Géométrie, Note X, wo er auch unrichtig Lexell citirt, und Grunert in der Fortsetzung von Klügels Wörterbuch, Artikel Trigonometrie (gleichfalls unrichtige Citation Lexells. Sie scheinen aus Legendre abgeschrieben zu haben).

Clausen hat mich gebeten, Ihnen seine Auflösung vorzulegen. Es folgt daraus, dass die Mittelpunkte der beiden andern Seiten des Dreiecks (die Basis ist die dritte) auf grössten Kreisen liegen, und die einfache Construction um den Pol des Ortkreises zu finden:

> Man halbire die beiden andern Seiten und lasse aus den Halbirungspunkten Bögen von 90^0 sich schneiden. Ihr Durchschnittspunkt ist der gesuchte Pol des kleinen Kreises, in dem die Spitzen der Dreiecke liegen.

Ist diess durch geometrische Betrachtungen schon gefunden? ....}

Gauss an Schumacher. Göttingen, 6. Januar 1842.

.... Bei der ganzen Sache war mir nur das merkwürdig gewesen, dass die analytische Angriffsarbeit diessmal so sehr viel weitschweifiger wird als der synthetische Beweis des Satzes, wenn man ihn schon hat. Ich selbst hatte mir das Resultat so enunciirt: man verbinde die Mitten der zwei Seiten des vorgegebenen Dreiecks (indem man die gegebene Basis die dritte Seite nennt) durch einen grössten Kreis; der damit durch die Spitze des Dreiecks parallel gezogene kleine Kreis ist der gesuchte geometrische Ort. Dass damit der Aufgabe genügt wird, ist in der That unmittelbar zu übersehen.

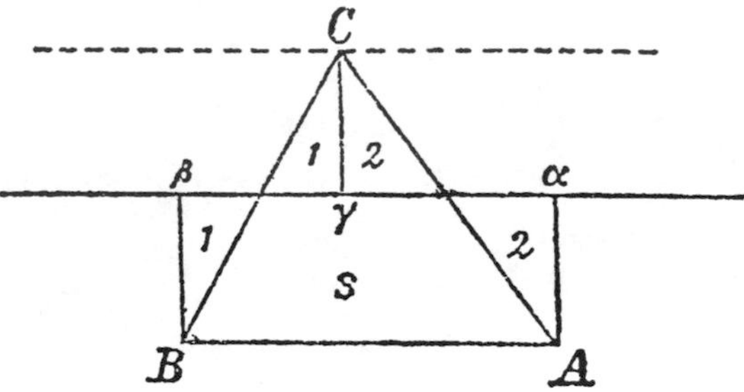

Indem man nemlich auf den bemeldeten grössten Kreis die Perpendikel $A\alpha$, $B\beta$, $C\gamma$ fällt, bilden sich für nebenstehende Figur vier rechtwinklige Dreiecke 1, 1, 2, 2, wo die Gleichheit von $1 = 1$ und $2 = 2$ evident ist, also das Dreieck ABC ist dem Viereck $A\alpha\beta B$ an Inhalt gleich; aber dieses Viereck ist von der Lage von C in dem punktirten kleinen Kreise unabhängig; also der Inhalt von ABC für jede Lage von C in diesem kleinen Kreise immer derselbe. Für den Fall, wo γ nicht innerhalb des Dreiecks liegt, muss man (wie das bei synthetischen Beweisen immer nothwendig ist) eine andere Figur zeichnen, welche zeigt, dass sowohl das Dreieck ABC, als das Viereck $A\alpha\beta B$ jedes $= 1+2+3$ ist.

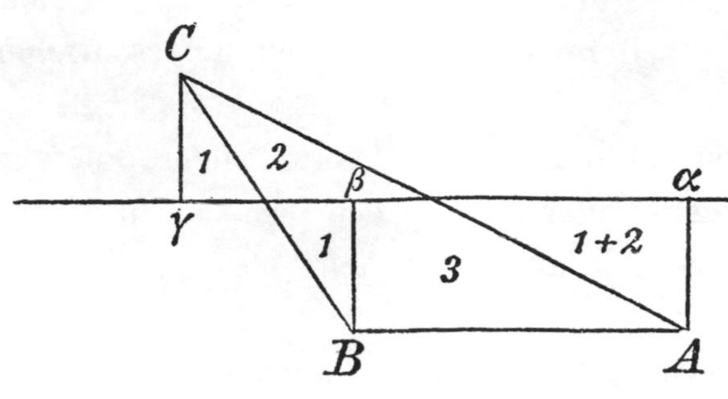

Alles ganz schulgerecht zu schreiben, fehlt mir jetzt die Zeit, aber das Angeführte wird hinreichen, den Nerv des synthetischen Beweises zu zeigen. . . .

BEMERKUNG.

Gauss hat sich den vorstehenden Beweis auch in einem Handbuche unter demselben Titel notirt, unter dem hier die Briefstellen Platz gefunden haben. Genau derselbe Beweis war schon 1836 von Lobatschefskij in § 68 der Abhandlung: Новыя начала геометрiи (Neue Anfangsgründe der Geometrie) gegeben worden.

Stäckel.

[ZU MÖBIUS' BARYCENTRISCHEM CALCUL.]

[I.]

Gauss an Schumacher Göttingen, 12. Mai 1843.

Ich bin Ihnen, mein theuerster Freund, noch für mehrere Ihrer Briefe und sonstige interessante Mittheilungen meinen Dank schuldig. Sie dürfen jedoch nicht zu genau mit mir rechnen: seit 4—6 Wochen bin ich (anfangs durch zufällige Umstände) in einige mathematische Speculationen hineingezogen, wo ich immer wieder durch neue Aussichten in andere Richtungen gelenkt wurde, und vieles erreicht, vieles verfehlt habe. In einem solchen Herumtreiben ist man (oder bin ich wenigstens) fast unfähig, mich in irgend andere Gegenstände einzulassen, und so ist namentlich auch in meiner Correspondenz ungemein viel Rückstand geworden. Jene Speculationen betrafen grossentheils weniger neue Sachen, als Durchführung mir eigenthümlicher Methoden; zuletzt u. a. mehreres sich auf die Kegelschnitte beziehendes. Mir ist dabei wieder in Erinnerung gekommen, dass ich vor einem halben Jahrhundert, als ich zuerst Newtons Principia las, mehreres unbefriedigend fand, namentlich auch seine an sich herrlichen Sätze die Kegelschnitte betreffend. Aber ich las immer mit dem Gefühle, dass ich durch das Erlernte nicht Herr der Sache wurde; besonders quälte mich die gerade Linie, mit deren Hülfe ein Kegelschnitt beschrieben werden kann. Newton löst die Aufgabe: durch 5 Punkte A, B, C, D, E einen Kegelschnitt zu legen, so auf, dass er erst vermittelst der vier

Punkte A, B, C, D (ich brauche jetzt meine, nicht NEWTONS hierbei meines Erachtens unbehülfliche Bezeichnung) einen Punkt δ jener geraden Linie sucht, dann vermittelst A, B, C, E einen andern Punkt ε jener geraden Linie; so ist die gerade Linie selbst positione data, und für jeden andern Punkt derselben, μ, gibt seine Construction einen correspondirenden Kegelschnittspunkt M: indem er den Winkel BAC (mit unbestimmter Schenkellänge) sich um A drehen lässt, und die Stellung notirt, wo AB durch μ geht, muss AC durch M gehen, und eben so, wenn der Winkel ABC sich um B dreht, muss, indem BA durch μ geht, BC gleichfalls durch M gehen. Diese Construction ist nun zwar überaus zierlich, aber Herr des Gegenstandes ist man doch erst dann, wenn man alle andern diese magische gerade Linie betreffenden Fragen beantworten kann; namentlich will man wissen, welche Relationen diese gerade Linie zu den Elementen des Kegelschnitts habe, ob man diese Elemente selbst mit Leichtigkeit aus der Lage jener geraden Linie und der von A, B, C ableiten könne. Verschiedenes dieser Art kann ich jetzt recht artig ausrichten, ich weiss aber nicht, ob ich selbst das Ganze durchführen kann, da andere Geschäfte mich nöthigen abzubrechen.

.... Früher haben Sie, wenn ich nicht irre, sich viel mit den Kegelschnitten beschäftigt; gewiss viel mehr darüber gelesen als ich. Sie führen z. B. schon Monatliche Correspondenz 1810 November S. 508 einen eleganten die Ellipse betreffenden Satz aus einem Buche[*)] an, welches ich, obwohl vermuthlich unsere Bibliothek es besitzt, bis jetzt noch nicht angesehen habe. Man kann also wegen historischer Notiz wohl bei Ihnen vorfragen. Kennen Sie eine zierliche Construction, um den Mittelpunkt eines Kegelschnitts aus 5 Punkten desselben — ohne alle überflüssigen Umwege — zu finden? Schwer wird es gewiss nicht sein, aber gerade diese Entwickelung habe ich noch nicht gemacht. ....

[*) PUISSANT, Recueil de diverses propositions de geometrie Paris 1801. Vergl. auch Bd. IV S 396.]

GAUSS an SCHUMACHER. Göttingen, 15. Mai 1843.

Ich sende meinem letzten Briefe an Sie, mein theuerster Freund, noch ein Paar Worte nach, um einem Buche eine Gerechtigkeit widerfahren zu lassen, welches ich bisher, zum Theil in Folge eines vor zwanzig Jahren durch Sie (freilich sehr unschuldiger Weise) veranlassten Umstandes, weniger beachtet habe, als es verdient.

Sie erinnern Sich vielleicht noch, dass Sie mir damals in Ihrem Hause eine an sich ganz artige von MÖBIUS aufgestellte geometrische Aufgabe vorlegten, wovon ich die nichts zu wünschen lassende Auflösung fast augenblicklich niederschrieb. In Folge dieses Vorfalls hatte ich das Buch von MÖBIUS, barycentrischer Calcul, in dessen Vorrede jene Aufgabe auch wieder erwähnt wurde, mit einer Art Vorurtheil in die Hand genommen, nemlich mit dem Zweifel, ob es der Mühe werth sei, eine recht artig ausgesonnene Rechnungsweise sich anzueignen, wenn man durch dieselbe nichts leisten könne, was sich nicht eben so leicht ohne sie leisten lasse. Ich hatte deshalb das Buch — zumal da ich es in einer Zeit erhielt, wo andere Dinge mich ganz beschäftigten —, wie mir es freilich mit manchen Dingen gegangen ist, ohne viele Erwartung davon zu haben, zunächst auf die Seite gelegt, und später völlig vergessen.

Eben in den allerletzten Tagen (richtiger gestern) fiel mir das Buch zufällig in die Hände, und ich fand dann bald mit grossem Vergnügen, dass darin die Quintessenz der Lehre von den Kegelschnitten in nucem gebracht ist, und dass gerade sein barycentrischer Calcul auf dem leichtesten Wege zur Auflösung aller dahin gehörigen Aufgaben führt. Interessant war mir darin auch manches andere beim Blättern sich findende, z. B. der schöne von MAC LAURIN und BRACKENRIDGE gefundene, mir entweder unbekannt gebliebene, oder wieder vergessene Lehrsatz, mit dessen Hülfe sich die Aufgabe, durch 5 gegebene Punkte einen Kegelschnitt zu legen, so zierlich lösen lässt.

Überhaupt verhält es sich mit allen solchen neuen Calculs so, dass man durch sie nichts leisten kann, was nicht auch ohne sie zu leisten wäre; der Vortheil ist aber der, dass, wenn ein solcher Calcul dem innersten Wesen vielfach vorkommender Bedürfnisse correspondirt, jeder, der sich ihn ganz angeeignet hat, auch ohne die gleichsam unbewussten Inspirationen des Genies, die niemand erzwingen kann, die dahin gehörigen Aufgaben lösen, ja selbst in so verwickelten Fällen gleichsam mechanisch lösen kann, wo ohne eine solche Hülfe auch das Genie ohnmächtig wird. So ist es mit der Erfindung der Buchstabenrechnung überhaupt; so mit der Differentialrechnung gewesen; so ist es auch (wenn auch in partielleren Sphären) mit LAGRANGES Variationsrechnung, mit meiner Congruenzenrechnung und mit MÖBIUS' Calcul. Es werden durch solche Conceptionen unzählige Aufgaben, die sonst vereinzelt stehen, und jedesmal neue Efforts (kleinere oder grössere) des Erfindungsgeistes erfordern, gleichsam zu einem organischen Reiche. . . . .

[II.]

[DER BARYCENTRISCHE CALCUL UND DER RESULTANTENCALCUL.]

[1.]

Der barycentrische Calcul findet sein Gegenstück in einem andern (vermuthlich noch umfassendern) Calcul, den man den Resultantencalcul nennen könnte. So wie der erste sich mit Punkten beschäftigt, in denen man schwere Massen voraussetzt; so würde letzterer zum Gegenstande haben Linien, in welchen Kräfte wirken. Sind a, b, c, d u. s. w. solche Linien, in denen, in jeder in bestimmtem Sinn, Kräfte wirken, die den Zahlen α, β, γ, δ u. s. w. proportional sind, so würde die Gleichung

$$\alpha a + \beta b + \gamma c + \delta d + \text{u. s. w.} = 0$$

bedeuten, dass diese Kräfte einander das Gleichgewicht halten.

[2.]

Man kann, wenn B, C zwei Punkte in a sind, ganz füglich $B-C = ai$ setzen.

[3.]

Es fragt sich nun hauptsächlich, was für Kräfte man, barycentrisch auf die Winkelpunkte, oder resultantisch auf die Seiten des Pentagons appliciren müsse, damit zwischen ihnen und ihren Äquivalenten am innern Pentagon möglichst einfache Verhältnisse Statt finden.

[4.]

Die Collinearität zweier Systeme von Punkten oder geraden Linien ist wohl am treffendsten dadurch zu definiren, dass immer zwischen je 5 Punkten (Linien) des einen Systems und den 5 correspondirenden des andern sich einerlei Lineargleichung aufstellen lässt.

[5.]

Das Characteristische der Collineation scheint am einfachsten so ausgedrückt werden zu können:

Es seien $A, B \ldots$ gerade Linien, $P, Q \ldots$ Punkte des einen Systems, denen im andern die Linien $a, b \ldots$ und die Punkte $p, q \ldots$ entsprechen. Drückt man nun durch PA den (senkrechten) Abstand des Punktes P von der geraden Linie A aus, so wird allgemein

$$\frac{PA.QB.pb.qa}{pa.qb.PB.QA} = 1.$$

BEMERKUNGEN.

Auf die in dem Briefe vom 12. Mai 1843 erwähnten Untersuchungen bezieht sich die Notiz: *Zur Theorie der Kegelschnitte*, die aus dem Nachlass in der folgenden Abtheilung: Verwendung complexer Grössen für die Geometrie S. 341 bis 344 dieses Bandes abgedruckt ist.

GAUSS' Lösung der von MÖBIUS gestellten geometrischen Aufgabe hat SCHUMACHER in den Astronomischen Nachrichten No. 42, 1823 November veröffentlicht; sie ist wiederabgedruckt in Bd. IV. S. 406—407.

Die Notiz [II] steht auf einem einzelnen Blatte; sie stammt wahrscheinlich aus derselben Zeit, wie die unter [I] abgedruckten Briefstellen. GAUSS hat den barycentrischen Calcul, wie unter [3] angedeutet, insbesondere auf die Theorie des Fünfecks angewandt. Die betreffenden Entwicklungen, die mit dem Pentagramma mirificum in Zusammenhang stehen, findet man unter dem Titel: *Weitere Fragmente über das Pentagramma mirificum* No. 11, S. 109 bis 111 dieses Bandes (vergl. auch die zugehörigen Bemerkungen FRICKES, S. 117). Auch auf die Notiz: *Beziehung der Raumverhältnisse auf ein gegebenes Tetraeder*, Bd. II. S. 307 bis 308 möge hingewiesen werden; sie stammt wahrscheinlich schon aus dem Juli 1831.

STÄCKEL.

VERWENDUNG COMPLEXER GRÖSSEN

FÜR DIE GEOMETRIE.

NACHTRÄGE ZU BAND IV.

NACHLASS UND BRIEFWECHSEL.

[DAS DREIECK.]

Die Aufgabe, die Lage eines Punktes aus dem bekannten Verhältniss seiner Abstände von dreien der Lage nach bekannten Punkten zu finden.

Coordinaten der gegebenen Punkte $\left\{\begin{matrix} a, a', a'' \\ b, b', b'' \end{matrix}\right\}$; des unbekannten $\left\{\begin{matrix} x \\ y \end{matrix}\right\}$; Verhältniss der drei Abstände wie m, m', m''.

Erste Auflösungsart.

Man mache

$$a''-a' = h\cos A, \qquad a-a'' = h'\cos A', \qquad a'-a = h''\cos A''$$
$$b''-b' = h\sin A, \qquad b-b'' = h'\sin A', \qquad b'-b = h''\sin A''$$

und nehme an

$$x = a + r\cos\varphi$$
$$y = b + r\sin\varphi.$$

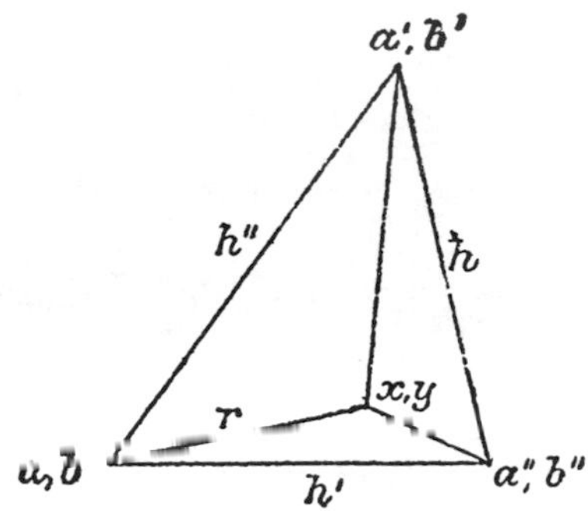

So hat man die Gleichungen:

$$rr - 2rh''\cos(\varphi - A'') + h''h'' = \frac{rrm'm'}{mm}$$
$$rr + 2rh'\cos(\varphi - A') + h'h' = \frac{rrm''m''}{mm}.$$

[Multiplicirt man die erste dieser Gleichungen mit

$$\frac{h'h'}{rr},$$

die zweite mit

$$\frac{h''h''}{rr},$$

so ergibt sich durch Subtraction, indem man die Identitäten

$$\frac{h}{\sin(A''-A')} = \frac{h'}{\sin(A-A'')} = \frac{h''}{\sin(A'-A)}$$

und

$$\sin(A-A')\cos(\varphi-A')+\sin(A''-A)\cos(\varphi-A'')$$
$$=\sin(A''-A')\cos(\varphi+A-A'-A'')$$

zu Hülfe nimmt, die Gleichung:]

$$\text{I.}\quad \Big\{h''h''\Big(1-\frac{m''m''}{mm}\Big)-h'h'\Big(1-\frac{m'm'}{mm}\Big)\Big\}r = 2hh'h''\cos(\varphi+A-A'-A'').$$

[Multiplicirt man ferner die erste jener Gleichungen mit

$$1-\frac{m''m''}{mm},$$

die zweite mit

$$1-\frac{m'm'}{mm},$$

so ergibt sich durch Subtraction die Gleichung:]

$$\text{II.}\quad \Big\{h''h''\Big(1-\frac{m''m''}{mm}\Big)-h'h'\Big(1-\frac{m'm'}{mm}\Big)\Big\}$$
$$= 2r\Big\{h''\Big(1-\frac{m''m''}{mm}\Big)\cos(\varphi-A'')+h'\Big(1-\frac{m'm'}{mm}\Big)\cos(\varphi-A')\Big\}$$
$$= -\frac{2r}{mm}\{mmh\cos(\varphi-A)+m'm'h'\cos(\varphi-A')+m''m''h''\cos(\varphi-A'')\}.$$

Durch Multiplication entsteht also:

$$\text{III.}\quad \Big\{h''h''\Big(1-\frac{m''m''}{mm}\Big)-h'h'\Big(1-\frac{m'm'}{mm}\Big)\Big\}^2$$
$$-2hh'h''\Big\{h''\Big(1-\frac{m''m''}{mm}\Big)\cos(A-A')+h'\Big(1-\frac{m'm'}{mm}\Big)\cos(A-A'')\Big\}$$
$$=2hh'h''\Big\{h''\Big(1-\frac{m''m''}{mm}\Big)\cos(2\varphi+A-A'-2A'')+h'\Big(1-\frac{m'm'}{mm}\Big)\cos(2\varphi+A-2A'-A'')\Big\}$$

Hieraus folgen zwei Werthe für 2φ und eben so viele für φ, die in I. ein positives r geben, mithin zwei Auflösungen unsrer Gleichung.

Die zweite Auflösungsart.

Es seien ξ, η [die] Coordinaten des Mittelpunkts des durch die drei Punkte gelegten Kreises, ρ dessen Halbmesser. Man mache, wie vorhin

$$a''-a' = h\cos A, \qquad a-a'' = h'\cos A', \qquad a'-a = h''\cos A'',$$
$$b''-b' = h\sin A, \qquad b-b'' = h'\sin A', \qquad b'-b = h''\sin A''.$$

Man hat dann

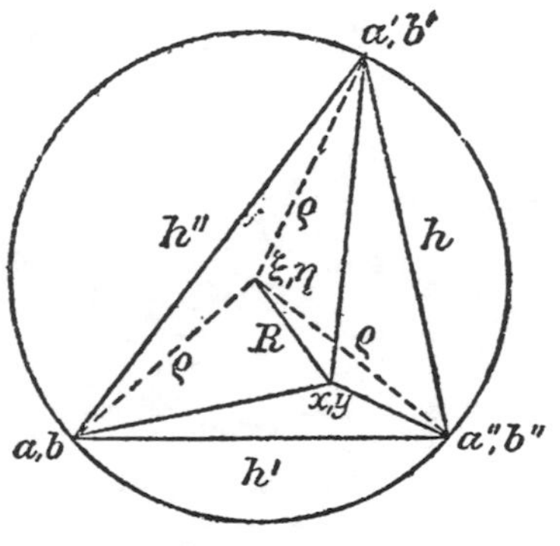

$$\begin{aligned}\xi &= a\ \,+\rho\sin(A'+A''-A\,)\\ &= a'\,+\rho\sin(A''+A\,-A')\\ &= a''+\rho\sin(A\,+A'-A''),\\ \eta &= b\ \,-\rho\cos(A'+A''-A\,)\\ &= b'\,-\rho\cos(A''+A\,-A')\\ &= b''-\rho\cos(A\,+A'-A''),\end{aligned}$$

$$\rho = \frac{h}{\sin(A''-A')} = \frac{h'}{\sin(A-A'')} = \frac{h''}{\sin(A'-A)}.$$

Man nehme ferner an

$$x = \xi+R\cos\psi, \qquad y = \eta+R\sin\psi;$$

so findet man:

$$\begin{aligned}&\frac{RR+\rho\rho-2R\rho\sin(\psi+A-A'-A'')}{mm}\\ &= \frac{RR+\rho\rho-2R\rho\sin(\psi+A'-A''-A)}{m'm'}\\ &= \frac{RR+\rho\rho-2R\rho\sin(\psi+A''-A-A')}{m''m''}\\ &= \Delta.\end{aligned}$$

Hieraus wird

$$\text{I.}\qquad RR+\rho\rho = \frac{mm\sin(2A''-2A')+m'm'\sin(2A-2A'')+m''m''\sin(2A'-2A)}{4\sin(A''-A')\sin(A''-A)\sin(A'-A)}\Delta,$$

$$\text{II.}\qquad 2R\rho\cos\psi = \frac{mmh\sin A+m'm'h'\sin A'+m''m''h''\sin A''}{\sin(A'+A''-A)h\sin A+\sin(A''+A-A')h'\sin A'+\sin(A+A'-A'')h''\sin A''}\Delta$$

[und

$$\text{III.}\qquad -2R\rho\sin\psi = \frac{mmh\cos A+m'm'h'\cos A'+m''m''h''\cos A''}{\cos(A'+A''-A)h\cos A+\cos(A''+A-A')h'\cos A'+\cos(A+A'-A'')h''\cos A''}\Delta.$$

Da nun die Nenner in II. und III. beide denselben Werth, nemlich

$$\tfrac{1}{2}\rho\{\sin(2A-2A')+\sin(2A'-2A'')+\sin(2A''-2A)\},$$

haben, so ergibt sich aus diesen Gleichungen durch Division:

$$\operatorname{tg}\psi = -\frac{mmh\cos A+m'm'h'\cos A'+m''m''h''\cos A''}{mmh\sin A+m'm'h'\sin A'+m''m''h''\sin A''},$$

wodurch für ψ und damit auch für R zwei Werthe folgen.]

BEMERKUNG.

Die vorstehende Notiz, die sich in einem Handbuche findet und vermuthlich aus dem Jahre 1816 stammt, ist sehr flüchtig geschrieben, sodass zahlreiche Schreibfehler in den Formeln verbessert werden mussten. Sie bricht bei der Formel II der zweiten Auflösungsart ab, bei der, was im Druck nicht ersichtlich gemacht werden konnte, der Nenner und der Factor Δ ergänzt werden mussten. Der Deutlichkeit wegen sind dem Texte zwei Figuren hinzugefügt worden.

Es ist anzunehmen, dass GAUSS seine Auflösungen gefunden hat, indem er von der Darstellung der Ecken des Dreiecks durch complexe Grössen ausging, denn hierbei ergeben sich genau die Formeln des Textes, wenn man darin die Paare von Gleichungen, die den Cosinus und den Sinus desselben Winkels enthalten, mittelst des Symboles i immer in eine einzige Gleichung zusammenfasst. Dass GAUSS die Darstellung der Punkte einer Ebene durch complexe Grössen schon früh bei geometrischen Aufgaben benutzt hat, zeigt zum Beispiel die auf der folgenden Seite abgedruckte Notiz über die Construction der POTHENOTschen Aufgabe, sowie eine handschriftliche Bemerkung zu SCHUMACHERS Übersetzung der *Geometrie der Stellung* von CARNOT aus dem Jahre 1810, die sich ebenfalls auf die Geometrie des Dreiecks bezieht und bereits Bd. IV. S. 396 bis 397 Platz gefunden hat.

STÄCKEL.

[POTHENOTS AUFGABE UND DAS VIERECK.]

[I.]

[CONSTRUCTION DER POTHENOTSCHEN AUFGABE.]

[1.]

Es werden drei Punkte a, b, c durch die eben so bezeichneten complexen Zahlen dargestellt, es seien ferner α, β, γ drei complexe Zahlen, so dass

$$\alpha+\beta+\gamma = 0.$$

Man mache

$$\begin{aligned} \alpha A+\beta b+\gamma c &= 0\\ \alpha a+\beta B+\gamma c &= 0\\ \alpha a+\beta b+\gamma C &= 0, \end{aligned}$$

und A, B, C seien die Punkte, denen die complexen Zahlen A, B, C entsprechen. Dann schneiden sich aA, bB, cC in Einem Punkte P und dieser ist die Auflösung von Pothenots Aufgabe.

Sind $\mathfrak{A}$, $\mathfrak{B}$, $\mathfrak{C}$ die in P beobachteten (nicht orientirten) Azimuthe, so verhalten sich

$$\alpha e^{i\mathfrak{A}}, \qquad \beta e^{i\mathfrak{B}}, \qquad \gamma e^{i\mathfrak{C}}$$

wie reelle Zahlen.

BEMERKUNG.

Diese Notiz hat Gauss auf der innern Seite des hintern Deckels seines Exemplars des Werkes: Carnot, *Geometrie der Stellung*. Übersetzt von Schumacher. Bd. II. Altona 1810 eingetragen.

Stäckel.

[2.]

GAUSS an GERLING. Göttingen, 7. November 1830.

.... Über die vier merkwürdigen Punkte im Dreieck habe ich selbst nie etwas bekannt gemacht. Was ich jedoch 1808 darüber SCHUMACHER mitgetheilt habe, hat dieser im Anhange zu seiner Übersetzung von CARNOT, Géométrie de position, zweiter Bd., welcher 1810 erschienen ist, drucken lassen. Ich zweifle fast, dass der Punkt, welcher sich nach dem von Ihnen angeführten Satze ergibt, besonders elegante Relationen zu den übrigen darbieten wird, und zwar deshalb, weil jenes Theorem nur ein ganz specieller Fall eines viel allgemeinern ist.

Wenn man nemlich an die Seiten eines gegebenen Dreiecks ABC drei andere $AB\gamma$, αBC, $AC\beta$ legt (entweder alle drei an die äussere oder alle drei an die innere Seite des Dreiecks ABC gelegt), die jedes einem zweiten gegebenen Dreieck abc ähnlich sind, und zwar dergestalt, dass sie auch ähnlich liegend und die Winkel an α, β, γ denen an a, b, c gleich werden, so schneiden sich die Linien $A\alpha$, $B\beta$, $C\gamma$ (nöthigenfalls vorwärts oder rückwärts fortgesetzt) in Einem Punkte D und die Winkel an D (ADB, BDC, CDA) sind denen an γ, α, β entweder selbst oder ihren Nebenwinkeln gleich und ähnlich liegend.

Offenbar ist diess die zierlichste Construction der POTHENOTschen Aufgabe; wo man aber in der Praxis sich begnügen kann, nur Einen Punkt z. B. α zu construiren und den Messtisch nach der Linie $A\alpha$ zu orientiren. Wie ich von meinem Sohne höre, ist letztere Manier unter dem Namen der SCHULZ-MONTANUS'schen bekannt. ....

[II.]

[DIE PHYSISCHE MÖGLICHKEIT DER DATEN IN POTHENOTS AUFGABE.]

[1.]

Gauss an Schumacher. Göttingen, 13. April 1836.

.... Bei dieser Gelegenheit will ich doch auch einer andern Aufgabe erwähnen, nemlich der sogenannten Pothenotschen. Wenn drei Punkte A, B, C gegeben sind, und zugleich die Winkel, die XA, XB, XC unter einander machen (natürlich inclusive des *sens*, d. i. ob die Winkel von der linken nach der rechten [Seite] oder umgekehrt gezählt sind), so ist X (allgemein zu reden, d. i. mit Ausnahme des Falls, wo A, B, C, X auf Einem Kreise liegen) bestimmt. Gründen sich dic Data auf einen wirklichen concreten Fall, so versteht sich von selbst, dass die Aufgabe, weil wirklich, auch möglich ist. Aber wenn jemand (um Sie aufs Eis zu führen) Ihnen bloss die Zahlen aufgibt, so kann sich hinterher ergeben, dass die Aufgabe physisch unmöglich ist, und dass Sie statt einer der drei Richtungen die entgegengesetzte erhalten (180° verschieden von der aufgegebenen).

Die Frage ist nun, wie man am einfachsten die Bedingung der physischen Möglichkeit durch eine Gleichung zwischen den Datis ausdrücken kann? Ich habe, mich verwundernd, dass bei einer Aufgabe, worüber so viel geschrieben ist, doch von allen, so viel ich weiss, ein so wesentlicher Umstand ganz übersehen ist, — die Auflösung oft in meinen Vorlesungen vorgetragen. Aber so ganz leicht muss sie doch wohl nicht zu finden sein; wenigstens habe ich einmal einem sonst sehr geschickten jungen Mann (dem sie von mir nicht vorgetragen war) sie als Thema einer Doctordissertation vorgeschlagen, und der hatte, obgleich er sich lange damit gequält, die Auflösung nicht finden können. ....

GAUSS an SCHUMACHER. Göttingen, 21. April 1836.

...... Um ein Beispiel zu haben, wo POTHENOTS Aufgabe physisch (i. e. optisch) unmöglich ist, nehmen Sie an, die drei Richtungen sollen, dem Verlangen nach, Winkel von 120^0 unter einander machen, was allemal unmöglich wird, sobald die drei Punkte ein Dreieck bilden, worin ein stumpfer Winkel grösser als 120^0 ist.

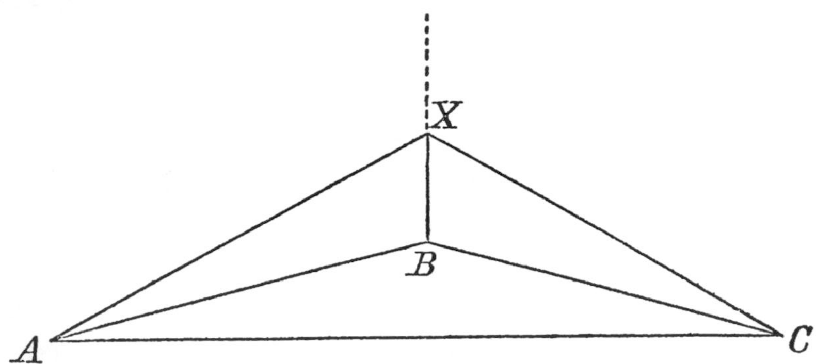

Hier würde Ihnen die Rechnung den Punkt X geben, der aber nur passt, wenn Sie statt der Richtung XB die entgegengesetzte nehmen.

GAUSS an SCHUMACHER. Göttingen, 23. April 1836.

.... Gleich nach Absendung meines letzten Briefes dachte ich doch, dass der hinterher eingelegte Zettel [*)] Sie wohl eher verwirren, als das in dem Briefe angezogene ohne weiteres verständliche Beispiel weiter erklären würde. Ich hatte nicht gehörig bedacht, dass erstlich das allgemeine auf dem Zettel ausgesprochene Theorem, um vollkommen richtig aufgefasst zu werden, wohl noch einiger erläuternder Bemerkungen bedürfen möchte. Zweitens, dass gerade der Fall des gleichseitigen Dreiecks ohne solche erläuternde Bemerkungen

[*) Dieser Zettel fehlt. In seiner Antwort vom 26. April 1836 bemerkt SCHUMACHER, dass er in dem Briefe keine Einlage vorgefunden habe.]

am leichtesten missverstanden werden kann. Drittens hätte auch hier ausdrücklich in Beziehung auf das Beispiel eine literirte Figur beigefügt werden müssen. Und viertens glaube ich sogar einen Schreibfehler begangen und anstatt $60^0 + 60^0 = 120^0$ geschrieben zu haben $30^0 + 30^0 = 60^0$. Wollte ich nun diese 3 oder 4 Punkte alle und ganz aufklären, so würde dazu ein längerer Brief nöthig sein, als ich heute schreiben kann. Einstweilen ignoriren Sie also das Beispiel mit dem gleichseitigen Dreieck ganz (was ich übrigens, wenn es der Mühe werth scheinen sollte, zu einer andern Zeit zu erklären gern erbötig bin). Dagegen will ich heute zu weiterer Verständigung über das allgemeine Theorem das Nöthige beifügen.

Vor allem aber muss ich, um jedes Missverständniss darüber auszuschliessen, ausdrücklich bemerken, was die Data des Pothenotschen Problems nothwendig enthalten müssen:

1) müssen die drei gegebenen Punkte, wenigstens ihrer gegenseitigen Lage nach, vollkommen bestimmt sein, so dass über das Rechts- oder Linksliegen keine Zweideutigkeit ist. Es ist also z. B. nicht zureichend, die Grösse der Winkel zu kennen, sondern auch ihre Lage; also z. B. nicht bloss $A = 45^0$, $B = 45^0$, $C = 90^0$, weil so das Dreieck

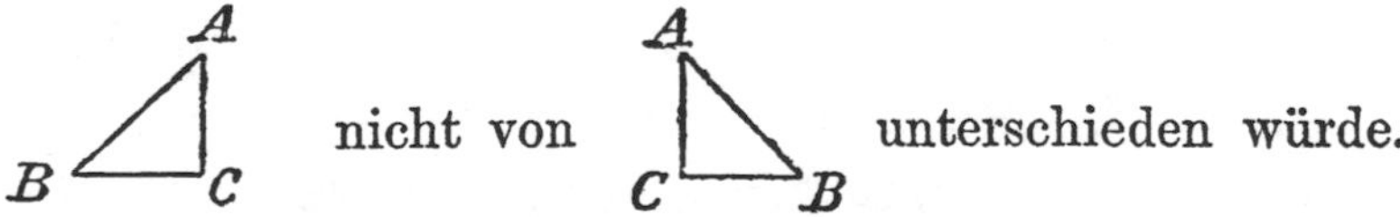

2) wird dieselbe vollständige Bestimmtheit für die Winkel an dem gesuchten Punkte X erfordert.

Es ist also z. B. nicht zureichend zu sagen, dass in X der Winkel zwischen A und B 40^0, zwischen B und C 100^0 sein soll, weil sonst

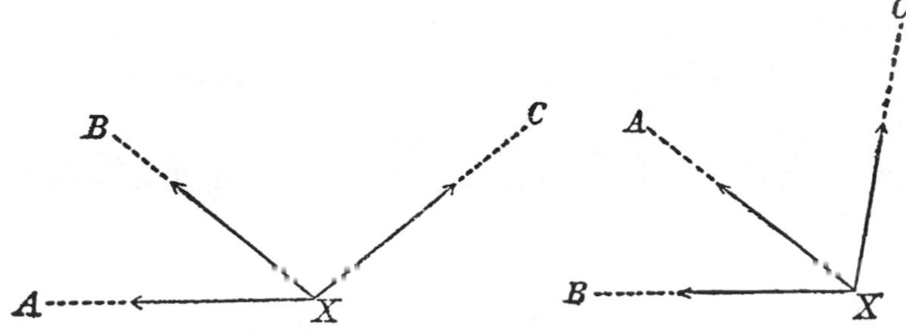

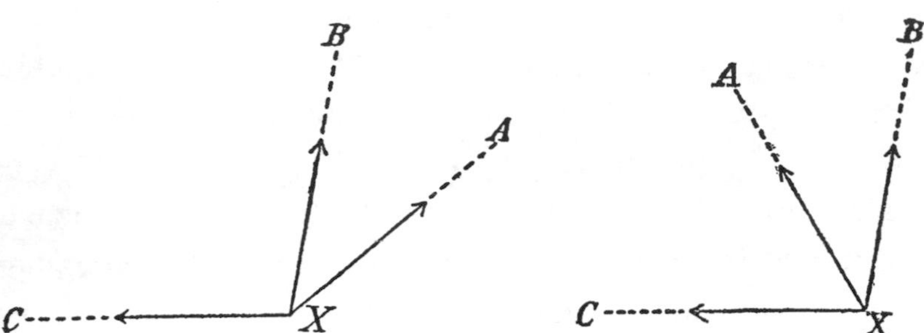

die Fälle nicht gehörig unterschieden würden, oder, mit andern Worten, weil man sonst nicht Ein Problem, sondern auf einmal vier verschiedene aufgeben würde.

Diess wohlverstanden, sind nun alle bisherigen Behandlungen des Problems in so fern unvollständig, als sie keine allgemeine Regel angeben, wonach man vorgegebenen Datis gleich ansehen kann, ob sie zusammen bestehen können oder nicht. Auch ohne bloss vom theoretischen Standpunkt auszugehen, scheint eine Ergänzung dieses Mangels praktisch wünschenswerth, weil ja Data, die sich auf einen wirklichen Fall in concreto beziehen sollen, wenn auch nicht durch Neckerei, doch durch grobe Schreibfehler und Irrthum entstellt sein können, deren Dasein sogleich in vielen Fällen erkennen zu können, doch auch dem blossen Praktiker werth sein muss.

Allgemeine Regel verstehe ich so, dass man nicht für jeden speciellen Fall eine eigene rohe Zeichnung machen soll. Denn wenn man das thun will, so wird es jedesmal eben nicht schwer sein, über Möglichkeit oder Unmöglichkeit zu urtheilen.

Das eben wird aber verlangt, dass Alle Fälle in Einer allgemeinen Regel befasst werden sollen.

Sie schienen zu glauben, dass solche physische Unmöglichkeit oder Unvereinbarkeit eben nur einzelne, vielleicht seltene, Fälle trifft, das ist aber nicht so, sondern (abstrahirt von einer gewussten richtigen Beziehung auf einen wirklichen Fall in concreto) gibt es dreimal so viel unmögliche als mögliche Combinationen.

Das eben ist nun in dem allgemeinen Satz enthalten, welcher auf dem Zettel steht. Nemlich:

»Wenn die vorgeschriebenen Data möglich sind, so werden sie durch Abänderung einer der drei Richtungen (XA, XB, XC) in die entgegengesetzte (um 180^0 verschieden) sogleich unmöglich«.

Derselbe Satz ist übrigens auch umgekehrt wahr, die unverträglichen Data werden verträglich, wenn man Eine der drei Richtungen in die entgegengesetzte abändert, nur ist hier die abzuändernde nicht mehr willkürlich.

Wenn also z. B. unter den obigen vier Zeichnungen die erste (für ein bestimmtes gegebenes Dreieck ABC) möglich ist, nemlich

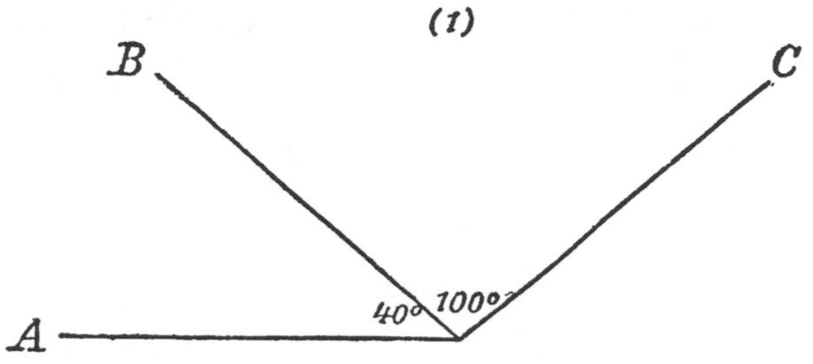

möglich, so sind

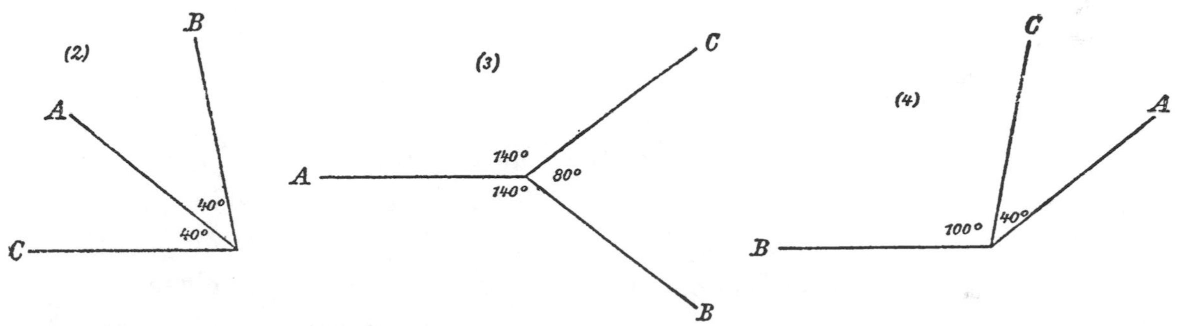

alle unmöglich. Es entsteht hier

2 aus 1,	indem ich für C	}	die entgegengesetzte Richtung nehme.
3 aus 1,	„ „ „ B		
4 aus 1,	„ „ „ A		

Umgekehrt hingegen, wenn (1) unmöglich ist, so ist Eine der drei (2), (3), (4) möglich, und eo ipso die beiden andern unmöglich.

Wenn die Data des Problems, gleichsam auf gut Glück, aufgegeben sind, so kann man die Auflösung entweder geometrisch, oder halb geometrisch, halb analytisch (Rechnung mit roher Zeichnung verbindend), oder rein analytisch suchen. In den beiden ersten Fällen erkennt man etwanige Unmöglichkeit im Laufe des Geschäfts von selbst. Aber bei dem letzten Verfahren findet man immer ein Resultat; ob diess aber den vorgegebenen Zahlen entspreche oder einer andern (unter den vier jedesmal zusammengehörigen Variationen), erkennt man dann erst hinterher,

falls man nicht gleich anfangs mein Criterium angewandt hat.

Ich setze das Criterium selbst nicht her, um Ihnen das Vergnügen, es selbst zu finden, nicht zu rauben. Jedenfalls hoffe ich durch das Vorstehende hinlänglich klar gemacht zu haben, von was es sich handelt. Übrigens ist wohl unnöthig, zu bemerken, dass der ganze Gegenstand höchst elementarisch ist. Nur ist um so mehr zu verwundern, dass man ihn so ganz übersehen hat.

. . . .

[2.]

GAUSS an GERLING. Göttingen, 24. October 1840.

. . . . Ihre kleine Schrift über die POTHENOTsche Aufgabe habe ich mit Vergnügen gelesen; sie wird allen, die die Aufgabe praktisch anwenden wollen, sehr lehrreich und nützlich sein. Ich habe mich aber oft gewundert, dass die vielen Schriftsteller, die sich damit beschäftigt haben, einen in theoretischer Beziehung ganz wesentlichen Theil ganz übergangen haben, nemlich die Angabe der mathematischen Bedingungen, unter denen die Aufgabe physisch möglich ist, und die Darstellung dieser Bedingungen in einer einfachen eleganten Form. Ich mache mich wohl auf folgende Art am leichtesten verständlich.

Die Rechnungsvorschriften auf vorgegebene numerische Data angewandt geben (wenn nicht die vier Punkte in Einem Kreise liegen, wo man $\frac{0}{0}$ erhält) immer Ein einziges bestimmtes Resultat. Aber man erkennt leicht, dass man einerlei Resultat erhält, es möge aufgegeben sein, dass der zweite Punkt von dem ersten um den Winkel A rechts, oder dass er von demselben um $180^0 - A$ links liegt. Eben so beim dritten Punkt. Oder mit andern Worten:

Ist vorgeschrieben, der zweite Punkt solle um A rechts vom ersten liegen, und der dritte um B rechts vom ersten, so findet man ein Resultat, welches dasselbe ist, was man bei drei andern Datis finden würde, nemlich

2 um 180^0+A rechts von 1	3 um B rechts von 1
„ A „	„ 180^0+B „
„ 180^0+A „	„ 180^0+B „

Das Resultat selbst aber quadrirt immer nur mit Einem dieser vier Systeme von Datis, und die andern drei sind physisch unmöglich.

Der metaphysische Grund dieser Erscheinung ist, dass man von der beobachteten Richtung weiter nichts benutzt, als dass die geraden Linien gewisse Winkel mit einander machen, indem man diese geraden Linien auf beiden Seiten in indefinitum sich erstrecken lässt, während das Fortschreiten des Lichts nur in Einem bestimmten Sinne geschieht, also die Fälle, wo der Gegenstand rückwärts läge, ausgeschlossen werden müssen.

Zur Vollständigkeit gehört also die Auflösung der Aufgabe, den Datis vor geführter Rechnung gleich anzusehen, ob sie vereinbar sind. Es lässt sich diess sehr zierlich abthun, ich will aber Ihnen nicht vorgreifen, es Sich selbst zu entwickeln. . . . . . .

Gauss an Gerling. Göttingen, 14. Januar 1842.

. . . . Das Criterium wegen der Pothenotschen Aufgabe theile ich Ihnen zwar gern mit, wünsche jedoch, dass Sie es für Sich behalten, und zwar aus dem Grunde, weil ich das Theorem, womit es zusammenhängt, selbst einmal bei schicklicher Gelegenheit zu behandeln mir vorbehalte, weniger wegen der Eleganz des Theorems an sich, als wegen der Eleganz, welche die Anwendung der complexen Grössen dabei darbietet; also namentlich bei einer Gelegenheit, wo ich mehr von dem Gebrauch der complexen Grössen sagen kann. Würde das Theorem vorher anderweit ins Publicum gebracht, so würde für mich nachher keine Lust mehr bleiben, selbst darauf zurückzukommen. Also jetzt zur Sache.

Man kann das Criterium auf vielfache Weise einkleiden; am zierlichsten wird es sein, es so zu thun, dass alle drei gegebenen Punkte symmetrisch dabei vorkommen. Ich bezeichne also die drei gegebenen Punkte mit 1, 2, 3;

den verlangten mit 0. Ich bezeichne ferner die Neigung der Geraden 12 gegen eine feste L schlechthin mit 12; diese Neigung wird in einem bestimmten Sinn als wachsend betrachtet von 0 bis 360^0 (die Vorstellung zu fixiren denken Sie, L sei der Meridian, und 12 das Azimuth von 2 aus 1 gesehen). Auf ähnliche Weise und auf dieselbe L bezogen, sollen 21, 13, 31, 23, 32 verstanden werden, wo also sich von selbst versteht, dass $21-12 = \pm 180^0$ (oder allgemeiner einem ungeraden Vielfachen von 180^0 gleich). Die Zeichen 01, 02, 03 sollen zwar ähnliche Bedeutung haben, jedoch mit dem Unterschiede, dass sie nicht auf L, sondern auf eine andere ganz willkürliche feste Linie bezogen werden.

Man könnte kurz sagen, 12, 13, 21, 23, 31, 32 sind die wahren Azimuthe der betreffenden Richtungen, hingegen 01, 02, 03 die noch nicht orientirten oder einer noch unbekannten Orientirungscorrection bedürftigen Azimuthe. Es ist unnöthig, zu bemerken, dass hier Azimuth und Meridian bloss zur Fixirung der Vorstellung dienen.

Das Criterium, ob die vorgeschriebenen 6 Grössen (wenn Sie 12 und 21 bloss für Eine zählen) physisch verträglich sind, ist nun dieses:

$$\left.\begin{array}{l}\sin(12-13-02+03)\\ \sin(23-21-03+01)\\ \sin(31-32-01+02)\end{array}\right\}\text{ müssen Einerlei Zeichen haben.}$$

Das vorhin erwähnte, meines Wissens*) bisher unbekannte, in meinem Besitz seit fast einem halben Jahrhundert befindliche Theorem, die Vierecke betreffend, ist folgendes:

$$\frac{\sin(12-13-02+03)}{(01).(23)} = \frac{\sin(23-21-03+01)}{(02).(13)} = \frac{\sin(31-32-01+02)}{(03).(12)},$$

wo die Factoren in den Nennern die durchweg positiv genommenen Abstände zwischen den betreffenden Punkten ausdrücken. Die Ableitung dieses schönen Theorems vermittelst des Gebrauchs der complexen Zahlen hat die höchste Einfachheit. Hier will ich sie bloss andeuten.

---

*) Sollte ich darin mich irren, und Sie mir nachweisen können, dass das Theorem schon von sonst jemand aufgestellt sei, so werden Sie mich sehr verpflichten.

Wenn (0), (1), (2), (3) die complexen Zahlen sind, die die Lage der Punkte 0, 1, 2, 3 vorstellen (ich kann ohne Zweifel voraussetzen, dass Ihnen das Wesentliche der Theorie der complexen Zahlen gegenwärtig ist, bemerke aber zum Überflusse, dass $x+iy$, d. i. $x+y\sqrt{-1}$, die complexe Zahl ist, die die Lage des Punkts vorstellt, dessen Coordinaten x, y sind); A, B, C hingegen die Punkte, welche durch die complexen Zahlen

$$(0)(1)+(2)(3), \qquad (0)(2)+(1)(3), \qquad (0)(3)+(1)(2)$$

vorgestellt werden, so sind die Seiten des Dreiecks ABC folgende:

$$BC=(01).(23), \qquad AC=(02).(13), \qquad BC=(03).(12),$$

und die äussern Winkel des Dreiecks, oder die Unterschiede der Winkel A, B, C von 180^0, diejenigen, deren Sinus in den obigen Gleichungen vorkommen; die überaus kleine Mühe, diess unmittelbar selbst zu erkennen, will ich Ihnen überlassen. Man kann übrigens dasselbe Theorem fast eben so zierlich geometrisch beweisen. —

Will man das Theorem selbst, d. i. seinen Inhalt, geometrisch versinnlichen, so muss man die beiden Fälle besonders betrachten, wo die vier Punkte

	* *		* *
so	*	oder so	
	*		* *

liegen, d. i. wo einer derselben innerhalb des Dreiecks, welches die drei übrigen bilden, liegt, oder wo alle vier ein Viereck ohne einspringende Winkel bilden.

Im ersten Fall lässt sich das Theorem so enunciiren.

Theorem: In einem Dreieck, dessen Seiten $AD \times BC$, $BD \times AC$, $CD \times AB$ sind, sind die diesen gegenüberstehenden Winkel respective $\alpha - A$, $\beta - B$, $\gamma - C$.

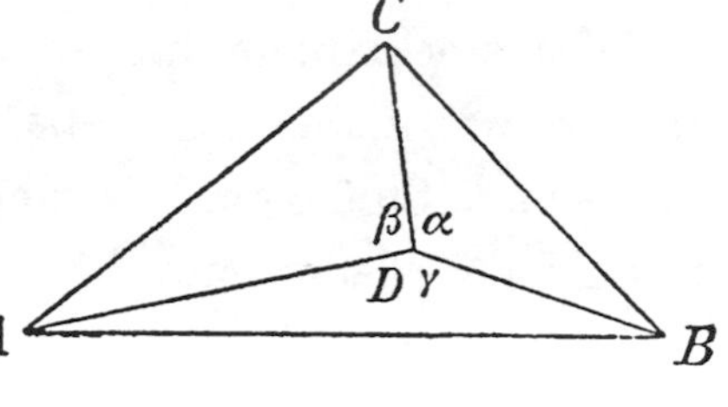

Für den zweiten Fall ist der Ausdruck ein ganz ähnlicher, den ich Kürze halber übergehe.

Um noch einmal auf das Criterium zurückzukommen, bemerke ich, dass das obige Criterium in so fern nicht ganz allgemein ist, als es stillschweigend voraussetzt, dass keiner der betreffenden Sinus $= 0$ ist. Zur Vervollständigung müsste noch beigefügt werden:

1) ist Einer der drei Sinus $= 0$, z. B. der erste, aber keiner der beiden andern, so fällt 0 mit 1 zusammen, wo natürlich für die Richtung 01 jeder beliebige Werth genommen werden kann.

2) Sind zwei $= 0$, so wird von selbst auch der dritte $= 0$ (weil die Summe der drei Winkel identisch $= 0$ ist). In diesem Fall ist die POTHENOTsche Aufgabe entweder unbestimmt oder physisch unmöglich; das zweite, wenn die Cosinus der Winkel alle drei $= +1$ sind, das erste, wenn zwei Cosinus jeder $= -1$, der dritte $= +1$ ist (die Combinationen $+1, +1, -1$ und $-1, -1, -1$ sind offenbar unmöglich, weil die Summe aller drei Winkel identisch $= 0$ ist).

Schliesslich bemerke ich noch,

1) dass das Criterium sich zierlich ganz allgemein so aussprechen lässt: die Data sind unverträglich, wenn die drei Kreispunkte, die auf der Peripherie eines Kreises von Einerlei Anfangspunkt, in Einerlei Sinn positiv gezählt, um

$$(01)+(23), \qquad (02)+(31), \qquad (03)+(12)$$

abstehen, innerhalb Eines Halbkreises liegen; oder: damit die Data verträglich sein sollen, müssen diese drei Punkte wenigstens Einen vollen Halbkreis umfassen. (Füllen Sie gerade einen Halbkreis,

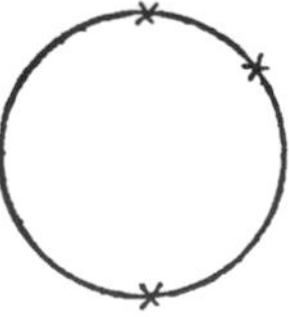

so ist das Problem unbestimmt.)

2) dass sich noch vielerlei zusetzen liesse, wodurch aber anstatt eines Briefes eine Abhandlung entstehen würde, die zu ordnen und zu schreiben ich vorerst keine Zeit habe. In der Hoffnung, dass Sie in den Andeutungen vielfachen Stoff zum Nachdenken finden, schliesse ich für heute mit der Bitte mich bald wieder mit einigen Zeilen zu erfreuen.

[III.]

DAS VIERECK.

[1.]

[*Handbuch, den astronomischen Wissenschaften gewidmet,* S. 150.]

p, p', p'', p''' die complexen Örter der Punkte (0), (1), (2), (3). Die Betrachtung des Dreiecks, dessen Ecken (4), (5), (6) durch

$$pp'+p''p''', \qquad pp''+p'''p', \qquad pp'''+p'p'',$$

dessen Seiten [65, 46, 54] ihrer Grösse und Richtung nach aus den Differenzen

$$(p-p')(p''-p'''), \qquad (p-p'')(p'''-p'), \qquad (p-p''')(p'-p'')$$

erkannt werden, also

65:	Grösse	(01).(23)	Richtung	01+23
46:	„	(02).(31)	„	02+31
54:	„	(03).(12)	„	03+12,

gibt die Gleichungen (s. p. 201 und p. 269 [des Handbuchs])

$$\frac{\sin(02+31-03-12)}{(01).(23)} = \frac{\sin(03+12-01-23)}{(02).(31)} = \frac{\sin(01+23-02-31)}{(03).(12)} = \Omega.$$

Man findet ferner leicht (s. pag. 284 [des Handbuchs]) aus der Entwickelung eines dieser Ausdrücke:

$$\Omega = \frac{(01)\sin(03-02)+(02)\sin(01-03)+(03)\sin(02-01)}{(12).(13).(23)}.$$

Bezeichnet man Ω, in so fern es von obigen bestimmten Elementen abhängt, durch Ω^{0123}; so ist, wenn (1), (2), (3), (4) feste Punkte und (0) einen beweglichen Punkt bedeuten, die Orientirung auch als veränderlich betrachtet, die Bedingungsgleichung zwischen den Differentialien:

$$\left.\begin{array}{l} (01).(23).(24).(34).\Omega^{0234}d(01) \\ -(02).(13).(14).(34).\Omega^{0134}d(02) \\ +(03).(12).(14).(24).\Omega^{0124}d(03) \\ -(04).(12).(13).(23).\Omega^{0123}d(04) \end{array}\right\} = 0.$$

[2.]

[*Handbuch*, S. 284.]

Die Seite 150 [des Handbuchs] erwähnte Entwickelung ist folgende. Der erste Ausdruck wird

$$= \frac{1}{(01)(23)}\{\sin(0\,2-1\,2)\cos(3\,1-0\,3)+\sin(3\,1-0\,3)\cos(0\,2-1\,2)\}.$$

Es ist aber

$$(1\,2)\sin(0\,2-1\,2) = (0\,1)\sin(0\,1-0\,2)$$
$$(1\,3)\sin(3\,1-0\,3) = (0\,1)\sin(0\,1-0\,3),$$

also

$$\Omega = \frac{1}{(12)(13)(23)}\{(1\,3)\sin(0\,1-0\,2)\cos(3\,1-0\,3)+(1\,2)\sin(0\,1-0\,3)\cos(0\,2-1\,2)\}.$$

Ferner ist

$$(1\,3)\cos(3\,1-0\,3) = (0\,1)\cos(0\,1-0\,3)-(0\,3)$$
$$(1\,2)\cos(0\,2-1\,2) = (0\,2)-(0\,1)\cos(0\,1-0\,2).$$

Also

$$\Omega = \frac{1}{(12)(13)(23)}\left\{\begin{matrix}(0\,1)[\sin(0\,1-0\,2)\cos(0\,1-0\,3)-\sin(0\,1-0\,3)\cos(0\,1-0\,2)]\\ +(0\,2)\sin(0\,1-0\,3)-(0\,3)\sin(0\,1-0\,2)\end{matrix}\right\}$$

$$= \frac{1}{(12)(13)(23)}\{(0\,1)\sin(0\,3-0\,2)+(0\,2)\sin(0\,1-0\,3)+(0\,3)\sin(0\,2-0\,1)\}.$$

W. Z. B. W.

[3.]

[*Handbuch*, S. 201.]

Die Ableitung der oben S. 150 [des Handbuchs] stehenden Sätze das Viereck betreffend kann einfacher so geschehen.

Die complexen Grössen p^0, p', p'', p''' bezeichnen wie dort die vier Punkte, die Adjuncten dieser Grössen seien P^0, P', P'', P'''.

Man setze Kürze halber

$$(p''-p^0)(p'''-p^0) = a$$
$$(p'''-p^0)(p'-p^0) = b$$
$$(p'-p^0)(p''-p^0) = c$$

und die Adjuncten dieser Grössen $= A, B, C$.

Man setze

$$1)\quad Q = aB+bC+cA-Ab-Bc-Ca,$$

also auch (identisch)

$$2)\quad Q = (a-b)(A-C)-(A-B)(a-c)$$
$$3)\quad Q = (b-c)(B-A)-(B-C)(b-a)$$
$$4)\quad Q = (c-a)(C-B)-(C-A)(c-b).$$

Angewandt auf unsern Fall gibt

$$\begin{aligned}(1)\quad Q = \; & (p'''-p^0)(P'''-P^0)\{(p''-p^0)(P'-P^0)-(P''-P^0)(p'-p^0)\} \\ & +(p'-p^0)(P'-P^0)\{(p'''-p^0)(P''-P^0)-(P'''-P^0)(p''-p^0)\} \\ & +(p''-p^0)(P''-P^0)\{(p'-p^0)(P'''-P^0)-(P'-P^0)(p'''-p^0)\},\end{aligned}$$

$$\begin{aligned}(2)\quad Q = \; & (p'''-p^0)(p''-p')(P''-P^0)(P'''-P') \\ & -(P'''-P^0)(P''-P')(p''-p^0)(p'''-p'),\end{aligned}$$

$$\begin{aligned}(3)\quad Q = \; & (p'-p^0)(p'''-p'')(P'''-P^0)(P'-P'') \\ & -(P'-P^0)(P'''-P'')(p'''-p^0)(p'-p''),\end{aligned}$$

$$\begin{aligned}(4)\quad Q = \; & (p''-p^0)(p'-p''')(P'-P^0)(P''-P''') \\ & -(P''-P^0)(P'-P''')(p'-p^0)(p''-p'''),\end{aligned}$$

woraus alles leicht von selbst folgt.

Offenbar kann man unbeschadet der Allgemeinheit von Anfang an $p^0 = 0$ setzen, wodurch die Entwickelung noch viel kürzer wird.

[4.]

[*Handbuch*, S. 203.]

Die Auflösung der Pothenotschen Aufgabe beruht auf den drei Gleichungen

$$\frac{\alpha a+\beta b+\gamma c}{\alpha}\cdot x'-\frac{\alpha' a'+\beta' b'+\gamma' c'}{\alpha'}\cdot x-\frac{\beta b+\gamma c}{\alpha}\cdot a'+\frac{\beta' b'+\gamma' c'}{\alpha'}\cdot a=0$$

$$\frac{\alpha a+\beta b+\gamma c}{\beta}\cdot x'-\frac{\alpha' a'+\beta' b'+\gamma' c'}{\beta'}\cdot x-\frac{\alpha a+\gamma c}{\beta}\cdot b'+\frac{\alpha' a'+\gamma' c'}{\beta'}\cdot b=0$$

$$\frac{\alpha a+\beta b+\gamma c}{\gamma}\cdot x'-\frac{\alpha' a'+\beta' b'+\gamma' c'}{\gamma'}\cdot x-\frac{\alpha a+\beta b}{\gamma}\cdot c'+\frac{\alpha' a'+\beta' b'}{\gamma'}\cdot c=0,$$

wovon jede schon in den beiden andern enthalten ist. Also

$$a\alpha+b\beta+c\gamma=\omega \quad [\text{und} \quad a'\alpha'+b'\beta'+c'\gamma'=\omega']$$

gesetzt:

$$\left(\frac{\beta}{\beta'}-\frac{\gamma}{\gamma'}\right)\omega' x+(b'-c')\,\omega-\left(\frac{\beta b}{\beta'}-\frac{\gamma c}{\gamma'}\right)\omega'=0$$

$$\left(\frac{\gamma}{\gamma'}-\frac{\alpha}{\alpha'}\right)\omega' x+(c'-a')\,\omega-\left(\frac{\gamma c}{\gamma'}-\frac{\alpha a}{\alpha'}\right)\omega'=0$$

$$\left(\frac{\alpha}{\alpha'}-\frac{\beta}{\beta'}\right)\omega' x+(a'-b')\,\omega-\left(\frac{\alpha a}{\alpha'}-\frac{\beta b}{\beta'}\right)\omega'=0.$$

Noch zierlicher

$$(\alpha\beta'-\beta\alpha')(\alpha' a'+\beta' b'+\gamma' c')\,x+\alpha a\beta'\gamma'(b'-c')+\beta b\alpha'\gamma'(c'-a')+\gamma c\beta'\alpha'(a'-b')=0.$$

Sind A, B, C drei complexe Zahlen, deren Winkel den beobachteten Azimuthen entsprechen, so kann man setzen

$$\alpha=A(BC'-CB')$$

$$\beta=B(CA'-AC')$$

$$\gamma=C(AB'-BA').$$

Die physische Möglichkeit beruht darauf, dass

$$B'C(A-B)(A'-C')-BC'(A'-B')(A-C)$$

mit den beiden andern symmetrisch daraus folgenden Grössen einerlei Zeichen haben [muss].

[5.]

[*Handbuch*, S. 269 bis 271.]

Zusatz zu p. 150 und 201 [des Handbuchs].

In Fig. I sind die vier gegebenen Punkte und die zwischen ihnen gebildeten Verbindungslinien und Winkel mit ihren Bezeichnungen vorgestellt. Fig. II. entsteht, indem man die Winkel $\mathfrak{A}$, $\mathfrak{B}$, $\mathfrak{C}$ beibehält, aber anstatt der Radien α, β, γ die reciproken $\frac{\alpha\beta\gamma}{\alpha}$, $\frac{\alpha\beta\gamma}{\beta}$, $\frac{\alpha\beta\gamma}{\gamma}$ annimmt. Die übrigen Bezeichnungen erklären sich von selbst.

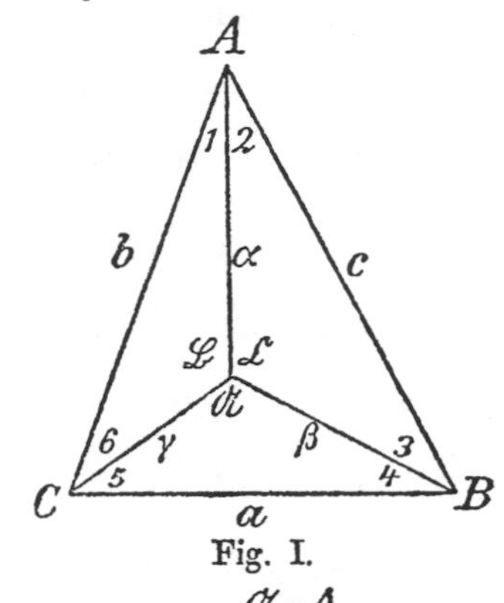

Fig. I.

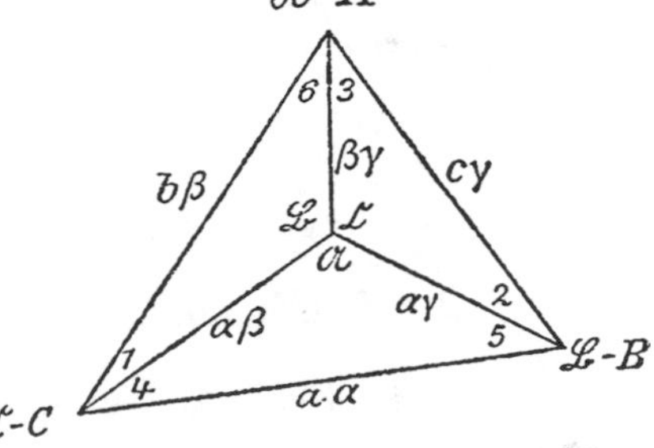

Fig. II.

Man hat

(1) $1+2+3+4+5+6 = 180^0$

(2) $\sin 1 \,.\, \sin 3 \,.\, \sin 5 = \sin 2 \,.\, \sin 4 \,.\, \sin 6.$

Aus (1) folgt

$$\sin(2+3+5) = \sin(1+4+6)$$

oder

$$\sin 1 \,.\, \sin 2 \left\{\begin{array}{l} \sin 2 \cos 3 \cos 5 \\ +\sin 3 \cos 2 \cos 5 \\ +\sin 5 \cos 2 \cos 3 \\ -\sin 2 \sin 3 \sin 5 \end{array}\right\} = \sin 1 \,.\, \sin 2 \left\{\begin{array}{l} \sin 1 \cos 4 \cos 6 \\ +\sin 4 \cos 1 \cos 6 \\ +\sin 6 \cos 1 \cos 4 \\ -\sin 1 \sin 4 \sin 6 \end{array}\right\}$$

oder indem man

$$\sin 1 \,.\, \sin 3 \,.\, \sin 5 = \sin 2 \,.\, \sin 4 \,.\, \sin 6$$

auf beiden Seiten hinzu addirt:

$$\sin 1 \left\{\begin{array}{l} \sin 2^2 \cos 3 \cos 5 \\ +\sin 2 \;\; \sin 3 \cos 2 \cos 5 \\ +\sin 2 \;\; \sin 5 \cos 2 \cos 3 \\ +\cos 2^2 \sin 3 \sin 5 \end{array}\right\} = \sin 2 \left\{\begin{array}{l} \sin 1^2 \cos 4 \cos 5 \\ +\sin 1 \;\; \sin 4 \cos 1 \cos 6 \\ +\sin 1 \;\; \sin 6 \cos 1 \cos 4 \\ +\cos 1^2 \sin 4 \sin 6 \end{array}\right\}$$

oder

$$(3)\quad \sin 1 \,.\, \sin(2+3)\sin(2+5) = \sin 2 \,.\, \sin(1+4)\sin(1+6).$$

Auf gleiche Weise oder auch bloss durch Permutation

$$(4)\quad \sin 1 \,.\, \sin(4+3)\sin(4+5) = \sin 4 \,.\, \sin(1+2)\sin(1+6)$$

$$(5)\quad \sin 1 \,.\, \sin(6+3)\sin(6+5) = \sin 6 \,.\, \sin(1+2)\sin(1+4)$$

$$(6)\quad \sin 3 \,.\, \sin(2+1)\sin(2+5) = \sin 2 \,.\, \sin(3+4)\sin(3+6)$$

$$(7)\quad \sin 3 \,.\, \sin(4+1)\sin(4+5) = \sin 4 \,.\, \sin(3+2)\sin(3+6)$$

$$(8)\quad \sin 3 \,.\, \sin(6+1)\sin(6+5) = \sin 6 \,.\, \sin(3+2)\sin(3+4)$$

$$(9)\quad \sin 5 \,.\, \sin(2+1)\sin(2+3) = \sin 2 \,.\, \sin(5+4)\sin(5+6)$$

$$(10)\quad \sin 5 \,.\, \sin(4+1)\sin(4+3) = \sin 4 \,.\, \sin(5+2)\sin(5+6)$$

$$(11)\quad \sin 5 \,.\, \sin(6+1)\sin(6+3) = \sin 6 \,.\, \sin(5+2)\sin(5+4).$$

Diese neun Gleichungen können auch so geschrieben werden:

$$(3)\quad \sin 1 \,.\, \sin\mathfrak{C}\sin(\mathfrak{B}-B) = \sin 2 \,.\, \sin(\mathfrak{C}-C)\sin\mathfrak{B}$$

$$(4)\quad \sin 1 \,.\, \sin B\sin\mathfrak{A} = \sin 4 \,.\, \sin A\sin\mathfrak{B}$$

$$(5)\quad \sin 1 \,.\, \sin(\mathfrak{A}-A)\sin C = \sin 6 \,.\, \sin A\sin(\mathfrak{C}-C)$$

$$(6)\quad \sin 3 \,.\, \sin A\sin(\mathfrak{B}-B) = \sin 2 \,.\, \sin B\sin(\mathfrak{A}-A)$$

$$(7)\quad \sin 3 \,.\, \sin(\mathfrak{C}-C)\sin\mathfrak{A} = \sin 4 \,.\, \sin\mathfrak{C}\sin(\mathfrak{A}-A)$$

$$(8)\quad \sin 3 \,.\, \sin\mathfrak{B}\sin C = \sin 6 \,.\, \sin\mathfrak{C}\sin B$$

$$(9)\quad \sin 5 \,.\, \sin A\sin\mathfrak{C} = \sin 2 \,.\, \sin\mathfrak{A}\sin C$$

$$(10)\quad \sin 5 \,.\, \sin(\mathfrak{C}-C)\sin B = \sin 4 \,.\, \sin(\mathfrak{B}-B)\sin C$$

$$(11)\quad \sin 5 \,.\, \sin\mathfrak{B}\sin(\mathfrak{A}-A) = \sin 6 \,.\, \sin(\mathfrak{B}-B)\sin\mathfrak{A},$$

indem

$$A = 1+2,\qquad B = 3+4,\qquad C = 5+6,$$

$$180^0-\mathfrak{A} = 4+5,\qquad 180^0-\mathfrak{B} = 6+1,\qquad 180^0-\mathfrak{C} = 2+3,$$

$$\mathfrak{A}-A = 3+6,\qquad \mathfrak{B}-B = 2+5,\qquad \mathfrak{C}-C = 1+4$$

ist.

Die Ableitung kann auch aus Betrachtung der Figur geschehen, nemlich

(1) und (2) nach Gefallen aus I oder II

(4), (8), (9) aus I

(3), (7), (11) aus II

(5), (6), (10) aus I und II verbunden.

Jede der Gleichungen (3)—(11) kann zur Auflösung des POTHENOTschen Problems dienen, da die zwei Unbekannten, die in jeder Gleichung vorkommen, eine bekannte Summe haben.

Aus Figur II ergeben sich die Viereckgleichungen

$$\frac{\sin(\mathfrak{A}-A)}{a\alpha} = \frac{\sin(\mathfrak{B}-B)}{b\beta} = \frac{\sin(\mathfrak{C}-C)}{c\gamma} = \frac{rr-\rho\rho}{2\alpha\beta\gamma r}$$

von selbst, wenn r Halbmesser des Kreises durch A, B, C, ρ Distanz des vierten Punkts vom Mittelpunkte dieses Kreises; und die Gleichheit der Zeichen von

$$\sin(\mathfrak{A}-A), \qquad \sin(\mathfrak{B}-B), \qquad \sin(\mathfrak{C}-C)$$

ist das Criterium der physischen Möglichkeit der Aufgabe.

Die geometrische Bedeutung der Formeln (2)—(11) kann sehr zierlich an die fünf Kreise geknüpft werden, die resp. durch je drei Punkte von Fig. I oder von Fig. II beschrieben werden und deren Durchmesser p, q, r, s, t sein mögen. Es ist dann

$$\sin A = \frac{a}{p}, \qquad \sin B = \frac{b}{p}, \qquad \sin C = \frac{c}{p},$$

$$\sin\mathfrak{A} = \frac{a}{q}, \qquad \sin 4 = \frac{\gamma}{q}, \qquad \sin 5 = \frac{\beta}{q},$$

$$\sin\mathfrak{B} = \frac{b}{r}, \qquad \sin 6 = \frac{\alpha}{r}, \qquad \sin 1 = \frac{\gamma}{r},$$

$$\sin\mathfrak{C} = \frac{c}{s}, \qquad \sin 2 = \frac{\beta}{s}, \qquad \sin 3 = \frac{\alpha}{s},$$

$$\sin(\mathfrak{A}-A) = \frac{a\alpha}{t}, \qquad \sin(\mathfrak{B}-B) = \frac{b\beta}{t}, \qquad \sin(\mathfrak{C}-C) = \frac{c\gamma}{t}.$$

Durch Substitution dieser Ausdrücke für die 15 Sinus in den 10 Gleichungen (2)—(11) werden diese zu identischen.

Ganz auf dieselbe Weise, wie aus Gleichung (2) die übrigen (3)—(11) identisch folgen, lassen sich auch aus jeder von diesen alle übrigen 9 ableiten. Man braucht z. B. nur die Gleichung (3) in die Form zu setzen

$$\sin(-1)\sin(2+3)\sin(2+5) = \sin(-2)\sin(1+4)\sin(1+6),$$

wo die Grössen

$$-1,\quad 2+3,\quad 2+5;\qquad -2,\quad 1+4,\quad 1+6$$

denselben Bedingungen entsprechen, welche für die Grössen

$$+1,\quad 3,\quad 5;\qquad +2,\quad 4,\quad 6$$

durch die Gleichungen (1), (2) ausgedrückt waren, daher auch alle Folgerungen sich übertragen lassen.

[6.]

[*Handbuch*, S. 278 bis 281.]

NOCH ZUR BEURTHEILUNG DER PHYSISCHEN MÖGLICHKEIT DER DATEN IN POTHENOTS AUFGABE.

$a, b, c,\quad A, B, C,\quad \alpha, \beta, \gamma,\quad \mathfrak{A}, \mathfrak{B}, \mathfrak{C}$ haben dieselbe Bedeutung wie oben. Nemlich

a, b, c Seiten;

A, B, C Winkel des aus den gegebenen Punkten (1), (2), (3) gebildeten Dreiecks, dessen Radius $= r$;

$\alpha, \beta, \gamma, \rho$ Entfernungen des gesuchten Punkts (0) von A, B, C und dem Mittelpunkt jenes Kreises;

$\mathfrak{A}$ Winkel von 02 nach 03, eben so gemessen wie A von 12 nach 13 (d. i. beide von Rechts nach Links oder beide umgekehrt), ebenso $\mathfrak{B}$, $\mathfrak{C}$.

Es ist dann, wie schon p. 270 [des Handbuchs] bemerkt ist:

$$\frac{\sin(\mathfrak{A}-A)}{a\alpha} = \frac{\sin(\mathfrak{B}-B)}{b\beta} = \frac{\sin(\mathfrak{C}-C)}{c\gamma} = \frac{rr-\rho\rho}{2\alpha\beta\gamma r},$$

woraus folgt, dass, je nachdem (0) innerhalb oder ausserhalb jenes Kreises liegt,

$$\sin(\mathfrak{A}-A),\qquad \sin(\mathfrak{B}-B),\qquad \sin(\mathfrak{C}-C)$$

alle positiv oder negativ werden.

Hieraus ist klar:

I. Haben diese drei Sinus nicht alle gleiche Zeichen, so ist die Aufgabe physisch unmöglich.

In diesem Falle wird also der Schnitt der beiden Kreise, die auf b und c mit den Winkeln $\mathfrak{B}$, $\mathfrak{C}$ beschrieben sind, nicht in den vorgeschriebenen Abschnitten liegen, und folglich in keinem von beiden, wenn

$$\sin(\mathfrak{B}-B), \qquad \sin(\mathfrak{C}-C)$$

unter sich gleiche Zeichen haben, aber

$$\sin(\mathfrak{A}-A)$$

das entgegengesetzte. Man wird also anstatt $\mathfrak{B}$, $\mathfrak{B}+180^0$ und anstatt $\mathfrak{C}$, $\mathfrak{C}+180^0$ an dem Schnittpunkte vorfinden.

II. Jene Bedingung ist aber zur Möglichkeit zureichend. Diess wird so bewiesen:

1) Sind die drei Sinus positiv, so fällt der Schnitt der Kreise auf b und c innerhalb des Kreises durch 1, 2, 3.

Beweis. Gesetzt, er fiele ausserhalb, so müsste daselbst erscheinen $\mathfrak{B}' = \mathfrak{B}+180^0$ anstatt $\mathfrak{B}$ und $\mathfrak{C}' = \mathfrak{C}+180^0$ anstatt $\mathfrak{C}$ (damit $\sin(\mathfrak{B}'-B)$ negativ werde und eben so $\sin(\mathfrak{C}'-C)$). Es bleibt aber daselbst der Winkel auf a

$$= 360^0-\mathfrak{B}'-\mathfrak{C}' = 360^0-\mathfrak{B}-\mathfrak{C} = \mathfrak{A}.$$

2) Eben so wird für den Fall, wo die drei Sinus negativ sind, die Absurdität der Voraussetzung, der Schnitt zweier Hülfskreise falle innerhalb des Hauptkreises, bewiesen.

Die Pointe ist, dass $\mathfrak{A}$, $\mathfrak{B}$, $\mathfrak{C}$ nothwendig die Summe $= 360^0$ geben müssen (d. i. durch 360^0 divisibel). Die vorgegebenen Werthe haben diese Eigenschaft von selbst. Sind solche unverträglich, so müssen zwei abgeändert werden (um 180^0), damit jene Eigenschaft conservirt bleibe.

Sind b, c die beiden Seiten, auf denen die Hülfskreise errichtet werden, so werden die Bedingungen sich so aussprechen lassen:

$$\sin(\mathfrak{B}-B), \quad \sin(\mathfrak{C}-C) \quad \text{und} \quad \sin(\mathfrak{B}-B+\mathfrak{C}-C)$$

sollen gleiche Zeichen haben.

Sind Werthe von $\mathfrak{B}$, $\mathfrak{C}$ vorgegeben, die diesen Bedingungen, oder einer von ihnen, nicht genügen, so steht fest, dass diese Aufgabe eine physische Unmöglichkeit implicirt.

Umgekehrt, genügen die aufgegebenen Werthe den Bedingungen, so ist die Aufgabe möglich, d. i. die beiden Hülfskreise treffen sich in einem Punkte, der für beide Kreise im geeigneten Abschnitte liegt. Sind nemlich 1) die Zeichen jener Sinus $+ + +$, so kann jener Durchschnitt nicht ausserhalb des Hauptkreises liegen, wo die ersten beiden Sinus negativ, der dritte positiv sein müsste; die beiden ersten Bedingungen würden nemlich erfordern, dass $\mathfrak{B}+180^0$, $\mathfrak{C}+180^0$ an die Stelle von $\mathfrak{B}$, $\mathfrak{C}$ treten, was aber wieder der dritten Bedingung widerspricht. Also liegt jener Durchschnitt innerhalb des Hauptkreises, wo eben die geeigneten Abschnitte liegen.

Auf ähnliche Weise wird 2) für die Zeichen $- - +$ bewiesen, dass der Durchschnitt nur ausserhalb liegen kann, wo dann die geeigneten Abschnitte liegen.

Sind die Zeichen	so liegt der Durchschnitt im geeigneten Abschnitt	im ungeeigneten
$+ + +$	Kreis auf a	[Kreis auf] b, c
$+ - +$	b	a, c
$+ - -$	c	a, b
$- - -$	a	b, c
$- + +$	c	a, b
$- + -$	b	a, c

Die elementarische Construction für das Pothenotsche Problem besteht darin, dass man Punkte in der durch (0) gehenden gegen 10 normalen Geraden bestimmt. Von einem solchen sind die Coordinaten polar relativ gegen (0):

$$\text{Distanz } \frac{(12)}{\sin(02-01)}, \qquad \text{Richtung } 12+90^0-(02-01).$$

Eine andere neue Constructionsart ist die, dass man zunächst nicht den Punkt (0) sucht, sondern einen Punkt (*), der in der Geraden 10 liegt und in der Distanz $(1*) = \frac{1}{(10)}$. Dieser Punkt wird durch Schnitte gerader Linien bestimmt, eine weniger, als von (0) aus Objecte geschnitten sind. Eine dieser geraden Linien geht durch [den] Punkt, dessen Polarcoordinaten $\frac{1}{(12)}$, 12 sind (nemlich Distanz $\frac{1}{(12)}$, Richtung 12) und macht dort mit (12) den Winkel 02 — 01 oder hat Azimuth 21 — (02 — 01).

Am elegantesten wird die Construction, wenn man $(12) \times (13)$ anstatt 1 in die Zähler der Brüche setzt.

[7.]

Gegebene Punkte 1, 2, 3; Winkel an denselben A, B, C; Seiten $23 = a$, $31 = b$, $12 = c$; $\mathfrak{A}, \mathfrak{B}, \mathfrak{C}$ vorgeschriebene Winkel an einem vierten Punkte.

β Kreis, bestehend aus den Abschnitten

β', wo Sehne b unter Winkel $\mathfrak{B}$,

β'', wo diese Sehne unter Winkel $\mathfrak{B} \pm 180^0$ erscheint.

γ Kreis, bestehend aus den Abschnitten

γ', wo Sehne c unter Winkel $\mathfrak{C}$,

γ'', wo Sehne c unter Winkel $\mathfrak{C} \pm 180^0$ erscheint.

Die Kreise schneiden sich in A und D.

In D seien die durch b und c subtendirten Winkel $\mathfrak{B}^*, \mathfrak{C}^*$; die Sinus von $\mathfrak{B}^* - B$, $\mathfrak{C}^* - C$, $\mathfrak{B}^* + \mathfrak{C}^* - B - C$ werden alle drei positiv sein, wenn I) D innerhalb des Kreises durch 1, 2, 3 liegt, alle drei hingegen negativ, wenn II) D ausserhalb dieses Kreises liegt.

In Beziehung auf die Lage von D in den Kreisen β und γ sind vier Fälle möglich. Es liegt D

1) in β' und γ', wo dann $\mathfrak{B}^* = \mathfrak{B}$, $\mathfrak{C}^* = \mathfrak{C}$

2) in β'' und γ', wo $\mathfrak{B}^* = \mathfrak{B} \pm 180^0$, $\mathfrak{C}^* = \mathfrak{C}$

3) in β' und γ'', wo $\mathfrak{B}^* = \mathfrak{B}$, $\mathfrak{C}^* = \mathfrak{C} \pm 180^0$

4) in β'' und γ'', wo $\mathfrak{B}^* = \mathfrak{B} \pm 180^0$, $\mathfrak{C}^* = \mathfrak{C} \pm 180^0$.

Im Falle 1) ist die Aufgabe physisch möglich, in den drei andern unmöglich.

Die Zeichen von

$$\sin(\mathfrak{B}-B), \qquad \sin(\mathfrak{C}-C), \qquad \sin(\mathfrak{B}+\mathfrak{C}-B-C)$$

werden in den acht möglichen Combinationen diese sein

I 1	$+\,+\,+$	II 1	$-\,-\,-$
I 2	$-\,+\,-$	II 2	$+\,-\,+$
I 3	$+\,-\,-$	II 3	$-\,+\,+$
I 4	$-\,-\,+$	II 4	$+\,+\,-$

Zur physischen Möglichkeit der Aufgabe ist also erforderlich und zureichend, dass die drei Sinus gleiche Zeichen haben.

Hat der erste Sinus ein von den beiden andern abweichendes Zeichen, so (Fall 3) gibt die Construction einen Punkt, der im Kreise γ im ungeeigneten Segmente liegt.

Hat der zweite Sinus ein von den beiden andern verschiedenes Zeichen, so [Fall 2] liegt der durch die Construction gefundene Punkt im ungeeigneten Segmente des Kreises β.

Weicht hingegen der dritte Sinus rücksichtlich des Zeichens von den beiden andern ab, so [Fall 4] liegt der durch die Construction gefundene Punkt in beiden Kreisen β und γ in ungeeigneten Segmenten.

1852 Juli 29.

BEMERKUNGEN.

Die meisten der vorstehenden Notizen sind in einem Handbuche enthalten, nur [7] befindet sich auf einem einzelnen Blatte. Was die Zeit der Abfassung betrifft, so stammt die Notiz [1] aus dem Jahre 1832, während [5] und [6] in das Jahr 1849, [7] in das Jahr 1852 zu setzen ist.

Vom December 1839 bis Ostern 1840 hat GAUSS eine Vorlesung über die *Theorie der imaginären Grössen* gehalten, die E. HEINE gehört und ausgearbeitet hat. Dieser Ausarbeitung sind die folgenden auf das Viereck bezüglichen Ausführungen entnommen, die zur Erläuterung der unter [III] zusammengestellten Notizen dienen mögen.

STÄCKEL.

[*Vorlesung über die Theorie der imaginären Grössen.*]

Vom Viereck.

[1.]

Hat man ein Viereck (1), (2), (3), (4), das durch die complexen Zahlen p', p'', p''', p^{IV} bestimmt ist, so lässt sich eine allgemeine Formel vermittelst der Lateralen bestimmen, indem man auf ein Dreieck (I), (II), (III) recurrirt, das daraus auf die alleinig symmetrische Art entstanden ist, wo also die Eckpunkte folgendermassen festgelegt sind:

$$\begin{array}{lll} \text{(I)} & \text{durch} & p'p''+p'''p^{\text{IV}} \\ \text{(II)} & \text{,,} & p'p'''+p''p^{\text{IV}} \\ \text{(III)} & \text{,,} & p'p^{\text{IV}}+p''p'''. \end{array}$$

Ist z. B. die Complexe, die

$$\begin{array}{llllll} & (1) & \text{festlegt} & : & 2+\sqrt{-1} & = p', \\ \text{die} & (2) & \text{,,} & : & 3 & = p'', \\ \text{,,} & (3) & \text{,,} & : & 1+2\sqrt{-1} & = p''', \\ \text{,,} & (4) & \text{,,} & : & 1+3\sqrt{-1} & = p^{\text{IV}}, \end{array}$$

so wird

$$\begin{array}{lllll} \text{(I)} & \text{bestimmt durch} & & : & 1+8\sqrt{-1} \\ \text{(II)} & \text{,,} & \text{,,} & : & 3+14\sqrt{-1} \\ \text{(III)} & \text{,,} & \text{,,} & : & 2+13\sqrt{-1}. \end{array}$$

Beziehe ich (II) auf (I), so erhalte ich, indem ich die Complexen, die zu diesen Ecken gehören, von einander abziehe:

$$\text{(II)}-\text{(I)} = p'(p'''-p'')+p^{\text{IV}}(p''-p'''),$$

und ebenso:

$$\text{(III)}-\text{(II)} = p'(p^{\text{IV}}-p''')+p''(p'''-p^{\text{IV}})$$

$$\text{(I)}-\text{(III)} = p'(p''-p^{\text{IV}})+p'''(p^{\text{IV}}-p'')$$

oder:

$$\text{(II)}-\text{(I)} = (p'-p^{\text{IV}})(p'''-p'')$$

$$\text{(III)}-\text{(II)} = (p'-p'')(p^{\text{IV}}-p''')$$

$$\text{(I)}-\text{(III)} = (p'-p''')(p''-p^{\text{IV}}).$$

Beziehe ich die Winkel des Vierecks auf eine feste Axe, und bezeichne z. B. den Winkel, den (4, 1) mit dieser bildet, mit [4, 1], so ist:

$$-p^{\text{IV}}+p' = (4,1)\{\cos[4,1]+i\sin[4,1]\}$$

$$p'''-p'' = (3,2)\{\cos[3,2]+i\sin[3,2]\}$$

etc.

Man hat daher:

$$\text{(I, II)} = (4,1).(3,2)$$

$$\text{(II, III)} = (2,1).(4,3)$$

$$\text{(III, I)} = (3,1).(4,2).$$

Ferner, bezeichnen wir z. B. den Winkel, welchen (I, II) mit der festen Axe bildet, mit [I, II], so haben wir:

$$[\mathrm{I}, \mathrm{II}] = [4,1]+[3,2]$$
$$[\mathrm{II}, \mathrm{III}] = [2,1]+[4,3]$$
$$[\mathrm{III}, \mathrm{I}] = [3,1]+[4,2].$$

Folglich haben wir: Es ist der Winkel:

$$\mathrm{II}, \mathrm{I}, \mathrm{III} = [4,1]+[3,2]-[3,1]-[4,2]$$
$$\mathrm{III}, \mathrm{II}, \mathrm{I} = [2,1]+[4,3]-[4,1]-[3,2]$$
$$\mathrm{I}, \mathrm{III}, \mathrm{II} = [3,1]+[4,2]-[2,1]-[4,3].$$

Wendet man also den Satz an, dass sich in einem Dreieck die Seiten verhalten, wie die Sinus der gegenüberliegenden Winkel, so hat man für das ursprüngliche Viereck:

$$\frac{\sin\{[4,1]+[3,2]-[3,1]-4,2]\}}{(2,1)(4,3)} = \frac{\sin\{[2,1]+[4,3]-[4,1]-[3,2]\}}{(3,1)(4,2)} = \frac{\sin\{[3,1]+[4,2]-[2,1]-[4,3]\}}{(4,1)(3,2)}.$$

[2.]

Unser Satz lässt sich ebenso einfach geometrisch beweisen, weshalb wir den letztern Beweis gleichfalls hierher setzen, obgleich er eigentlich nicht in diesen Vortrag gehört.

Wir nehmen zuerst den Fall an, es läge der Punkt 4 innerhalb des Dreiecks 1, 2, 3. Zieht man dann (4, 1), (4, 2), (4, 3) und verlängert die Richtungen dieser Linien bis nach I, II, III, so dass man habe:

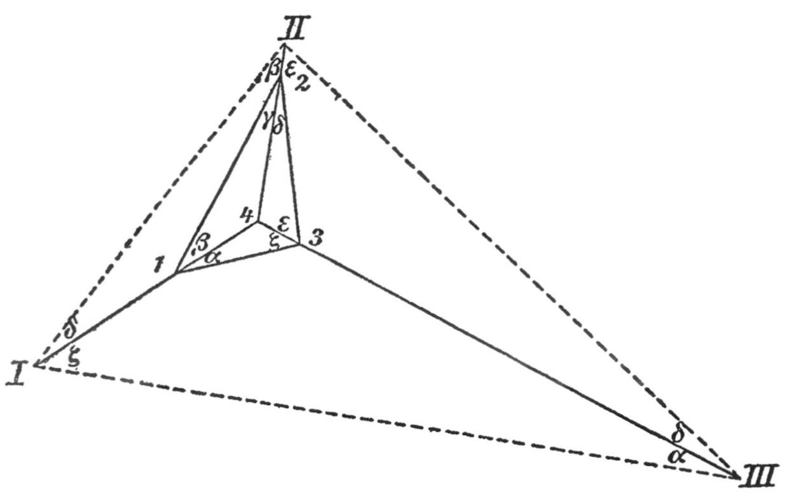

$$(4,1) : (4,3) = (4,\mathrm{III}) : (4,\mathrm{I})$$
$$(4,1) : (4,2) = (4,\mathrm{II}) : (4,\mathrm{I}),$$

dann folgt schon von selbst:

$$(4,3) : (4,2) = (4,\mathrm{II}) : (4,\mathrm{III}).$$

Man hat demnach

$$\triangle\ (4,1,3) \sim \triangle\ (4,\mathrm{III},\mathrm{I}),$$

also:

$$\begin{aligned}(4,1):(4,\mathrm{III}) &= (3,1):(\mathrm{I},\mathrm{III})\\ (4,1):(4,\mathrm{II}) &= (2,1):(\mathrm{I},\mathrm{II})\\ (4,3):(4,\mathrm{II}) &= (2,3):(\mathrm{III},\mathrm{II}).\end{aligned}$$

Die beiden letzten Gleichungen geben durch Division:

$$(1)\qquad (4,1):(4,3) = \frac{(2,1)}{(2,3)} : \frac{(\mathrm{I},\mathrm{II})}{(\mathrm{III},\mathrm{II})} = \frac{(2,1)}{(3,2)} : \frac{(\mathrm{I},\mathrm{II})}{(\mathrm{II},\mathrm{III})}.$$

Fügt man zum System der drei Gleichungen noch hinzu:

$$(4,2):(4,\mathrm{III}) = (3,2):(\mathrm{II},\mathrm{III}),$$

so hat man

$$(2)\qquad (4,1):(4,2) = \frac{(3,1)}{(3,2)} : \frac{(\mathrm{I},\mathrm{III})}{(\mathrm{II},\mathrm{III})}$$

und ebenso:

$$(3)\qquad (4,2):(4,3) = \frac{(2,1)}{(3,1)} : \frac{(\mathrm{I},\mathrm{II})}{(\mathrm{I},\mathrm{III})}.$$

Aus (1) folgt:

$$\frac{(\mathrm{I},\mathrm{II})}{(\mathrm{II},\mathrm{III})} = \frac{(2,1)\,.\,(4,3)}{(4,1)\,.\,(3,2)},$$

aus (2) folgt:

$$\frac{(\mathrm{I},\mathrm{III})}{(\mathrm{II},\mathrm{III})} = \frac{(3,1)\,.\,(4,2)}{(4,1)\,.\,(3,2)}.$$

Demnach ist:

$$(\mathrm{I},\mathrm{II}):(\mathrm{II},\mathrm{III}):(\mathrm{III},\mathrm{I}) = (2,1)\,.\,(4,3):(4,1)\,.\,(3,2):(4,2)\,.\,(3,1).$$

Bezeichnen wir die Winkel wie vorher, und setzen:

$$\measuredangle\, \mathrm{I},\mathrm{II},\mathrm{III} = [\mathrm{I},\mathrm{III}],$$

so ist:

$$(\mathrm{I},\mathrm{II}):(\mathrm{II},\mathrm{III}):(\mathrm{III},\mathrm{I}) = \sin[\mathrm{I},\mathrm{II}]:\sin[\mathrm{II},\mathrm{III}]:\sin[\mathrm{III},\mathrm{I}].$$

Nun ist:

$$\begin{aligned}[\mathrm{I},\mathrm{II}] &= [\mathrm{I},\ 4]+[4,\mathrm{II}\ ] = \alpha+\delta\\ [\mathrm{II},\mathrm{III}] &= [\mathrm{II},\ 4]+[4,\mathrm{III}] = \gamma+\zeta\\ [\mathrm{III},\mathrm{I}] &= [\mathrm{III},4]+[4,\mathrm{I}\ ] = \beta+\varepsilon,\end{aligned}$$

also:

$$\frac{\sin(\alpha+\delta)}{(2,1)\,.\,(4,3)} = \frac{\sin(\gamma+\zeta)}{(4,1)\,.\,(3,2)} = \frac{\sin(\beta+\varepsilon)}{(4,2)\,.\,(3,1)},$$

welches mit der frühern Gleichung übereinstimmt.

Ähnlich stellt sich die Aufgabe, liegt 4 ausserhalb des Dreiecks 1, 2, 3. Man nimmt dann beliebig Eine der vier Ecken, z. B. wieder 4, zieht (4, 1), (4, 2), (4, 3), und bestimmt ähnlich die Punkte I, II, III und hierauf das Dreieck (I), (II), (III), indem man wieder die Relationen zwischen Seiten und Winkeln aufsucht.

[3.]

Schliesslich wollen wir zeigen, wie man von dem Beweis in [1] auf den in [2] kommen kann, indem wirklich der Beweis zuerst durch Laterale gefunden ist, und erst später durch die geometrische Betrachtung.

Untersuchen wir, wie sich der Beweis in [1] stellt, wenn ein Punkt des Vierecks, z. B. (4), mit dem Anfangspunkt der Zählung coincidirt. Man hat dann $p^{\text{IV}} = 0$, also sind die Coordinaten

$$\text{von I:}\quad p'p''$$
$$\text{von II:}\quad p'p'''$$
$$\text{von III:}\quad p''p'''.$$

Also sind nach [2] die Seiten:

$$(\text{I}, \text{II}) = (4,1)\,.\,(4,2)$$
$$(\text{II}, \text{III}) = (4,1)\,.\,(4,3)$$
$$(\text{III}, \text{I}) = (4,2)\,.\,(4,3).$$

Folglich verhalten sich die Seiten des Dreiecks

$$(\text{I}, \text{II}) : (\text{II}, \text{III}) : (\text{III}, \text{I}) = (4,1)\;\;(4,2) : (4,1)\,.\,(4,3) : (4,2)\,.\,(4,3),$$

wie wir sie in [2] durch Construction bestimmten.

[DER KREIS.]

[I.]

COMPLEXE ZAHLEN

AUF DEN RAUM ANGEWANDT.

$\alpha, \beta, \gamma, \delta$ u. s. w. cyklische Grössen, zugleich Bezeichnung der Punkte in der Kreisperipherie, mit Radius 1.

1. Inhalt des Dreiecks α, β, γ

$$= \frac{(\beta-\alpha)(\gamma-\beta)(\alpha-\gamma)}{4\alpha\beta\gamma}\cdot i \qquad \text{des gleichseitigen: } \frac{\sqrt{27}}{4}.$$

$$= \frac{\alpha\alpha\beta+\beta\beta\gamma+\gamma\gamma\alpha-\alpha\beta\beta-\beta\gamma\gamma-\gamma\alpha\alpha}{4\alpha\beta\gamma}\cdot i$$

$$= \tfrac{1}{4}i\cdot\left\{\frac{\beta}{\alpha}+\frac{\gamma}{\beta}+\frac{\alpha}{\gamma}-\frac{\alpha}{\beta}-\frac{\beta}{\gamma}-\frac{\gamma}{\alpha}\right\}.$$

2. Inhalt des Dreiecks, welches den Kreis in den Punkten α, β, γ berührt, und dessen Winkelpunkte durch

$$\frac{2\beta\gamma}{\beta+\gamma}, \qquad \frac{2\gamma\alpha}{\gamma+\alpha}, \qquad \frac{2\alpha\beta}{\alpha+\beta}$$

dargestellt werden;

$$\text{Inhalt: } \frac{(\gamma-\beta)(\alpha-\gamma)(\beta-\alpha)}{(\gamma+\beta)(\alpha+\gamma)(\beta+\alpha)}\cdot i, \qquad \text{des gleichseitigen: } \sqrt{27}.$$

Das Centrum des darum beschriebenen Kreises

$$= \frac{2\alpha\beta\gamma(\alpha+\beta+\gamma)}{(\beta+\gamma)(\gamma+\alpha)(\alpha+\beta)}.$$

Product des Halbmessers in den Modulus von $(\beta+\gamma)(\gamma+\alpha)(\alpha+\beta)$

$$= 2.$$

Clisen von $\frac{\beta\gamma}{\alpha}$, $\frac{\alpha\gamma}{\beta}$, $\frac{\alpha\beta}{\gamma}$ entsprechen den drei Halbmessern dieses Kreises.

3. Vier Zahlen a, b, c, d sind einander harmonisch zugeordnet, wenn das Product der Summen jedes Paars doppelt so gross ist wie die Summe der Producte jedes Paars, oder wenn

$$(a+b)(c+d) = 2ab+2cd.$$

Sind die Zahlen reell, so stellen sie vier Punkte in gerader Linie vor, die hiernach harmonisch getheilt ist.

Mit jener Gleichung ist verbunden

$$(c-a)(d-b)+(d-a)(c-b) = 0.$$

Die Berechnung jeder aus den drei übrigen geschieht durch die Formeln

$$a = \frac{bc+bd-2cd}{-d-c+2b} = \frac{b(c+d)-2cd}{2b-(c+d)} = \frac{2bb-2cd}{2b-(c+d)} - b$$
$$= +b - \frac{2(c-b)(d-b)}{2b-c-d}$$
$$= +c - \frac{(d-c)(c-b)}{2b-c-d}.$$

Sind a, b, c, d complexe Zahlen, so liegen die dadurch vorgestellten Punkte in einem Kreise und die Producte der Seiten $ac.bd$ und $ad.bc$ sind gleich.

[II.]

[KREIS DURCH VIER PUNKTE.]

[1.]

Der Kreis durch die Punkte, die den complexen Grössen a, b, c entsprechen, deren Adjuncten A, B, C, hat zum Mittelpunkte das Correlat von

$$\frac{Aa(b-c)+Bb(c-a)+Cc(a-b)}{A(b-c)+B(c-a)+C(a-b)}$$

$$=\frac{(Aa-Bb)(a-c)-(a-b)(Aa-Cc)}{(A-B)(a-c)-(a-b)(A-C)};$$

einfacher, wenn $a=A=0$:

$$\frac{(B-C)bc}{Bc-Cb}.$$

[2.]

Die Bedingungsgleichung, dass vier Punkte $0, a, b, c$, deren Adjuncten $0, A, B, C$, in Einem Kreise liegen, ist

$$bcAB+caBC+abCA-abBC-bcCA-caAB=0$$

oder einfacher

$$\frac{1}{aC}+\frac{1}{bA}+\frac{1}{cB}-\frac{1}{cA}-\frac{1}{aB}-\frac{1}{bC}=0$$

oder auch

$$c(a-b)B(A-C)=b(a-c)C(A-B)$$

etc.

[3.]

Die Punkte, welche dreien jener Punkte in Beziehung auf den vierten reciprok sind, liegen in Einer geraden Linie.

Dieser Satz ist unter dem allgemeinern begriffen:

»Alle Punkte, welche in Beziehung auf einen gegebenen Punkt den Punkten eines Kreises reciprok sind, liegen in Einem Kreise«.

[III.]

GEOMETRISCHE RELATIONEN DURCH COMPLEXE ZAHLEN.

I.

M, M' zwei Punkte, deren complexe Zahlen m, m'.

P ein unbestimmter Punkt, wofür Azimuthe $PM'-PM$ einen gegebenen Unterschied $=\varphi$ bilden.

Der geometrische Ort von P ist ein Kreis, dessen

$$\text{Mittelpunkt } \frac{me^{i\varphi}-m'e^{-i\varphi}}{2i\sin\varphi},$$

$$\text{Halbmesser} = \text{Modulus von } \frac{m'-m}{2\sin\varphi}.$$

II.

M, M', m, m' wie vorhin.

P ein unbestimmter Punkt, dessen Distanzen von M, M' in einem gegebenen Verhältnisse $k:k'$ stehen.

Der geometrische Ort von P ist ein Kreis, dessen

$$\text{Mittelpunkt } \frac{m.k'k'-m'.kk}{k'k'-kk} = c,$$

$$\text{Halbmesser} = \text{Modulus von } \frac{kk'}{k'k'-kk}\cdot(m'-m).$$

BEMERKUNGEN.

Die drei vorstehenden Notizen rühren vermuthlich aus der Zeit um 1840 her; [I] steht auf einem einzelnen Blatte, [II] und [III] sind in einem Handbuche eingetragen. Auf den Kreis bezieht sich auch eine bereits Bd. IV. S. 397 abgedruckte »handschriftliche Notiz«. STÄCKEL.

[DIE KEGELSCHNITTE.]

[I.]

LEHRSATZ.

Sind t, t' die complexen Werthe zweier conjugirter Halbaxen einer Ellipse und e der complexe Werth der Excentricität (Abstand eines Brennpunkts), so ist

$$tt+t't' = ee.$$

Die Punkte einer Ellipse sind durch die Formel gegeben:

$$ge^{ix}+he^{-ix},$$

wo x alle Werthe von $x = 0$ bis $x = 2\pi$ durchlaufen muss.

Lehrsatz. Es sind dann zwei conjugirte Halbaxen

$$ge^{ix}+he^{-ix} \quad \text{und} \quad gie^{ix}-hie^{-ix}$$

Also

$$4gh = ee.$$

[II.]

LEHRSÄTZE UND AUFGABEN DIE COMPLEXEN ZAHLEN BETREFFEND.

1. $\frac{a}{b-\rho}$ stellt, wenn a, b bestimmte Zahlen, ρ eine unbestimmte cyklische Zahl bedeutet, einen Kreis vor,

$\frac{ab}{bb-\beta\beta}$ den Mittelpunkt, wenn β der in b enthaltene cyklische Factor,

$\frac{a}{bb-\beta\beta}$ (oder der Modulus dieser Grösse) den Halbmesser des Kreises.

2. (vor 1.) Ist wie oben β der in b enthaltene cyklische Factor, so haben $b+\beta\rho$ und $b+\frac{\beta}{\rho}$ einerlei Modulus, imgleichen $b+\beta\rho$ und $\frac{\rho\beta\beta}{b\rho+\beta}$ einerlei Clise.

3. $\rho-\beta$ und $i\sqrt{\rho\beta}$ haben gleiche Clise.

4. $\Omega=\frac{a\rho+b}{1-\rho}$ stellt eine gerade Linie vor. Man hat nemlich

$$2\Omega=\frac{(a+b)(1+\rho)-(a-b)(1-\rho)}{1-\rho}$$
$$=(a+b)t-(a-b),$$

wenn

$$t=\frac{1+\rho}{1-\rho}$$

gesetzt wird, wodurch also t eine unbestimmte imaginäre Zahl wird. Es ist ferner

$$\frac{2\Omega}{a+b}=t-\frac{a-b}{a+b}.$$

Derjenige Werth dieser Grösse, dessen Modulus ein Minimum ist, ist offenbar nichts anderes als der reelle Theil von $\frac{a-b}{a+b}$.

Ist demnach k der reelle Theil von $\frac{a-b}{a+b}$, so ist der gesuchte Werth von Ω

$$=\tfrac{1}{2}k(a+b).$$

[III.]

ZUR THEORIE DER KEGELSCHNITTE.

Zunächst beziehen sich die Untersuchungen auf die Ellipse, sie lassen sich aber mit geringen Modificationen auf die Hyperbel übertragen.

[1.]

Es seien m, n zunächst zwei reelle Zahlen, ρ eine Grösse von der Form $\cos\varphi + i\sin\varphi$, so dass ρ alle seine Werthe durchläuft, während φ von 0^0 bis 360^0 wächst.

Es sei ferner

$$r = m\rho + \frac{n}{\rho},$$

und R der Punkt, der die complexe Grösse r repräsentirt; R ist also ein unbestimmter Punkt in einer Ellipse, deren Hauptaxen $m+n$, $m-n$ in der Linie der reellen und imaginären Zahlen liegen, während ihr Mittelpunkt mit dem Nullpunkte zusammenfällt.

Den vier Werthen von ρ: $\alpha, \beta, \gamma, \delta$ entsprechen die vier Werthe von r: a, b, c, d oder die vier Punkte A, B, C, D.

Endlich setze man

$$\frac{-\alpha\beta\gamma m^3 + (\alpha+\beta+\gamma)mmn - \delta(\alpha\beta+\alpha\gamma+\beta\gamma)mnn + \delta n^3}{(1-\alpha\beta\gamma\delta)mn} = t$$

und nenne den Punkt, auf welchen sich die complexe Zahl t bezieht, T.

Man sieht leicht, dass, wenn von den vier Punkten A, B, C, D drei constant sind, und der vierte den Kegelschnitt durchläuft, T eine gerade Linie durchlaufen werde.

Durch eine leichte Rechnung findet man

$$t - a = -\frac{(\alpha\beta m - n)(\alpha\gamma m - n)(m - \alpha\delta n)}{\alpha(1-\alpha\beta\gamma\delta)mn}$$

$$= -\frac{(a-b)(a-c)}{a-d}\cdot\frac{\alpha\beta\gamma(\alpha-\delta)\left(mm - \left(\alpha\delta + \frac{1}{\alpha\delta}\right)mn + nn\right)}{(\alpha-\beta)(\alpha-\gamma)(1-\alpha\beta\gamma\delta)mn}.$$

Hieraus folgt sogleich von selbst, dass

$$(t-a)(d-a) \quad \text{und} \quad (b-a)(c-a)$$

gleiche Clisen haben oder dass die Winkel

$$\text{zwischen } AT,\ AC \quad \text{und} \quad \text{zwischen } AB,\ AD$$

gleich sind.

Es lässt sich auch t in folgende elegante Form setzen

$$t = \frac{\left(m-\frac{n}{\beta\gamma}\right)\left(m-\frac{n}{\alpha\gamma}\right)\left(m-\frac{n}{\alpha\beta}\right)}{\left(\delta-\frac{1}{\alpha\beta\gamma}\right)mn} + \left(\left(\frac{1}{\alpha}+\frac{1}{\beta}+\frac{1}{\gamma}\right)m - \frac{1}{\alpha\beta\gamma}n\right)\frac{n}{m}$$

oder auch in folgende

$$t = \frac{(\beta\gamma m-n)(m-\beta\delta n)(m-\gamma\delta n)}{\alpha\beta\gamma\delta\left(\beta\gamma\delta-\frac{1}{\alpha}\right)mn} + \frac{\beta\gamma mm - mn + (\beta+\gamma)\delta nn}{\beta\gamma\delta n}.$$

[2.]

Das Centrum eines durch drei Punkte der Ellipse A, B, C gehenden Kreises ist

$$\frac{\left\{\alpha\beta\gamma+\left(\frac{1}{\alpha}+\frac{1}{\beta}+\frac{1}{\gamma}\right)\right\}m - \left\{(\alpha+\beta+\gamma)+\frac{1}{\alpha\beta\gamma}\right\}n}{\frac{m}{n}-\frac{n}{m}},$$

der Halbmesser aequal dem Modulus von

$$\frac{(m-\beta\gamma n)(m-\alpha\gamma n)(m-\alpha\beta n)}{mm-nn}$$

oder (was dasselbe ist) von

$$\frac{\left(m-\frac{n}{\beta\gamma}\right)\left(m-\frac{n}{\alpha\gamma}\right)\left(m-\frac{n}{\alpha\beta}\right)}{mm-nn}.$$

Das Centrum des erwähnten Kreises kann auch so ausgedrückt werden, wenn zur Abkürzung

$$\beta\gamma = \cos 2\mathfrak{A} + i\sin 2\mathfrak{A}$$
$$\alpha\gamma = \cos 2\mathfrak{B} + i\sin 2\mathfrak{B}$$
$$\alpha\beta = \cos 2\mathfrak{C} + i\sin 2\mathfrak{C}$$

geschrieben, oder die Clisen von $\beta\gamma$, $\alpha\gamma$, $\alpha\beta$ mit $2\mathfrak{A}$, $2\mathfrak{B}$, $2\mathfrak{C}$ bezeichnet werden:

$$\frac{4\cos\mathfrak{A}\cos\mathfrak{B}\cos\mathfrak{C}}{\frac{1}{n}+\frac{1}{m}}-\frac{4\sin\mathfrak{A}\sin\mathfrak{B}\sin\mathfrak{C}}{\frac{1}{n}-\frac{1}{m}}\,i.$$

Es sind hierbei aber die Halbkreise, in welchen $\mathfrak{A}$, $\mathfrak{B}$, $\mathfrak{C}$ genommen werden, nur für zwei willkürlich, z. B. für $\mathfrak{A}$, $\mathfrak{B}$; für den dritten muss werden

$$\gamma = \cos(\mathfrak{A}+\mathfrak{B}-\mathfrak{C})+i\sin(\mathfrak{A}+\mathfrak{B}-\mathfrak{C}).$$

Mit andern Worten, hätte man gemacht

$$\alpha = \cos\alpha^*+i\sin\alpha^*$$
$$\beta = \cos\beta^*+i\sin\beta^*$$
$$\gamma = \cos\gamma^*+i\sin\gamma^*,$$

so würde man zu setzen haben

$$2\mathfrak{A} = \beta^*+\gamma^*$$
$$2\mathfrak{B} = \alpha^*+\gamma^*$$
$$2\mathfrak{C} = \alpha^*+\beta^*.$$

Der Halbmesser des Kreises wird

$$=\frac{\sqrt{((mm+nn-2mn\cos2\mathfrak{A})(mm+nn-2mn\cos2\mathfrak{B})(mm+nn-2mn\cos2\mathfrak{C}))}}{mm-nn}.$$

[3.]

Bei der Newtonschen Construction hat die Differenz zweier Werthe von t die Clise wie

$$\frac{\frac{\beta\gamma}{\beta-\gamma}(b-c)\times\frac{\beta-\delta}{b-d}\times\frac{\gamma-\delta}{c-d}}{\beta\gamma\delta}\left\{\frac{1}{\alpha\beta\gamma\delta-1}-\frac{1}{\alpha'\beta\gamma\delta-1}\right\}$$

oder, weil $\beta-\delta$ die Clise [wie] $i\sqrt{\beta\delta}$ u. s. w.,

$$\frac{(\beta-\delta)(\gamma-\delta)}{\delta(\beta-\gamma)}\left\{\frac{(\alpha-\alpha')\beta\gamma\delta}{(\alpha\beta\gamma\delta-1).(\alpha'\beta\gamma\delta-1)}\right\}\frac{b-c}{(b-d)(c-d)}$$

oder, weil Clise von $\alpha-\alpha'$ wie $i\sqrt{\alpha\alpha'}$ u. s. w., wie

$$\frac{b-c}{(b-d)(c-d)}.$$

In meiner (der ersten) Construction, wo δ unbestimmt, ist die Clise wie

$$(a-b)(a-c)(b-c).$$

Nennt man e den vierten Schnitt[punkt] der Ellipse mit dem durch b, c, d gelegten Kreise und setzt

$$e = \varepsilon m + \frac{n}{\varepsilon},$$

wodurch

$$\beta\gamma\delta\varepsilon = 1$$

wird, so ist, in NEWTONS Construction, die Clise der Differenz zweier Werthe von t wie

$$(c-b)(b-e)(c-e).$$

Auch kann obige Formel ($\alpha = \varepsilon\rho$) besser so geschrieben werden:

$$t = -\frac{(m-\delta\beta n)(m-\delta\gamma n)(m-\delta\varepsilon n)\rho}{\delta(1-\rho)mn} + \frac{(\beta+\gamma)mm - \frac{1}{\varepsilon}mn + \delta nn}{m}$$

$$= -\frac{(b-c)(b-e)(c-e)}{\delta(\beta-\gamma)(\beta-\varepsilon)(\gamma-\varepsilon)} \cdot \frac{\rho}{(1-\rho)mn} + \frac{(\beta+\gamma)mm - \frac{1}{\varepsilon}mn + \delta nn}{m}.$$

BEMERKUNGEN.

Die Notiz [III], die auf einem einzelnen Blatte steht, gibt den Inhalt von Untersuchungen wieder, über die GAUSS in dem S. 295 bis 296 dieses Bandes abgedruckten Briefe an SCHUMACHER vom 12. Mai 1843 berichtet hat; auf diesen möge zur Erläuterung des Textes verwiesen werden. Die Notizen [I] und [II], die mit [III] in engem Zusammenhange stehen, finden sich in einem Handbuche und auf einem Zettel; [I] stammt wahrscheinlich bereits aus dem Jahre 1831, [II] wohl aus der Zeit um 1840. STÄCKEL.

[PROJECTION DES WÜRFELS.]

[1.]

Sind die complexen Werthe der orthographischen Projectionen von drei gleich langen und unter einander senkrechten Geraden

$$a,\ b,\ c,$$

so ist

$$aa+bb+cc = 0,$$

z. B.

$$a = 1+8i, \qquad b = 8+i, \qquad c = 4-4i.$$

Allgemein kann man setzen

$$a = pp+qq, \qquad b = 2ipq, \qquad c = ipp-iqq.$$

[2.]

Die zierlichste Form der Auflösung der allgemeinen Gleichung

$$pp+qq+rr = 0$$

ist, a und b beliebige complexe Zahlen bedeutend,

$$p = (a-b)(b-aii)$$
$$q = (b-bi)(aii-ai)$$
$$r = (bi-a)(ai-b).$$

BEMERKUNGEN.

Ein Theil dieser beiden Notizen, die sich in einem Handbuche befinden und aus dem Jahre 1831 stammen, ist bereits in Bd. II, S. 309 abgedruckt worden.

Vom December 1839 bis Ostern 1840 hat GAUSS eine Vorlesung über die *Theorie der imaginären Grössen* gehalten, die E. HEINE gehört und ausgearbeitet hat, wie bereits S. 330 angeführt. Dieser Ausarbeitung sind die folgenden auf die Projection des Würfels bezüglichen Ausführungen entnommen.

STÄCKEL.

[*Vorlesung über die Theorie der imaginären Grössen.*]

Projection des Würfels.

Will man einen Würfel auf eine Ebene projiciren, und zwar durch Senkrechte von den Ecken auf die Ebene, so muss die Projection die Eigenschaft haben, dass die Summe der Quadrate der Zahlen, die die Projection je dreier auf einander stossender Kanten anzeigen, $= 0$ sei.

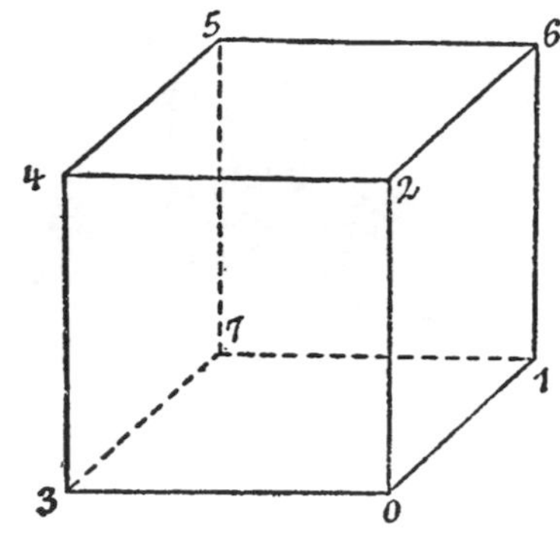

Um diess zu zeigen, bezeichnen wir mit $0, 1, 7, 3$ die Ecken der einen, mit $2, 4, 5, 6$ die der damit parallelen Fläche. Ist $(0, 1)$, die Seite des Würfels, $= r$, so haben wir, dass an der Ecke 0 die drei Kanten zusammenstossen, deren jede $= r$ ist:

$$(0, 1), \qquad (0, 2), \qquad (0, 3).$$

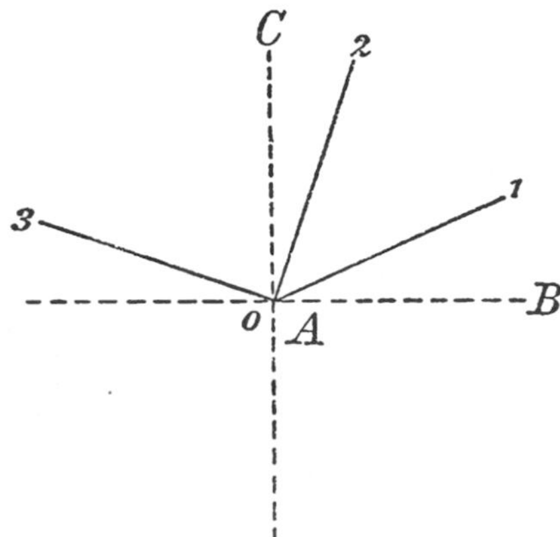

Legen wir zwei rechtwinklige Axen AB und AC, die Axe der x und der y, durch den Punkt 0 oder A der Projectionsebene, so ist, wenn die Complexen, die die Projectionen von $1, 2, 3$ ausdrücken, A, B, C sind:

$$r(\cos(1, 0, x) + i\cos(1, 0, y)) = A$$
$$r(\cos(2, 0, x) + i\cos(2, 0, y)) = B$$
$$r(\cos(3, 0, x) + i\cos(3, 0, y)) = C.$$

Ferner haben wir die Bedingungsgleichungen

$$\cos(1, 0, x)^2 + \cos(2, 0, x)^2 + \cos(3, 0, x)^2 = 1$$
$$\cos(1, 0, y)^2 + \cos(2, 0, y)^2 + \cos(3, 0, y)^2 = 1$$

und

$$\cos(1, 0, x)\cos(1, 0, y) + \cos(2, 0, x)\cos(2, 0, y) + \cos(3, 0, x)\cos(3, 0, y)$$
$$= \cos(x, 0, y) = \cos 90^0 = 0.$$

Hieraus folgt, es sei wirklich

$$A^2 + B^2 + C^2 = 0.$$

Ein Gleiches folgt für die übrigen Ecken.

Es kann gewünscht werden, A, B, C so zu wählen, dass die reellen Theile ganze Zahlen sind. Um diess thun zu können, kommen wir auf die reellen Zahlen zurück, und erinnern, dass, wenn $a^2 + b^2 = c^2$ sein soll, und a, b, c ganze Zahlen, p und q auch ganze Zahlen sind, man haben müsse

$$a^2 = (p^2 - q^2)^2, \qquad b^2 = 4p^2q^2, \qquad c^2 = (p^2 + q^2)^2,$$

also

$$a = p^2 - q^2, \qquad b = 2pq, \qquad c = p^2 + q^2.$$

Z. B., ist $p = 2$, $q = 1$, so ist $a = 3$, $b = 4$, $c = 5$ und

$$5^2 = 4^2 + 3^2.$$

Soll nun

$$A^2 + B^2 = -C^2$$

sein, so werden wir haben:

$$A = (m + m'i)^2 - (n + n'i)^2$$
$$B = 2(m + m'i)(n + n'i)$$
$$C = (m + m'i)^2 i + (n + n'i)^2 i.$$

Führt man diess aus, so ist:

$$(m + m'i)^2 = m^2 - m'^2 + 2mm'i$$
$$(n + n'i)^2 = n^2 - n'^2 + 2nn'i$$
$$(m + m'i)(n + n'i) = mn - m'n' + i(m'n + n'm),$$

also:

$$A = m^2 - m'^2 - n^2 + n'^2 + 2i(mm' - nn')$$
$$B = 2(mn - m'n') + 2i(m'n + n'm)$$
$$C = -2(mm' + nn') + i(m^2 + n^2 - m'^2 - n'^2).$$

Umgekehrt kann man auch von diesen Zahlen auf die reellen zurückkommen.

Ist hier $m = 2$, $n = 1$, $m' = 1$, $n' = 1$, so erhält man:

$$A = 3 + 2i \qquad B = 2 + 6i \qquad C = -6 + 3i \qquad A^2 + B^2 + C^2 = \left\{\begin{array}{r} 5 + 12i \\ -32 + 24i \\ +27 - 36i \end{array}\right\} = 0.$$

Zusatz. Sind die complexen Zahlen für die Ecken 1, 2, 3 gefunden, so hat man auch die für die andern 4. Es sind nemlich die für:

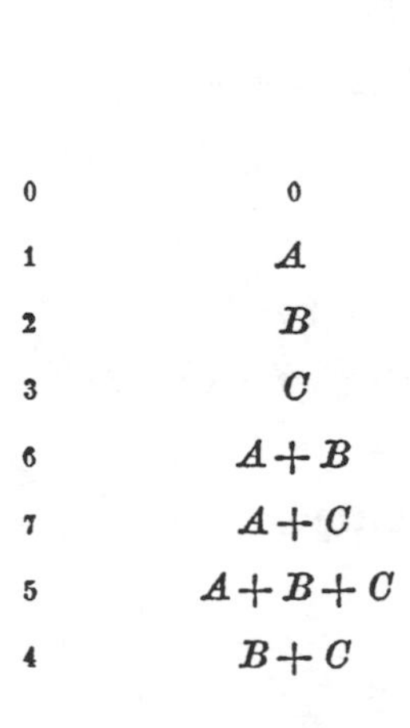

0	0
1	A
2	B
3	C
6	$A+B$
7	$A+C$
5	$A+B+C$
4	$B+C$

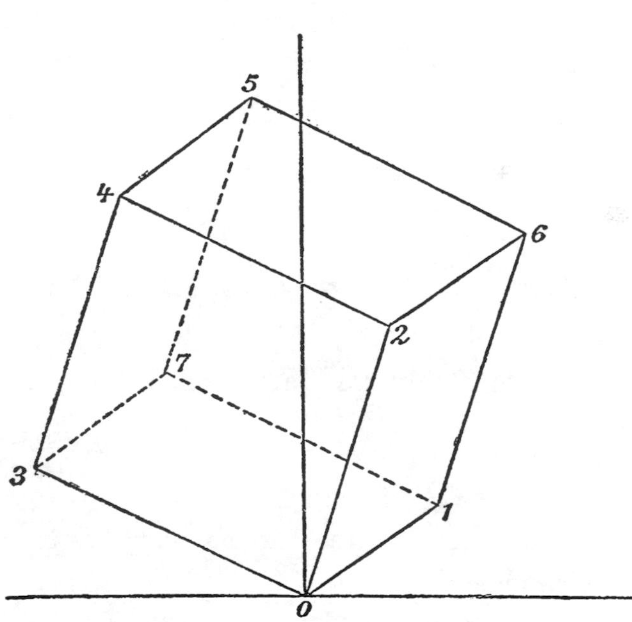

[Bei dem Beispiel haben diese Zahlen beziehungsweise die Werthe:

$0, \quad 3 + 2i, \quad 2 + 6i, \quad -6 + 3i, \quad 5 + 8i, \quad -3 + 5i, \quad -1 + 11i, \quad -4 + 9i.$]

GEOMETRISCHE SEITE DER TERNÄREN FORMEN.

Ein Punkt im Raume (0) sei als Anfangspunkt angenommen. Der Übergang von da zu drei andern Punkten P, P', P'', die mit jenem nicht in einer Ebene liegen, sei resp. t, t', t''; wo, so oft keine Verwechslung möglich ist, die Punkte P, P', P'' selbst durch (t), (t'), (t'') bezeichnet werden mögen.

Es sei ferner allgemein (t, t') das Product der Länge (kürzesten Entfernung) der beiden Linien t, t' in den Cosinus ihrer Neigung etc.

Man hat allgemein $(\alpha t + \alpha' t' + \alpha'' t'' + \cdots, \beta u + \beta' u' + \beta'' u'' + \cdots)$, wenn man die Multiplication

$$(\alpha t + \alpha' t' + \alpha'' t'' + \cdots) \times (\beta u + \beta' u' + \beta'' u'' + \cdots)$$

ausführt und statt tu, tu', tu'', $t'u'$, $t'u''$ u. s. w. (t, u), $t, u')$, (t, u''), (t', u'), (t', u'') u. s. w. schreibt.

Jeder Punkt im Raume wird durch ein Trinomium

$$(xt + x't' + x''t'')$$

dargestellt werden können.

Für alle Punkte, die in einer bestimmten Ebene liegen, wird dann eine Gleichung

$$\lambda x + \lambda' x' + \lambda'' x'' = L$$

stattfinden, wo λ, λ', λ'', L bestimmte Zahlen bedeuten. Für eine Ebene durch die drei Punkte μt, $\mu' t'$, $\mu'' t''$ ist

$$\lambda \mu = \lambda' \mu' = \lambda'' \mu'' = L.$$

Schreibt man

$$(t,t) = a,\quad (t',t') = a',\quad (t'',t'') = a'',\quad (t',t'') = b,\quad (t,t'') = b',\quad (t,t') = b''$$

und

$$\begin{array}{lll} a'a''-bb = A, & aa''-b'b' = A', & aa'-b''b'' = A'', \\ b'b''-ab = B, & bb''-a'b' = B', & bb'-a''b'' = B'', \end{array}$$

$$D = aa'a''+2bb'b''-abb-a'b'b'-a''b''b'',$$

so ist

$$\begin{array}{ll} & \text{senkrecht gegen} \\ T\;\; = At+B''t'+B't'' & t' \text{ und } t'' \\ T' = B''t+A't'+Bt'' & t \text{ und } t'' \\ T'' = B't+Bt'+A''t'' & t \text{ und } t', \end{array}$$

und allgemein, wenn

$$\lambda x+\lambda'x'+\lambda''x'' = L$$

die Gleichung einer Ebene ist, so wird die Linie

$$\lambda T+\lambda'T'+\lambda''T''$$

gegen dieselbe senkrecht sein. L = Werth der Form $\begin{pmatrix}A, A', A''\\ B, B', B''\end{pmatrix}$, wenn die Unbestimmten $= \lambda, \lambda', \lambda''$ gesetzt werden.

Es ist dann ferner

$$\begin{array}{l} aT+b''T'+b'T'' = Dt \\ b''T+a'T'+bT'' = Dt' \\ b'T+bT'+a''T'' = Dt'', \end{array}$$

und die Linien t, t', t'' sind senkrecht gegen die Ebenen, deren Gleichungen

$$\begin{array}{l} ax+b''x'+b'x'' = \text{Const.} \\ b''x+a'x'+bx'' = \text{Const.} \\ b'x+bx'+a''x'' = \text{Const.} \end{array}$$

Der doppelte Flächeninhalt des Dreiecks durch die Punkte mt, $m't'$, $m''t''$ ist aequal der Quadratwurzel aus dem Werthe der Form

$$\begin{pmatrix}A, A', A''\\ B, B', B''\end{pmatrix} = F(m'm'', mm'', mm'),$$

wenn substituirt wird $X = m'm''$, $X' = mm''$, $X'' = mm'$, während der sechsfache Cubikinhalt der Pyramide, die sich dadurch mit dem Nullpunkte bildet, $= mm'm''\sqrt{D}$ wird; folglich [ist] das Perpendikel

$$= \sqrt{\frac{D}{F\left(\frac{1}{m}, \frac{1}{m'}, \frac{1}{m''}\right)}};$$

T, T', T'' beziehen sich eben so auf die Form $\begin{pmatrix} AD, A'D, A''D \\ BD, B'D, B''D \end{pmatrix}$ wie t, t', t'' auf $\begin{pmatrix} a, a', a'' \\ b, b', b'' \end{pmatrix}$.

BEMERKUNG.

Die vorstehende Notiz befindet sich in einem Handbuche und stammt aus dem Juli 1831. Da sie zeigt, dass GAUSS sich auch mit complexen Grössen von mehr als zwei Einheiten beschäftigt hat, die er bereits in der Schlussbemerkung seiner Selbstanzeige der Theoria residuorum biquadraticorum, Commentatio secunda vom 23. April 1831 (Bd. II. S. 169 bis 198) erwähnt hatte, so hat sie hier noch einmal Platz gefunden, obwohl sie schon in Bd. II. S. 305 bis 307 wegen ihrer Beziehung zur Theorie der ternären Formen abgedruckt ist.

STÄCKEL.

[DIE KUGEL.]

[1.]

ORTHOGRAPHISCHE PROJECTION DER KUGEL.

Veränderte Erscheinung eines unendlich kleinen Theils der Kugelfläche, wenn die Projectionsebene verändert wird.

Man wählt zur Axe der x die Durchschnittslinie der beiden Projectionsebenen oder vielmehr als Axe der y in der bleibenden Projectionsebene eine Parallele mit der geraden Linie, welche die beiden Projectionsplätze verbindet.

Man fragt, wie dasjenige Stück der Kugelfläche, welches in der ersten Projection wie ein Kreis erschien, in der zweiten erscheinen wird.

Coordinaten des Centrums dieser Fläche (Radius $= 1$):

in der ersten Projection x, y, z

„ „ zweiten „ x', y', z'.

Der Drehungswinkel $= \lambda$.

Es ist

$$x' = x$$

$$\sqrt{(1-xx)} = \rho$$

$$\sqrt{(1-x'x')} = \rho$$

$$\frac{y}{\rho} = \sin u \qquad \frac{y'}{\rho} = \sin(u+\lambda)$$

$$dy' = \frac{z'}{z}\cdot dy - \frac{x\sin\lambda}{z}\cdot dx.$$

Es erscheint also ein $\alpha+\beta.i$ wie $\alpha+\frac{\beta z'-\alpha.x\sin\lambda}{z}\cdot i$ oder die beiden Radien des Kreises 1 und i in der ersten Projection erscheinen als conjugirte Halbmesser der Ellipse in der zweiten Projection $1-\frac{x\sin\lambda}{z}\cdot i$ und $\frac{z'}{z}\cdot i$, woraus sich nach p. 164 [des Handbuches*)] die Dimensionen der Projectionsellipse leicht ableiten lassen.

[*) Dieser Band, S. 339.]

[II.]

[STEREOGRAPHISCHE UND CENTRALE PROJECTION.]

[1.]

Zusammenhang der stereographischen und der Centralprojection, so dass Massstab für jene im Pol C halb so gross als für diese.

Der Kreis durch AB stellt für erstere den Äquator, für letztere den Parallel von 45^0 vor.

P und Q Darstellung eines und desselben Punkts der Kugel in den beiden Projectionen; ACB gegen CPQ normal, Winkel $CAP = PAQ$.

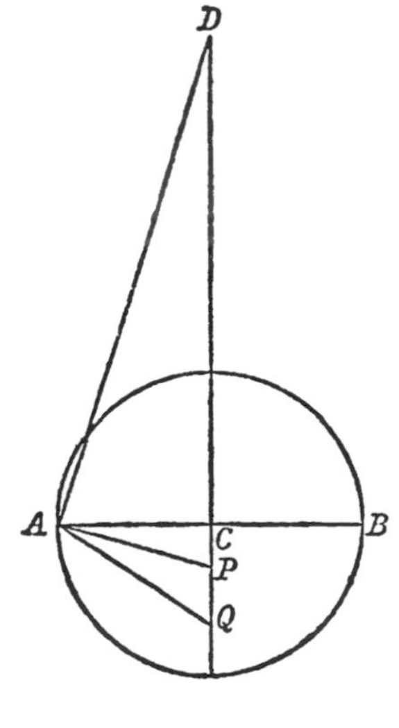

AD normal gegen PA und D auf der verlängerten QPC, wird D die stereographische Darstellung des jenem Kugelpunkte gegenüberliegenden.

Ein Kreis um den Mittelpunkt Q mit dem Radius QA ist die stereographische Darstellung desjenigen grössten Kreises, der jenen Kugelpunkt zum Pole hat.

Ist $a+bi$ die complexe Zahl für centrale Projection, r Halbmesser, so ist die complexe Zahl für die stereographische Projection

$$\frac{(a+ib)r}{aa+bb}\{\sqrt{(aa+bb+rr)}-r\}.$$

[2.]

Centrale Projection.

Sind $a+bi$, $a'+b'i$ die complexen Zahlen für die Projectionen zweier Punkte, so ist von ihrer Bogendistanz

$$\text{cosinus} = \frac{rr+aa'+bb'}{\Delta}$$

$$\text{sinus} = \sqrt{\{[(a'-a)^2+(b'-b)^2]rr+(ab'-ba')^2\}} : \Delta,$$

$$\Delta = \sqrt{\{(rr+aa+bb)(rr+a'a'+b'b')\}}$$

[III.]

LEHRSATZ.

[ÜBER DIE STEREOGRAPHISCHE PROJECTION.]

Die wirkliche (geradlinige) Distanz zweier Punkte auf der Kugelfläche findet sich aus der Distanz ihrer stereographischen Projectionen, wenn man letztere mit dem Product der beiden Cosinus derjenigen Neigungen multiplicirt, welche die von jenen Projectionen nach dem Endpunkt einer im Centrum errichteten Normale aequal dem Durchmesser der Kugel (Halbmesser des Äquators in der Projection) gezogenen Geraden gegen die Normale haben.

$$\text{Wirkliche Distanz} = PP'\cdot\frac{CN}{PN}\cdot\frac{CN}{P'N}.$$

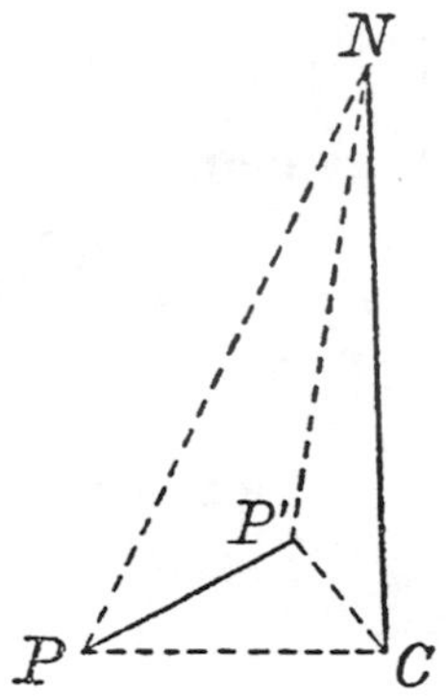

N

P'

P C

Man erhält so die Chorde oder eine dem Sinus des halben Bogens proportionale Grösse. Besser ist's, entweder die Projectionen durch bicomplexe Grössen t, t' auszudrücken, wo die Distanz durch [die] Tangente des halben Bogens, gemessen durch

$$\frac{t'-t}{1+tt'},$$

dargestellt wird; oder sich auch der tricomplexen Grössen dabei zu bedienen.

[IV.]

STEREOGRAPHISCHE PROJECTION DER KUGELFLÄCHE.

Conjugirte complexe Zahlen sollen hier immer durch kleine und grosse gleichnamige Buchstaben bezeichnet werden.

Halbmesser der Kugel wird $= 1$ gesetzt.

n: lineares Vergrösserungsverhältniss.

1. In dem durch die complexe Zahl a bezeichneten Punkte ist

$$n = 1 + aA.$$

2. Der gegenüberliegende Punkt wird durch die complexe Zahl $-\frac{1}{A}$ bezeichnet; in demselben ist also

$$n = 1 + \frac{1}{aA} = \frac{1+aA}{aA}.$$

3. Der bicomplexen Zahl a entspricht die tricomplexe

$$\frac{2a + (1 - aA)\eta}{1 + aA}.$$

4. Allgemeine Verwandlungsformel:

$$t' = \frac{at - b}{ct + d},$$

wo t, t' sich auf Einerlei Punkt in der ersten oder zweiten Darstellungsform beziehen.

Hier wird

$$n' = \text{Mod.}\,\frac{ad + bc}{(ct + d)^2}(1 + tT).$$

Der Minimumwerth findet statt für

$$t = \frac{C}{D}$$

und ist

$$\text{Mod.}\,\frac{ad + bc}{cC + dD} \cdot \frac{D}{d} = \text{Mod.}\,\frac{ad + bc}{cC + dD}.$$

Soll dieser für $t' = 0$ gelten, so muss

$$aC = bD$$

sein; wodurch

$$n' = \text{Mod.}\,\frac{a}{D} = \text{Mod.}\,\frac{b}{C}$$

wird. Soll dieser zugleich $= 1$ werden, so kann man, wenn ε eine beliebige Grösse, deren Modulus $= 1$, ist, setzen

$$\varepsilon C = b, \qquad \varepsilon D = a$$

und

$$c = \varepsilon B, \qquad d = \varepsilon A.$$

Schreibt man anstatt a, b, c, d : $\sqrt{\varepsilon}\,.\,a$, $\sqrt{\varepsilon}\,.\,b$, $\sqrt{\varepsilon}\,.\,c$, $\sqrt{\varepsilon}\,.\,d$, wodurch die Allgemeinheit nicht vermindert wird, so wird schlechthin

$$c = B, \qquad d = A$$

oder die Transformationsformel

$$t' = \frac{at-b}{Bt+A}, \qquad t = \frac{At'+b}{-Bt'+a}.$$

5. Die einfachste Transformationsformel ist

$$t' = \frac{t-a}{At+1}$$

6. Zwischen zweien Punkten a, b liegt in der Mitte der Punkt

$$\frac{\sqrt{(1+aB)(1+bB)} - \sqrt{(1+aA)(1+bA)}}{-A\sqrt{(1+aB)(1+bB)} + B\sqrt{(1+aA)(1+bA)}}$$

oder, wenn die den a, b entgegengesetzten Punkte $-\frac{1}{A}$, $-\frac{1}{B}$ mit a', b' bezeichnet werden,

$$\frac{a'\sqrt{(a-b')(b-b')} - b'\sqrt{(a-a')(b-a')}}{\sqrt{(a-b')(b-b')} - \sqrt{(a-a')(b-a')}}$$

[V.]

ZUR THEORIE DER DREHUNG DER KUGELFLÄCHE IN SICH SELBST.

Die Aufgabe, zwei Drehungen in Eine zu vereinigen, kann auf doppelte Weise aufgelöset werden.

I. Man soll die beiden Drehungen, die erste α um den Punkt A und die zweite β um den Punkt B, in Eine vereinigen.

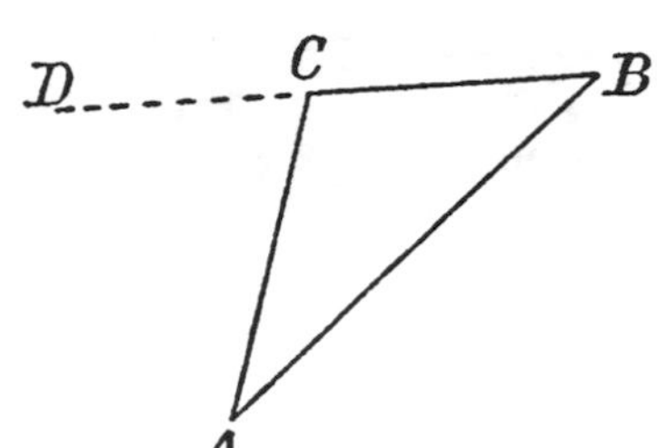

Man verbinde AB; setze

$$BAC = -\tfrac{1}{2}\alpha \quad \text{oder} \quad CAB = +\tfrac{1}{2}\alpha,$$
$$ABC = +\tfrac{1}{2}\beta,$$

und construire das Dreieck ABC. Dann ist $2ACD$ die aus der Verbindung der beiden Drehungen zusammengesetzte.

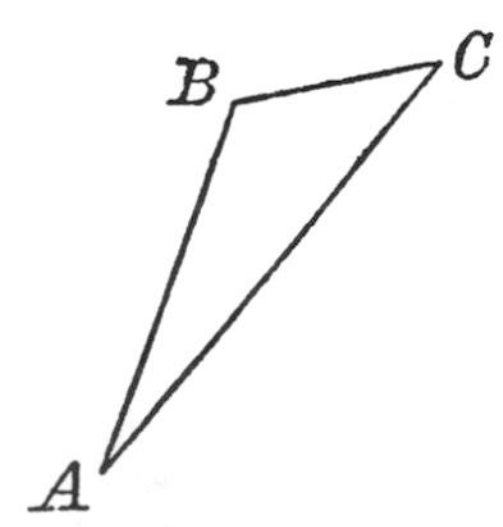

II. Anstatt Drehungen um Punkte betrachte man Schiebungen längs grössten Kreisen.

Dann ist die Schiebung $2AC$ aus $2AB$ und $2BC$ zusammengesetzt.

BEMERKUNGEN.

Die vorstehenden Notizen [I], [II] und [III] stehen in einem Handbuche. Die folgende Notiz [IV] befindet sich auf einem einzelnen Zettel ohne Datirung. Sie zeigt, dass GAUSS den Zusammenhang der linearen Substitutionen einer complexen Veränderlichen mit den Drehungen der Kugelfläche in sich selbst erkannt hatte. Aus diesem Grunde ist die Notiz [V], die sich auf denselben Gegenstand bezieht, jedoch in rein geometrischer Behandlungsweise, hinzugefügt worden; sie findet sich in einem andern Handbuche und ist vermuthlich schon vor 1819 niedergeschrieben worden. STÄCKEL.

[MUTATIONEN DES RAUMES.]

[I.]

[TRANSFORMATIONEN DES RAUMES.]

[1.]

Man setze

$$\sqrt{\frac{1-p-q-r}{2}} = a$$

$$\sqrt{\frac{1-p+q+r}{2}} = b$$

$$\sqrt{\frac{1+p-q+r}{2}} = c$$

$$\sqrt{\frac{1+p+q-r}{2}} = d,$$

so ist

$$\begin{array}{ccc} p & ad+bc & ac-bd \\ bc-ad & q & ab+cd \\ -ac-bd & cd-ab & r \end{array}$$

das allgemeine Transformationsschema der Raumcoordinaten, oder, bedeuten a, b, c, d was sie wollen[, so sind die 9 Grössen des Schemas] proportional folgenden:

$$\begin{array}{ccc} \frac{1}{2}(cc+dd-aa-bb) & ad+bc & ac-bd \\ bc-ad & \frac{1}{2}(bb+dd-aa-cc) & ab+cd \\ -ac-bd & cd-ab & \frac{1}{2}(bb+cc-aa-dd). \end{array}$$

[2.]

Besser auf folgende Weise:

$$\sqrt{\frac{1+p+q+r}{2}} = a$$

$$\sqrt{\frac{1+p-q-r}{2}} = b$$

$$\sqrt{\frac{1-p+q-r}{2}} = c$$

$$\sqrt{\frac{1-p-q+r}{2}} = d,$$

$$\begin{array}{ccc} \frac{1}{2}(aa+bb-cc-dd) & -ad-bc & -ac+bd \\ +ad-bc & \frac{1}{2}(aa-bb+cc-dd) & -ab-cd \\ +ac+bd & +ab-cd & \frac{1}{2}(aa-bb-cc+dd). \end{array}$$

[3.]

Aus der Verbindung zweier Transformationen,

$$\left.\begin{array}{lll} \text{deren erster die Scale} & a, & b, \quad c, \quad d \\ \text{,, zweiter ,, ,,} & \alpha, & \beta, \quad \gamma, \quad \delta \end{array}\right\} \text{entspricht,}$$

entsteht eine neue, deren Scale:

$$\begin{array}{l} a\alpha - b\beta - c\gamma - d\delta \\ a\beta + b\alpha - c\delta + d\gamma \\ a\gamma + b\delta + c\alpha - d\beta \\ a\delta - b\gamma + c\beta + d\alpha. \end{array}$$

[4.]

Sind die Coordinaten des ruhenden Punkts ξ, η, ζ, Vergrösserung $= nn$, Drehung $= \lambda$, so kann man setzen

$$a = n\cos\tfrac{1}{2}\lambda$$
$$b = n\xi\sin\tfrac{1}{2}\lambda$$
$$c = n\eta\sin\tfrac{1}{2}\lambda$$
$$d = n\zeta\sin\tfrac{1}{2}\lambda.$$

[5.]

Schreiben wir

$$\begin{aligned} a\alpha - b\beta - c\gamma - d\delta &= A \\ a\beta + b\alpha - c\delta + d\gamma &= B \\ a\gamma + b\delta + c\alpha - d\beta &= C \\ a\delta - b\gamma + c\beta + d\alpha &= D; \end{aligned}$$

$$aa + bb + cc + dd = m$$
$$\alpha\alpha + \beta\beta + \gamma\gamma + \delta\delta = \mu,$$

so ist:

$$\frac{C+Di}{A+Bi} \equiv \frac{c+di}{a+bi} \quad (\text{mod. } m),$$
$$\frac{C-Di}{A+Bi} \equiv \frac{\gamma-\delta i}{\alpha+\beta i} \quad (\text{mod. } \mu);$$

$$\frac{B+Di}{A+Ci} \equiv \frac{\beta+\delta i}{\alpha+\gamma i} \quad (\text{mod. } m),$$
$$\frac{B-Di}{A+Ci} \equiv \frac{b-di}{a+ci} \quad (\text{mod. } \mu);$$

$$\frac{B+Ci}{A+Di} \equiv \frac{b+ci}{a+di} \quad (\text{mod. } m),$$
$$\frac{B-Ci}{A+Di} \equiv \frac{\beta-\gamma i}{\alpha+\delta i} \quad (\text{mod. } \mu).$$

[6.]

Wir bezeichnen allgemein die Combination a, b, c, d durch (a, b, c, d) und schreiben

$$(a, b, c, d)\,(\alpha, \beta, \gamma, \delta) = (A, B, C, D).$$

Es ist also $(a, b, c, d)(\alpha, \beta, \gamma, \delta)$ nicht mit $(\alpha, \beta, \gamma, \delta)(a, b, c, d)$ zu verwechseln.

Man hat dann

$$(a, b, c, d)(a, -b, -c, -d) = (aa+bb+cc+dd, 0, 0, 0).$$

Ferner bezeichne man die Combination (a, b, c, d) durch einen Buchstaben, z. B. g, und dann die Combination $(a, -b, -c, -d)$ durch g'.

Es ist also

$$gg' = g'g = (aa+bb+cc+dd, 0, 0, 0) = (m, 0, 0, 0).$$

Ferner ist $(\alpha, \beta, \gamma, \delta) = h$, $\alpha\alpha+\beta\beta+\gamma\gamma+\delta\delta = \mu$ gesetzt:

$$ghg' = (\alpha m, -\beta m, -\gamma m, -\delta m) = h'gg' = gg'h'.$$

[7.]

Man kann auch die Scale a, b, c, d als auf diejenige Versetzung der Coordinatenaxen sich beziehend betrachten, die der Substitution

$$\begin{array}{ccc}
+a+\frac{bb}{n+a}, & +d+\frac{bc}{n+a}, & -c+\frac{bd}{n+a}, \\
-d+\frac{bc}{n+a}, & +a+\frac{cc}{n+a}, & +b+\frac{cd}{n+a}, \\
+c+\frac{bd}{n+a}, & -b+\frac{cd}{n+a}, & +a+\frac{dd}{n+a}
\end{array}$$

entspricht, wo

$n = \sqrt{(aa+bb+cc+dd)}$ Vergrösserung,

$a = n\cos\lambda$, $\quad \sqrt{(bb+cc+dd)} = n\sin\lambda$,

λ ganze Drehung.

[8.]

Die Transformationsscale a, b, c, d bedeutet
eine Vergrösserung $= (aa+bb+cc+dd)$
nebst Drehung $= \lambda$ um den Punkt, dessen Coordinaten

$$\frac{b}{a}\operatorname{cotg}\tfrac{1}{2}\lambda, \quad \frac{c}{a}\cot\tfrac{1}{2}\lambda, \quad \frac{d}{a}\operatorname{cotg}\tfrac{1}{2}\lambda.$$

Geben drei auf einander folgende Scalen

$$M, 0, 0, 0$$

und sind die betreffenden Drehungspunkte P, P', P'',
die Winkel $\lambda, \lambda', \lambda''$,

so sind $\frac{1}{2}\lambda$, $\frac{1}{2}\lambda'$, $\frac{1}{2}\lambda''$ die Winkel des sphärischen Dreiecks zwischen P, P', P''.

[II.]

MUTATIONEN DES RAUMES VON DREI DIMENSIONEN.

1.

Seit langer Zeit habe ich das Verfahren gebraucht, jede Mutation eines Raumes (worunter ich verstehe seine Verrückung in einem andern Raume verbunden mit einer allgemeinen Vergrösserung oder Verkleinerung des erstern, unbeschadet der Conservation der Ähnlichkeit) durch vier Grössen

$$a, b, c, d$$

auszudrücken, deren Complex ich die Mutationsscale nenne. Es wird zugleich angenommen, dass Ein Punkt des beweglichen Raumes in dem andern als fest oder absolut betrachteten immer unbewegt bleibe, welcher Punkt mit Nullpunkt bezeichnet werden mag.

2.

Die Bedeutung dieser vier Grössen ist hierbei folgende. In dem festen Raume werden drei von 0 ausgehende, rechte Winkel mit einander machende gerade Linien angenommen 01, 02, 03. Man setze

$$\sqrt{(bb+cc+dd)} = \rho,$$

und lasse

$$\frac{b}{\rho}, \frac{c}{\rho}, \frac{d}{\rho}$$

die Cosinus der drei Winkel sein, welche eine Gerade $0P$ resp. mit 01, 02, 03 macht. Diese gerade Linie hat in dem bewegten Raume nach der Mutation dieselbe Lage wie vor derselben; [wird ferner]

$$\sqrt{(aa+\rho\rho)} = k$$

gesetzt, oder

$$k = \sqrt{(aa+bb+cc+dd)},$$

ist k die linearische Vergrösserung des mutirten Raumes.

Endlich

$$a = k\cos\theta, \qquad \rho = k\sin\theta$$

gesetzt, ist 2θ diejenige Drehung um $0P$, durch welche, verbunden mit der Vergrösserung k, die Mutation erzeugt werden kann.

BEMERKUNG.

Die unter [I] zusammengefassten Notizen stehen in einem Handbuche. Die Nummern 1 bis 7 stimmen in Schrift und Tinte genau mit astronomischen Aufzeichnungen aus dem Jahre 1819 überein, die sich auf den vorhergehenden Seiten befinden. Verschieden von ihnen sieht die als Nummer 8 bezeichnete Bemerkung aus. Sie trägt sachlich den Character eines spätern Zusatzes, und diese Annahme wird auch dadurch bestätigt, dass augenscheinlich gleichzeitig mit ihr niedergeschriebene astronomische Notizen aus der Zeit von 1822 bis 1823 stammen. Die Notiz [II] füllt einen einzelnen Zettel ohne Datirung. Nach der Handschrift zu urtheilen, stammt sie aus noch späterer Zeit.

STÄCKEL.

THEORIE DER KRUMMEN FLÄCHEN.

NACHTRÄGE ZU BAND IV.

46*

NACHLASS UND BRIEFWECHSEL.

PRAECEPTA GENERALISSIMA PRO INVENIENDIS CENTRIS CIRCULI OSCULANTIS AD QUODVIS CURVAE DATAE PUNCTUM DATUM.

Definiatur situs puncti cuiusvis in plano dato per duas variabiles x, y (sive sint distantiae a punctis sive lineis datis sive anguli etc.), sintque

$$P = 0, \qquad P' = 0$$

aequationes duarum curvarum, designantibus P, P' functiones quascunque ipsarum x, y; porro sit

$$dP = p\,dx + q\,dy, \qquad dP' = p'dx + q'dy,$$

$$d^2P = r\,dx^2 + 2s\,dx\,dy + t\,dy^2, \qquad d^2P' = r'dx^2 + 2s'dx\,dy + t'dy^2.$$

Tunc curvae punctum per

$$x = \xi, \qquad y = \eta$$

definitum commune habebunt, si pro hisce valoribus

$$P = P';$$

praeterea in hoc puncto eandem tangentem habebunt, si insuper

$$pq' = p'q;$$

denique etiam eundem circulum osculantem habebunt, si insuper

$$\frac{rqq-2spq+tpp}{r'q'q'-2s'p'q'+t'p'p'} = \frac{p^3}{p'^3} = \frac{q^3}{q'^3}.$$

Hinc facile est circulum osculantem determinare, si altera curvarum circulum denotare supponitur.

Ita si x, y sunt coordinatae orthogonales, centrum circuli osculantis definietur per aequationes

$$x = \xi + \frac{p(pp+qq)}{rqq-2spq+tpp}$$

$$y = \eta - \frac{q(pp+qq)}{rqq-2spq+tpp}$$

BEMERKUNG.

Die vorstehende Notiz findet sich auf dem Umschlage des Werkes: *Elementorum analyseos infinitorum Ioanni Andreae Segneri Pars I.* Halle 1761 und stammt höchst wahrscheinlich aus dem Ende des achtzehnten Jahrhunderts. STÄCKEL.

[DIE OBERFLÄCHE DES ELLIPSOIDS.]

[1.]

Wenn jeder Punkt einer Fläche durch denjenigen Punkt einer Kugelfläche mit Halbmesser 1 repräsentirt wird, dessen Radius mit der Normale des ersten Punkts parallel ist, und ein Element der Kugelfläche $d\sigma$ einem Element der Fläche ds correspondirt, so ist

$$\frac{d\sigma}{ds} = \frac{\frac{ddz}{dx^2}\,\frac{ddz}{dy^2} - \left(\frac{ddz}{dx\,dy}\right)^2}{\left(1+\left(\frac{dz}{dx}\right)^2+\left(\frac{dz}{dy}\right)^2\right)^2} = \frac{1}{rr'},$$

wenn r und r' die beiden äussersten Krümmungshalbmesser sind.

[2.]

Wenn $d\sigma$ den Raum auf der Himmelskugel bedeutet, welcher dem Elemente ds der Oberfläche des Ellipsoids

$$\left[\frac{xx}{aa}+\frac{yy}{bb}+\frac{zz}{cc} = 1\right]$$

entspricht, so wird

$$ds = aabbcc\left(\frac{xx}{a^4}+\frac{yy}{b^4}+\frac{zz}{c^4}\right)^2 d\sigma.$$

Sind hier ξ, η, ζ die Coordinaten des Punktes der Himmelskugel, so wird

$$\xi = \frac{rx}{aa}, \qquad \eta = \frac{ry}{bb}, \qquad \zeta = \frac{rz}{cc},$$

$$rr = aa\xi\xi + bb\eta\eta + cc\zeta\zeta,$$

also

$$ds = \frac{aabbccd\sigma}{(aa\xi\xi + bb\eta\eta + cc\zeta\zeta)^2}.$$

Soll die ganze Oberfläche des Sphäroids bestimmt werden, so ist

$$d\sigma = \cos\varphi \,.\, d\varphi \,.\, d\lambda$$

zu setzen und die doppelte Integration von $\lambda = 0$ bis $\lambda = 360^0$ und von $\varphi = -90^0$ bis $\varphi = +90^0$ auszuführen. Die erstere ist leicht und man hat dann, $\sin\varphi = x$ gesetzt, die ganze Oberfläche

$$= \int \frac{\pi aabbcc \,.\, (aa + bb - (aa + bb - 2cc)xx)\,dx}{(aa - (aa - cc)xx)^{\frac{3}{2}} \,.\, (bb - (bb - cc)xx)^{\frac{3}{2}}}$$

von $x = -1$ bis $x = +1$.

Dieses Integral verwandelt sich leicht in folgendes (allgemein)

$$\pi aabbcc \frac{\left(\frac{1}{aa} + \frac{1}{bb} - \frac{1}{cc}\right) x + \left(\frac{(aa-cc)(bb-cc)}{aabbcc}\right) x^3}{\sqrt{\{(aa - (aa-cc)xx)(bb - (bb-cc)xx)\}}}$$

$$+ \pi aabbcc \int \frac{\frac{1}{cc} - \frac{(aa-cc)(bb-cc)}{aabbcc} xx}{\sqrt{\{(aa - (aa-cc)xx)(bb - (bb-cc)xx)\}}} dx,$$

also von $x = -1$ bis $x = +1$ in folgenden Werth

$$2\pi cc + 2\pi \int \frac{aabb - (aa - cc)(bb - cc)xx}{\sqrt{\{(aa - (aa-cc)xx)(bb - (bb-cc)xx)\}}} dx,$$

das Integral von $x = 0$ bis $x = 1$ genommen.

BEMERKUNGEN.

Gauss hat die vorstehende Notiz auf dem Einsatzblatte eines Sammelbandes niedergeschrieben, der einige seiner Abhandlungen aus den Jahren 1799 bis 1813 enthält.

Die Integration nach λ beruht auf der bekannten Formel:

$$\int_0^\pi \frac{d\psi}{(u+v\cos\psi)^2} = \frac{\pi u}{(u+v)^{\frac{3}{2}}(u-v)^{\frac{3}{2}}};$$

dabei ist

$$\psi = 2\lambda$$
$$u = \tfrac{1}{2}(a^2+b^2)\cos\varphi^2 + c^2\sin\varphi^2$$
$$v = \tfrac{1}{2}(a^2+b^2)\cos\varphi^2$$

zu setzen, was der Substitution

$$\xi = \cos\varphi\cos\lambda, \qquad \eta = \cos\varphi\sin\lambda, \qquad \zeta = \sin\varphi$$

entspricht.

Stäckel.

[CONFORME ABBILDUNG. KRÜMMUNGSMASS.]

[1.]

GAUSS an SCHUMACHER. Göttingen, 5. Juli 1816.

.... Das Programm mit der Preisfrage Ihrer Societät ist mir noch nicht zu Gesichte gekommen. Mit LINDENAU habe ich auch über eine Preisfrage conferirt, die in der neuen Zeitschrift mit dem Preise von 100 Ducaten aufgegeben werden soll. Mir war eine interessante Aufgabe eingefallen, nemlich:

> »**allgemein** eine gegebene Fläche so auf einer andern (gegebenen) zu »projiciren (abzubilden), dass das Bild dem Original in den kleinsten »Theilen ähnlich werde«.

Ein specieller Fall ist, wenn die erste Fläche eine Kugel, die zweite eine Ebene ist. Hier sind die stereographische und die merkatorische Projectionen particuläre Auflösungen. Man will aber die allgemeine Auflösung, worunter alle particulären begriffen sind, für jede Arten von Flächen.

Es soll darüber in dem Journal philomathique bereits von MONGE und POINSOT gearbeitet sein (wie BURCKHARDT an LINDENAU geschrieben hat), allein da ich nicht genau weiss wo, so habe ich noch nicht nachsuchen können, und weiss daher nicht, ob jener Herren Auflösungen ganz meiner Idee entsprechen und die Sache erschöpfen. Im entgegengesetzten Fall schiene mir diess einmal eine schickliche Preisfrage für eine Societät zu sein. Bei der hiesigen kommt die Reihe des Aufgebens nur alle 12 Jahre an mich. ....

[2.]

Die allgemeine Auflösung der Aufgabe, eine krumme Fläche in den kleinsten Theilen ähnlich auf eine Ebene zu entwerfen, scheint folgende zu sein:

Es sei $V = 0$ die Gleichung der krummen Fläche und

$$dV = p\,dx + q\,dy + r\,dz.$$

Man integrire die Gleichung

$$q\,dx - p\,dy + \sqrt{-1}\,.\sqrt{(pp+qq+rr)}\,.\,dz = 0,$$

indem man sie mit $V = 0$ verbindet. Das Integral sei

$$W = \text{Const.}$$

Eben so sei das Integral von

$$q\,dx - p\,dy - \sqrt{-1}\,.\sqrt{(pp+qq+rr)}\,.\,dz = 0:$$

$$W' = \text{Const.}$$

Alsdann ist die vollständige Auflösung:

$$\xi + \sqrt{-1}\,.\,\eta = f(W)$$

$$\xi - \sqrt{-1}\,.\,\eta = f'(W'),$$

wo f, f' willkürliche Functionen bedeuten; oder vielmehr die Integration von

$$q\,dx - p\,dy + \sqrt{-1}\,.\sqrt{(pp+qq+rr)}\,.\,dz = 0$$

gebe

$$T + U\sqrt{-1} = \text{Const.},$$

sodann ist

$$\xi \pm \sqrt{-1}\,.\,\eta = \text{funct.}\,(T \pm U\sqrt{-1}).$$

Es sei das Integral von

$$dx^2 + dy^2 + dz^2 = 0$$

mit $V = 0$ verbunden:

$$T + U\sqrt{-1} = \text{Const.},$$

so findet das obige Resultat statt.

[3.]

Die allgemeinste Auflösung der Aufgabe, alle Gestalten zu bestimmen, die eine gegebene krumme Fläche annehmen kann, beruht auf folgendem. Es sei P der Punkt der Himmelskugel, welchem die Normale auf der Oberfläche der Superficies in einer Gestalt entspricht, Q der demselben Punkt in einer andern Gestalt entsprechende; eben so correspondiren die Punkte P', P'', P''' etc. für eine Gestalt den Punkten Q', Q'', Q''' [etc.] für die andere. Dann besteht die Auflösung darin, dass jede geschlossene Figur $PP'P''P'''\ldots$ auf der Kugelfläche mit der correspondirenden $QQ'Q''Q'''\ldots$ einerlei Inhalt habe.

Spätere Anmerkung. Dieses schöne Theorem ist zwar vollkommen richtig, aber zur Auflösung nicht hinreichend.

BEMERKUNGEN.

Die Notizen [2] und [3] finden sich in dem Handbuche »Den astronomischen Wissenschaften gewidmet«, das GAUSS im November 1801 begonnen hat; sie stammen vermuthlich ungefähr aus derselben Zeit, wie der unter [1] abgedruckte Brief von GAUSS an SCHUMACHER.

STÄCKEL.

[FLÄCHENTREUE ABBILDUNG EINER EBENE AUF EINE ANDERE EBENE.]

Aufgabe. Die Punkte in der Ebene so in eine zweite Ebene zu übertragen, dass jeder unendlich kleinen Figur in der einen Ebene eine von gleichem Inhalt in der andern entspreche.

Es seien die Coordinaten in der einen Ebene x und y,
die correspondirenden in der andern ξ und η.

Die allgemeine Auflösung ist dann folgende.

Es sei u eine willkürliche Function von x und ξ; man mache

$$y = \frac{\partial u}{\partial x}, \qquad \eta = -\frac{\partial u}{\partial \xi}.$$

Diese Auflösung ist vollkommen richtig und allgemein, und lässt sich leicht geometrisch versinnlichen.

u bedeutet nemlich den hier gezeichneten Flächenraum:

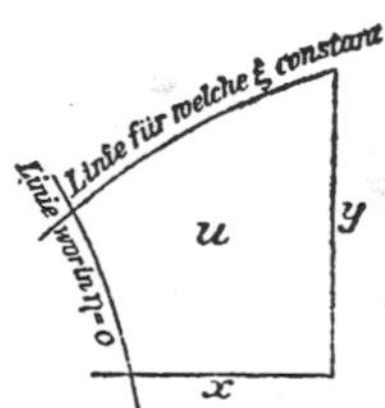

Bei der Kugelfläche darf man nur Polarcoordinaten (θ, r) anwenden und θ, $\cos r$ statt x, y substituiren, so lässt sich leicht eine Kugelfläche auf die andere oder auf die Ebene übertragen etc.

BEMERKUNG.

Die vorstehende Notiz steht in einem Handbuche und darf in die Zeit von 1820 bis 1822 gesetzt werden.

STÄCKEL.

STAND MEINER UNTERSUCHUNG

ÜBER DIE UMFORMUNG DER FLÄCHEN.

Dec. 13. 1822.

[1.]

[Es seien

x, y, z die rechtwinkligen Coordinaten eines Punktes der Fläche,

A, B, C die Cosinus der Winkel, welche die Normale der Fläche in diesem Punkte mit den Coordinatenaxen bildet. Dann ist:]

[1] $$Adx+Bdy+Cdz = 0$$

[2] $$AA+BB+CC = 1.$$

[Die Coordinaten x, y, z mögen durch zwei unabhängige Veränderliche t, u ausgedrückt werden. Man setze:]

[3] $$\begin{cases} A' = \frac{\partial A}{\partial t}, & B' = \frac{\partial B}{\partial t}, & C' = \frac{\partial C}{\partial t}, \\ A'' = \frac{\partial A}{\partial u}, & B'' = \frac{\partial B}{\partial u}, & C'' = \frac{\partial C}{\partial u}; \end{cases}$$

[4] $$\begin{cases} a = \frac{\partial x}{\partial t}, & b = \frac{\partial y}{\partial t}, & c = \frac{\partial z}{\partial t}, \\ \alpha = \frac{\partial x}{\partial u}, & \beta = \frac{\partial y}{\partial u}, & \gamma = \frac{\partial z}{\partial u}; \end{cases}$$

$$[5]\quad \begin{cases} a' = \dfrac{\partial\partial x}{\partial t^2}, & b' = \dfrac{\partial\partial y}{\partial t^2}, & c' = \dfrac{\partial\partial z}{\partial t^2}, \\ a'' = \dfrac{\partial\partial x}{\partial t\partial u}, & b'' = \dfrac{\partial\partial y}{\partial t\partial u}, & c'' = \dfrac{\partial\partial z}{\partial t\partial u}; \\ [\alpha' = \dfrac{\partial\partial x}{\partial u\partial t}, & \beta' = \dfrac{\partial\partial y}{\partial u\partial t}, & \gamma' = \dfrac{\partial\partial z}{\partial u\partial t}, \\ \alpha'' = \dfrac{\partial\partial x}{\partial u^2}, & \beta'' = \dfrac{\partial\partial y}{\partial u^2}, & \gamma'' = \dfrac{\partial\partial z}{\partial u^2}. \end{cases}$$

Dann ergibt sich aus den Relationen:]

$$[6]\quad \begin{cases} aA+bB+cC=0 \\ \alpha A+\beta B+\gamma C=0, \end{cases}$$

[dass]

$$[7]\quad \begin{cases} \alpha = cB-bC & [a=\beta C-\gamma B] \\ \beta = aC-cA & [b=\gamma A-\alpha C] \\ \gamma = bA-aB & [c=\alpha B-\beta B] \end{cases}$$

[ist, vorausgesetzt, dass man die Veränderlichen t und u derart wählt, dass]

$$[8]\quad aa+bb+cc=\alpha\alpha+\beta\beta+\gamma\gamma=mm$$

$$[9]\quad [a\alpha+b\beta+c\gamma=0$$

wird.

Vermöge der Gleichungen 7 erhält man:]

$$[10]\quad \begin{cases} \alpha'' = cB'-bC'+Bc'-Cb' \\ \beta'' = aC'-cA'+Ca'-Ac' \\ \gamma'' = bA'-aB'+Ab'-Ba' \end{cases}$$

[und umgekehrt ist wegen der Gleichungen 2 und 6:]

$$[11]\quad \begin{cases} a' = A(Aa'+Bb'+Cc')-B\gamma''+C\beta'' \\ b' = B(Aa'+Bb'+Cc')-C\alpha''+A\gamma'' \\ c' = C(Aa'+Bb'+Cc')-A\beta''+B\alpha'' \end{cases}$$

Man hat ferner hieraus

$$Aa''+Bb''+Cc''=-\alpha A'-\beta B'-\gamma C',$$

und aus der Differentiation von

$$aA+bB+cC=0$$

folgt

$$Aa''+Bb''+Cc''=-aA''-bB''-cC'',$$

also

$$aA''+bB''+cC''=\alpha A'+\beta B'+\gamma C'$$

oder

$$0=a(A''+BC'-CB')+b(B''+CA'-AC')+c(C''+AB'-BA'),$$

welches verbunden mit

$$0=aA+bB+cC$$

leicht folgendes gibt:

$$[12]\qquad \begin{cases} na=A'+CB''-BC'' \\ nb=B'+AC''-CA'' \\ nc=C'+BA''-AB'', \end{cases}$$

$$[13]\qquad \begin{cases} n\alpha=A''+BC'-CB' \\ n\beta=B''+CA'-AC' \\ n\gamma=C''+AB'-BA', \end{cases}$$

wo

$$[14]\qquad \begin{aligned} mmnn=&A'A'+B'B'+C'C'+A''A''+B''B''+C''C'' \\ &+2A(B'C''-C'B'')+2B(C'A''-A'C'')+2C(A'B''-B'A''). \end{aligned}$$

Wir haben ferner aus der Differentiation von $a\alpha+b\beta+c\gamma=0$:

$$a\alpha'+b\beta'+c\gamma'+\alpha a'+\beta b'+\gamma c'=0$$

oder

$$aa''+bb''+cc''+\alpha a'+\beta b'+\gamma c'=0$$

oder

$$mm''+\alpha a'+\beta b'+\gamma c'=0.$$

Diess verbunden mit

$$aa'+bb'+cc'=mm'$$

$$Aa'+Bb'+Cc'=-aA'-bB'-cC'$$

gibt, wenn man resp. mit

$$\alpha, \qquad a, \qquad mmA$$

multiplicirt und addirt:

[15] $$\begin{cases} a' = \dfrac{am'-\alpha m''}{m} - A(aA'+bB'+cC') \\ b' = \dfrac{bm'-\beta m''}{m} - B(aA'+bB'+cC') \\ c' = \dfrac{cm'-\gamma m''}{m} - C(aA'+bB'+cC'). \end{cases}$$

[Aus 6 und 8 folgt nemlich:

$$mmA = b\gamma - c\beta$$
$$mmB = c\alpha - a\gamma$$
$$mmC = a\beta - b\alpha,$$

und es gelten ferner die Identitäten:

$$m^4 = (b\gamma - c\beta)^2 + mm(\alpha\alpha + aa)$$
$$0 = (b\gamma - c\beta)(c\alpha - a\gamma) + mm(\alpha\beta + ab)$$
$$0 = (b\gamma - c\beta)(a\beta - b\alpha) + mm(\alpha\gamma + ac).$$

Vermöge der Gleichungen 15 erhält man ferner aus den Gleichungen 10:]

[16] $$\begin{cases} a'' = \dfrac{\alpha m'+am''}{m} + cB' - bC' \\ b'' = \dfrac{\beta m'+bm''}{m} + aC' - cA' \\ c'' = \dfrac{\gamma m'+cm''}{m} + bA' - aB', \end{cases}$$

[und aus diesen Gleichungen folgt:]

[17] $$a''A'+b''B'+c''C' = -\frac{\theta m'}{m} + \frac{m''}{m}(aA'+bB'+cC'),$$

[wo θ den Ausdruck

$$-(\alpha A'+\beta B'+\gamma C') = -(aA''+bB''+cC'')$$

bezeichnet. In entsprechender Weise folgt aus den Gleichungen 15:]

[18] $$a'A''+b'B''+c'C'' = -\frac{\theta m'}{m} - \frac{m''}{m}(\alpha A''+\beta B''+\gamma C'').$$

[Weiter ergibt sich aus den Gleichungen 16:]

[19] $$\begin{cases} Bc''-Cb'' = \dfrac{-am'+\alpha m''}{m} \\ Ca''-Ac'' = \dfrac{-bm'+\beta m''}{m} \\ Ab''-Ba'' = \dfrac{-cm'+\gamma m''}{m} \end{cases}$$

[Durch Vertauschung von t und u erhält man aus 15:

$$\begin{cases} \alpha'' = \dfrac{\alpha m''-am'}{m} - A(\alpha A''+\beta B''+\gamma C'') \\ \beta'' = \dfrac{\beta m''-bm'}{m} - B(\alpha A''+\beta B''+\gamma C'') \\ \gamma'' = \dfrac{\gamma m''-cm'}{m} - C(\alpha A''+\beta B''+\gamma C'') \end{cases}$$

und leitet hieraus leicht die Relationen ab:]

[20] $$\begin{cases} a'+\alpha'' = -Ammn \\ b'+\beta'' = -Bmmn \\ c'+\gamma'' = -Cmmn. \end{cases}$$

[Werden nunmehr in den Gleichungen 15 und 16 für a, b, c; α, β, γ die Werthe aus den Gleichungen 12 und 13 eingesetzt, so findet man:]

[21] $$\begin{cases} na' = \left(\frac{m'}{m}-AA'\right)(A'+CB''-BC'')-AB'(B'+AC''-CA'') \\ \qquad -AC'(C'+BA''-AB'')-\frac{m''}{m}(A''+BC'-CB'), \\ nb' = \left(\frac{m'}{m}-BB'\right)(B'+AC''-CA'')-BC'(C'+BA''-AB'') \\ \qquad -BA'(A'+CB''-BC'')-\frac{m''}{m}(B''+CA'-AC'), \\ nc' = \left(\frac{m'}{m}-CC'\right)(C'+BA''-AB'')-CA'(A'+CB''-BC'') \\ \qquad -CB'(B'+AC''-CA'')-\frac{m''}{m}(C''+AB'-BA') \end{cases}$$

[und]

[22] $$\begin{cases} na'' = \frac{m'}{m}(A''+BC'-CB')+\frac{m''}{m}(A'+CB''-BC'')-A(A'A''+B'B''+C'C'') \\ nb'' = \frac{m'}{m}(B''+CA'-AC')+\frac{m''}{m}(B'+AC''-CA'')-B(A'A''+B'B''+C'C'') \\ nc'' = \frac{m'}{m}(C''+AB'-BA')+\frac{m''}{m}(C'+BA''-AC'')-C(A'A''+B'B''+C'C''), \end{cases}$$

[so dass jetzt die zweiten Ableitungen der Coordinaten x, y, z nach t und u allein durch m, A, B, C und deren Ableitungen nach t und u ausgedrückt sind.]

[2.]

Die Formel

$$\frac{\partial a'}{\partial u} = \frac{\partial a''}{\partial t}$$

gibt uns folgende Gleichung:

$$\begin{aligned}
&a\left(\frac{\partial\partial \log m}{\partial t^2}+\frac{\partial\partial \log m}{\partial u^2}\right)+\frac{m''}{m}\left(a'+\frac{\partial\partial x}{\partial u^2}\right)\\
&+A''(aA'+bB'+cC')+A(a''A'+b''B'+c''C')+c'B'-b'C'\\
&+A\left(a\frac{\partial\partial A}{\partial t\partial u}+b\frac{\partial\partial B}{\partial t\partial u}+c\frac{\partial\partial C}{\partial t\partial u}\right)+c\frac{\partial\partial B}{\partial t^2}-b\frac{\partial\partial C}{\partial t^2} \qquad = 0.
\end{aligned}$$

Und eben so [liefern uns die Formeln

$$\frac{\partial b'}{\partial u} = \frac{\partial b''}{\partial t}$$

$$\frac{\partial c'}{\partial u} = \frac{\partial c''}{\partial t}]$$

zwei andere ganz ähnliche [Gleichungen]; multiplicirt man sie respective mit α, β, γ und addirt, so erhält man

$$\begin{aligned}
&mm\left(\frac{\partial\partial \log m}{\partial t^2}+\frac{\partial\partial \log m}{\partial u^2}\right)\\
&+(aA'+bB'+cC')(\alpha A''+\beta B''+\gamma C'')+\Sigma\alpha(c'B'-b'C')\\
&\qquad\qquad+\Sigma\alpha\left(c\frac{\partial\partial B}{\partial t^2}-b\frac{\partial\partial C}{\partial t^2}\right)=0.
\end{aligned}$$

Die beiden letzten Theile sind

$$= \frac{\partial\,\Sigma\alpha(cB'-bC')}{\partial t} - \Sigma\alpha''(cB'-bC').$$

Nun aber ist [wegen 12]:

[23]
$$\left\{\begin{aligned}
cB'-bC' &= A\theta\\
aC'-cA' &= B\theta\\
bA'-aB' &= C\theta,
\end{aligned}\right.$$

[und hierin darf man, wiederum nach 12, setzen:]

$$\theta = -\frac{A'A''+B'B''+C'C''}{n},$$

also [ist]

$$\Sigma\, a(cB'-bC') = 0,$$

folglich auch dessen Differential $= 0$. Ferner

$$\begin{aligned}\Sigma\, a''(cB'-bC') &= \theta(Aa''+Bb''+Cc'')\\ &= -\theta(aA''+bB''+cC'')\\ &= +\theta\theta.\end{aligned}$$

Wir haben folglich:

$$mm\left(\frac{\partial\partial\log m}{\partial t^2}+\frac{\partial\partial\log m}{\partial u^2}\right) = -(aA'+bB'+cC')(\alpha A''+\beta B''+\gamma C'') + \frac{(A'A''+B'B''+C'C'')^2}{nn}.$$

Setzt man also

$$A(B'C''-C'B'')+B(C'A''-A'C'')+C(A'B''-B'A'') = \Delta,$$

so wird

$$mm\left(\frac{\partial\partial\log m}{\partial t^2}+\frac{\partial\partial\log m}{\partial u^2}\right) = -\frac{(A'A'+B'B'+C'C'+\Delta)(A''A''+B''B''+C''C''+\Delta)-(A'A''+B'B''+C'C'')^2}{nn},$$

[oder]

[24] $$\frac{\partial\partial\log m}{\partial t^2}+\frac{\partial\partial\log m}{\partial u^2} = -\Delta.$$

Wir bemerken noch, dass

(⚲) $$\begin{cases} B'C''-C'B'' = A\Delta\\ C'A''-A'C'' = B\Delta\\ A'B''-B'A'' = C\Delta.\end{cases}$$

Auch haben wir uns überzeugt, dass in den Bedingungsgleichungen

$$\frac{\partial a'}{\partial u} = \frac{\partial \alpha'}{\partial t},\quad \text{etc.}$$

nichts weiter liegt als dieses Resultat [nemlich die Gleichung 24].

[Die Gleichung 24 hat folgende geometrische Bedeutung. Wird das Flächenelement

$$mm\,dt\,du$$

mittelst paralleler Normalen auf die Kugel vom Radius 1 abgebildet und entspricht ihm dort ein Flächenelement der Grösse

$$A(B'C''-C'B'')+B(C'A''-A'C'')+C(A'B''-B'A'')\,dt\,du = \Delta\,dt\,du,$$

so ist das Krümmungsmass der Fläche im Punkte t, u:

$$K = \frac{\Delta}{mm}.$$

Vermöge der Gleichung 24 wird alsdann:

$$[25] \qquad K = -\frac{1}{mm}\left(\frac{\partial\partial \log m}{\partial t^2}+\frac{\partial\partial \log m}{\partial u^2}\right),$$

K lässt sich also allein durch m und die Ableitungen davon ausdrücken, oder das Krümmungsmass behält denselben Werth bei allen Umformungen der Fläche, die deren Linienelement

$$\sqrt{\{mm(dt^2+du^2)\}}$$

unverändert lassen.]

[3.]

Die Differentiation von na und $n\alpha$ gibt:

$$na''+an'' = \frac{\partial\partial A}{\partial t\partial u}+C\frac{\partial\partial B}{\partial u^2}-B\frac{\partial\partial C}{\partial u^2} = A^{(3)}+CB^{(4)}-BC^{(4)}$$

$$n\alpha''+\alpha n' = \frac{\partial\partial A}{\partial t\partial u}+B\frac{\partial\partial C}{\partial t^2}-C\frac{\partial\partial B}{\partial t^2} = A^{(3)}+BC^{(2)}-CB^{(2)}.$$

[Mithin ist]

$$an''-\alpha n' = C(B^{(2)}+B^{(4)})-B(C^{(2)}+C^{(4)}),$$

[und ebenso:

$$bn''-\beta n' = A(C^{(2)}+C^{(4)})-C(A^{(2)}+A^{(4)})$$

$$cn''-\gamma n' = B(A^{(2)}+A^{(4)})-A(B^{(2)}+B^{(4)}).]$$

Hieraus [folgt mit Hülfe von 7, 8 und 9]

$$mmn'' = \alpha(A^{(2)}+A^{(4)})+\beta(B^{(2)}+B^{(4)})+\gamma(C^{(2)}+C^{(4)})$$

$$mmn' = a(A^{(2)}+A^{(4)})+b(B^{(2)}+B^{(4)})+c(C^{(2)}+C^{(4)}).$$

Nun ist ferner:

$$mmn'+mnm' = aA^{(2)}+bB^{(2)}+cC^{(2)}+\alpha A^{(3)}+\beta B^{(3)}+\gamma C^{(3)}.$$

[Differentiirt man nemlich die beiden Seiten der Identität

$$mmnn = A'A' + B'B' + C'C' + A''A'' + B''B'' + C''C''$$
$$+2A(B'C'' - C'B'') + 2B(C'A'' - A'C'') + 2C(A'B'' - B'A'')$$

nach t und ordnet rechts nach $A^{(2)}$, $B^{(2)}$, $C^{(2)}$; $A^{(3)}$, $B^{(3)}$, $C^{(3)}$, so werden vermöge der Gleichungen 12 und 13 die Coefficienten der Reihe nach gleich $2na$, $2nb$, $2nc$; $2n\alpha$, $2n\beta$, $2n\gamma$. Entsprechend ergibt sich durch Differentiation nach u:]

$$mmn'' + mnm'' = aA^{(3)} + bB^{(3)} + cC^{(3)} + \alpha A^{(4)} + \beta B^{(4)} + \gamma C^{(4)},$$

also [wird]

$$(\odot) \quad \begin{cases} mnm' = \alpha A^{(3)} + \beta B^{(3)} + \gamma C^{(3)} - aA^{(4)} - bB^{(4)} - cC^{(4)} \\ mnm'' = -\alpha A^{(2)} - \beta B^{(2)} - \gamma C^{(2)} + aA^{(3)} + bB^{(3)} + cC^{(3)}. \end{cases}$$

Noch verdient bemerkt zu werden [dass aus der Differentiation von 12 und 13 unter Benutzung der Gleichungen ⚲ hervorgeht:]

$$na' + an' = A^{(2)} - A\Delta + CB^{(3)} - BC^{(3)}$$
$$n\alpha'' + \alpha n'' = A^{(4)} - A\Delta + BC^{(3)} - CB^{(3)},$$

also

$$n'a + n''\alpha + n(\alpha'' + a') = A^{(2)} + A^{(4)} - 2A\Delta,$$

oder

$$A^{(2)} + A^{(4)} = n'a + n''\alpha + (2\Delta - mmnn)A$$
$$B^{(2)} + B^{(4)} = n'b + n''\beta + (2\Delta - mmnn)B$$
$$C^{(2)} + C^{(4)} = n'c + n''\gamma + (2\Delta - mmnn)C.$$

[4.]

Für die [auf die Ebene] abwickelungsfähige Fläche findet man aus anderweitigen Betrachtungen, dass, wenn Q, Q' willkürliche Functionen von q bedeuten und aus der Auflösung [der] Gleichung

$$qt + Qu = 1$$

hervorgeht:

$$Q' = F(t, u) = P,$$

A, B und C Functionen von P sein müssen.

[Aus der Gleichung $qt + Qu = 1$ findet man durch Differentiation nach t und u:

$$q + \left(t + \frac{dQ}{dq}u\right)q' = 0$$

$$Q + \left(t + \frac{dQ}{dq}u\right)q'' = 0$$

$$\left(2 + \frac{ddQ}{dq^2}q'u\right)q' + \left(t + \frac{dQ}{dq}u\right)q^{(2)} = 0$$

$$\frac{dQ}{dq}q' + q'' + \frac{ddQ}{dq^2}uq'q'' + \left(t + \frac{dQ}{dq}u\right)q^{(3)} = 0$$

$$\left(2\frac{dQ}{dq} + \frac{ddQ}{dq^2}q''u\right)q'' + \left(t + \frac{dQ}{dq}u\right)q^{(4)} = 0$$

und hieraus folgen die Identitäten:

$$q''q''q^{(2)} - 2q''q'q^{(3)} + q'q'q^{(4)} = 0$$

und

$$P''P''P^{(2)} - 2P''P'P^{(3)} + P'P'P^{(4)} = 0.]$$

Diess gibt

$$A''A''A^{(2)} - 2A'A''A^{(3)} + A'A'A^{(4)} = 0;$$

allein man sieht noch nicht, wie diese Gleichung lediglich vermittelst des Obigen aus $m = 1$ abgeleitet werden könnte.

[5.]

15. Dec. Diess ist nunmehro abgemacht, obwohl man dadurch für den Fall, wo m nicht constant ist, nichts zu gewinnen vermag.

Es wird nemlich [wenn $m = 1$ ist]

$$\sqrt{\{(A'dt + A''du)^2 + (B'dt + B''du)^2 + (C'dt + C''du)^2\}}$$

ein Binomium von der Form $p'dt + p''du$ und ein vollständiges Differential, welches wir $= dq$ setzen. Diess scheint am einfachsten aus $\Delta = 0$ und $0\,\overset{0}{\underset{0}{+}}\,0$ zu folgen.

Die zweiten Differentialquotienten von q sollen $p^{(2)}$, $p^{(3)}$, $p^{(4)}$ sein. Diess vorausgesetzt, sind A, B, C Functionen von q, und so setzen wir

$$\frac{dA}{dq} = \mathfrak{A}', \qquad \frac{d\mathfrak{A}'}{dq} = \mathfrak{A}'', \qquad \frac{dB}{dq} = \mathfrak{B}', \qquad \text{etc.}$$

und haben

$$A' = p'\mathfrak{A}', \qquad A'' = p''\mathfrak{A}', \qquad B' = p'\mathfrak{B}', \qquad \text{etc.}$$

$$A^{(2)} = p'p'\mathfrak{A}'' + p^{(2)}\mathfrak{A}'$$
$$A^{(3)} = p'p''\mathfrak{A}'' + p^{(3)}\mathfrak{A}'$$
$$A^{(4)} = p''p''\mathfrak{A}'' + p^{(4)}\mathfrak{A}'.$$

[Dadurch gehen die Gleichungen 12 und 13 über in die folgenden]

$$na = p'\mathfrak{A}' + p''(C\mathfrak{B}' - B\mathfrak{C}')$$
$$nb = p'\mathfrak{B}' + p''(A\mathfrak{C}' - C\mathfrak{A}')$$
$$nc = p'\mathfrak{C}' + p''(B\mathfrak{A}' - A\mathfrak{B}')$$

$$n\alpha = p''\mathfrak{A}' - p'(C\mathfrak{B}' - B\mathfrak{C}')$$
$$n\beta = p''\mathfrak{B}' - p'(A\mathfrak{C}' - C\mathfrak{A}')$$
$$n\gamma = p''\mathfrak{C}' - p'(B\mathfrak{A}' - A\mathfrak{B}').$$

[Aus diesen Relationen folgt auch, da $m = 1$ ist:]

$$nn = p'p' + p''p''.$$

Die obigen beiden Formeln ⊙ geben jetzt [da $m' = m'' = 0$ ist]:

$$0 = p''p^{(3)} - p'p^{(4)} + p''(p'p' + p''p'')\Sigma A(\mathfrak{B}'\mathfrak{C}'' - \mathfrak{C}'\mathfrak{B}'')$$
$$0 = p''p^{(2)} - p'p^{(3)} + p'(p'p' + p''p'')\Sigma A(\mathfrak{B}'\mathfrak{C}'' - \mathfrak{C}'\mathfrak{B}'')$$

und hieraus

$$p''p''p^{(2)} - 2p''p'p^{(3)} + p'p'p^{(4)} = 0$$

und hieraus auch

$$A''A''A^{(2)} - 2A''A'A^{(3)} + A'A'A^{(4)} = 0$$

etc.

BEMERKUNGEN.

Am 11. December 1822 hatte GAUSS als Beantwortung einer von der Königlichen Societät der Wissenschaften in Copenhagen aufgegebenen Preisfrage seine Abhandlung: *Allgemeine Auflösung der Aufgabe: die Theile einer gegebnen Fläche auf einer andern gegebnen Fläche so abzubilden, dass die Abbildung dem Abgebildeten in den kleinsten Theilen ähnlich wird* (Bd. IV. S. 189 bis 216) an SCHUMACHER abgesandt. Die vorstehenden Aufzeichnungen vom 13. bis 15. December 1822, die auf einem einzelnen Blatte gemacht sind, beweisen, dass er ihr mit voller Absicht NEWTONS stolzes Motto »Ab his via sternitur ad maiora« auf den Weg gegeben hatte, denn die Darstellung des Quadrates des Linienelementes einer beliebigen Fläche in der Form

$$mm(dt^2+du^2)$$

hatte ihm den Zugang zu der Lösung des Problems eröffnet, das Krümmungsmass, dessen Unveränderlichkeit gegenüber Biegungen er schon früh erkannt hatte (vergl. S. 372), durch die Coefficienten des Linienelementes, also hier durch mm, und die Ableitungen davon auszudrücken, und damit war die Grundlage für die *Disquisitiones generales circa superficies curvas* gewonnen.

Auf denselben Gegenstand bezieht sich eine Notiz in einem Handbuche, die vermuthlich ungefähr aus derselben Zeit, wie die bereits S. 373 abgedruckte Aufzeichnung stammt:

»*Wahrscheinlich findet folgendes höchst zierliche allgemeine Theorem statt: Ist* $n = e^\nu$, *so wird*

$$\frac{\partial\partial\nu}{\partial x^2}+\frac{\partial\partial\nu}{\partial y^2} = \frac{n\left(\frac{\partial\partial n}{\partial x^2}+\frac{\partial\partial n}{\partial y^2}\right)-\left\{\left(\frac{\partial n}{\partial x}\right)^2+\left(\frac{\partial n}{\partial y}\right)^2\right\}}{nn} = \frac{1}{rr'nn} = \frac{d\Sigma}{dS.nn} = \frac{d\Sigma}{ds},$$

wenn r und r' die beiden äussersten Krümmungshalbmesser, die auf einander senkrecht, [bedeuten und] wenn

$d\Sigma$	*Raum auf der Himmelskugel*
dS	„ „ „ *krummen Fläche*
ds	„ *in der Ebene*

[*und* $ds = nndS$ *ist.*]«

STÄCKEL.

[DIE SEITENKRÜMMUNG.]

[1.]

Die Bestimmenden [eines Punktes x, y, z] der Fläche [seien] t, θ [und die Differentiale der Coordinaten x, y, z]:

$$[1] \qquad \left\{ \begin{aligned} dx &= a\,dt + \alpha\,d\theta \\ dy &= b\,dt + \beta\,d\theta \\ dz &= c\,dt + \gamma\,d\theta \end{aligned} \right.$$

$$[2] \qquad dx^2 + dy^2 + dz^2 = P dt^2 + 2\,Q dt d\theta + R d\theta^2.$$

[Bezeichnen ferner] X, Y, Z [die] der Normale angehörig[en Richtungscosinus, so ist]

$$[3] \qquad \left\{ \begin{aligned} \sigma X &= b\gamma - c\beta \\ \sigma Y &= c\alpha - a\gamma \\ \sigma Z &= a\beta - b\alpha. \end{aligned} \right.$$

[Jetzt betrachte man eine Curve auf der Fläche.] Es seien [also] t und θ Functionen von u. [Dann gelten für die Richtungscosinus

$\xi\,,\ \eta\,,\ \zeta$ der Tangente

$\xi',\ \eta',\ \zeta'$ der Hauptnormale

$\xi'',\ \eta'',\ \zeta''$ der Binormale

folgende Gleichungen. Erstens ist:]

[4] $$\begin{cases} \frac{dx}{du} = s\xi \\ \frac{dy}{du} = s\eta \\ \frac{dz}{du} = s\zeta; \end{cases}$$

[dabei wird s bestimmt durch die Formel:

[5] $$ss = P\left(\frac{dt}{du}\right)^2 + 2Q\frac{dt}{du}\frac{d\theta}{du} + R\left(\frac{d\theta}{du}\right)^2.$$

Zweitens ist:]

[6] $$\begin{cases} \frac{d\xi}{du} = \tau\xi' \\ \frac{d\eta}{du} = \tau\eta' \\ \frac{d\zeta}{du} = \tau\zeta'; \end{cases}$$

[dabei wird τ bestimmt durch die Formel:

[7] $$\tau\tau = \left(\frac{d\xi}{du}\right)^2 + \left(\frac{d\eta}{du}\right)^2 + \left(\frac{d\zeta}{du}\right)^2.$$

Drittens hat man:]

[8] $$\begin{cases} \eta\zeta' - \zeta\eta' = \xi'' \\ \zeta\xi' - \xi\zeta' = \eta'' \\ \xi\eta' - \eta\xi' = \zeta''. \end{cases}$$

Dann ist:

[9] $$\begin{cases} X\xi + Y\eta + Z\zeta = 0 \\ X\xi' + Y\eta' + Z\zeta' = -\cos\psi \\ X\xi'' + Y\eta'' + Z\zeta'' = +\sin\psi. \end{cases}$$

[Bei diesen Bezeichnungen ist]

$s\,du$	Element der Curve
$\tau\,du$	Element der absoluten Krümmung
$\frac{\tau}{s}$	Mass der absoluten Krümmung
$\frac{\tau}{s}\cos\psi$	Mass der Normalkrümmung (nach P convex)
$\frac{\tau}{s}\sin\psi$	Mass der Seitenkrümmung.

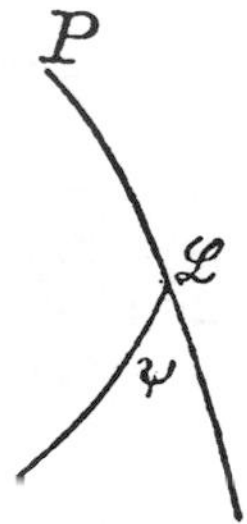

[2.]

[Setzt man

$$[10] \quad \begin{cases} \frac{dt}{du} = t', & \frac{d\theta}{du} = \theta', \\ \frac{ddt}{du^2} = t'', & \frac{dd\theta}{du^2} = \theta'', \end{cases} \qquad \frac{ds}{du} = s',$$

$$[11] \quad \begin{cases} da = x^{(2)}dt + x^{(3)}d\theta, & d\alpha = x^{(3)}dt + x^{(4)}d\theta, \\ db = y^{(2)}dt + y^{(3)}d\theta, & d\beta = y^{(3)}dt + y^{(4)}d\theta, \\ dc = z^{(2)}dt + z^{(3)}d\theta, & d\gamma = z^{(3)}dt + z^{(4)}d\theta, \end{cases}$$

so wird:]

$$\begin{aligned} s\xi &= at' + \alpha\theta' \\ s\eta &= bt' + \beta\theta' \\ s\zeta &= ct' + \gamma\theta', \end{aligned}$$

[und daraus erhält man durch Differentiation nach u:]

$$[12] \quad \begin{cases} s'\xi + \xi' s\tau = a't' + \alpha'\theta' + at'' + \alpha\theta'' \\ s'\eta + \eta' s\tau = b't' + \beta'\theta' + bt'' + \beta\theta'' \\ s'\zeta + \zeta' s\tau = c't' + \gamma'\theta' + ct'' + \gamma\theta''. \end{cases}$$

[Werden diese Gleichungen der Reihe nach mit X, Y, Z multiplicirt und addirt, so ergibt sich wegen der Identitäten

$$\begin{aligned} aX + bY + cZ &= 0 \\ \alpha X + \beta Y + \gamma Z &= 0, \end{aligned}$$

die aus der Gleichung 3 folgen:]

$$[13] \quad \begin{cases} -\tau s\cos\psi = t't'(Xx^{(2)} + Yy^{(2)} + Zz^{(2)}) \\ \qquad + 2t'\theta'(Xx^{(3)} + Yy^{(3)} + Zz^{(3)}) \\ \qquad + \theta'\theta'\,(Xx^{(4)} + Yy^{(4)} + Zz^{(4)}), \end{cases}$$

[und durch diese Gleichung ist die Normalkrümmung bestimmt.]

[3.]

Für das Mass der Seitenkrümmung der Linie, für die θ constant ist, [stellen wir folgende Betrachtung an.

In diesem Falle sei $t = u$, also

$$t' = 1, \qquad \theta' = 0.$$

Alsdann wird der Reihe nach:]

[5'] $$aa + bb + cc = ss, \qquad ss' = aa' + bb' + cc'$$

[4'] $$\begin{cases} s\xi = a \\ s\eta = b \\ s\zeta = c \end{cases}$$

[12'] $$\begin{cases} \tau s\xi' + \xi s' = a' \\ \tau s\eta' + \eta s' = b' \\ \tau s\zeta' + \zeta s' = c' \end{cases}$$

[8'] $$\begin{cases} \eta c' - \zeta b' = \tau s\xi'' \\ \zeta a' - \xi c' = \tau s\eta'' \\ \xi b' - \eta a' = \tau s\zeta''. \end{cases}$$

[Werden die letzten drei Gleichungen der Reihe nach mit $\sigma s X$, $\sigma s Y$, $\sigma s Z$ multiplicirt und addirt, so ergibt sich wegen 9:

$$\sigma\tau ss\sin\psi = \sigma s\{a'(Y\zeta - Z\eta) + b'(Z\xi - X\zeta) + c'(X\eta - Y\xi)\}.$$

Es ist aber:

$$\sigma s(Y\zeta - Z\eta) = (c\alpha - a\gamma)c - (a\beta - b\alpha)b,$$

also]

$$\sigma s(Y\zeta - Z\eta) = (aa + bb + cc)\alpha - a(a\alpha + b\beta + c\gamma)$$

[oder

$$= P\alpha - Qa.$$

Mithin wird:]

$$\sigma s^3 \cdot \frac{\tau}{s}\sin\psi = P(\alpha a' + \beta b' + \gamma c') - Q(aa' + bb' + cc').$$

[Vorher wurde gesetzt:]

$$aa+bb+cc = P$$
$$a\alpha+b\beta+c\gamma = Q$$
$$\alpha\alpha+\beta\beta+\gamma\gamma = R,$$

[mithin wird:]

$$\frac{\partial Q}{\partial t} = a'\alpha+b'\beta+c'\gamma+\tfrac{1}{2}\frac{\partial P}{\partial \theta}.$$

[Setzt man nun ein für allemal

$$\frac{\partial P}{\partial t} = P', \qquad \frac{\partial P}{\partial \theta} = P'',$$
$$\frac{\partial Q}{\partial t} = Q', \qquad \frac{\partial Q}{\partial \theta} = Q'',$$
$$\frac{\partial R}{\partial t} = R', \qquad \frac{\partial R}{\partial \theta} = R'',$$

so wird:

$$\sigma s^3 \cdot \frac{\tau}{s}\sin\psi = P(Q'-\tfrac{1}{2}P'')-\tfrac{1}{2}QP'.$$

Nun ist

$$\frac{\tau}{s}\sin\psi \,.\, s\,du = \tau\sin\psi\, du$$

das Differential der Seitenkrümmung, also ergibt sich, dass]

$$(P(Q'-\tfrac{1}{2}P'')-\tfrac{1}{2}QP')\,dt$$

gleich σss mal dem Differential der Seitenkrümmung [ist. Es war aber]

$$\sigma\sigma = PR-QQ$$
$$ss = P;$$

[demnach erhält man schliesslich die Formel:]

[14] $$\text{Diff. d. Seitenkr.} = \frac{(PQ'-\tfrac{1}{2}PP''-\tfrac{1}{2}QP')\,dt}{\sqrt{(PR-QQ)}\,.\,P}.$$

[4.]

Allgemein ist [das] Differential der Seitenkrümmung

$$df = \tau\, du \,.\, \sin\psi$$
$$= \tau\, du\{\xi'(Y\zeta-Z\eta)+\eta'(Z\xi-X\zeta)+\zeta'(X\eta-Y\xi)\},$$

[also nach 12:]

$$\begin{aligned} s\frac{df}{du} &= t'\{a'(Y\zeta - Z\eta) + b'(Z\xi - X\zeta) + c'(X\eta - Y\xi)\} \\ &+ \theta'\{\alpha'(Y\zeta - Z\eta) + \beta'(Z\xi - X\zeta) + \gamma'(X\eta - Y\xi)\} \\ &+ t''\{a\,(Y\zeta - Z\eta) + b\,(Z\xi - X\zeta) + c\,(X\eta - Y\xi)\} \\ &+ \theta''\{\alpha\,(Y\eta - Z\eta) + \beta\,(Z\xi - X\zeta) + \gamma\,(X\eta - Y\xi)\}. \end{aligned}$$

[Setzt man]

$$\frac{\partial\partial x}{\partial t^2} = a^{(2)}, \qquad \frac{\partial\partial x}{\partial t\,\partial\theta} = a^{(3)}, \qquad \left[\frac{\partial\partial x}{\partial\theta^2} = a^{(4)},\right]$$

[so wird]

$$a' = a^{(2)}t' + a^{(3)}\theta'$$

$$\alpha' = a^{(3)}t' + a^{(4)}\theta'$$

etc.

[und wegen der Identität $\frac{\partial a}{\partial\theta} = \frac{\partial\alpha}{\partial t}$:]

$$[15] \quad \left\{\begin{aligned} aa' &= \tfrac{1}{2}\frac{\partial(aa)}{\partial t}\cdot t' + \tfrac{1}{2}\frac{\partial(aa)}{\partial\theta}\cdot\theta' \\ a\alpha' &= \tfrac{1}{2}\frac{\partial(aa)}{\partial\theta}\cdot t' + \frac{\partial(a\alpha)}{\partial\theta}\cdot\theta' - \tfrac{1}{2}\frac{\partial(\alpha\alpha)}{\partial t}\cdot\theta' \\ \alpha a' &= -\tfrac{1}{2}\frac{\partial(aa)}{\partial\theta}\cdot t' + \frac{\partial(a\alpha)}{\partial t}\cdot t' + \tfrac{1}{2}\frac{\partial(\alpha\alpha)}{\partial t}\cdot\theta' \\ \alpha\alpha' &= \tfrac{1}{2}\frac{\partial(\alpha\alpha)}{\partial t}\cdot t' + \tfrac{1}{2}\frac{\partial(\alpha\alpha)}{\partial\theta}\cdot\theta'. \end{aligned}\right.$$

[Ferner war]

$$s\xi = at' + \alpha\theta'$$

$$s\eta = bt' + \beta\theta'$$

$$s\zeta = ct' + \gamma\theta'$$

[und]

$$\sigma X = b\gamma - c\beta$$

$$\sigma Y = c\alpha - a\gamma$$

$$\sigma Z = a\beta - b\alpha.$$

[Mithin ist:]

$$s\sigma(Y\zeta - Z\eta) = t'(\alpha P - aQ) + \theta'(\alpha Q - aR)$$

$$s\sigma(Z\xi - X\zeta) = t'(\beta P - bQ) + \theta'(\beta Q - bR)$$

$$s\sigma(X\eta - Y\xi) = t'(\gamma P - cQ) + \theta'(\gamma Q - cR)$$

[oder auch

$$s\sigma(Y\zeta - Z\eta) = \alpha(t'P + \theta'Q) - a(t'Q + \theta'R)$$
$$s\sigma(Z\xi - X\zeta) = \beta(t'P + \theta'Q) - b(t'Q + \theta'R)$$
$$s\sigma(X\eta - Y\xi) = \gamma(t'P + \theta'Q) - c(t'Q + \theta'R).$$

Werden diese Werthe von $Y\zeta - Z\eta$, $Z\xi - X\zeta$, $X\eta - Y\xi$ in dem Ausdrucke für $s\frac{df}{du}$ substituirt, so erhält man vermöge 15:]

$$\begin{aligned} ss\sigma\frac{df}{du} = & -(t''\theta' - \theta''t')(PR - QQ) \\ & + (Pt' + Q\theta')\{(-\tfrac{1}{2}P''t' + \phantom{\tfrac{1}{2}}Q't' + \tfrac{1}{2}R'\theta')t' + (\tfrac{1}{2}R't' + \tfrac{1}{2}R''\theta')\theta'\} \\ & - (Qt' + R\theta')\{(\tfrac{1}{2}P't' + \tfrac{1}{2}P''\theta')t' + (\tfrac{1}{2}P''t' + Q''\theta' - \tfrac{1}{2}R'\theta')\theta'\}. \end{aligned}$$

[Mithin ergibt sich schliesslich für $\frac{df}{du}$ die Gleichung]

$$[16] \quad \left\{ \begin{aligned} & (Pt't' + 2Qt'\theta' + R\theta'\theta')\sqrt{(PR - QQ)} \cdot \frac{df}{du} \\ & = (t'\theta'' - \theta't'')(PR - QQ) \\ & + \tfrac{1}{2}(Pt' + Q\theta')(-P''t't' + 2Q't't' + 2R't'\theta' + R''\theta'\theta') \\ & - \tfrac{1}{2}(Qt' + R\theta')(P't't' + 2P''t'\theta' + 2Q''\theta'\theta' - R'\theta'\theta'), \end{aligned} \right.$$

[in der ausser $t' = \frac{dt}{du}$, $t'' = \frac{ddt}{du^2}$, $\theta' = \frac{d\theta}{du}$, $\theta'' = \frac{dd\theta}{du^2}$ nur die Coefficienten P, Q, R von ss und deren erste Ableitungen nach t und θ vorkommen.]

[5.]

Um den Ausdruck $\left[\text{für } \frac{df}{du}\right]$ einfacher zu machen, führe man ein [den Winkel χ, den die Tangente der Curve mit der Tangente der Linie $\theta = \text{const.}$ in dem betrachteten Punkte der Fläche bildet. Dann ist:]

$$[17] \quad \left\{ \begin{aligned} \operatorname{tang}\chi &= \frac{\theta'\sqrt{(PR - QQ)}}{Pt' + Q\theta'} \\ \cos\chi &= \frac{Pt' + Q\theta'}{\sqrt{P}\sqrt{(Pt't' + 2Qt'\theta' + R\theta'\theta')}} \\ \sin\chi &= \frac{\theta'\sqrt{(PR - QQ)}}{\sqrt{P}\sqrt{(Pt't' + 2Qt'\theta' + R\theta'\theta')}}. \end{aligned} \right.$$

[Ferner sei ω der Winkel zwischen den Linien $t = \text{const.}$ und $\theta = \text{const.}$, also]

[18] $$\begin{cases} Q = \sqrt{PR}\,.\cos\omega \\ \sqrt{(PR-QQ)} = \sqrt{PR}\,.\sin\omega \\ \operatorname{tg}\omega\,.\,d\omega = \tfrac{1}{2}\frac{dP}{P} - \frac{dQ}{Q} + \tfrac{1}{2}\frac{dR}{R}, \end{cases}$$

[und wenn]

$$h = \sqrt{(PR-QQ)}$$

[gesetzt wird:]

[18′] $$2\,d\omega\,.\,h = Q\Big(\frac{dP}{P} - 2\frac{dQ}{Q} + \frac{dR}{R}\Big).$$

[Endlich hat man, da der Winkel zwischen der Curventangente und der Linie $t =$ const. gleich $\omega - \chi$ ist:]

[19] $$\begin{cases} \sin(\omega-\chi) = \dfrac{t'\sqrt{(PR-QQ)}}{\sqrt{R}\sqrt{(Pt't'+2\,Qt'\theta'+R\theta'\theta')}} \\ \cos(\omega-\chi) = \dfrac{Qt'+R\theta'}{\sqrt{R}\sqrt{(Pt't'+2\,Qt'\theta'+R\theta'\theta')}}. \end{cases}$$

[Aus der Gleichung

$$\frac{\sin\chi}{\sin(\omega-\chi)} = \frac{\theta'}{t'}\cdot\frac{\sqrt{R}}{\sqrt{P}}$$

erhält man durch logarithmische Differentiation nach u:]

$$\frac{\theta''}{\theta'} - \frac{t''}{t'} = \tfrac{1}{2}\Big(\frac{1}{P}\frac{dP}{du} - \frac{1}{R}\frac{dR}{du}\Big) - \cot(\omega-\chi)\Big(\frac{d\omega}{du} - \frac{d\chi}{du}\Big) + \cot\chi\cdot\frac{d\chi}{du}$$

[oder]

[20] $$\frac{\theta''}{\theta'} - \frac{t''}{t'} = \tfrac{1}{2}\Big(\frac{1}{P}\frac{dP}{du} - \frac{1}{R}\frac{dR}{du}\Big) - \cot(\omega-\chi)\cdot\frac{d\omega}{du} + \frac{ss}{t'\theta'\sqrt{(PR-QQ)}}\cdot\frac{d\chi}{du}.$$

[Nunmehr ergibt sich mit Hülfe von 17, 19 und 20]

$$\begin{aligned} hss\frac{df}{du} = {} & \tfrac{1}{2}hht'\theta'\Big(\frac{1}{P}\frac{dP}{du} - \frac{1}{R}\frac{dR}{du}\Big) + hss\frac{d\chi}{du} \\ & + \tfrac{1}{2}\cot\chi\,.\,\theta' h\{-P''t't' + 2\,Q't't' + 2\,R't'\theta' + R''\theta'\theta'\} \\ & - \tfrac{1}{2}\cot(\omega-\chi)\,.\,t'h\{2\theta'\frac{d\omega}{du}h + P't't' + 2P''t'\theta' + 2\,Q''\theta'\theta' - R'\theta'\theta'\}; \end{aligned}$$

[mithin wird:

[21] $$\begin{cases} \dfrac{df}{du} = \dfrac{d\chi}{du} + \tfrac{1}{2}\dfrac{ht'\theta'}{ss}\Big(\dfrac{1}{P}\dfrac{dP}{du} - \dfrac{1}{R}\dfrac{dR}{du}\Big) \\ \qquad + \tfrac{1}{2}\cot\chi\cdot\dfrac{\theta'}{ss}\{-P''t't' + 2\,Q't't' + 2\,R't'\theta' + R''\theta'\theta'\} \\ \qquad - \tfrac{1}{2}\cot(\omega-\chi)\cdot\dfrac{t'}{ss}\{2\theta'\dfrac{d\omega}{du}h + P't't' + 2P''t'\theta' + 2\,Q''\theta'\theta' - R'\theta'\theta'\}.] \end{cases}$$

[6.]

Ist df das Differential der Seitenkrümmung, welches dem Differential du entspricht, so ist in den Zeichen der Entwickelung:

$$\begin{aligned}
2(Pt't'+2Qt'\theta'+R\theta'\theta')\sqrt{(PR-QQ)}.df \\
= 2(PR-QQ)(t'd\theta'-\theta'dt') \\
+t'^3(-QP'+2PQ'-PP'')du \\
+t't'\theta'(-RP'+2QQ'+2PR'-3QP'')du \\
+t'\theta'\theta'(3QR'-2RP''-2QQ''+PR'')du \\
+\theta'^3(RR'-2RQ''+QR'')du.
\end{aligned}$$

Wenn man bloss das erste Glied des zweiten Theils der Gleichung berücksichtigt, ist das Integral

$$f = \operatorname{Arc\,tang}\frac{\theta'\sqrt{(PR-QQ)}}{Pt'+Q\theta'}+\text{const.} = \chi+\text{const.}$$

Aus der vollständigen Differentiation von χ erhält man aber (weil

$$2\sqrt{b}(cc+aab).d\chi = 2bc.da+ac.db-2ab.dc, \qquad \tang\chi = \frac{a\sqrt{b}}{c} \text{ gesetzt,})$$

[die Gleichung:

$$\begin{aligned}
2P(Pt't'+2Qt'\theta'+R\theta'\theta')\sqrt{(PR-QQ)}d\chi \\
= 2(PR-QQ)(Pt'+Q\theta')d\theta'+\theta'(Pt'+Q\theta')d(PR-QQ)-2\theta'(PR-QQ)d(Pt'+Q\theta')
\end{aligned}$$

oder]

$$\begin{aligned}
2(Pt't'+2Qt'\theta'+R\theta'\theta')\sqrt{(PR-QQ)}d\chi \\
= 2(PR-QQ)(t'd\theta'-\theta'dt') \\
+((2QQ-PR)t'\theta'+QR\theta'\theta')\cdot\frac{dP}{P} \\
-2(Qt'\theta'+R\theta'\theta').dQ \\
+(Pt'\theta'+Q\theta'\theta').dR.
\end{aligned}$$

Diess substituirt, erhalten wir

$$2(Pt't'+2Qt'\theta'+R\theta'\theta')\sqrt{(PR-QQ)}.(df-d\chi)$$
$$= t'^3(-QP'+2PQ'-PP'')du$$
$$+t't'\theta'\left(PR'-3QP''-\frac{2QQ}{P}P'+4QQ'\right)du$$
$$+t'\theta'\theta'\left(2QR'-\frac{2QQ}{P}P''-\frac{RQ}{P}P'+2RQ'-RP''\right)du$$
$$+\theta'^3\left(RR'-\frac{QR}{P}P''\right)du.$$

[Die rechte Seite ist aber identisch]

$$= (Pt't'+2Qt'\theta'+R\theta'\theta')\left\{\left(-\frac{Q}{P}P'+2Q'-P''\right)t'du+\left(R'-\frac{Q}{P}P''\right)\theta'du\right\}.$$

Wir haben also:

$$[22]\quad 2P\sqrt{(PR-QQ)}(df-d\chi) = \{(-QP'+2PQ'-PP'')t'+(PR'-QP'')\theta'\}du$$
$$= -QdP+(2PQ't'+PR'\theta')du-PP''t'du,$$

[wofür man auch schreiben kann:]

$$[23]\quad 2\sqrt{(PR-QQ)}(df-d\chi) = \frac{-QP'+2PQ'-PP''}{P}dt-\frac{-RR'+2RQ''-QR''}{R}d\theta$$
$$-Q\left(\frac{P''}{P}-2\frac{Q''}{Q}+\frac{R''}{R}\right)d\theta.$$

BEMERKUNGEN.

In § 13 der *Disquisitiones generales circa superficies curvas* stellt GAUSS die Veröffentlichung weiterer Untersuchungen über die »absoluten« Eigenschaften krummer Flächen in Aussicht, die wie das Krümmungsmass und die geodätischen Linien gegenüber Biegungen der Flächen invariant sind. Als Vorarbeit hierzu ist die vorstehende Notiz aufzufassen, die höchst wahrscheinlich aus der Zeit zwischen 1822 und 1825 stammt. Sie ist auf einzelne Zettel geschrieben, augenscheinlich in grosser Eile. Daher kommt es wohl, dass GAUSS die »Bestimmenden der Fläche« bald t, u, bald t, θ nennt, während hier durchgängig t, θ gesetzt worden ist, ebenso, dass er die Buchstaben σ und ψ, die in den Gleichungen 3 und 9 vorkommen, später auch für die Grössen verwendet, die hier mit τ (Gleichung 6) und χ (Gleichung 17) bezeichnet worden sind. Auch sonst finden sich zahlreiche Flüchtigkeiten, die verbessert werden mussten; so fehlt im Besondern in der Formel 20 das erste Glied $\frac{1}{2}\left(\frac{1}{P}\frac{dP}{du}-\frac{1}{R}\frac{dR}{du}\right)$. Vielleicht rührt das daher, dass GAUSS, wie eine ausgestrichene Stelle zeigt, ursprünglich die Variabeln t, θ so gewählt hatte, dass

$$P = aa+bb+cc = 1$$

$$R = \alpha\alpha+\beta\beta+\gamma\gamma = 1$$

ist, sodass also die Linien t = const. und θ = const. geodätische Linien werden. In diesem Falle nimmt die Gleichung 21 die einfache Form an:

$$\frac{df}{du} = \frac{d\chi}{du}+\frac{\theta' t'}{ss}\left\{\cot\chi \,.\, Q' t' - \cot(\omega-\chi)\left(\frac{d\omega}{du}h + Q''\theta'\right)\right\}.$$

STÄCKEL.

[GENERALISIRUNG
DES LEGENDRESCHEN THEOREMS.]

[I.]

Gauss an Olbers. Göttingen, 9. October 1825.

.... Ich habe dieser Tage angefangen, in Beziehung auf mein künftiges Werk über Höhere Geodäsie, einen (sehr) kleinen Theil dessen, was die krummen Flächen betrifft, in Gedanken etwas zu ordnen. Allein ich überzeuge mich, dass ich bei der Eigenthümlichkeit meiner ganzen Behandlung des Zusammenhanges wegen gezwungen bin, sehr weit auszuholen, so dass ich sogar meine Ansicht über die Krümmungshalbmesser bei planen Curven vorausschicken muss. Ich bin darüber fast zweifelhaft geworden, ob es nicht gerathener sein wird, einen Theil dieser Lehren, der ganz rein geometrisch (in analytischer Form) ist und Neues mit Bekanntem gemischt in neuer Form enthält, erst besonders auszuarbeiten, es vielleicht von dem Werke abzutrennen und als eine oder zwei Abhandlungen in unsere Commentationen einzurücken. Indessen kann ich noch vorerst die Form der Bekanntmachung auf sich beruhen lassen, und werde einstweilen in dem zu Papier bringen fortfahren. . . .

Gauss an Olbers. Göttingen, 30. October 1825.

. . . . Über meine Bedenklichkeiten rücksichtlich der Anordnung meines künftig auszuarbeitenden Werks über Höhere Geodäsie muss ich mich in meinem Briefe wohl nicht deutlich ausgedrückt haben. In der That ist der Gegenstand meiner Bedenklichkeiten nicht die Frage, ob ich meine Ansicht über die Krümmungshalbmesser aufnehmen soll oder nicht, sondern ob ich die mir immer mehr unter den Händen wachsenden ganz allgemeinen Untersuchungen über die krummen Flächen, die darauf gebildeten Figuren, die Natur der kürzesten und nicht kürzesten Linien und eine Menge anderer Gegenstände, die ich hier nicht anführen kann, weil die Begriffe davon noch nicht gangbar sind und selbst noch keine Namen dafür existiren — ob ich diess alles mit aufnehmen soll oder nicht, zumal da ich täglich mehr Materien finde, auf die ich auch noch zurückgehen muss, weil sie meines Wissens nicht aus dem Gesichtspunkte bisher betrachtet sind, wie es zur Verkettung des Ganzen nöthig ist; zu diesen gehörte (als ein unbedeutendes Beispiel) selbst die Lehre von den Krümmungshalbmessern in Plano.

Ich hätte auch die Lehre von dem Flächeninhalt der Figuren überhaupt nennen können, die ich gleichfalls seit 30 und mehrern Jahren aus einem von mir bisher für neu gehaltenen Gesichtspunkt betrachtet habe. Dieses letztere ist aber zum Theil ein Irrthum: in der That habe ich erst vor kurzem eine Abhandlung von Meister (einem meiner Meinung nach sehr genialen Kopf) im ersten Bande der Novi Commentarii Gotting. kennen gelernt, worin die Sache fast ganz auf gleiche Art betrachtet und sehr schön entwickelt wird.

Allein diese treffliche Abhandlung ist den Mathematikern fast ganz unbekannt: auch würde es nicht zureichen, mich darauf zu beziehen, da sie doch nur die ersten Grundbegriffe hat. In so fern man nemlich geometrische Relationen analytisch behandelt, hat man zwar längst Linien von positivem und negativem Werth recht wohl verstanden, und eingesehen, dass dabei immer explicite oder implicite ein gewisser Sinn (sens, Richtung) zum Grunde liege, nach welcher die Linien als wachsend angesehen werden etc. Allein in so fern man Flächen (areas) durch Formeln ausdrückt, muss natürlich auch ein negativer Werth seine gute verschiedene Bedeutung haben, und der Begriff der Area muss also so festgesetzt werden, dass diess klar einleuchte. Allein dann muss man noch einen Schritt weiter gehen und Figuren betrachten, deren Umfang sich selbst einmal oder mehreremale schneidet, z. B.

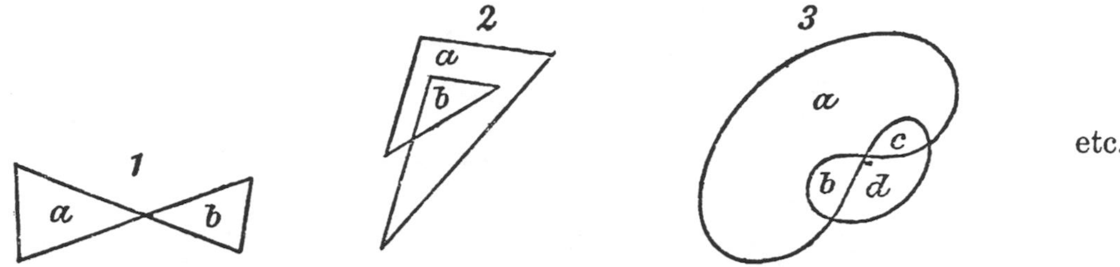

Man kommt dann auf einen Gesichtspunkt, aus welchem z. B. der Inhalt

von 1:	entweder	$a-b$	oder	$b-a$
der von 2:		$a+2b$		
der von 3:		$a-d$	oder	$d-a$

etc. wird.

Alles diess gibt eine völlig consequente Theorie, die bei allgemeiner Behandlung solcher Gegenstände unerlässlich nöthig ist, auch auf krumme Flächen angewandt werden kann, aber die noch mehrerer Modificationen oder Bestimmungen bedarf, wenn die krumme Fläche eine geschlossene ist. Sie sehen, dass selbst dieses Capitel schon etwas sehr weitschichtiges ist, und doch muss diess und manches andere mitgenommen werden, um z. B. zu einer befriedigenden Darstellung von der **allgemeinsten** Generalisirung der LEGENDREschen Methode (die Kugeldreiecke zu berechnen) zu gelangen, worin die Seiten den Sinussen der um $\frac{1}{3}$ des sphärischen Excesses verminderten Winkel proportional gesetzt werden, welche Generalisirung ich besitze und die als ein Theil der Höhern Geodäsie nöthig ist.

So wie die mathematische Seite einer Arbeit mir gewöhnlich die interessanteste ist, so kann ich auch von der andern Seite nicht leugnen, dass ich, um an einer so ausgedehnten Arbeit Freude zu haben, doch am Ende ein schön organisirtes Ganzes muss hervorgehen sehen, was durch ein zu buntscheckiges Ansehen nicht verunstaltet wird. Diess ist die Ursache meiner Bedenklichkeit, über die aber wohl nicht eher recht gründlich geurtheilt werden kann, bis ich alle Materialien zu jenen Sachen zusammenhabe. Es wird aber damit so geschwind nicht gehen, theils wegen der Menge der Gegenstände, theils wegen der vielen immer vermehrt und neu erscheinenden Schwierigkeiten. Das Nachdenken darüber wird jetzt auch wieder durch einiges Collegienlesen gestört werden.

GAUSS an SCHUMACHER. Göttingen, 21. November 1825.

.... Ich habe seit einiger Zeit angefangen, einen Theil der allgemeinen Untersuchungen über die krummen Flächen wieder vorzunehmen, die die Grundlage meines projectirten Werks über Höhere Geodäsie werden sollen. Es ist ein eben so reichhaltiger als schwieriger Gegenstand, vor dem ich jetzt zu andern Arbeiten gar nicht kommen kann. Ich finde leider, dass ich dabei sehr weit werde ausholen müssen, da auch das Bekannte in einer andern, den neuen Untersuchungen anpassenden Form entwickelt werden muss. Man muss den Baum zu allen seinen Wurzelfäden verfolgen, und manches davon kostet mir wochenlanges angestrengtes Nachdenken. Vieles davon gehört sogar in die Geometria situs, ein noch fast ganz unbearbeitetes Feld. Der Wunsch, den ich immer bei meinen Arbeiten gehabt habe, ihnen eine solche Vollendung zu geben, ut nihil amplius desiderari possit, erschwert sie mir freilich ausserordentlich, eben so wie die Notwendigkeit, heterogener Sachen wegen oft davon abspringen zu müssen. Wenn ich meinen Kopf voll davon habe, stellen Sie Sich schwerlich vor, wie angreifend es manchmal für mich ist, Vormittags nach einer schlaflosen Nacht, die ich leider jetzt häufig habe, mich mit Frische in die Sachen hineinzudenken, die ich meinen Zuhörern vorzutragen habe, und nachher wieder mit Lebendigkeit gleich wieder in meinen Meditationen zu Hause zu sein. Doch werde ich mitunter noch durch manchen glücklichen neuen Fund belohnt. So habe ich z. B. die Generalisirung des LEGENDREschen Theorems, dass auf der Kugel die Seiten proxime den Sinus der um $\frac{1}{3}$ des sphärischen Excesses verminderten Winkel proportional sind, auf krumme Flächen jeder Art (wo die Vertheilung ungleich geschehen muss), welche ich der Materie nach schon seit vielen Jahren besessen, aber noch nicht zur möglichen Mittheilung an andere entwickelt hatte, jetzt in eine überaus elegante Gestalt gebracht. . . . . . .

[II.]

[1.]

EINFACHSTER BEWEIS VON LEGENDRES LEHRSATZ DIE SPHÄRISCHEN DREIECKE BETREFFEND.

3ω	Sphärischer Excess
$A+\omega,\ B+\omega,\ C+\omega$	Winkel
$a,\ b,\ c$	Seiten
$A+B+C$	$= 180^0$

Man hat dann nach aller Schärfe

$$\sin\tfrac{1}{2}a^2 = \frac{\sin\frac{3}{2}\omega\,.\,\sin(A-\frac{1}{2}\omega)}{\sin(B+\omega)\,.\,\sin(C+\omega)}$$

$$\cos\tfrac{1}{2}a^2 = \frac{\sin(B-\frac{1}{2}\omega)\,.\,\sin(C-\frac{1}{2}\omega)}{\sin(B+\omega)\,.\,\sin(C+\omega)}$$

$$\frac{\sin\frac{1}{2}a^6}{\cos\frac{1}{2}a^2} = \frac{\sin\frac{3}{2}\omega^3\,.\,\sin(A+\omega)^2\,.\,\sin(A-\frac{1}{2}\omega)^4}{\sin(A+\omega)^2\,.\,\sin(A-\frac{1}{2}\omega)\,.\,\sin(B+\omega)^2\,.\,\sin(B-\frac{1}{2}\omega)\,.\,\sin(C+\omega)^2\,.\,\sin(C-\frac{1}{2}\omega)}$$

$$\frac{\sin\frac{1}{2}a^3}{\cos\frac{1}{2}a}\cdot\frac{\cos\frac{1}{2}b}{\sin\frac{1}{2}b^3} = \frac{\sin(A+\omega)\,.\,\sin(A-\frac{1}{2}\omega)^2}{\sin(B+\omega)\,.\,\sin(B-\frac{1}{2}\omega)^2}$$

$$\frac{a}{b} = \frac{\sin A}{\sin B}\sqrt[3]{\left(\frac{a^3\cos\frac{1}{2}a}{8\sin\frac{1}{2}a^3}\cdot\frac{8\sin\frac{1}{2}b^3}{b^3\cos\frac{1}{2}b}\cdot\frac{\sin(A+\omega)\,.\,\sin(A-\frac{1}{2}\omega)^2}{\sin A^3}\cdot\frac{\sin B^3}{\sin(B+\omega)\,.\,\sin(B-\frac{1}{2}\omega)^2}\right)}$$

oder

$$\log\frac{a\sin B}{b\sin A} = \frac{b^4-a^4}{180}+\ldots+\frac{\omega\omega}{4}\left(\frac{1}{\sin B^2}-\frac{1}{\sin A^2}\right)$$

Auch ist hinreichend scharf

$$aa = \frac{4\sin\frac{3}{2}\omega \quad \sin A^2}{\sin(A+\frac{1}{2}\omega)\,.\,\sin(B+\frac{1}{2}\omega)\,.\,\sin(C+\frac{1}{2}\omega)}$$

$$\log\frac{a\sin B}{b\sin A} = \frac{(bb-aa)(4aa+4bb-5cc)}{720}$$

$$\log\frac{3\omega}{\frac{1}{2}ab\sin C} = \tfrac{1}{2}\omega\,\{\operatorname{cotg} A+\operatorname{cotg} B+\operatorname{cotg} C\}$$

$$= \tfrac{1}{2}\omega\,\frac{1+\cos A\cos B\cos C}{\sin A\sin B\sin C}.$$

[2.]

Die allgemeine Untersuchung der Dreiecke auf krummen Flächen hat uns folgendes wichtige Resultat gegeben.

Es seien $\sqrt{\frac{1}{\alpha}}$, $\sqrt{\frac{1}{\beta}}$, $\sqrt{\frac{1}{\gamma}}$ die Halbmesser der Kugeln, die dieselbe Krümmung haben wie die krumme Fläche resp. an den Punkten A, B, C: dann ist

$$\log\frac{b\sin C}{c\sin B} = \tfrac{1}{24}(bb-cc)\,\alpha+\tfrac{1}{48}(-aa+3bb-3cc)\,\beta+\tfrac{1}{48}(aa+3bb-3cc)\,\gamma$$

$$A+B+C = 180^0+\tfrac{1}{6}(\alpha+\beta+\gamma)\,bc\sin A,$$

und wenn man

$$dA = \frac{bc\sin A}{24}(2\alpha+\beta+\gamma)$$

$$dB = \frac{bc\sin A}{24}(\alpha+2\beta+\gamma)$$

$$dC = \frac{bc\sin A}{24}(\alpha+\beta+2\gamma)$$

macht, so wird

$$\frac{\sin(A-dA)}{a} = \frac{\sin(B-dB)}{b} = \frac{\sin(C-dC)}{c}.$$

Es ist unnöthig zu bemerken, dass hier A, B, C die Winkel des sphäroidischen Dreiecks selbst bedeuten.

Hiernach finden sich z. B. in unserm grössten Dreiecke zwischen Hohehagen—Brocken—Inselsberg die Winkelcorrectionen

Inselsberg	$-\ 4{,}95247''$	$4{,}95119''$
Hohehagen	$-\ 4{,}95264$	$4{,}95102$
Brocken	$-\ 4{,}95273$	$4{,}95093$
Summe	$-\ 14{,}85784$	$14{,}85314.$

[3.]

Hauptmomente des Beweises der vorstehenden Lehrsätze sind folgende.

Es sei r die Länge einer vom Punkt A auslaufenden kürzesten Linie auf der krummen Fläche, θ der Winkel, den sie mit einer ähnlichen festen Linie macht, $\sqrt{\frac{1}{f}}$ Halbmesser der Kugel, die dieselbe Krümmung hat, wie die krumme Fläche am Endpunkte von r, $\rho d\theta$ das Linearelement zwischen zwei Punkten, denen r, θ und r, $\theta+d\theta$ zugehören. Es werden demnach sowohl f als ρ Functionen von r und θ sein und man hat

$$\frac{\partial\partial\rho}{\partial r^2} = -f\rho.$$

Es sei dt ein Element einer zweiten kürzesten Linie und ζ sein Winkel mit dem zugehörigen r. Man hat dann

$$dr = dt.\cos\zeta, \qquad \rho d\theta = dt.\sin\zeta, \qquad d\zeta = -\frac{\partial\rho}{\partial r}\cdot d\theta.$$

Setzt man

$$f = F + F'r + F''rr + \ldots$$

so wird

$$\rho = r + * - \tfrac{1}{6}Fr^3 - \tfrac{1}{12}F'r^4 - (\tfrac{1}{20}F'' - \tfrac{1}{120}FF)r^5 - (\tfrac{1}{30}F''' - \tfrac{1}{120}FF')r^6 + \ldots$$

$$\rho = r + * - \tfrac{1}{12}(F+f)r^3 + * + (\tfrac{1}{30}F'' + \tfrac{1}{120}FF)r^5 + (\tfrac{1}{20}F''' + \tfrac{1}{120}FF')r^6 + \ldots$$

$$d\log\sin\zeta = -\frac{\partial\rho}{\partial r}\frac{1}{\rho}dr$$

$$= -\frac{dr}{r} + r\,dr\{\tfrac{1}{3}F + \tfrac{1}{4}F'r + (\tfrac{1}{5}F'' + \tfrac{1}{45}FF)rr + (\tfrac{1}{6}F''' + \tfrac{1}{36}FF')r^3 + \ldots\},$$

$$d\log(r\sin\zeta) = \tfrac{1}{12}(F+3f)r\,dr - (\tfrac{1}{20}F'' - \tfrac{1}{45}FF)r^3dr - (\tfrac{1}{12}F''' - \tfrac{1}{36}FF')r^4dr + \ldots$$

Man hat nun [in dem geodätischen Dreieck ABC] für $\theta = 0$:

$\zeta = 180^0 - B, \quad r = c, \quad f = \beta, \quad F = \alpha, \quad t = 0$

[und für] $\theta = A$:

$\zeta = C, \quad r = b, \quad f = \gamma, \quad t = a.$

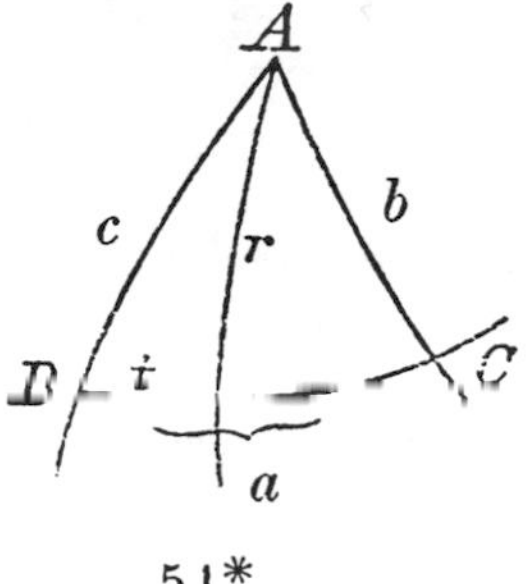

[Ferner ist] allgemein

$$rr = cc + tt - 2tc\cos B, \qquad [rdr = (t - c\cos B)dt]$$

[und]

$$f = \beta + \tfrac{t(\gamma-\beta)}{a};$$

[folglich erhält man durch Integration der Formel für $d\log(r\sin\zeta)$ nach t von 0 bis a:]

$$\begin{aligned}
\log\frac{b\sin C}{c\sin B} &= \tfrac{1}{24}\alpha(bb-cc) + \tfrac{1}{8}\beta(bb-cc) + \tfrac{1}{4}(\gamma-\beta)\int\frac{tt - tc\cos B}{a}dt \\
&= \tfrac{1}{24}\alpha(bb-cc) + \tfrac{1}{8}\beta(bb-cc) + \tfrac{1}{24}(\gamma-\beta)(2aa - 3ac\cos B) \\
&= \tfrac{1}{24}\alpha(bb-cc) + \tfrac{1}{8}\beta(bb-cc) + \tfrac{1}{48}(\gamma-\beta)(aa+3bb-3cc) \\
&= \tfrac{1}{24}\alpha(bb-cc) + \tfrac{1}{48}\beta(-aa+3bb-3cc) + \tfrac{1}{48}\gamma(aa+3bb-3cc).
\end{aligned}$$

W. Z. B. W.

BEMERKUNGEN.

Die Notiz [II] findet sich in einem Handbuche und zwar kurz vor einer S. 444 abgedruckten, 1825. Dec. 4 datirten Aufzeichnung. Man wird daher annehmen dürfen, dass sie von GAUSS bei der Abfassung der unter [I] abgedruckten Briefe an OLBERS und SCHUMACHER niedergeschrieben ist. Den Inhalt des ersten Abschnittes der Notiz [II] hat GAUSS im Jahre 1841 in CRELLEs Journal veröffentlicht; der Vollständigkeit wegen ist diese kleine, in den vierten Band der Werke nicht aufgenommene Abhandlung S. 451 bis 452 dieses Bandes ebenfalls abgedruckt worden.

In den *Disquisitiones generales circa superficies curvas* § 28 sind die Winkelcorrectionen S. 402 folgendermassen angegeben:

Inselsberg	4,95131
Hohehagen	4,95113
Brocken	4,95104
Summe	14,85348

Die Figur auf S. 403 ist dem Texte hinzugefügt worden. STÄCKEL.

ZUR TRANSFORMATION DER FLÄCHEN.

Die Punkte einer an sich gegebenen Fläche, deren Form aber noch unbestimmt bleibt, werden durch r und θ bestimmt, wo r die Entfernung von einem gegebenen Punkt, gemessen in kürzester Linie, und θ den Winkel dieser kürzesten Linie mit einer constanten andern, gleichfalls durch jenen Punkt gehenden [kürzesten Linie] bedeutet. Jede Linie, für die θ constant ist, wird dann von jeder andern, für die r constant ist, unter einem rechten Winkel geschnitten. Setzt man ein Element der letztern $= m d\theta$, so ist m bloss von der Natur der Fläche, aber nicht von ihrer Form abhängig, und also eine gegebene Function von r und θ.

Sobald man der Fläche eine bestimmte Form gegeben, findet folgendes statt für eine Linie, für die θ constant ist.

Es seien x, y, z indefinite Coordinaten eines Punkts derselben, ferner

$$\frac{\partial x}{\partial r} = \xi, \qquad \frac{\partial y}{\partial r} = \eta, \qquad \frac{\partial z}{\partial r} = \zeta,$$

$$\frac{\partial \xi}{\partial r} = pX, \qquad \frac{\partial \eta}{\partial r} = pY, \qquad \frac{\partial \zeta}{\partial r} = pZ,$$

wo

$$p = \sqrt{\left(\frac{\partial \xi^2}{\partial r^2} + \frac{\partial \eta^2}{\partial r^2} + \frac{\partial \zeta^2}{\partial r^2}\right)},$$

also $\frac{1}{p}$ Krümmungshalbmesser und

$$XX + YY + ZZ = 1.$$

Es bezeichnet dann X, Y, Z die Richtung der Normale auf die Oberfläche und es ist ferner

$$(1)\quad \frac{\partial x}{\partial \theta} = m(\eta Z - \zeta Y), \qquad \frac{\partial y}{\partial \theta} = m(\zeta X - \xi Z), \qquad \frac{\partial z}{\partial \theta} = m(\xi Y - \eta X).$$

Man sieht hieraus, dass wenn man Einer Linie constanter θ eine bestimmte Lage im Raume angewiesen hat, die ganze Fläche eine bestimmte Lage bekommt.

Die Differentiation von (1) gibt:

$$(2)\quad \left\{\begin{aligned}
\frac{\partial \xi}{\partial \theta} &= \frac{\partial m}{\partial r}(\eta Z - \zeta Y) + m\left(\eta \frac{\partial Z}{\partial r} - \zeta \frac{\partial Y}{\partial r}\right)\\
\frac{\partial \eta}{\partial \theta} &= \frac{\partial m}{\partial r}(\zeta X - \xi Z) + m\left(\zeta \frac{\partial X}{\partial r} - \xi \frac{\partial Z}{\partial r}\right)\\
\frac{\partial \zeta}{\partial \theta} &= \frac{\partial m}{\partial r}(\xi Y - \eta X) + m\left(\xi \frac{\partial Y}{\partial r} - \eta \frac{\partial X}{\partial r}\right)\\
\xi \cdot \frac{\partial m}{\partial r} &= \frac{Y\partial\zeta - Z\partial\eta}{\partial\theta}\\
\eta \cdot \frac{\partial m}{\partial r} &= \frac{Z\partial\xi - X\partial\zeta}{\partial\theta}\\
\zeta \cdot \frac{\partial m}{\partial r} &= \frac{X\partial\eta - Y\partial\xi}{\partial\theta}\\
\frac{\partial m}{\partial r} &= \sqrt{\left\{\frac{\partial\xi^2 + \partial\eta^2 + \partial\zeta^2}{\partial\theta^2} - \left(X\frac{\partial\xi}{\partial\theta} + Y\frac{\partial\eta}{\partial\theta} + Z\frac{\partial\zeta}{\partial\theta}\right)^2\right\}}.
\end{aligned}\right.$$

Die abermalige Differentiation gibt, $\frac{\partial X}{\partial r} = X'$, $\frac{\partial X'}{\partial r} = X''$ etc. gesetzt:

$$(3)\quad \left\{\begin{aligned}
X \cdot \frac{\partial p}{\partial \theta} + p \cdot \frac{\partial X}{\partial \theta} &= \frac{\partial\partial m}{\partial r^2}(\eta Z - \zeta Y) + 2\frac{\partial m}{\partial r}(\eta Z' - \zeta Y') + m(\eta Z'' - \zeta Y'') + mp(YZ' - ZY')\\
Y \cdot \frac{\partial p}{\partial \theta} + p \cdot \frac{\partial Y}{\partial \theta} &= \frac{\partial\partial m}{\partial r^2}(\zeta X - \xi Z) + 2\frac{\partial m}{\partial r}(\zeta X' - \xi Z') + m(\zeta X'' - \xi Z'') + mp(ZX' - XZ')\\
Z \cdot \frac{\partial p}{\partial \theta} + p \cdot \frac{\partial Z}{\partial \theta} &= \frac{\partial\partial m}{\partial r^2}(\xi Y - \eta X) + 2\frac{\partial m}{\partial r}(\xi Y' - \eta X') + m(\xi Y'' - \eta X'') + mp(XY' - YX').
\end{aligned}\right.$$

Hieraus:

$$\begin{aligned}
\xi \cdot \frac{\partial X}{\partial \theta} + \eta \cdot \frac{\partial Y}{\partial \theta} + \zeta \cdot \frac{\partial Z}{\partial \theta} = m(&\xi YZ' + \eta ZX' + \zeta XY'\\
&- \xi ZY' - \eta XZ' - \zeta YX')
\end{aligned}$$

[oder, da]

$$\eta Z' - \zeta Y' = qX, \qquad \zeta X' - \xi Z' = qY, \qquad \xi Y' - \eta X' = qZ$$

[ist:]

$$(4) \qquad \xi \cdot \frac{\partial X}{\partial \theta} + \eta \cdot \frac{\partial Y}{\partial \theta} + \zeta \cdot \frac{\partial Z}{\partial \theta} = -mq$$

[und]

$$(5) \qquad (YZ' - ZY')\frac{\partial X}{\partial \theta} + (ZX' - XZ')\frac{\partial Y}{\partial \theta} + (XY' - YX')\frac{\partial Z}{\partial \theta} = \frac{\partial \partial m}{\partial r^2}.$$

Die Bedeutung der Gleichung (4) kann so versinnlicht werden. Es sind dr und $md\theta$ zwei auf einander senkrechte Linearelemente auf der Fläche. Auf der Himmelskugel stellen Q, Q', Q'' resp. die Normalen in P, P', P'' vor. QR' stellt vor die Verticalebene durch PP', QR'' die Verticalebene durch PP''. Dann bedeutet:

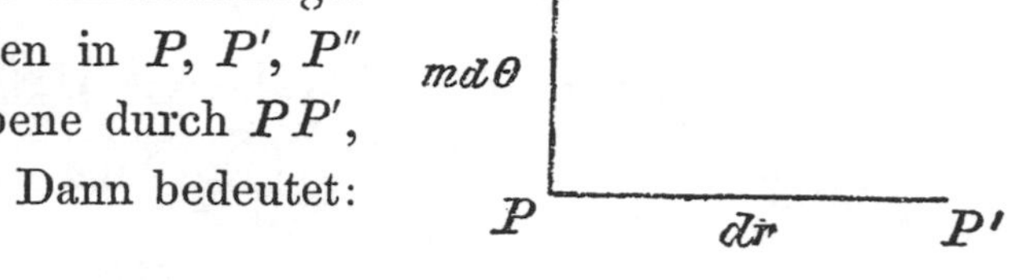

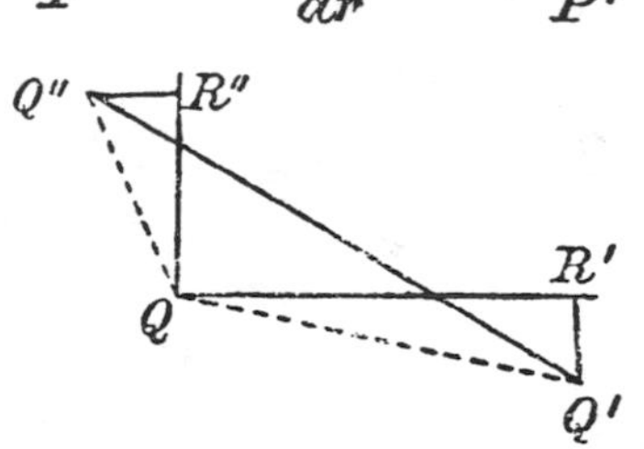

Gleichung (4), dass

$$\frac{Q''R''}{PP''} = \frac{Q'R'}{PP'},$$

Gleichung (5), dass die Fläche

$$2\,QQ'Q'' = \frac{\partial \partial m}{m\,\partial r^2} PP'.PP''.$$

BEMERKUNG.

Die vorstehende Notiz findet sich in einem Handbuche. Sie stammt vermuthlich aus dem Jahre 1825 und enthält Ergebnisse der Forschungen, die Gauss in den nachfolgend abgedruckten *Neuen allgemeinen Untersuchungen über die krummen Flächen* ausführlich darzustellen begonnen hat.

Stäckel.

NEUE ALLGEMEINE UNTERSUCHUNGEN

ÜBER

DIE KRUMMEN FLÄCHEN.

[1825.]

Wenn gleich der Zweck dieses Werks eigentlich in der Ausführung neuer seinen Gegenstand betreffender Lehren besteht, so werden wir doch anfangs auch das schon Bekannte entwickeln, theils des Zusammenhanges und der Vollständigkeit wegen, theils weil die Art unserer Behandlung von der bisherigen verschieden ist. Wir werden sogar zuerst einiges die Curven in der Ebene betreffende aus denselben Gründen vorausschicken.

1.

Um die verschiedenen Richtungen von geraden Linien in Einer Ebene bequem unter einander vergleichen zu können, denke man sich in derselben Ebene um einen beliebigen Mittelpunkt einen Kreis mit dem Halbmesser 1 beschrieben die Lage des mit einer vorgegebenen Linie parallel gezogenen Radius dieses Kreises versinnlicht dann die Lage von jener, und die Neigung zweier geraden Linien gegen einander wird durch den Winkel der beiden repräsentirenden Radien, oder durch den Bogen zwischen ihren Endpunkten gemessen. Es versteht sich, dass, wo genaue Bestimmung nöthig ist, bei jeder geraden Linie zugleich angegeben werde, in welchem Sinn sie als beschrieben gedacht wird: ohne eine solche Unterscheidung würde die Richtung einer geraden Linie immer zweien einander entgegengesetzten Radien entsprechen.

2.

In dem Hülfskreise nimmt man einen beliebigen Radius als den ersten, oder seinen Endpunkt in der Peripherie als den Anfangspunkt an, und entschliesst sich über den Sinn, in welchem man von diesem aus die Bögen als positiv fortzählen will (ob von der Linken nach der Rechten oder umgekehrt); nach der entgegengesetzten Seite werden die Bögen also als negativ betrachtet. So wird also jede Richtung einer geraden Linie durch Grade etc. oder auch durch eine Zahl ausgedrückt, die dieselben in Theilen des Halbmessers angibt.

Solche Angaben, die um 360^0 oder ein Vielfaches davon verschieden sind, beziehen sich also eigentlich auf gleiche Richtungen, und können, allgemein zu reden, als gleichgültig betrachtet werden; in solchen Fällen jedoch, wo die Entstehungsart einer veränderlichen Neigung mit in Betracht gezogen wird, kann es nöthig sein, dergleichen Angaben sorgfältig zu unterscheiden.

Hat man z. B. sich bestimmt, die Bögen von der Linken zur Rechten zu zählen, und entsprechen zweien geraden Linien l, l' die Richtungen L, L', so ist $L'-L$ die Neigung jener geraden Linien, und man sieht leicht, dass, in so fern $L'-L$ zwischen -180^0 und $+180^0$ fällt, der positive oder negative Werth zugleich anzeigt, dass vom Durchschnittspunkte aus l' rechts oder links von l liegt; allgemein wird diess durch das Zeichen von $\sin(L'-L)$ entschieden.

Es sei aa' ein Stück einer krummen Linie und es entsprechen den Tangenten in a, a' resp. die Richtungen α, α', durch welche Buchstaben nemlich die betreffenden Punkte des Hülfskreises, so wie deren Bogenentfernungen vom Anfangspunkte durch A, A' bezeichnet werden sollen. Die Grösse des Kreisbogens $\alpha\alpha'$ oder $A'-A$ heisst die Amplitudo von aa'

Die Vergleichung der Amplitudo des Bogens aa' mit seiner Länge wird uns den Begriff von Krümmung geben. Es sei l indefinite ein Punkt des Bogens aa' und in Beziehung auf denselben seien λ, Λ dasselbe, was α, A und α', A' in Beziehung auf a und a' sind. Ist nun $\alpha\lambda$ oder $\Lambda - A$ dem Stück des Bogens al proportional, so werden wir sagen, dass aa' in seiner ganzen Länge gleichförmig gekrümmt sei und

$$\frac{\Lambda - A}{al}$$

das Krümmungsmass oder schlechtweg die Krümmung nennen; man sieht leicht, dass diess nur dann eintrifft, wenn aa' wirklich ein Kreisbogen ist, und dass dann nach unserer Definition seine Krümmung $= \pm \frac{1}{r}$ sein wird, wenn r den Halbmesser bedeutet. In so fern man immer r als positiv ansieht, wird das obere oder untere Zeichen gelten, je nachdem das Centrum rechts oder links vom Bogen aa' liegt (a als Anfangs-, a' als Endpunkt betrachtet, und die Richtungen im Hülfskreise von der Linken zur Rechten gezählt); die Veränderung Einer dieser Bedingungen ändert das Zeichen, die Veränderung von zweien stellt es wieder her.

Ist hingegen $\Lambda - A$ dem al nicht proportional, so nennen wir den Bogen ungleichförmig gekrümmt und der Quotient

$$\frac{\Lambda - A}{al}$$

kann dann seine mittlere Krümmung heissen. Krümmung geradezu hingegen setzt immer die Bestimmung der Stelle voraus und wird durch die mittlere Krümmung eines Elements an dieser Stelle erklärt, ist also

$$= \frac{d\Lambda}{d\,al}.$$

Man sieht also, dass Bogen, Amplitudo und Krümmung in einem solchen Verhältniss zu einander stehen, wie Zeit, Bewegung und Geschwindigkeit, oder Volumen, Masse und Dichtigkeit. Das Reciprokum der Krümmung, nemlich

$$\frac{d\,al}{d\Lambda}$$

heisst der Krümmungshalbmesser an der Stelle l, und nach obigen Voraussetzungen heisst die Curve an dieser Stelle concav nach der Rechten, convex nach der Linken, wenn der Werth der Krümmung oder des Krümmungshalbmessers positiv ausfällt; bei einem negativen verhält es sich umgekehrt.

3.

Wenn wir die Lage der Punkte in der Ebene auf zwei auf einander senkrechte Coordinatenaxen beziehen, denen die Richtungen 0 und 90^0 entsprechen, so dass die erste Coordinate den nach der Richtung der ersten Axe gemessenen Abstand von der zweiten Axe, die zweite Coordinate hingegen den nach der Richtung der zweiten Axe gemessenen Abstand von der ersten Axe vorstellen; wenn ferner x, y unbestimmt die Coordinaten eines Punktes der krummen Linie, s deren Länge von einem beliebigen Anfangspunkte an bis zu diesem gezählt, φ die Richtung der Tangente an demselben, r den Krümmungshalbmesser ausdrücken, so wird

$$dx = \cos\varphi\,.\,ds$$
$$dy = \sin\varphi\,.\,ds$$
$$r = \frac{ds}{d\varphi}.$$

Wird die Natur der krummen Linie durch die Gleichung $V = 0$ vorgestellt, wo V eine Function von x und y ist, und setzt man

$$dV = p\,dx + q\,dy,$$

so wird in der krummen Linie

$$p\,dx + q\,dy = 0$$

sein; also

$$p\cos\varphi + q\sin\varphi = 0,$$

woraus also

$$\operatorname{tang}\varphi = -\frac{p}{q}.$$

Es ist ferner

$$\cos\varphi\,.\,dp + \sin\varphi\,.\,dq - (p\sin\varphi - q\cos\varphi)\,d\varphi = 0.$$

Setzt man also nach einem bekannten Lehrsatz

$$dp = P\,dx + Q\,dy$$
$$dq = Q\,dx + R\,dy,$$

so wird

$$(P\cos\varphi^2 + 2\,Q\cos\varphi\sin\varphi + R\sin\varphi^2)\,ds = (p\sin\varphi - q\cos\varphi)\,d\varphi,$$

also

$$\frac{1}{r} = \frac{P\cos\varphi^2 + 2\,Q\cos\varphi\sin\varphi + R\sin\varphi^2}{p\sin\varphi - q\cos\varphi}$$

oder, da

$$\cos\varphi = \frac{\mp q}{\sqrt{(pp+qq)}}, \qquad \sin\varphi = \frac{\pm p}{\sqrt{(pp+qq)}}:$$

$$\pm\frac{1}{r} = \frac{Pqq - 2\,Qpq + Rpp}{(pp+qq)^{\frac{3}{2}}}.$$

4.

Das zweideutige Zeichen in der letzten Formel könnte anfangs auffallen, findet sich jedoch bei näherer Betrachtung ganz in der Ordnung. In der That, da dieser Ausdruck bloss von den partiellen Differentialien von V abhängt und die Function V an sich bloss die Natur der krummen Linie darstellt, ohne zugleich den Sinn anzugeben, in welchem sie als beschrieben gedacht wird, so muss die Frage, ob die Curve nach der rechten oder linken Seite convex ist, so lange unentschieden bleiben, bis dieser Sinn anders woher bestimmt ist. Eben so verhält es sich mit der Bestimmung von φ durch seine Tangente, wobei für sich eine Unbestimmtheit von 180^0 zurückbleibt. Die Angabe, in welchem Sinn die Curve beschrieben wird, kann auf verschiedene Arten gemacht werden.

I. Durch das Zeichen der Veränderung von x. Ist x im Zunehmen, so muss $\cos\varphi$ positiv sein; die obern Zeichen gelten .daher, wenn q einen negativen, die untern, wenn q einen positiven Werth hat; beim Abnehmen von x ist es umgekehrt.

II. Durch das Zeichen der Veränderung von y. Ist y im Zunehmen, so schreibt ein positiver Werth von p die obern, ein negativer die untern vor; umgekehrt bei abnehmendem y.

III. Durch das Zeichen des Werths, welchen die Function V erhält, wenn man die Curve verlässt. Es seien die Variationen von x, y, wenn man die Curve senkrecht auf die Tangente nach der Rechten, also in der Richtung $\varphi + 90^0$, verlässt, δx, δy, und die Grösse dieser Normale $= \delta\rho$; man hat dann offenbar

$$\delta x = \delta\rho \,.\, \cos(\varphi + 90^0)$$
$$\delta y = \delta\rho \,.\, \sin(\varphi + 90^0)$$

oder

$$\delta x = -\delta\rho \,.\, \sin\varphi$$
$$\delta y = +\delta\rho \,.\, \cos\varphi.$$

Da nun, wenn $\delta\rho$ unendlich klein ist,

$$\begin{aligned}\delta V &= p\,\delta x + q\,\delta y\\ &= (-p\sin\varphi + q\cos\varphi)\,\delta\rho\\ &= \mp\,\delta\rho\sqrt{(pp+qq)}\end{aligned}$$

und V in der Curve selbst $= 0$, werden die obern Zeichen gelten, wenn V beim Durchgange durch die Curve von der Linken zur Rechten aus dem positiven ins negative übergeht und umgekehrt; verbindet man diess mit dem, was am Ende des 2. Art. gesagt ist, so folgt, dass die Curve immer nach der Seite convex ist, nach welcher V das Zeichen erhält, welches

$$Pqq - 2\,Qpq + Rpp$$

hat.

Ist z. B. die Curve ein Kreis und setzt man

$$V = xx + yy - aa,$$

so wird

$$p = 2x, \qquad q = 2y,$$
$$P = 2, \qquad Q = 0, \qquad R = 2,$$
$$Pqq - 2\,Qpq + Rpp = 8yy + 8xx = 8aa,$$
$$(pp+qq)^{\frac{3}{2}} = 8a^3,$$
$$r = \pm a$$

und die Curve nach der Seite convex, wo

$$xx + yy > aa,$$

wie gehörig.

Die Seite, nach welcher die Curve convex, oder die Zeichen in obigen Formeln werden also beim Fortgehen in der Curve so lange immer ungeändert bleiben als

$$\frac{\delta V}{\delta \rho}$$

sein Zeichen nicht ändert. In so fern V eine stetige Function ist, kann eine solche Änderung des Zeichens nur nach einem Durchgang durch den Werth 0 erfolgen; dieser aber setzt nothwendig voraus, dass zugleich p und $q = 0$ werden. An einer solchen Stelle wird der Krümmungshalbmesser unendlich gross, oder die Krümmung verschwindet und in so fern dann, allgemein zu reden, hier

$$-p\sin\varphi + q\cos\varphi$$

sein Zeichen ändern wird, findet hier ein Wendungspunkt statt.

5.

Der Fall, wo die Natur der Curve dadurch ausgedrückt wird, dass y einer gegebenen Function von x gleich gesetzt wird, nemlich $y = X$, ist in dem vorigen enthalten, wenn man

$$V = X - y$$

setzt. Macht man

$$dX = X'dx, \qquad dX' = X''dx,$$

so wird

$$p = X', \qquad q = -1,$$

$$P = X'', \qquad Q = 0, \qquad R = 0,$$

also

$$\pm\frac{1}{r} = \frac{X''}{(1+X'X')^{\frac{3}{2}}}.$$

Da hier q negativ ist, so gilt für wachsende x das obere Zeichen. Man kann sich also hier kurz so ausdrücken, dass bei einem positiven X'' die Curve nach derselben Seite ihre Concavität hat, nach welcher die Axe der y gegen die Axe der x liegt; während bei negativem X'' die Curve nach dieser Seite zu convex ist.

6.

Wenn man x und y als Functionen von s betrachtet, so fallen die Formeln noch zierlicher aus. Man setze

$$\frac{dx}{ds} = x', \qquad \frac{dx'}{ds} = x'',$$

$$\frac{dy}{ds} = y', \qquad \frac{dy'}{ds} = y''$$

Es ist dann

$$x' = \cos\varphi, \qquad y' = \sin\varphi,$$

$$x'' = -\frac{\sin\varphi}{r}, \qquad y'' = \frac{\cos\varphi}{r},$$

oder

$$y' = -rx'', \qquad x' = ry''$$

oder auch

$$1 = r(x'y''-y'x''),$$

so dass

$$x'y''-y'x''$$

die Krümmung und

$$\frac{1}{x'y''-y'x''}$$

den Krümmungshalbmesser vorstellt.

7.

Wir schreiten jetzt zur Betrachtung der krummen Flächen fort. Zur Versinnlichung der Richtungen von geraden Linien im Raume nach seinen drei Dimensionen betrachtet denken wir uns um einen beliebigen Mittelpunkt eine Kugelfläche mit dem Halbmesser 1 beschrieben; ein Punkt derselben repräsentirt demnach die Richtung aller mit dem Radius, an dessen Endpunkt er liegt, parallelen geraden Linien. So wie die Lagen aller Punkte im Raume durch die senkrechten Abstände x, y, z von dreien auf einander senkrechten Ebenen bestimmt werden, so soll die Richtung der drei Hauptaxen, welche auf diese Hauptebenen senkrecht sind, auf der Oberfläche der Hülfskugel durch die 3 Punkte (1), (2), (3) bezeichnet werden, die also je 90^0 von einander entfernt sind, und zugleich den Sinn bezeichnen sollen, in welchem die Coordinaten als wachsend betrachtet werden. Wir stellen hier einige bekannte Sätze, von denen beständig Gebrauch gemacht werden wird, zusammen.

1) Der Winkel zweier sich schneidenden geraden Linien wird durch den Bogen [des grössten Kreises] zwischen den Punkten gemessen, die auf der Kugelfläche ihre Richtung vorstellen.

2) Die Lage einer jeden Ebene kann auf der Kugelfläche durch den grössten Kreis vorgestellt werden, in welchem jene von einer mit ersterer Ebene parallel durch den Mittelpunkt der Kugel gelegten Ebene geschnitten wird.

3) Der Winkel zweier Ebenen ist gleich dem Winkel der grössten Kreise, die die Lage von jenen repräsentiren, und wird also auch durch den Winkel zwischen den Polen der grössten Kreise gemessen.

4) Sind x, y, z; x', y', z' die Coordinaten zweier Punkte, r ihre Entfernung von einander und L der Punkt der Kugelfläche, der die Richtung der geraden Linie vom ersten zum zweiten vorstellt, so ist

$$x' = x + r\cos(1)L$$
$$y' = y + r\cos(2)L$$
$$z' = z + r\cos(3)L.$$

5) Es folgt hieraus leicht, dass allemal

$$\cos(1)L^2 + \cos(2)L^2 + \cos(3)L^2 = 1$$

[und] auch, wenn L' irgend ein anderer Punkt der Kugelfläche ist,

$$\cos(1)L.\cos(1)L' + \cos(2)L \;\; \cos(2)L' + \cos(3)L.\cos(3)L' = \cos LL'.$$

Wir fügen noch ein anderes Theorem bei, welches unseres Wissens sonst nirgends vorkommt und öfters mit Nutzen gebraucht werden kann.

Es seien L, L', L'', L''' vier Punkte der Kugelfläche, und A der Winkel, welchen LL''', $L'L''$ an ihrem Durchschnittspunkte bilden. [Dann hat man]

$$\cos LL'.\cos L''L''' - \cos LL''.\cos L'L''' = \sin LL'''.\sin L'L''.\cos A.$$

Der Beweis ist leicht so zu führen. Es sei

$$AL = t, \qquad AL' = t', \qquad AL'' = t'', \qquad AL''' = t''';$$

man hat dann

$$\begin{aligned}
\cos L\,L' &= \cos t\ \cos t' + \sin t\ \sin t' \cos A \\
\cos L''L''' &= \cos t'' \cos t''' + \sin t'' \sin t''' \cos A \\
\cos L\,L'' &= \cos t\ \cos t'' + \sin t\ \sin t'' \cos A \\
\cos L'\,L''' &= \cos t' \cos t''' + \sin t' \sin t''' \cos A.
\end{aligned}$$

Also

$$\begin{aligned}
&\cos L\,L' \cos L''L''' - \cos L\,L'' \cos L'L''' \\
&\quad = \cos A \{\cos t \cos t' \sin t'' \sin t''' + \cos t'' \cos t''' \sin t \sin t' \\
&\qquad\qquad - \cos t \cos t'' \sin t' \sin t''' - \cos t' \cos t''' \sin t \sin t''\} \\
&\quad = \cos A\,(\cos t \sin t''' - \cos t''' \sin t)(\cos t' \sin t'' - \cos t'' \sin t') \\
&\quad = \cos A \sin(t''' - t) \sin(t'' - t') \\
&\quad = \cos A \sin L\,L'''.\ \sin L'L''.
\end{aligned}$$

Da jeder der beiden grössten Kreise von A aus in zwei entgegengesetzten Richtungen ausläuft, so bilden sich daselbst zwei einander zu 180^0 ergänzende Winkel; man sieht aber aus unserer Analyse, dass man diejenigen Schenkel wählen muss, die in dem Sinn von L nach L''' und von L' nach L'' laufen.

Statt des Winkels A kann man auch die Distanz des Pols des grössten Kreises LL''' vom Pol des grössten Kreises $L'L''$ nehmen; da jedoch jeder grösste Kreis zwei Pole hat, so sieht man, dass man diejenigen verbinden muss, um welche resp. die grössten Kreise von L nach L''' und von L' nach L'' in einerlei Sinn laufen.

Die Ausführung des speciellen Falls, wo von den Bögen LL''', $L'L''$ einer oder beide 90^0 gross sind, überlassen wir dem Leser.

6) Noch ein nützlicher Satz ergibt sich aus folgender Analyse. Es seien L, L', L'' drei Punkte auf der Kugelfläche und

$$\begin{array}{lll}
\cos L(1) = x, & \cos L(2) = y, & \cos L(3) = z, \\
\cos L'(1) = x', & \cos L'(2) = y', & \cos L'(3) = z', \\
\cos L''(1) = x'', & \cos L''(2) = y'', & \cos L''(3) = z''.
\end{array}$$

Wir nehmen an, dass die Punkte so geordnet sind, dass sie in demselben Sinn um das von ihnen eingeschlossene Dreieck laufen, wie die Punkte (1), (2), (3); es sei ferner λ derjenige Pol des grössten Kreises $L'L''$, welcher auf derselben Seite liegt wie L. Man hat dann aus unserm vorigen Lemma

$$y'z''-z'y'' = \sin L'L''.\cos\lambda(1)$$
$$z'x''-x'z'' = \sin L'L''.\cos\lambda(2)$$
$$x'y''-y'x'' = \sin L'L''.\cos\lambda(3).$$

Multiplicirt man also diese Gleichungen mit x, y, z und addirt die Producte, so wird

$$xy'z''+x'y''z+x''yz'-xy''z'-x'yz''-x''y'z = \sin L'L''.\cos\lambda L,$$

wofür man nach den bekannten Lehren der sphärischen Trigonometrie auch

$$\sin L'L''.\sin LL''.\sin L'$$
$$= \sin L'L''.\sin LL'.\sin L''$$
$$= \sin L'L''.\sin L'L''.\sin L$$

schreiben kann, wenn L, L', L'' die drei Winkel des sphärischen Dreiecks $LL'L''$ bedeuten. Man überzeugt sich zugleich leicht, dass diese Grösse der sechste Theil der Pyramide ist, die zwischen dem Centrum der Kugel und den Punkten L, L', L'' gebildet wird (und zwar positiv, wenn etc.).

8.

Die Natur einer krummen Fläche wird durch eine Gleichung zwischen den Coordinaten ihrer Punkte dargestellt, die wir durch

$$f(x, y, z) = 0$$

vorstellen; es sei das vollständige Differential von $f(x, y, z)$

$$= Pdx + Qdy + Rdz,$$

wo P, Q, R Functionen von x, y, z sein werden. Wir werden immer an der Fläche zwei Seiten unterscheiden, wovon wir die eine die obere, die andere die untere nennen wollen; allgemein zu reden wird beim Durchgang durch die Fläche der Werth von V sein Zeichen ändern, so dass, so lange die Stetigkeit nicht unterbrochen wird, auf der einen Seite die positiven, auf der andern die negativen [Werthe] stattfinden.

Die Richtung der Normale auf die Fläche nach derjenigen Seite zu, die wir als obere betrachten, werde auf der Hülfskugel durch den Punkt L bezeichnet und e sei

$$\cos L(1) = X, \qquad \cos L(2) = Y, \qquad \cos L(3) = Z.$$

Es sei ferner ds eine unendlich kleine Linie auf der Fläche, und indem deren Richtung auf der Hülfskugel durch den Punkt λ bezeichnet wird, sei

$$\cos\lambda(1) = \xi, \qquad \cos\lambda(2) = \eta, \qquad \cos\lambda(3) = \zeta.$$

Wir haben dann

$$dx = \xi ds, \qquad dy = \eta ds, \qquad dz = \zeta ds,$$

also

$$P\xi + Q\eta + R\zeta = 0$$

und, da $\lambda L = 90^0$ sein muss, auch

$$X\xi + Y\eta + Z\zeta = 0.$$

Da P, Q, R, X, Y, Z bloss von der Stelle der Fläche abhängen, von wo man das Element ausgehen lässt, und diese Gleichungen für jede Richtung des Elements in der Fläche richtig sind, so sieht man leicht, dass P, Q, R den X, Y, Z proportional sein müssen, also

$$P = X\mu, \qquad Q = Y\mu, \qquad R = Z\mu,$$

also, da

$$XX + YY + ZZ = 1$$

wird:

$$\mu = PX + QY + RZ$$

und

$$\mu\mu = PP + QQ + RR$$

oder

$$\mu = +\sqrt{(PP + QQ + RR)}.$$

Entfernt man sich von der Fläche in der Richtung nach der Normale um das Element $\delta\rho$, so wird:

$$\delta x = X\delta\rho, \qquad \delta y = Y\delta\rho, \qquad \delta z = Z\delta\rho$$

und

$$\delta V = P\delta x + Q\delta y + R\delta z = \mu\delta\rho.$$

Man sieht also, wie das Zeichen von μ von der Zeichenänderung des Werthes von V beim Durchgang von der untern auf die obere Seite abhängt.

9.

Man schneide die krumme Fläche mit einer Ebene in dem Punkte, auf den sich unsere Bezeichnungen beziehen; es entsteht so eine plane krumme Linie, von welcher $ds_{,}$ ein Element sei, in Beziehung auf welches wir die obigen Bezeichnungen beibehalten. Als obere Seite der Ebene betrachten wir die, auf welcher die Normale auf die krumme Fläche liegt; auf die Ebene errichten wir eine Normale, deren Richtung durch den Punkt $\mathfrak{L}$ der Hülfskugel bezeichnet werde. Beim Fortschreiten in der krummen Linie werden also λ und L ihre Stelle verändern, während $\mathfrak{L}$ constant bleibt und immer λL und $\lambda\mathfrak{L} = 90^0$ sind: λ beschreibt daher den grössten Kreis, dessen einer Pol $\mathfrak{L}$ ist. Das Element dieses grössten Kreises wird

$$= \frac{ds}{r}$$

sein, wenn r den Krümmungshalbmesser der Curve bedeutet; und wird wiederum die Richtung eben dieses Elements auf der Hülfskugel mit λ' bezeichnet, so wird offenbar λ' in eben dem grössten Kreise liegen, und sowohl von λ als von $\mathfrak{L}$ um 90^0 abstehen. Setzt man nun noch

$$\cos\lambda'(1) = \xi', \qquad \cos\lambda'(2) = \eta', \qquad \cos\lambda'(3) = \zeta',$$

so wird

$$d\xi = \xi'\frac{ds}{r}, \qquad d\eta = \eta'\frac{ds}{r}, \qquad d\zeta = \zeta'\frac{ds}{r}$$

sein, da in der That ξ, η, ζ nichts anderes sind, als die Coordinaten des Punktes λ gegen den Mittelpunkt der Kugel.

Da durch Elimination aus der Gleichung $f(x,y,z) = 0$ die eine Coordinate z in der Form einer Function von x und y dargestellt werden kann, so wollen wir grösserer Einfachheit wegen annehmen, dass diess geschehen und

$$z = F(x,y)$$

gefunden sei; man kann dann gleich als Gleichung der Fläche

$$z - F(x,y) = 0$$

setzen oder

$$f(x,y,z) = z - F(x,y).$$

Es wird sonach, wenn wir

$$dF(x,y) = t\,dx + u\,dy$$

setzen,

$$P = -t, \qquad Q = -u, \qquad R = 1,$$

wo t, u bloss Functionen von x und y sind. Wir setzen noch ferner

$$dt = T\,dx + U\,dy, \qquad du = U\,dx + V\,dy.$$

Es ist demnach auf der ganzen Fläche

$$dz = t\,dx + u\,dy$$

und also in der Curve

$$\zeta = t\xi + u\eta.$$

Die Differentiation gibt demnach durch Substitution obiger Werthe für $d\xi$, $d\eta$, $d\zeta$:

$$\begin{aligned}(\zeta' - t\xi' - u\eta')\frac{ds}{r} &= \xi\,dt + \eta\,du \\ &= (\xi\xi T + 2\xi\eta U + \eta\eta V)\,ds\end{aligned}$$

oder

$$\begin{aligned}\frac{1}{r} &= \frac{\xi\xi T + 2\xi\eta U + \eta\eta V}{-\xi' t - \eta' u + \zeta'} \\ &= \frac{Z(\xi\xi T + 2\xi\eta U + \eta\eta V)}{X\xi' + Y\eta' + Z\zeta'} \\ &= \frac{Z(\xi\xi T + 2\xi\eta U + \eta\eta V)}{\cos L\lambda'}.\end{aligned}$$

10.

Ehe wir den eben gefundenen Ausdruck weiter umformen, wollen wir über denselben einige Bemerkungen machen.

Eine Normale auf die Curve in ihrer Ebene entspricht zweien Richtungen auf der Kugelfläche, je nachdem man jene auf die eine oder auf die andere Seite der Curve zieht; die eine Richtung, nach welcher die Curve concav ist, wird durch λ' bezeichnet, die andere durch den gegenüberliegenden Punkt der Kugelfläche. Diese beiden Punkte, eben so wie L und $\mathfrak{L}$, sind von λ um 90^0 entfernt und liegen also in einem grössten Kreise; und da auch $\mathfrak{L}$ von λ um 90^0 entfernt ist, so wird $\mathfrak{L}L = 90^0 - L\lambda'$ oder $= L\lambda' - 90^0$ sein, und daher

$$\cos L\lambda' = \pm \sin \mathfrak{L}L,$$

wo $\sin \mathfrak{L}L$ nothwendig positiv ist. Da in unserer Analyse r als positiv betrachtet ist, so wird das Zeichen von $\cos L\lambda'$ dem von

$$Z(\xi\xi T + 2\xi\eta U + \eta\eta V)$$

gleich sein, und also ein positiver Werth von letzterer Grösse anzeigen, dass $L\lambda'$ unter 90^0 ist, oder dass die Curve nach der Seite concav ist, wo die Projection auf die Ebene der Normale auf die krumme Fläche liegt, ein negativer Werth hingegen, dass die Curve nach dieser Seite convex ist. Wir können daher auch allgemein

$$\frac{1}{r} = \frac{Z(\xi\xi T + 2\xi\eta U + \eta\eta V)}{\sin \mathfrak{L}L}$$

setzen, wenn wir den Krümmungshalbmesser im ersten Fall als positiv, im andern als negativ betrachten wollen. $\mathfrak{L}L$ ist nunmehro der Winkel, welchen unsere schneidende Ebene mit der die krumme Fläche berührenden Ebene macht, und man sieht, dass in verschiedenen schneidenden Ebenen, die durch denselben Punkt und dieselbe Tangente gelegt sind, die Krümmungshalbmesser dem Sinus der Neigung proportional sind. Wegen dieser einfachen Beziehung wollen wir uns hinfort auf den Fall einschränken, wo dieser Winkel ein rechter ist und also die schneidende Ebene durch die Normale auf die krumme

Fläche selbst gelegt wird. Für den Krümmungshalbmesser haben wir also die einfache Formel

$$\frac{1}{r} = Z(\xi\xi T + 2\xi\eta U + \eta\eta V)$$

11.

Da sich durch diese Normale unendlich viele Ebenen legen lassen, so können hiernach unendlich viele verschiedene Werthe des Krümmungshalbmessers stattfinden. In dieser Beziehung sind T, U, V, Z als constant, ξ, η, ζ als veränderlich zu betrachten. Um die letztern von Einer veränderlichen Grösse abhängig zu machen, nehme man in dem grössten Kreise, dessen Pol L ist, zwei feste um 90^0 von einander entfernte Punkte an, die M, M' heissen mögen. Es seien ihre Coordinaten gegen den Mittelpunkt der Kugel α, β, γ; α', β', γ'. Man hat dann

$$\cos\lambda(1) = \cos\lambda M . \cos M(1) + \cos\lambda M' . \cos M'(1) + \cos\lambda L . \cos L(1).$$

Setzt man nun

$$\lambda M = \varphi,$$

so ist

$$\cos\lambda M' = \sin\varphi$$

und die Formel wird

$$\xi = \alpha\cos\varphi + \alpha'\sin\varphi$$

und eben so

$$\eta = \beta\cos\varphi + \beta'\sin\varphi$$

$$\zeta = \gamma\cos\varphi + \gamma'\sin\varphi.$$

Also, wenn man

$$A = (\alpha\alpha T + 2\alpha\beta U + \beta\beta V)Z$$

$$B = (\alpha\alpha' T + (\alpha\beta' + \alpha\beta')U + \beta\beta' V)Z$$

$$C = (\alpha'\alpha' T + 2\alpha'\beta' U + \beta'\beta' V)Z$$

setzt:

$$\frac{1}{r} = A\cos\varphi^2 + 2B\cos\varphi\sin\varphi + C\sin\varphi^2$$
$$= \frac{A+C}{2} + \frac{A-C}{2}\cos 2\varphi + B\sin 2\varphi.$$

Macht man

$$\frac{A-C}{2} = E\cos 2\theta$$
$$B = E\sin 2\theta,$$

wo man annehmen kann, dass E dasselbe Zeichen wie $\frac{A-C}{2}$ hat, so wird

$$\frac{1}{r} = \tfrac{1}{2}(A+C) + E\cos 2(\varphi-\theta).$$

Offenbar bedeutet φ den Winkel zwischen der schneidenden Ebene und einer andern durch die Normale und diejenige Tangente gehenden, der die Richtung M entspricht. Offenbar hat also $\frac{1}{r}$ seinen grössten (absoluten) oder r seinen kleinsten Werth, wenn $\varphi = \theta$, und $\frac{1}{r}$ den kleinsten, wenn $\varphi = \theta + 90^0$ wird; die grösste und kleinste Krümmung finden also in zweien einander unter rechten Winkeln schneidenden Ebenen statt. Diese äussersten Werthe für $\frac{1}{r}$ sind folglich

$$\tfrac{1}{2}(A+C) \pm \sqrt{\left\{\left(\frac{A-C}{2}\right)^2 + BB\right\}},$$

ihre Summe $= A+C$ und ihr Product $= AC-BB$ oder das Product der beiden äussersten Krümmungshalbmesser

$$= \frac{1}{AC-BB}.$$

Dieses Product, welches von grosser Wichtigkeit ist, verdient genauer entwickelt zu werden. Wir finden nemlich aus obigen Formeln

$$AC-BB = (\alpha\beta'-\beta\alpha')^2(TV-UU)ZZ.$$

Nach der dritten Formel in [Lehrsatz] 6, Art. 7, folgert man aber leicht, dass

$$\alpha\beta'-\beta\alpha' = \pm Z,$$

also

$$AC-BB = Z^4(TV-UU).$$

Übrigens ist nach Art. 8

$$Z = \pm \frac{R}{\sqrt{(PP + QQ + RR)}}$$
$$= \pm \frac{1}{\sqrt{(1 + tt + uu)}},$$

also

$$AC - BB = \frac{TV - UU}{(1 + tt + uu)^2}.$$

So wie jedem Punkt der krummen Fläche vermöge der daselbst gezogenen Normale und des dieser parallelen Radius der Hülfskugel ein besonderer Punkt L auf der Fläche der Hülfskugel correspondirt, so wird aus den, allen Punkten einer Linie auf der krummen Fläche auf der Oberfläche der Hülfskugel correspondirenden, Punkten eine Linie gebildet, die jener correspondirt, und eben so wird jeder begrenzten Figur auf der krummen Fläche eine begrenzte Figur auf der Hülfskugel entsprechen; die Area auf der letztern soll als das Mass der Amplitudo der erstern betrachtet werden: wir werden diese Area entweder als eine Zahl betrachten, wobei das Quadrat des Halbmessers der Hülfskugel als Einheit zum Grunde liegt, oder auch sie durch Grade u. s. w. ausdrücken, indem wir die Area der Halbkugel = 360^0 setzen.

Die Vergleichung der Area auf der krummen Fläche mit der entsprechenden Amplitudo führt auf den Begriff von dem, was wir das Krümmungsmass der Fläche nennen. Ist jene dieser proportional, so soll die Krümmung gleichförmig heissen, und der Quotient, wenn man die Amplitudo mit der Fläche dividirt, soll das Krümmungsmass heissen: diess ist der Fall, wenn die krumme Fläche eine Kugel ist, und das Krümmungsmass ist dann ein Bruch, dessen Zähler 1, der Nenner das Quadrat des Halbmessers ist.

Wir werden das Krümmungsmass als positiv betrachten, wenn die Grenzen um die Figuren auf der krummen Fläche und auf der Hülfskugel in einerlei Sinn laufen, negativ, wenn die Grenzen im entgegengesetzten Sinn die Figuren umgeben. Findet jene Proportionalität nicht statt, so ist die Fläche ungleichförmig gekrümmt, und an jeder Stelle findet ein besonderes Krümmungsmass statt, welches aus der Vergleichung unendlich kleiner auf der krummen Fläche und der Hülfskugel zusammengehörender Theile hervorgeht. Es sei $d\sigma$ ein Flächenelement auf jener, $d\Sigma$ das correspondirende auf der Hülfskugel, so wird

$$\frac{d\Sigma}{d\sigma}$$

das Krümmungsmass an dieser Stelle sein.

Um dessen Grenze zu bestimmen, projiciren wir zuerst beide auf die Ebene der x, y; die Grössen der Projectionen werden $Zd\sigma$, $Zd\Sigma$ sein; das Zeichen von Z wird den gleichen oder entgegengesetzten Sinn, in welchem die Grenzen die Flächen und ihre Projectionen umgeben, ausdrücken. Man stelle sich die Figur als ein Dreieck vor, die Projection auf die Ebene der x, y habe die Coordinaten

$$x, y; \qquad x+dx,\ y+dy; \qquad x+\delta x,\ y+\delta y;$$

und so wird sein doppelter Inhalt

$$2Zd\sigma = dx.\delta y - dy.\delta x$$

sein. Der Projection des correspondirenden Elements auf der Kugelfläche werden die Coordinaten entsprechen

$$\begin{array}{ll} X, & Y, \\ X+\frac{\partial X}{\partial x}\cdot dx+\frac{\partial X}{\partial y}\cdot dy, & Y+\frac{\partial Y}{\partial x}\cdot dx+\frac{\partial Y}{\partial y}\cdot dy, \\ X+\frac{\partial X}{\partial x}\cdot \delta x+\frac{\partial X}{\partial y}\cdot \delta y, & Y+\frac{\partial Y}{\partial x}\cdot \delta x+\frac{\partial Y}{\partial y}\cdot \delta y. \end{array}$$

Daraus findet sich die doppelte Area des Elements

$$\begin{aligned} 2Zd\Sigma = & \left(\frac{\partial X}{\partial x}\cdot dx+\frac{\partial X}{\partial y}\cdot dy\right)\left(\frac{\partial Y}{\partial x}\cdot \delta x+\frac{\partial Y}{\partial y}\cdot \delta y\right) \\ & -\left(\frac{\partial X}{\partial x}\cdot \delta x+\frac{\partial X}{\partial y}\cdot \delta y\right)\left(\frac{\partial Y}{\partial x}\cdot dx+\frac{\partial Y}{\partial y}\cdot dy\right) \\ = & \left(\frac{\partial X}{\partial x}\cdot\frac{\partial Y}{\partial y}-\frac{\partial X}{\partial y}\cdot\frac{\partial Y}{\partial x}\right)(dx.\delta y - dy.\delta x) \end{aligned}$$

Das Krümmungsmass ist also

$$= \frac{\partial X}{\partial x}\frac{\partial Y}{\partial y}-\frac{\partial X}{\partial y}\frac{\partial Y}{\partial x} = \omega.$$

Nun hat man, da

$$X = -tZ, \qquad Y = -uZ,$$

$$(1+tt+uu)ZZ = 1:$$

$$dX = -Z^3(1+uu)dt + Z^3tu.du$$

$$dY = +Z^3tu.dt - Z^3(1+tt)\,du,$$

also

$$\frac{\partial X}{\partial x} = Z^3\{-(1+uu)\,T + tuU\}, \qquad \frac{\partial Y}{\partial x} = Z^3\{tuT - (1+tt)\,U\},$$

$$\frac{\partial X}{\partial y} = Z^3\{-(1+uu)\,U + tuV\}, \qquad \frac{\partial Y}{\partial y} = Z^3\{tuU - (1+tt)\,V\}$$

und

$$\begin{aligned} \omega &= Z^6(TV - UU)\left((1+tt)(1+uu) - ttuu\right) \\ &= Z^6(TV - UU)(1+tt+uu) \\ &= Z^4(TV - UU) \\ &= \frac{TV - UU}{(1+tt+uu)^2}, \end{aligned}$$

ganz derselbe Ausdruck, den wir am Schluss des vorigen Artikels gefunden haben. Man sieht also, dass

»das Krümmungsmass allemal durch den Bruch ausgedrückt wird, dessen Zähler $= 1$, der Nenner das Product des grössten und kleinsten Krümmungshalbmessers in den durch die Normale gehenden Ebenen«.

12.

Wir wollen jetzt die Natur der kürzesten Linie auf der krummen Fläche untersuchen. Die Natur einer krummen Linie im Raume im allgemeinen wird dadurch bestimmt, dass die Coordinaten jedes Punkts x, y, z als Functionen Einer veränderlichen Grösse, die wir w nennen wollen, betrachtet werden; die Länge der Curve bis zu diesem Punkte, von einem beliebigen Anfangspunkte an gezählt, ist dann

$$= \int \sqrt{\left\{\left(\frac{dx}{dw}\right)^2 + \left(\frac{dy}{dw}\right)^2 + \left(\frac{dz}{dw}\right)^2\right\}}\; dw.$$

Lässt man die Curve ihre Lage um eine unendlich kleine Variation verändern, so wird die Variation der ganzen Länge

$$= \int \frac{\frac{dx}{dw}\cdot d\delta x + \frac{dy}{dw}\cdot d\delta y + \frac{dz}{dw}\cdot d\delta z}{\sqrt{\left\{\left(\frac{dx}{dw}\right)^2 + \left(\frac{dy}{dw}\right)^2 + \left(\frac{dz}{dw}\right)^2\right\}}} = \frac{\frac{dx}{dw}\cdot \delta x + \frac{dy}{dw}\cdot \delta y + \frac{dz}{dw}\cdot \delta z}{\sqrt{\left\{\left(\frac{dx}{dw}\right)^2 + \left(\frac{dy}{dw}\right)^2 + \left(\frac{dz}{dw}\right)^2\right\}}}$$

$$-\int\left\{\delta x\,.\,d\,\frac{\frac{dx}{dw}}{\sqrt{\left\{\left(\frac{dx}{dw}\right)^2 + \left(\frac{dy}{dw}\right)^2 + \left(\frac{dz}{dw}\right)^2\right\}}} + \delta y\,.\,d\,\frac{\frac{dy}{dw}}{\sqrt{\left\{\left(\frac{dx}{dw}\right)^2 + \left(\frac{dy}{dw}\right)^2 + \left(\frac{dz}{dw}\right)^2\right\}}} + \delta z\,.\,d\,\frac{\frac{dz}{dw}}{\sqrt{\left\{\left(\frac{dx}{dw}\right)^2 + \left(\frac{dy}{dw}\right)^2 + \left(\frac{dz}{dw}\right)^2\right\}}}\right\}.$$

Was hier unter dem Integrationszeichen steht, muss bekanntlich für den Fall des Minimum verschwinden; in so fern nun die krumme Linie sich auf einer gegebenen krummen Fläche befinden soll, deren Gleichung

$$P\,dx + Q\,dy + R\,dz = 0$$

ist, muss auch zwischen den Variationen δx, δy, δz die Gleichung

$$P\delta x + Q\delta y + R\delta z = 0$$

statthaben, woraus man nach bekannten Principien leicht schliesst, dass die Differentiale

$$d\cdot\frac{\frac{dx}{dw}}{\sqrt{\left\{\left(\frac{dx}{dw}\right)^2 + \left(\frac{dy}{dw}\right)^2 + \left(\frac{dz}{dw}\right)^2\right\}}},\quad d\cdot\frac{\frac{dy}{dw}}{\sqrt{\left\{\left(\frac{dx}{dw}\right)^2 + \left(\frac{dy}{dw}\right)^2 + \left(\frac{dz}{dw}\right)^2\right\}}},\quad d\cdot\frac{\frac{dz}{dw}}{\sqrt{\left\{\left(\frac{dx}{dw}\right)^2 + \left(\frac{dy}{dw}\right)^2 + \left(\frac{dz}{dw}\right)^2\right\}}}$$

resp. den Grössen P, Q, R proportional sein müssen. Ist ds ein Element der Curve, λ der Punkt auf der Hülfskugel, der die Richtung dieses Elements, L der Punkt, der wie oben die Richtung der Normale ausdrückt, und sind ξ, η, ζ; X, Y, Z die Coordinaten der Punkte λ, L in Beziehung auf den Mittelpunkt der Hülfskugel, dann hat man:

$$dx = \xi\,ds, \qquad dy = \eta\,ds, \qquad dz = \zeta\,ds,$$

$$\xi\xi + \eta\eta + \zeta\zeta = 1;$$

man sieht also, dass die obigen Differentiale $= d\xi$, $d\eta$, $d\zeta$ werden. Und da P, Q, R den Grössen X, Y, Z proportional sind, so ist der Character der kürzesten Linie der, dass

$$\frac{d\xi}{X} = \frac{d\eta}{Y} = \frac{d\zeta}{Z}.$$

13.

Einem jeden Punkte einer krummen Linie auf der krummen Fläche entsprechen auf der Kugelfläche nach unserer Ansicht bereits zwei Punkte, nemlich der Punkt λ, der die Richtung des Linienelements und der Punkt L, der die Richtung der Normale auf die Fläche vorstellt. Beide sind offenbar 90^0 von einander entfernt. Bei unserer frühern Untersuchung (Art. 9), wo [wir] die krumme Linie in Einer Ebene liegend vorausgesetzt hatten, hatten wir noch zwei andere Punkte auf der Kugelfläche, nemlich $\mathfrak{L}$, der die Richtung der Normale auf die Ebene, und λ', der die Richtung der Normale auf das Element der Curve in der Ebene vorstellte; hierbei war also $\mathfrak{L}$ ein fester Punkt und λ, λ' immer in Einem grössten Kreise, dessen Pol $\mathfrak{L}$. Indem wir jetzt die Betrachtung generalisiren, wollen wir zwar die Bezeichnungen $\mathfrak{L}$, λ' beibehalten, müssen aber ihre Bedeutung aus einem allgemeinern Gesichtspunkt auffassen. Indem nemlich die Curve s beschrieben wird, werden die Punkte L, λ auf der Hülfskugelfläche auch krumme Linien beschreiben, die, allgemein zu reden, keine grössten Kreise mehr sind. Mit dem Element der zweiten Linie parallel ziehe man einen Radius der Hülfskugel zum Punkt λ', statt dessen wir aber den gegenüberliegenden Punkt wählen, wenn jener mehr als 90^0 von L entfernt ist; im ersten Fall betrachten wir das Element an λ als positiv, im andern als negativ; endlich sei $\mathfrak{L}$ der Punkt der Hülfskugel, der von λ und λ' zugleich 90^0 entfernt ist und zwar so, dass λ, λ', $\mathfrak{L}$ in derselben Ordnung liegen wie (1), (2), (3).

Die Coordinaten der vier Punkte auf der Hülfskugel relativ gegen den Mittelpunkt sind für

L	X	Y	Z
λ	ξ	η	ζ
λ'	ξ'	η'	ζ'
$\mathfrak{L}$	α	β	γ.

Jeder dieser 4 Punkte beschreibt also auf der Hulfskugel selbst eine Linie, deren Elemente wir durch dL, $d\lambda$, $d\lambda'$, $d\mathfrak{L}$ ausdrücken wollen. Wir haben also

$$d\xi = \xi'\,d\lambda$$
$$d\eta = \eta'\,d\lambda$$
$$d\zeta = \zeta'\,d\lambda.$$

Der Analogie nach nennen wir nun

$$\frac{d\lambda}{ds}$$

das Krümmungsmass der krummen Linie auf der krummen Fläche, und dessen Reciprocum

$$\frac{ds}{d\lambda}$$

den Krümmungshalbmesser; bezeichnen wir letztern durch ρ, so ist

$$\rho\,d\xi = \xi'\,ds$$
$$\rho\,d\eta = \eta'\,ds$$
$$\rho\,d\zeta = \zeta'\,ds.$$

Ist also unsere Linie eine kürzeste Linie, so werden ξ', η', ζ' den Grössen X, Y, Z proportional sein müssen; allein, da zugleich

$$\xi'\xi' + \eta'\eta' + \zeta'\zeta' = XX + YY + ZZ = 1,$$

so wird

$$\xi' = \pm X, \qquad \eta' = \pm Y, \qquad \zeta' = \pm Z,$$

und da ferner

$$\begin{aligned} \xi' X + \eta' Y + \zeta' Z &= \cos\lambda' L \\ &= \pm(XX + YY + ZZ) \\ &= \pm 1 \end{aligned}$$

wird und wir den Punkt λ' immer so wählen, dass

$$\lambda' L < 90^0$$

ist, so wird für die kürzeste Linie

$$\lambda' L = 0$$

sein oder λ' mit L zusammenfallen müssen. Es ist also

$$\rho\, d\xi = X ds$$
$$\rho\, d\eta = Y ds$$
$$\rho\, d\zeta = Z ds$$

und wir haben hier anstatt 4 krummer Linien auf der Oberfläche der Hülfskugel nur 3 zu betrachten. Jedes Element der zweiten Linie ist also als in dem grössten Kreise $L\lambda$ liegend anzusehen, und der positive oder negative Werth von ρ wird sich auf die Concavität oder Convexität der Curve nach der Richtung der Normale beziehen.

14.

Wir wollen nunmehro den sphärischen Winkel auf der Hülfskugel untersuchen, den der grösste Kreis von L nach λ mit demjenigen macht, der von L nach einem der festen Punkte (1), (2), (3), z. B. nach (3), geht. Um hierin etwas bestimmtes zu haben, zählen wir von $L(3)$ nach $L\lambda$ in demjenigen Sinn herum, in welchem (1), (2) und (3) liegen. Nennen wir φ diesen Winkel, so ist in Folge des Satzes Art. 7

$$\sin L(3) . \sin L\lambda . \sin\varphi = Y\xi - X\eta$$

oder, da $L\lambda = 90^0$ und

$$\sin L(3) = \surd(XX + YY) = \surd(1 - ZZ):$$
$$\sin\varphi = \frac{Y\xi - X\eta}{\surd(XX + YY)}.$$

Es ist ferner

$$\sin L(3) . \sin L\lambda . \cos\varphi = \zeta$$

oder

$$\cos\varphi = \frac{\zeta}{\surd(XX + YY)}$$

und

$$\text{tang}\,\varphi = \frac{Y\xi - X\eta}{\zeta} = \frac{\zeta'}{\zeta}.$$

Man hat also

$$d\varphi = \frac{\zeta Y d\xi - \zeta X d\eta - (Y\xi - X\eta)\, d\zeta + \xi\zeta dY - \eta\zeta dX}{(Y\xi - X\eta)^2 + \zeta\zeta}.$$

Der Nenner dieses Ausdrucks ist

$$\begin{aligned}&= YY\xi\xi - 2XY\xi\eta + XX\eta\eta + \zeta\zeta\\ &= -(X\xi + Y\eta)^2 + (XX + YY)(\xi\xi + \eta\eta) + \zeta\zeta\\ &= -ZZ\zeta\zeta + (1 - ZZ)(1 - \zeta\zeta) + \zeta\zeta\\ &= 1 - ZZ\end{aligned}$$

oder

$$d\varphi = \frac{\zeta Y d\xi - \zeta X d\eta + (X\eta - Y\xi)\, d\zeta - \eta\zeta dX + \xi\zeta dY}{1 - ZZ}.$$

Man verificirt leicht durch Entwickelung die identische Gleichung

$$\begin{aligned}&\eta\zeta(XX + YY + ZZ) + YZ(\xi\xi + \eta\eta + \zeta\zeta)\\ &= (X\xi + Y\eta + Z\zeta)(Z\eta + Y\zeta) + (X\zeta - Z\xi)(X\eta - Y\xi)\end{aligned}$$

und eben so

$$\begin{aligned}&\xi\zeta(XX + YY + ZZ) + XZ(\xi\xi + \eta\eta + \zeta\zeta)\\ &= (X\xi + Y\eta + Z\zeta)(X\zeta + Z\xi) + (Y\xi - X\eta)(Y\zeta - Z\eta).\end{aligned}$$

Wir haben demnach

$$\begin{aligned}\eta\zeta &= -YZ + (X\zeta - Z\xi)(X\eta - Y\xi)\\ \xi\zeta &= -XZ + (Y\xi - X\eta)(Y\zeta - Z\eta).\end{aligned}$$

Diess substituirt, erhalten wir

$$\begin{aligned}d\varphi = &\frac{Z}{1 - ZZ}(YdX - XdY) + \frac{\zeta Y d\xi - \zeta X d\eta}{1 - ZZ}\\ &+ \frac{X\eta - Y\xi}{1 - ZZ}\{d\zeta - (X\zeta - Z\xi)\, dX - (Y\zeta - Z\eta)\, dY\}.\end{aligned}$$

Nun ist

$$\begin{aligned}XdX + YdY + ZdZ &= 0\\ \xi dX + \eta dY + \zeta dZ &= -Xd\xi - Yd\eta - Zd\zeta.\end{aligned}$$

Diess substituirt, erhalten wir anstatt dessen, was in der Parenthese steht,

$$d\zeta - Z(Xd\xi + Yd\eta + Zd\zeta).$$

Hieraus wird

$$d\varphi = \frac{Z}{1-ZZ}(YdX - XdY) + \frac{d\xi}{1-ZZ}\{\zeta Y - \eta XXZ + \xi XYZ\}$$
$$- \frac{d\eta}{1-ZZ}\{\zeta X - \eta XYZ + \xi YYZ\}$$
$$+ d\zeta(\eta X - \xi Y).$$

Da nun ferner

$$\begin{aligned}\eta XXZ - \xi XYZ &= \eta XXZ + \eta YYZ + \zeta ZYZ\\ &= \eta Z(1-ZZ) + \zeta YZZ\\ \eta XYZ - \xi YYZ &= -\xi XXZ - \zeta XZZ - \xi YYZ\\ &= -\xi Z(1-ZZ) - \zeta XZZ,\end{aligned}$$

so wird unser ganzer Ausdruck

$$\begin{aligned}d\varphi = {} & \frac{Z}{1-ZZ}(YdX - XdY)\\ & + (\zeta Y - \eta Z)d\xi + (\xi Z - \zeta X)d\eta + (\eta X - \xi Y)d\zeta.\end{aligned}$$

15.

Die gefundene Formel ist allgemein richtig, wie auch die krumme Linie beschaffen sei: ist aber diese eine kürzeste Linie, so ist klar, dass sich die drei letzten Theile destruiren, und folglich wird

$$d\varphi = -\frac{Z}{1-ZZ}(XdY - YdX).$$

Man sieht aber leicht, dass

$$\frac{Z}{1-ZZ}(XdY - YdX)$$

nichts anderes ist, als die Area des Theils der Fläche der Hülfskugel, welcher zwischen dem Elemente der Linie L, den beiden durch seine Endpunkte und (3) gezogenen grössten Kreisen und dem dadurch abgeschnittenen Element des grössten Kreises durch (1) und (2) gebildet wird, diese Fläche als positiv betrachtet, wenn L mit (3) auf derselben Seite von (1)(2) liegt und die Richtung von P nach P' der von (2) nach (1) gleich, negativ, wenn von einer dieser Bedingungen das Gegentheil, und wieder positiv, wenn von beiden das Gegentheil stattfindet oder mit andern Worten als positiv, wenn man den Um-

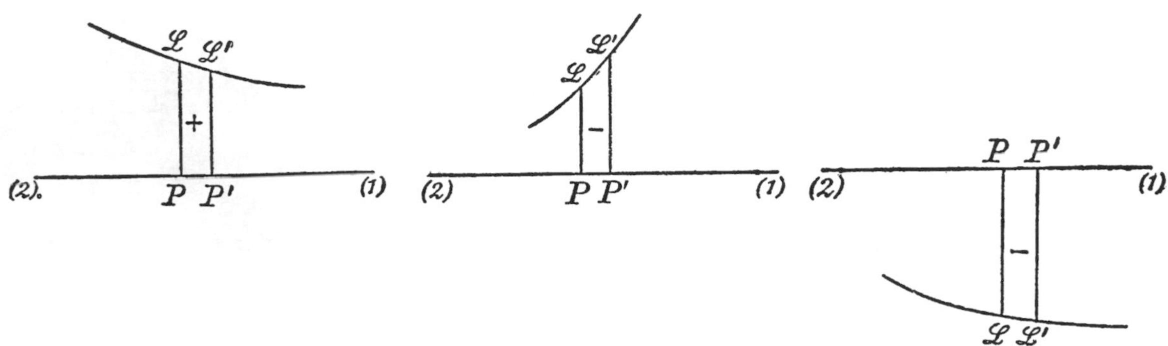

fang der Figur $LL'P'P$ in demselben Sinn umgeht, wie (1)(2)(3), negativ beim entgegengesetzten.

Man denke sich nun ein endliches Stück der Linie von L nach L' und nenne φ, φ' die an beiden Endpunkten geltenden Werthe des Winkels, so ist

$$\varphi' = \varphi + \text{Area}\, LL'P'P,$$

das Zeichen der Area eben so verstanden.

Man nehme nun ferner an, dass von dem Anfangspunkte auf der krummen Fläche unzählige andere kürzeste Linien auslaufen und nenne den Winkel, den indefinite das erste Element mit dem ersten Elemente der ersten Linie links herum macht, A; durch das zweite Ende dieser verschiedenen krummen Linien sei eine krumme Linie gezogen, von der wir vorerst unentschieden lassen, ob sie eine kürzeste Linie sei oder nicht. Setzen wir nun, dass indefinite für jede dieser Linien das, was für die erste φ, φ' war, durch ψ, ψ' bezeichnet wird, so ist $\psi'-\psi$ auf ähnliche Weise auf der Hülfskugel durch den Raum $LL'P'P$ darzustellen, und da offenbar $\psi = \varphi - A$ wird, so ist der Raum

$$\begin{aligned} LL'_1P'_1P'L'L &= \psi' - \psi - \varphi' + \varphi \\ &= \psi' - \varphi' + A \\ &= LL'_1L'L + L'L'_1P'_1P'. \end{aligned}$$

Ist nun die Grenzlinie auch eine kürzeste und macht sie fortschreitend genommen mit LL', LL'_1 die Winkel B, B_1, wird ferner für sie in den Punkten L', L'_1 durch χ, χ_1 dasselbe bezeichnet, was φ für L in der Linie LL'

war, so ist

$$\chi_1 = \chi + \text{Area}\, L'L'_1P'_1P'$$
$$\psi' - \varphi' + A = LL'_1L'L + \chi_1 - \chi;$$

allein

$$\varphi' = \chi + B$$
$$\psi' = \chi_1 + B_1,$$

also

$$B_1 - B + A = LL'_1L'L.$$

Die Winkel des Dreiecks $LL'L'_1$ sind offenbar

$$A, \qquad 180^0 - B, \qquad B_1,$$

also ihre Summe

$$180^0 + LL'_1L'L.$$

Der Beweis wird in der Form einiger Modification und Erläuterung bedürfen, wenn der Punkt (3) innerhalb des Dreiecks fällt. Allgemein aber schliessen wir:

»Die Summe der drei Winkel eines Dreiecks, welches auf einer beliebigen krummen Fläche durch kürzeste Linien gebildet wird, ist gleich der Summe von 180^0 und dem Inhalt des Dreiecks auf der Hülfskugel, dessen Begrenzung durch die Punkte L gebildet wird, welche den Punkten in der Begrenzung jenes Dreiecks entsprechen, und zwar so, dass der gedachte Inhalt des Dreiecks als positiv oder negativ anzusehen ist, je nachdem es von seiner Begrenzung in demselben Sinn umgeben wird wie die Figur oder im entgegengesetzten«.

Man schliesst hieraus ferner leicht, dass die Summe aller Winkel eines Polygons von n Seiten, die auf der krummen Fläche kürzeste Linien sind, [gleich] der Summe von $(n-2)\,180^0 +$ Inhalt des Polygons auf der Kugelfläche etc.

16.

Wenn eine krumme Fläche vollkommen auf die andere abgewickelt werden kann, so behalten dabei offenbar alle Linien auf der ersten Fläche bei der Übertragung auf einander ihre Grösse, eben so wie die Winkel, die durch das

Zusammentreffen zweier Linien gebildet werden: offenbar bleiben daher auch solche Linien, die auf der einen Fläche kürzeste Linien waren, bei der Übertragung wieder kürzeste Linien. Hieraus folgt leicht, dass, wenn einem beliebigen durch kürzeste Linien gebildeten Polygon, in so fern es auf der ersten Fläche ist, die Figur der Zenithe auf der Hülfskugel entspricht, deren Area $= A$ ist, demselben Polygon hingegen, in so fern es durch Abwickelung auf die zweite Fläche übertragen wird, eine Figur der Zenithe auf der Hülfskugel, deren Inhalt $= A'$ wird, allemal

$$A = A'$$

sein wird. Obgleich dieser Beweis ursprünglich die Begrenzung der Figuren durch kürzeste Linien voraussetzt, so sieht man doch leicht, dass er allgemein gültig ist, wie auch die Begrenzung sein möge: denn in der That, wenn das Theorem von der Anzahl der Seiten unabhängig ist, so hindert nichts, für jedes Polygon, dessen Seiten alle oder einige keine kürzeste Linien sind, ein anderes von unendlich vielen Seiten, die jede kürzeste Linien sind, zu denken.

Ferner ist klar, dass bei der Übertragung durch Abwickelung jede Figur auch ihre Area behält.

Es ist nun hier von 4 Figuren die Rede:

1) eine beliebige Figur auf der ersten Fläche,
2) die Figur auf der Hülfskugel, die den Zenithen von jener entspricht,
3) die Figur auf der zweiten Fläche, welche Nro 1 vermöge der Abwickelung bildet,
4) die Figur auf der Hülfskugel, die den Zenithen von Nro 3 entspricht.

Nach dem, was wir bewiesen haben, haben also 2 und 4 gleichen Inhalt, eben so wie 1 und 3. In so fern nun diese Figuren unendlich klein angenommen werden, ist der Quotient, wenn man 2 durch 1 dividirt, das Krümmungsmass an der Stelle der ersten krummen Fläche, und eben so der Quotient 4 durch 3 bei der zweiten. Hieraus folgt also der wichtige Lehrsatz, dass

»bei der Übertragung der Flächen durch Abwickelung das Krümmungsmass an jeder Stelle unverändert bleibt«.

Dasselbe gilt also von dem Product des grössten und kleinsten Krümmungshalbmessers.

Bei der Ebene ist offenbar das Krümmungsmass überall $= 0$: hieraus folgt also der wichtige Lehrsatz, dass

»bei allen Flächen, die sich in eine Ebene abwickeln lassen, das Krümmungsmass überall verschwindet«

oder dass

$$\left(\frac{\partial\partial z}{\partial x.\partial y}\right)^2-\left(\frac{\partial\partial z}{\partial x^2}\right)\left(\frac{\partial\partial z}{\partial y^2}\right)=0$$

wird, welches Criterium sonst aus andern Gründen abgeleitet wird, obwohl, wie uns scheint, nicht mit der zu wünschenden Evidenz. Es ist klar, dass bei allen solchen Flächen die Zenithe aller Punkte keinen Raum ausfüllen können, und daher alle in einer Linie liegen.

17.

Von einem gegebenen Punkte auf einer krummen Fläche wollen wir unzählige kürzeste Linien auf dieser Fläche ausgehen lassen, die von einander durch den Winkel unterschieden werden sollen, welchen ihr erstes Element mit dem ersten Element Einer bestimmten kürzesten Linie macht: dieser Winkel soll θ heissen. Es soll ferner s die [von dem gegebenen Punkte aus gemessene] Länge eines Stücks von einer solchen kürzesten Linie sein und deren Endpunkte die Coordinaten x, y, z haben. Da θ und s also einem ganz bestimmten Punkt der krummen Fläche angehören, so kann man x, y, z wie Functionen von θ und s betrachten. Die Richtung des Elements von s entspreche auf der Kugelfläche dem Punkte λ, dessen Coordinaten ξ, η, ζ sind, so dass man

$$\xi=\frac{\partial x}{\partial s},\qquad \eta=\frac{\partial y}{\partial s},\qquad \zeta=\frac{\partial z}{\partial s}$$

haben wird.

Die Endpunkte aller kürzesten Linien von gleicher Länge s entsprechen einer krummen Linie, deren Länge t heissen mag. Man kann offenbar t als eine Function von s und θ betrachten, und wenn die Richtung des Elements von t auf der Kugelfläche dem Punkte λ' entspricht, dessen Coordinaten ξ', η', ζ' sind, wird man

$$\xi'.\frac{\partial t}{\partial\theta}=\frac{\partial x}{\partial\theta},\qquad \eta'.\frac{\partial t}{\partial\theta}=\frac{\partial y}{\partial\theta},\qquad \zeta'.\frac{\partial t}{\partial\theta}=\frac{\partial z}{\partial\theta}$$

haben. Es ist folglich

$$(\xi\xi'+\eta\eta'+\zeta\zeta')\frac{\partial t}{\partial\theta} = \frac{\partial x}{\partial s}\cdot\frac{\partial x}{\partial\theta}+\frac{\partial y}{\partial s}\cdot\frac{\partial y}{\partial\theta}+\frac{\partial z}{\partial s}\cdot\frac{\partial z}{\partial\theta},$$

welche Grösse wir mit u bezeichnen wollen, und die also ihrerseits wieder Function von θ und s sein wird.

Man findet dann, wenn man nach s differentiirt:

$$\frac{\partial u}{\partial s} = \frac{\partial\partial x}{\partial s^2}\cdot\frac{\partial x}{\partial\theta}+\frac{\partial\partial y}{\partial s^2}\cdot\frac{\partial y}{\partial\theta}+\frac{\partial\partial z}{\partial s^2}\cdot\frac{\partial z}{\partial\theta}+\frac{1}{2}\,\frac{\partial\left\{\left(\frac{\partial x}{\partial s}\right)^2+\left(\frac{\partial y}{\partial s}\right)^2+\left(\frac{\partial z}{\partial s}\right)^2\right\}}{\partial\theta}$$
$$= \frac{\partial\partial x}{\partial s^2}\cdot\frac{\partial x}{\partial\theta}+\frac{\partial\partial y}{\partial s^2}\cdot\frac{\partial y}{\partial\theta}+\frac{\partial\partial z}{\partial s^2}\cdot\frac{\partial z}{\partial\theta},$$

weil

$$\left(\frac{\partial x}{\partial s}\right)^2+\left(\frac{\partial y}{\partial s}\right)^2+\left(\frac{\partial z}{\partial s}\right)^2 = 1,$$

also sein Differential $= 0$.

Allein da alle zu constantem θ [gehörigen] Punkte in einer kürzesten Linie liegen, so ist, wenn L das Zenith des Punktes, welchem s, θ entsprechen, bedeutet und die Coordinaten von L durch X, Y, Z bezeichnet werden:

$$\frac{\partial\partial x}{\partial s^2} = \frac{X}{p}, \qquad \frac{\partial\partial y}{\partial s^2} = \frac{Y}{p}, \qquad \frac{\partial\partial z}{\partial s^2} = \frac{Z}{p},$$

wenn p den Krümmungshalbmesser bedeutet Wir haben also

$$p\cdot\frac{\partial u}{\partial s} = X\frac{\partial x}{\partial\theta}+Y\frac{\partial y}{\partial\theta}+Z\frac{\partial z}{\partial\theta} = \frac{\partial t}{\partial\theta}(X\xi'+Y\eta'+Z\xi').$$

Allein

$$X\xi'+Y\eta'+Z\zeta' = \cos L\lambda' = 0,$$

weil offenbar λ' in dem grössten Kreise liegt, dessen Pol L ist. Wir haben daher

$$\frac{\partial u}{\partial s} = 0$$

oder u von s unabhängig und daher bloss Function von θ. Allein für $s = 0$ ist offenbar $t = 0$, $\frac{\partial t}{\partial\theta} = 0$ und also $u = 0$: wir schliessen daraus, dass allgemein $u = 0$ sein wird oder

$$\cos\lambda\lambda' = 0.$$

Es folgt hieraus der schöne Lehrsatz:

»Wenn von einem Punkte der krummen Fläche aus lauter kürzeste Linien von gleicher Länge gezogen sind, so machen diese mit der ihre Endpunkte verbindenden Linie überall rechte Winkel«.

Man kann auf ganz ähnliche Art beweisen, dass wenn auf der krummen Fläche irgend eine krumme Linie gegeben ist, und man von jedem Punkte derselben nach Einer Seite derselben und unter rechten Winkeln zu derselben lauter kürzeste Linien von gleicher Länge ausgehen lässt, deren Endpunkte durch eine Linie verbunden werden, diese von jenen überall unter rechten Winkeln geschnitten wird. Man braucht nur in der vorigen Entwickelung θ die Länge der gegebenen krummen Linie von einem beliebigen Punkte an bedeuten zu lassen, wo dann die vorigen Rechnungen ihre Gültigkeit behalten, nur dass die Richtigkeit des Werthes $u = 0$ für $s = 0$ jetzt schon in der Voraussetzung liegt.

18.

Die bei diesen Constructionen vorkommenden Grössenverhältnisse verdienen noch ausführlicher entwickelt zu werden. Wir haben also zuvörderst, wenn man Kürze halber m für $\frac{\partial t}{\partial \theta}$ schreibt:

(1) $$\frac{\partial x}{\partial s} = \xi, \qquad \frac{\partial y}{\partial s} = \eta, \qquad \frac{\partial z}{\partial s} = \zeta,$$

(2) $$\frac{\partial x}{\partial \theta} = m\xi', \qquad \frac{\partial y}{\partial \theta} = m\eta', \qquad \frac{\partial z}{\partial \theta} = m\zeta',$$

(3) $$\xi\xi + \eta\eta + \zeta\zeta = 1$$

(4) $$\xi'\xi' + \eta'\eta' + \zeta'\zeta' = 1$$

(5) $$\xi\xi' + \eta\eta' + \zeta\zeta' = 0.$$

Ferner

(6) $$XX + YY + ZZ = 1$$

(7) $$X\xi + Y\eta + Z\zeta = 0$$

(8) $$X\xi' + Y\eta' + Z\zeta' = 0$$

und

[9] $$\begin{cases} X = \zeta\eta' - \eta\zeta' \\ Y = \xi\zeta' - \zeta\xi' \\ Z = \eta\xi' - \xi\eta' \end{cases}$$

$$[10] \qquad \begin{cases} \xi' = \eta Z - \zeta Y \\ \eta' = \zeta X - \xi Z \\ \zeta' = \xi Y - \eta X \end{cases}$$

$$[11] \qquad \begin{cases} \xi = Y\zeta' - Z\eta' \\ \eta = Z\xi' - X\zeta' \\ \zeta = X\eta' - Y\xi'. \end{cases}$$

Imgleichen sind $\frac{\partial \xi}{\partial s}$, $\frac{\partial \eta}{\partial s}$, $\frac{\partial \zeta}{\partial s}$ den X, Y, Z proportional, und wenn wir

$$\frac{\partial \xi}{\partial s} = pX, \qquad \frac{\partial \eta}{\partial s} = pY, \qquad \frac{\partial \zeta}{\partial s} = pZ$$

setzen, wo $\frac{1}{p}$ den Krümmungshalbmesser der Linie s bedeuten wird, so ist:

$$p = X\frac{\partial \xi}{\partial s} + Y\frac{\partial \eta}{\partial s} + Z\frac{\partial \zeta}{\partial s}.$$

Durch Differentiation von (7) nach s erhält man daher

$$-p = \xi\frac{\partial X}{\partial s} + \eta\frac{\partial Y}{\partial s} + \zeta\frac{\partial Z}{\partial s}.$$

Man kann leicht zeigen, dass auch $\frac{\partial \xi'}{\partial s}$, $\frac{\partial \eta'}{\partial s}$, $\frac{\partial \zeta'}{\partial s}$ den X, Y, Z proportional sind; in der That sind die Werthe jener Grössen [nach 10] auch [gleich]

$$\eta\frac{\partial Z}{\partial s} - \zeta\frac{\partial Y}{\partial s}, \qquad \zeta\frac{\partial X}{\partial s} - \xi\frac{\partial Z}{\partial s}, \qquad \xi\frac{\partial Y}{\partial s} - \eta\frac{\partial X}{\partial s},$$

also

$$\begin{aligned} Y\frac{\partial \xi'}{\partial s} - X\frac{\partial \eta'}{\partial s} &= -\zeta\left(\frac{Y\partial Y}{\partial s} + \frac{X\partial X}{\partial s}\right) + \frac{\partial Z}{\partial s}(Y\eta + X\xi) \\ &= -\zeta\left(\frac{X\partial X + Y\partial Y + Z\partial Z}{\partial s}\right) + \frac{\partial Z}{\partial s}(X\xi + Y\eta + Z\zeta) \\ &= 0, \end{aligned}$$

und eben so die andern. — Wir setzen demnach

$$\frac{\partial \xi'}{\partial s} = p'X, \qquad \frac{\partial \eta'}{\partial s} = p'Y, \qquad \frac{\partial \zeta'}{\partial s} = p'Z,$$

wodurch

$$p' = \pm\sqrt{\left\{\left(\frac{\partial \xi'}{\partial s}\right)^2 + \left(\frac{\partial \eta'}{\partial s}\right)^2 + \left(\frac{\partial \zeta'}{\partial s}\right)^2\right\}}$$

und auch

$$p' = X\frac{\partial \xi'}{\partial s} + Y\frac{\partial \eta'}{\partial s} + Z\frac{\partial \zeta'}{\partial s}.$$

Ferner [erhalten wir] aus der Differentiation von (8):

$$-p' = \xi'\frac{\partial X}{\partial s} + \eta'\frac{\partial Y}{\partial s} + \zeta'\frac{\partial Z}{\partial s}.$$

Wir können aber dafür noch zwei andere Ausdrücke finden. Es ist nemlich

$$\frac{\partial m\xi'}{\partial s} = \frac{\partial \xi}{\partial \theta},$$

also [wegen (8)]

$$mp' = X\frac{\partial \xi}{\partial \theta} + Y\frac{\partial \eta}{\partial \theta} + Z\frac{\partial \zeta}{\partial \theta},$$

[und daher nach (7)]

$$-mp' = \xi\frac{\partial X}{\partial \theta} + \eta\frac{\partial Y}{\partial \theta} + \zeta\frac{\partial Z}{\partial \theta}.$$

Nach diesen Vorbereitungen wollen wir nun zuerst m in die Form setzen

$$m = \xi'\frac{\partial x}{\partial \theta} + \eta'\frac{\partial y}{\partial \theta} + \zeta'\frac{\partial z}{\partial \theta}$$

und nach s differentiiren, woraus hervorgeht *)

$$\begin{aligned} \frac{\partial m}{\partial s} &= \frac{\partial x}{\partial \theta}\cdot\frac{\partial \xi'}{\partial s} + \frac{\partial y}{\partial \theta}\cdot\frac{\partial \eta'}{\partial s} + \frac{\partial z}{\partial \theta}\cdot\frac{\partial \zeta'}{\partial s} \\ &\quad + \xi'\frac{\partial\partial x}{\partial s.\partial \theta} + \eta'\frac{\partial\partial y}{\partial s.\partial \theta} + \zeta'\frac{\partial\partial z}{\partial s.\partial \theta} \\ &= mp'(\xi' X + \eta' Y + \zeta' Z) \\ &\quad + \xi'\frac{\partial \xi}{\partial \theta} + \eta'\frac{\partial \eta}{\partial \theta} + \zeta'\frac{\partial \zeta}{\partial \theta} \\ &= \xi'\frac{\partial \xi}{\partial \theta} + \eta'\frac{\partial \eta}{\partial \theta} + \zeta'\frac{\partial \zeta}{\partial \theta}. \end{aligned}$$

---

*) Besser mm zu differentiiren. [In der That ist

$$mm = \left(\frac{\partial x}{\partial \theta}\right)^2 + \left(\frac{\partial y}{\partial \theta}\right)^2 + \left(\frac{\partial z}{\partial \theta}\right)^2,$$

also

$$\begin{aligned} m\frac{\partial m}{\partial s} &= \frac{\partial x}{\partial \theta}\frac{\partial\partial x}{\partial \theta\partial s} + \frac{\partial y}{\partial \theta}\frac{\partial\partial y}{\partial \theta\partial s} + \frac{\partial z}{\partial \theta}\frac{\partial\partial z}{\partial \theta\partial s} \\ &= m\xi'\frac{\partial \xi}{\partial \theta} + m\eta'\frac{\partial \eta}{\partial \theta} + m\zeta'\frac{\partial \zeta}{\partial \theta}.\Big] \end{aligned}$$

Differentiirt man abermals nach s und bemerkt, dass

$$\frac{\partial\partial\xi}{\partial s\partial\theta}=\frac{\partial(pX)}{\partial\theta}\quad\text{u. s. w.}$$

und dass

$$X\xi'+Y\eta'+Z\zeta'=0,$$

so wird

$$\begin{aligned}\frac{\partial\partial m}{\partial s^2}&=p\left(\xi'\frac{\partial X}{\partial\theta}+\eta'\frac{\partial Y}{\partial\theta}+\zeta'\frac{\partial Z}{\partial\theta}\right)+p'\left(X\frac{\partial\xi}{\partial\theta}+Y\frac{\partial\eta}{\partial\theta}+Z\frac{\partial\zeta}{\partial\theta}\right)\\&=p\left(\xi'\frac{\partial X}{\partial\theta}+\eta'\frac{\partial Y}{\partial\theta}+\zeta'\frac{\partial Z}{\partial\theta}\right)+mp'p'\\&=-\left(\xi\frac{\partial X}{\partial s}+\eta\frac{\partial Y}{\partial s}+\zeta\frac{\partial Z}{\partial s}\right)\left(\xi'\frac{\partial X}{\partial\theta}+\eta'\frac{\partial Y}{\partial\theta}+\zeta'\frac{\partial Z}{\partial\theta}\right)\\&\quad+\left(\xi'\frac{\partial X}{\partial s}+\eta'\frac{\partial Y}{\partial s}+\zeta'\frac{\partial Z}{\partial s}\right)\left(\xi\frac{\partial X}{\partial\theta}+\eta\frac{\partial Y}{\partial\theta}+\zeta\frac{\partial Z}{\partial\theta}\right)\\&=\left(\frac{\partial Y}{\partial\theta}\frac{\partial Z}{\partial s}-\frac{\partial Y}{\partial s}\frac{\partial Z}{\partial\theta}\right)X+\left(\frac{\partial Z}{\partial\theta}\frac{\partial X}{\partial s}-\frac{\partial Z}{\partial s}\frac{\partial X}{\partial\theta}\right)Y+\left(\frac{\partial X}{\partial\theta}\frac{\partial Y}{\partial s}-\frac{\partial X}{\partial s}\frac{\partial Y}{\partial\theta}\right)Z.\end{aligned}$$

[Wird aber das zum Punkte x, y, z gehörige Flächenelement

$$m\,ds\,d\theta$$

mittelst paralleler Normalen auf die Hülfskugel vom Radius 1 abgebildet, so entspricht ihm daselbst ein Flächenraum von der Grösse

$$\left\{X\left(\frac{\partial Y}{\partial s}\frac{\partial Z}{\partial\theta}-\frac{\partial Y}{\partial\theta}\frac{\partial Z}{\partial s}\right)+Y\left(\frac{\partial Z}{\partial s}\frac{\partial X}{\partial\theta}-\frac{\partial Z}{\partial\theta}\frac{\partial X}{\partial s}\right)+Z\left(\frac{\partial X}{\partial s}\frac{\partial Y}{\partial\theta}-\frac{\partial X}{\partial\theta}\frac{\partial Y}{\partial s}\right)\right\}ds\,d\theta;$$

mithin ist das Krümmungsmass der Fläche in dem betrachteten Punkte gleich

$$-\frac{1}{m}\frac{\partial\partial m}{\partial s^2}.\,]$$

BEMERKUNGEN.

Die S. 397 dieses Bandes wiedergegebenen Mittheilungen an OLBERS vom 9. October 1825 zeigen, dass GAUSS zu dieser Zeit begonnen hat, die Untersuchungen zu Papier zu bringen, die den Gegenstand seiner *Disquisitiones generales circa superficies curvas* vom Jahre 1827 bilden. Das vorstehend abgedruckte Fragment: *Neue allgemeine Untersuchungen über die krummen Flächen* unterscheidet sich von den *Disquisitiones* nicht nur durch den geringeren Umfang des Stoffes, sondern auch durch die Art der Behandlung und die Anordnung der Sätze. Dort nimmt GAUSS an, dass die rechtwinkligen Coordinaten x, y, z eines Punktes der Fläche als Functionen von irgend zwei unabhängigen Veränderlichen p und q dargestellt seien, während er hier als neue Veränderliche die geodätischen Coordinaten s und θ wählt. Hier beweist er zuerst den Satz, dass die Summe der drei Winkel eines Dreiecks, das auf einer beliebigen krummen Fläche durch kürzeste Linien gebildet wird, sich von 180^0 um den Inhalt des Dreiecks unterscheidet, das ihm bei der Abbildung durch parallele Normalen auf der Hülfskugel vom Radius 1 entspricht, und leitet daraus durch einfache geometrische Betrachtungen das fundamentale Theorem her, dass »bei der Übertragung der Flächen durch Abwicklung das Krümmungsmass an jeder Stelle unverändert bleibt«, während er dort zuerst in § 12 zeigt, dass das Krümmungsmass sich allein durch die drei Grössen E, F, G und deren Ableitungen nach p und q ausdrücken lässt, woraus der Satz über die Erhaltung des Krümmungsmasses als Corollar folgt, und erst viel später, in § 20, ganz unabhängig davon den Satz über die Winkelsumme eines geodätischen Dreiecks beweist.

STÄCKEL.

[ABWICKELUNGSFÄHIGE FLÄCHEN.]

[1.]

1825 Dec. 4. Das Nachdenken über die Theorie der abwickelungsfähigen Flächen hat uns folgendes elegante analytische Theorem an die Hand gegeben.

Ist z eine solche Function von x, y, dass

$$\frac{\partial\partial z}{\partial x^2}\cdot\frac{\partial\partial z}{\partial y^2} = \left(\frac{\partial\partial z}{\partial x\partial y}\right)^2,$$

so lassen sich statt x, y zwei andere veränderliche Grössen t, u einführen, so dass x, y, z als Functionen von t, u ausgedrückt, in Beziehung auf u linearische Functionen sind. In der That kann man für u jede beliebige linearische Function von x, y, z wählen.

[2.]

Gauss an Olbers. Göttingen, Juli 1828.

..... Die Übersetzung des Artikels der Göttingischen Gelehrten Anzeigen über meine die krummen Flächen betreffende Abhandlung rührt, wie mir Schumacher sagte, von Baily her. Er sagte mir zugleich von dem Ausfall des p. Fayolles und wünschte etwas, was Baily zur Erwiederung brauchen könne, zu erhalten. Ich sagte ihm, dass es für einen Geometer bloss eines Winkes bedürfe, um die Unzulänglichkeit von Monges angeblichem Beweise einzusehen. In der That enthält offenbar der Begriff einer in eine Ebene abwickelungsfähigen Fläche nichts als dass jedes Element der einen Fläche auf das correspondirende Element der andern nach Grösse und Gestalt passt; darin aber findet sich noch gar nichts von dem Vorhandensein von geraden Linien, die ganz in der ersten Fläche liegen und nach denen sie nur gebrochen werden darf. Dieses Vorhandensein von solchen geraden Linien ist in allen mir bekannten angeblichen Beweisen, vor dem meinigen, bloss erschlichen ....

[ZUR THEORIE DES KRÜMMUNGSMASSES.]

Die Bedingungsgleichung, dass

$$p\,dx^2 + 2q\,dx\,dy + r\,dy^2$$

das reine Product aus zwei vollständigen Differentialen sei, ist folgende:

$$0 = 2(qq-pr)\left(\frac{\partial\partial p}{\partial y^2} - 2\frac{\partial\partial q}{\partial x\partial y} + \frac{\partial\partial r}{\partial x^2}\right) + p\left(\frac{\partial p}{\partial y}\cdot\frac{\partial r}{\partial y} - 2\frac{\partial q}{\partial x}\cdot\frac{\partial r}{\partial y} + \frac{\partial r}{\partial x}\cdot\frac{\partial r}{\partial x}\right)$$

$$+q\left(\frac{\partial p}{\partial x}\cdot\frac{\partial r}{\partial y} - \frac{\partial p}{\partial y}\cdot\frac{\partial r}{\partial x} + 4\frac{\partial q}{\partial x}\cdot\frac{\partial q}{\partial y} - 2\frac{\partial q}{\partial x}\cdot\frac{\partial r}{\partial x} - 2\frac{\partial p}{\partial y}\cdot\frac{\partial q}{\partial y}\right) + r\left(\frac{\partial p}{\partial x}\cdot\frac{\partial r}{\partial x} - 2\frac{\partial p}{\partial x}\cdot\frac{\partial q}{\partial y} + \frac{\partial p}{\partial y}\cdot\frac{\partial p}{\partial y}\right).$$

BEMERKUNGEN.

Nachdem GAUSS den Ausdruck für das Krümmungsmass einer Fläche zuerst unter der Voraussetzung, dass das Quadrat des Linienelementes die Form

$$dS^2 = mm(dt^2 + du^2)$$

besitzt (S. 381 und 385 dieses Bandes) und darauf unter der Annahme geodätischer Coordinaten, für die

$$dS^2 = ds^2 + mm\,d\theta^2$$

wird (S. 407 und 442 dieses Bandes), hergeleitet hatte, ist er, wie die vorstehende Notiz zeigt, die sich in einem Handbuche findet, zu dem Zähler des Ausdruckes des Krümmungsmasses bei beliebigen Coordinaten durch die Uberlegung gelangt, dass das Krümmungsmass der auf die Ebene abwickelbaren Flächen verschwindet. Die vollständige Formel für das Krümmungsmass wird dann in demselben Handbuche auf dieselbe Art, wie in § 11 der *Disquisitiones generales circa superficies curvas* hergeleitet, sodass es nicht erforderlich schien, diese Rechnungen zu veröffentlichen. Unmittelbar darauf folgt mit derselben Schrift und Tinte die auf Seite 447 bis 448 abgedruckte Notiz: *Allgemeinste Auflösung des Problems der Abwickelung der Flächen.*

STÄCKEL.

[ALLGEMEINSTE AUFLÖSUNG DES PROBLEMS DER ABWICKELUNG DER FLÄCHEN.]

Die ganz allgemeine Auflösung des Problems der Abwickelung der Flächen ist folgende:

1) Die Natur einer krummen Fläche wird dadurch gegeben, dass z als endliche Function von x, y vorgestellt wird; die Differentiation gebe

$$dz = p\,dx + q\,dy.$$

2) Man setze

$$t = \frac{1}{\sqrt{(pp+qq+1)}}$$

und nehme an, dass aus der Differentiation einer beliebigen Function von t, T hervorgeht

$$u\,dt + U\,dT,$$

wo u, U gegebene Functionen von t und T sein werden.

Durch Elimination werden also T, U Functionen von t, u und wenn

$$\operatorname{tang} u = \frac{q}{p}$$

gesetzt wird, von x und y.

3) Man setze nun

$$\frac{Q}{P} = \operatorname{tang} U, \qquad T\sqrt{(1+PP+QQ)} = 1,$$

so werden P, Q Functionen von x und y.

4) Man hat nun noch die Gleichung

$$dZ = PdX + QdY$$

zu integriren, wozu noch

$$dZ^2 + dX^2 + dY^2 = dz^2 + dx^2 + dy^2$$

zu setzen ist.

BEMERKUNGEN.

Wenn man die Coordinaten zweier correspondirender Punkte P und P' der auf einander abwickelbaren Flächen S und S' als Functionen zweier unabhängig veränderlicher Variabeln p, q dargestellt denkt, so wird das Quadrat des Linienelements dieser Flächen durch den quadratischen Differentialausdruck

$$dx^2 + dy^2 + dz^2 = dx'^2 + dy'^2 + dz'^2 = Edp^2 + 2Fdpdq + Gdq^2$$

dargestellt. Betrachtet man gleichzeitig die zwei sphärischen Abbildungen dieser Flächen auf die Einheitskugel, bezeichnet durch ξ, η, ζ die Coordinaten des Bildes von P, durch ξ', η', ζ' die entsprechenden des Bildes von P', und bestimmt die Quadrate der Linienelemente dieser Abbildungen aus den Gleichungen:

$$\xi = \sqrt{1-\zeta^2}\cos u, \qquad \eta = \sqrt{1-\zeta^2}\sin u,$$
$$\xi' = \sqrt{1-\zeta'^2}\cos u, \qquad \eta' = \sqrt{1-\zeta'^2}\sin u',$$

so erhält man:

$$d\xi^2 + d\eta^2 + d\zeta^2 = \frac{d\zeta^2}{1-\zeta^2} + (1-\zeta^2)du^2$$

$$d\xi'^2 + d\eta'^2 + d\zeta'^2 = \frac{d\zeta'^2}{1-\zeta'^2} + (1-\zeta'^2)du'^2.$$

Führt man die Grössen ζ, ζ' als diejenigen Variabeln ein, durch welche die Lage der Punkte P und P' in S und S' bestimmt werden, so folgen die drei nachstehenden Gleichungen:

$$dx^2 + dy^2 + dz^2 = dx'^2 + dy'^2 + dz'^2 = Ed\zeta^2 + 2Fd\zeta d\zeta' + Gd\zeta'^2$$

$$d\xi^2 + d\eta^2 + d\zeta^2 = \frac{d\zeta^2}{1-\zeta^2} + (1-\zeta^2)\left[\frac{\partial u}{\partial \zeta}d\zeta + \frac{\partial u}{\partial \zeta'}d\zeta'\right]^2 = \mathfrak{E}\,d\zeta^2 + 2\mathfrak{F}\,d\zeta d\zeta' + \mathfrak{G}\,d\zeta'^2$$

$$d\xi'^2 + d\eta'^2 + d\zeta'^2 = \frac{d\zeta'^2}{1-\zeta'^2} + (1-\zeta'^2)\left[\frac{\partial u'}{\partial \zeta}d\zeta + \frac{\partial u'}{\partial \zeta'}d\zeta'\right]^2 = \mathfrak{E}'d\zeta^2 + 2\mathfrak{F}'d\zeta d\zeta' + \mathfrak{G}'d\zeta'^2.$$

Stellt k den Werth des Krümmungsmasses im Punkte P von S oder im Punkte P' von S' dar, so gelten ferner die Beziehungen:

$$\mathfrak{E}\mathfrak{G} - \mathfrak{F}^2 = k^2(EG - F^2) = \mathfrak{E}'\mathfrak{G}' - \mathfrak{F}'^2,$$

welche nach Benutzung der durch $\mathfrak{E}, \mathfrak{F}, \mathfrak{G}$ und $\mathfrak{E}', \mathfrak{F}', \mathfrak{G}'$ bezeichneten Werthe die nachstehende Gleichung herbeiführen:

$$\left(\frac{\partial u}{\partial \zeta'}\right)^2 = \left(\frac{\partial u'}{\partial \zeta}\right)^2.$$

Hiernach wird der lineare Differentialausdruck:

$$u d\zeta \pm u' d\zeta' = d\varphi$$

das totale Differential einer Function φ der Variabeln ζ, ζ' darstellen. Diese Eigenschaft kann jedoch für je zwei auf einander abwickelbare Flächen S und S' nur bestehen, wenn das untere Vorzeichen angenommen wird, da bei entgegengesetzter Annahme im Falle des Zusammenfallens von S mit S' das Product $2 u d\zeta$ für jede Fläche ein Totaldifferential sein müsste, ein Umstand, der nur für developpable Flächen eintritt.

In der vorstehenden Gleichung ist der von GAUSS in No. 2 gewählte Ausgangspunkt für die allgemeine Lösung des Problems der Deformation enthalten.

Diese Gleichung besteht für je zwei auf einander abwickelbare Flächen S und S', aber nicht nur für solche.

In welcher Weise GAUSS dieselbe für diese allgemeine Lösung zu verwerthen gedachte, lässt sich aus No. 4 der Bemerkung nicht ohne weiteres erkennen, und bedarf diese Frage noch weiterer eingehender Untersuchungen in Betreff der Eigenschaften der im besondern Fall zu wählenden Function φ.

WEINGARTEN.

EINFACHSTE ABLEITUNG DES GRUND-LEHRSATZES

BETREFFEND

DIE KÜRZESTEN LINIEN AUF REVOLUTIONSFLÄCHEN.

P, P'	zwei Punkte auf einer solchen Fläche
r	Länge der kürzesten Linie zwischen P und P'
A, A'	Azimuthe derselben in P und P', letztere von Ost nach West gezählt
$\varphi, \lambda;\ \varphi', \lambda'$	Breite und Länge der Punkte P, P'
ρ, ρ'	Halbmesser der Parallelkreise durch P und P'
R, R'	Krümmungshalbmesser der Meridiane in diesen Punkten.

$r+dr$, $\varphi+d\varphi$, $\lambda+d\lambda$, $\varphi'+d\varphi'$, $\lambda'+d\lambda'$ Werthe, in welche $r, \varphi, \lambda, \varphi', \lambda'$ übergehen, indem man anstatt P, P' zwei andere ihnen unendlich nahe Punkte substituirt.

Man hat dann

$$dr = R\cos A\,.\,d\varphi - R'\cos A'.\,d\varphi' - \rho\sin A\,.\,d\lambda + \rho'\sin A'.\,d\lambda'.$$

Offenbar wird aber $dr = 0$, wenn

$$d\varphi = 0, \qquad d\varphi' = 0, \qquad d\lambda' = d\lambda$$

genommen wird. Also

$$\rho\sin A = \rho'\sin A'.$$

W. Z. B. W.

BEMERKUNG.

Die vorstehende Notiz, die sich in einem Handbuche befindet, stammt wahrscheinlich aus dem Anfange der vierziger Jahre.

STÄCKEL.

Journal für die reine und angewandte Mathematik herausgegeben von CRELLE.
Bd. 22. S. 96. Berlin 1841.

Elementare Ableitung eines zuerst von LEGENDRE *aufgestellten Satzes der sphärischen Trigonometrie.*

Sphärische Dreiecke mit kleinen Seiten darf man wie ebene behandeln, wenn man die sphärischen Winkel jeden um den dritten Theil des ganzen sphärischen Excesses vermindert. Die Befugniss dazu lässt sich ganz elementarisch auf folgende Art nachweisen.

Bezeichnet man den ganzen sphärischen Excess eines sphärischen Dreiecks mit 3ω; die drei Seiten mit a, b, c und die ihnen gegenüberstehenden sphärischen Winkel mit $A+\omega$, $B+\omega$, $C+\omega$; so erhalten ein Paar bekannte Formeln der sphärischen Trigonometrie folgende Gestalt:

$$\sin\tfrac{1}{2}a^2 = \frac{\sin\frac{3}{2}\omega\sin(A-\frac{1}{2}\omega)}{\sin(B+\omega)\sin(C+\omega)}$$

$$\cos\tfrac{1}{2}a^2 = \frac{\sin(B-\frac{1}{2}\omega)\sin(C-\frac{1}{2}\omega)}{\sin(B+\omega)\sin(C+\omega)},$$

aus deren Verbindung folgt

$$\frac{\sin\frac{1}{2}a^6}{\cos\frac{1}{2}a^2} = \frac{\sin\frac{3}{2}\omega^3\sin(A-\frac{1}{2}\omega)^3}{\sin(B+\omega)^2\sin(B-\frac{1}{2}\omega)\sin(C+\omega)^2\sin(C-\frac{1}{2}\omega)}.$$

Auf gleiche Weise wird

$$\frac{\sin\frac{1}{2}b^6}{\cos\frac{1}{2}b^2} = \frac{\sin\frac{3}{2}\omega^3\sin(B-\frac{1}{2}\omega)^3}{\sin(A+\omega)^2\sin(A-\frac{1}{2}\omega)\sin(C+\omega)^2\sin(C-\frac{1}{2}\omega)}.$$

Indem man diese beiden Gleichungen mit einander dividirt und dann die Quadratwurzel auszieht, ergibt sich

$$\frac{\sin\frac{1}{2}a^3}{\cos\frac{1}{2}a}\cdot\frac{\cos\frac{1}{2}b}{\sin\frac{1}{2}b^3} = \frac{\sin(A+\omega)\sin(A-\frac{1}{2}\omega)^2}{\sin(B+\omega)\sin(B-\frac{1}{2}\omega)^2}.$$

Man kann diese Gleichung auch in die Form setzen

$$\frac{a}{b} = \frac{\sin A}{\sin B}\cdot\sqrt[3]{D},$$

wo zur Abkürzung D anstatt

$$\frac{a^3\cos\frac{1}{2}a}{8\sin\frac{1}{2}a^3}\cdot\frac{8\sin\frac{1}{2}b^3}{b^3\cos\frac{1}{2}b}\cdot\frac{\sin(A+\omega)\sin(A-\frac{1}{2}\omega)^2}{\sin A^3}\cdot\frac{\sin B^3}{\sin(B+\omega)\sin(B-\frac{1}{2}\omega)^2}$$

geschrieben ist.

Diese Formel ist strenge richtig: man sieht aber sofort, dass wenn a, b, c sehr klein sind, und als Grössen erster Ordnung betrachtet werden, jeder der vier Factoren, aus denen D zusammengesetzt ist, von der Einheit nur um Grössen vierter Ordnung abweicht.

Nach allgemeinern Principien ist dieser Gegenstand abgehandelt und auf die Dreiecke ausgedehnt, die auf irgendwelchen krummen Flächen zwischen kürzesten Linien gebildet werden, in meinen *Disquisitiones generales circa superficies curvas.*

BEMERKUNGEN ZUM ACHTEN BANDE.

Der vorliegende achte Band von GAUSS' Werken gibt Ergänzungen zu den drei ersten Bänden und zum vierten Bande mit Ausnahme des geodätischen Theils. Er enthält:

unter den Abtheilungen *Arithmetik, Analysis* und *Numerisches Rechnen* eine Reihe einzelner Notizen und Aufsätze, die sich nachträglich in GAUSS' Nachlass vorgefunden haben;

aus der *Wahrscheinlichkeitsrechnung* hauptsächlich eine Anzahl Belege über die Entdeckung der Methode der kleinsten Quadrate;

aus der *Geometrie* Notizen und Briefe, die sich auf die Grundlagen der Geometrie, die Geometria situs, Lehrsätze und Aufgaben aus der elementaren Geometrie, die Verwendung complexer Grössen für die Geometrie und die Theorie der krummen Flächen beziehen.

Die Bearbeitung der Abtheilungen *Arithmetik und Algebra* und *Analysis und Functionentheorie* rührt von Herrn FRICKE in Braunschweig, die der Abtheilungen *Numerisches Rechnen* und *Wahrscheinlichkeitsrechnung* von den Herren BÖRSCH und KRÜGER in Potsdam und die der *geometrischen* Abtheilungen von Herrn STÄCKEL in Kiel her; die Notiz *Allgemeinste Auflösung des Problems der Abwickelung der Flächen* (Seite 447 bis 449) ist von Herrn WEINGARTEN in Charlottenburg bearbeitet worden.

Die allgemeine Redaction wurde von Herrn BRENDEL in Göttingen besorgt.

SCHERING, welcher dem vierten Bande einen Ergänzungsband hinzuzufügen beabsichtigte, hat eine Reihe von Vorarbeiten hinterlassen, hauptsächlich Abschriften aus dem Nachlass und dem Briefwechsel, welche bei der Herausgabe benutzt werden konnten.

F. KLEIN.

BERICHTIGUNGEN UND ZUSÄTZE.

Seite 20 in der Fussnote ist statt »Band 9« zu lesen: »Band X«.

Seite 69 in der Uberschrift ist vor »12. December 1813« einzufügen: »Göttingen«.

Seite 90 „ „ „ „ „ »18. December 1811« „ »Göttingen«.

INHALT.

GAUSS WERKE BAND VIII. NACHTRÄGE ZU BAND I—IV.

ARITHMETIK UND ALGEBRA.

Nachlass.

ANALYSIS UND FUNCTIONENTHEORIE.

Nachlass.

NUMERISCHES RECHNEN.

WAHRSCHEINLICHKEITSRECHNUNG.

GRUNDLAGEN DER GEOMETRIE.

GEOMETRIA SITUS.

Nachlass.

AUFGABEN UND LEHRSÄTZE DER ELEMENTAREN GEOMETRIE ANGEHÖRIG.

Nachlass und Briefwechsel.

VERWENDUNG COMPLEXER GRÖSSEN FÜR DIE GEOMETRIE.

Nachlass und Briefwechsel.

THEORIE DER KRUMMEN FLÄCHEN.

Nachlass und Briefwechsel.

Aufsatz.

Göttingen, Druck der Dieterichschen Univ.-Buchdruckerei (W. Fr. Kaestner).